卫星遥感全天候地表温度：反演、重建与应用

周　纪　龙智勇　张晓东　唐文彬　王韶飞 等　著

科 学 出 版 社

北　京

内 容 简 介

本书是一本关于卫星遥感全天候地表温度的专著，较为系统地论述了全天候地表温度的反演、重建、数据产品及部分典型应用，是笔者研究团队近年来相关研究的阶段性总结。全书内容以全天候地表温度为核心展开，主要包括：国内外研究进展与发展态势，被动微波遥感反演全天候地表温度，被动微波遥感影像的轨道间隙填补，全天候地表温度的近实时反演，基于新型时间分解模型的全天候地表温度重建方法，中国陆域全天候地表温度数据集生成，全天候地表温度的应用（冰川地区的降尺度、近地表气温估算、城市热岛效应分析、大城市地表温度日较差分析）等。

本书有关内容对于遥感反演与应用、多源数据融合、遥感产品生成与检验等有一定的参考价值。本书可供从事遥感、地理信息、资源、水文、气象、灾害、环境等学科的科研工作者参考，也可供高校地理学、遥感、地理信息等专业的师生参考。

审图号：川 S[2022]00016 号

图书在版编目（CIP）数据

卫星遥感全天候地表温度：反演、重建与应用/周纪等著. —北京：科学出版社，2022.5

ISBN 978-7-03-070706-2

Ⅰ. ①卫… Ⅱ. ①周… Ⅲ. ①卫星遥感－应用－地面温度－研究 Ⅳ. ①P423.7

中国版本图书馆 CIP 数据核字（2021）第 238176 号

责任编辑：罗 莉 / 责任校对：彭 映
责任印制：罗 科 / 封面设计：墨创文化

科 学 出 版 社 出版
北京东黄城根北街 16 号
邮政编码：100717
http://www.sciencep.com

四川煤田地质制图印刷厂印刷

科学出版社发行 各地新华书店经销

*

2022 年 5 月第 一 版 开本：787×1092 1/16
2022 年 5 月第一次印刷 印张：15
字数：355 000

定价：228.00 元

（如有印装质量问题，我社负责调换）

前　　言

温度与天气气候、人类生活息息相关。唐代白居易长吟“人间四月芳菲尽，山寺桃花始盛开”，形象反映了温度对植被物候的影响；宋代杨万里苦叹“夜热依然午热同，开门小立月明中”，则生动再现了夏季高温、暑热难耐的情景。在气候变化的当下，减缓并应对全球变暖成为各国战略制定、国际交往和可持续发展的重点议题，与气候变化伴生的高温热浪、冰川消融、地质灾害等极端事件也成为各国政府、学术界和民众所关注的焦点。作为地表与大气界面的关键因子，地表温度的重要性不言而喻。开展地表温度的监测，既与人类福祉密切关联，又是气候变化等研究领域的重点方向。

携带热红外遥感传感器的人造地球卫星升空，为地表温度监测由离散、稀疏的站点观测迈向大范围同步、高密度、高频次、低成本监测提供了一条切实有效的途径。近半个世纪以来，随着人造地球卫星的陆续升空和新型遥感传感器的研发，各种热红外遥感的地表温度反演方法与数据产品层出不穷。例如，美国航空航天局的 Terra/Aqua MODIS，欧洲空间局和欧洲气象卫星应用组织的 ENVISAT AATSR、Sentinel-3 SLSTR、MSG SEVIRI 以及我国的风云系列卫星 VIRR 等，均提供了较高质量的地表温度产品，其在学术研究与实际应用中扮演了举足轻重的角色。

然而，全球范围内广泛存在的云覆盖，给卫星热红外遥感反演地表温度带来极大困扰。热红外遥感无法观测到云下地表信息，故其直接反演的地表温度存在显著的“晴空偏差”，无法客观再现全球地表温度真实全貌。协同卫星热红外和被动微波遥感及模式资料，已被证明是获得全天候地表温度的有效途径，成为反演、重建地表温度的新趋势。近年来，以我国学者为主的学术群体在全天候地表温度反演研究中开展了积极而富有成效的探索。在学界前辈和同行的研究发现和相关成果的基础上，并在国家重点研发计划等相关科研项目的支持下，作者所带领的科研团队近年来也围绕全天候地表温度的方法与应用开展了一些探索。

本书正是作者所带领团队围绕基于卫星遥感的全天候地表温度反演、重建与应用所开展工作的阶段性总结。全书共分为 10 章，第 1 章梳理全天候地表温度的国内外研究进展与发展态势；第 2 章介绍机器学习用于卫星被动微波遥感反演全天候地表温度；第 3 章介绍卫星被动微波遥感影像的轨道间隙填补；第 4 章介绍集成热红外与被动微波遥感的全天候地表温度近实时反演；第 5 章介绍基于新型时间分解模型的卫星热红外遥感与再分析数据融合的全天候地表温度重建方法（reanalysis and thermal infrared remote sensing merging，RTM）；第 6 章介绍基于 RTM 方法生成的一套新的全天候地表温度数据集——中国陆域全天候地表温度数据集（thermal and reanalysis integrating moderate-resolution spatial-seamless for land surface temperature，TRIMS LST）；第 7～10 章则分别介绍基于 TRIMS LST 所开展的一系列应用，包括青藏高原冰川地区地表温度降尺度、青藏高原近地表气温估算、城市热岛效应分析、大城市地表温度日较差分析等。

本书撰写人员分工如下：前言为周纪、龙智勇；第 1 章为丁利荣、周纪、张晓东；第 2 章为王韶飞、周纪、张晓东；第 3 章为王韶飞、周纪、龙智勇；第 4 章为唐文彬、薛东剑、龙智勇、张晓东、周纪；第 5 章为张晓东、周纪、王韶飞；第 6 章为唐文彬、周纪、张晓东、薛东剑；第 7 章为黄志明、周纪、张晓东；第 8 章为温馨、王伟、龙智勇；第 9 章为廖杨思雨、周纪、张晓东；第 10 章为左高、周纪、龙智勇、廖杨思雨。全书由周纪、龙智勇负责统稿、校稿。钟海玲、马晋、李明松、孟义真、刘霞、吴欣坤等参与了本书的整理和编辑工作。

在开展本书研究工作的过程中，得到了国内外同行的指导、帮助与关心，包括但不限于：中国科学院青藏高原研究所李新研究员，中国农业科学院李召良研究员，北京师范大学刘绍民教授，南京大学占文凤教授，清华大学龙笛研究员，美国马里兰大学梁顺林、汪冬冬教授，中国科学院地理科学与资源研究所吴骅研究员，中国科学院•水利部成都山地灾害与环境研究所胡凯衡研究员，中国气象局成都高原气象研究所李跃清研究员，德国卡尔斯鲁厄理工学院 Frank-Michael Göttsche 博士等，在此一并表示感谢。

本书在开展研究工作和成文过程中，我们参考了国内外同行的大量专著、学术论文和网络资料等，并在参考文献中予以引用；对所采用的遥感数据和地面观测数据亦进行了标注与说明。但难免有疏漏之处，我们诚挚希望同行专家予以谅解。同时，由于作者水平所限，书中谬误之处恳请各位读者批评指正。

本书的出版得到了国家重点研发计划课题（2018YFC1505205）、国防项目（JHZK2017-036-DMYY-YZBG）、国家自然科学基金项目（41871241）、电子科技大学中央高校基本科研业务费项目（ZYGX2019J069）和国家青年人才计划项目的资助，并得到中欧“龙计划”五期项目（59318）、电子科技大学资源与环境学院、国防科技大学气象海洋学院、上海航天电子技术研究所、成都理工大学地球科学学院和科学出版社各位编辑老师的大力支持。

目　　录

第1章 绪　论

如何获取全天候地表温度对促进相关研究具有十分重要的意义。卫星热红外遥感地表温度虽然在反演理论方法和科学数据产品等方面已较为成熟，但热红外辐射难以穿透云雾的特点导致热红外遥感反演得到的地表温度在云下有大量缺失；被动微波遥感虽能获取云下地表温度，但由于物理机制和成像方式的限制，存在空间分辨率不足、精度较低、有较大轨道间隙等问题。通过卫星单源遥感难以直接获取中等空间分辨率、不受云雾影响的全天候地表温度。本章从原理、方法、产品和应用方面回顾并归纳了当前全天候地表温度的研究进展、发展态势和面临的主要问题（丁利荣等，2022）。

1.1 背　景

地表温度（land surface temperature，LST）在陆地表面与大气的相互作用中扮演着重要角色，是地表与大气能量交互过程的直接体现，对诸多地表过程具有重要影响（Anderson et al.，2008；Wu et al.，2015）。因此，LST在气候变化（Sruthi and Aslam，2015）、生态环境监测与评估（Meng et al.，2018）、水文过程模拟（Bai et al.，2019）、辐射收支与能量平衡（Kustas et al.，2016）等研究中均扮演着不可替代的角色。质量较高的LST数据还可以在地气模型和陆表过程的验证和修正中发挥重要作用（Chen et al.，2011；Cammalleri et al.，2014；Gong et al.，2017）。随着全球气候和陆表的持续变化，LST在上述领域的重要性日益突出，联合国政府间气候变化专门委员会（Intergovernmental Panel on Climate Change，IPCC）与世界气象组织（World Meteorological Organization，WMO）均将LST作为表征气候变化的基本参量之一，与其直接或间接相关的地学研究也已广泛开展（Zhou et al.，2012）。

鉴于LST的重要性，学术界十分关注LST的准确获取。与传统的站点观测方式相比，通过遥感手段获取LST具有显著优势（Li Z L et al.，2013；Ford and Quiring，2019），如空间覆盖范围广、可提供长时间序列重复观测、获取成本较低等。因此，LST获取从20世纪70年代开始就已成为遥感科学的重要研究方向，利用卫星遥感反演LST也成为遥感科学领域长期而经典的研究主题之一。

长期以来，卫星热红外遥感是获取LST的主要途径，但当前学术界广泛使用的热红外LST受云影响，一般只包含晴空条件下的LST，云覆盖像元由于缺乏有效的热红外亮温观测数据，导致反演得到的LST存在显著的空间缺失。然而，云覆盖在全球尺度上广泛存在，因此就物理机制而言，单源卫星热红外遥感难以消除云覆盖的影响。图1-1展示了基于MODIS数据统计得到的2000～2014年全球平均云覆盖率（Wilson and Jetz，2016）。图1-1（a）和图1-1（b）显示了1月与7月的云覆盖率，可以发现全球超过一半的陆地范围内云覆盖率超过了50%；图1-1（c）为云覆盖率的年内标准差，除少数区域外，云覆盖率的标准差均低于 20%，表明绝大部分区域云覆盖情况在一年中是相对稳定的；图 1-1（d）为云覆盖率的年际标准差，与图 1-1（c）相比，标准差高于 20%的区域范围明显缩小，表明全球云覆盖率在年尺度上保持稳定，即云覆盖是常态。云覆盖导致的 LST 空间缺失，从另一个角度而言也意味着卫星热红外遥感 LST 时间分辨率的降低（Duan et al.，2012；Göttsche and Olesen，2006）。

因此，随着地学及相关领域研究的持续发展，现有卫星热红外 LST 难以满足需求：使用者往往希望得到不受云覆盖影响的 LST 数据产品（Long et al.，2019）。这种不受云影响的 LST 当前主流称谓有“全天候地表温度”（all-weather LST）和“全天空地表温度”（all-sky LST）。其中，“全天候地表温度”这一概念的出发点是强调其获取不受云影响，“全天候”严格意义上包括各种天气状况，并非特指晴天和云覆盖天气，但其字面含义十分直观，便于非本专业人士理解，先前绝大多数研究采用了此称谓。相对地，“全天空地表温度”则主要强调天空状态，包含晴空和云覆盖的非晴空条件，相对于“全天候地表温度”含义更加具体，但对于非专业人士具有一定理解难度。为了便于理解并与先前研究一致，本书将不受云覆盖影响的 LST 称为“全天候地表温度”（Li et al.，2018b； Fu et al.，2019）。

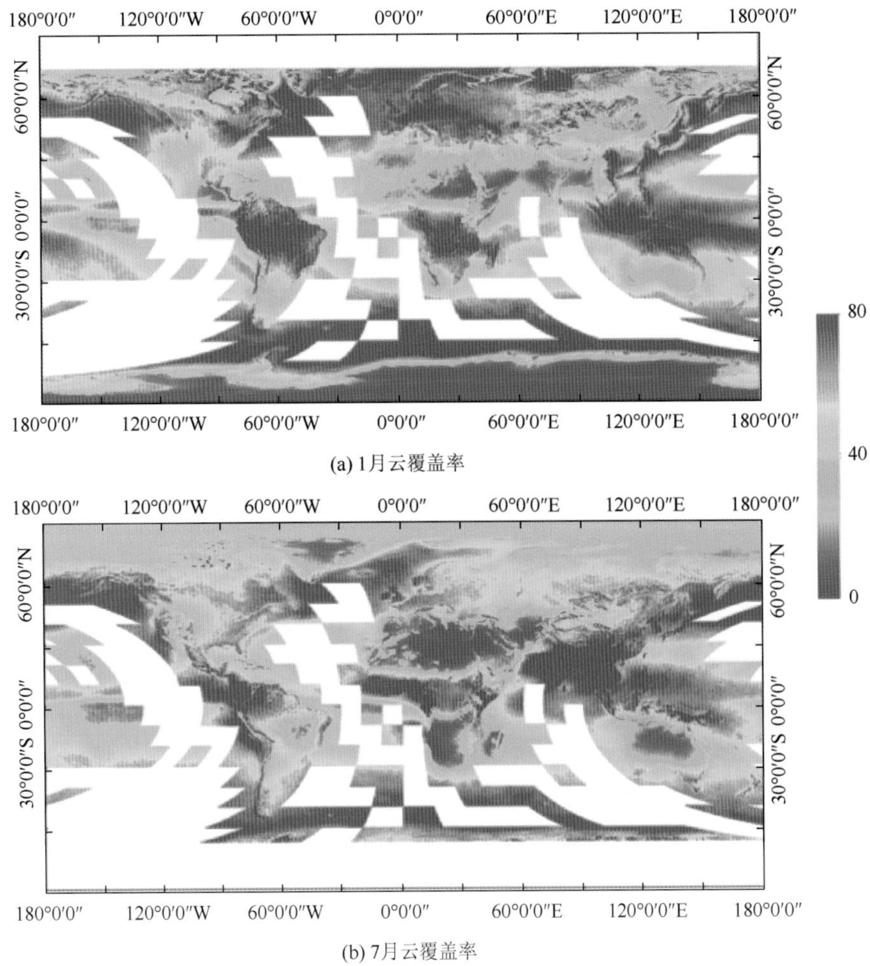

(a) 1月云覆盖率

(b) 7月云覆盖率

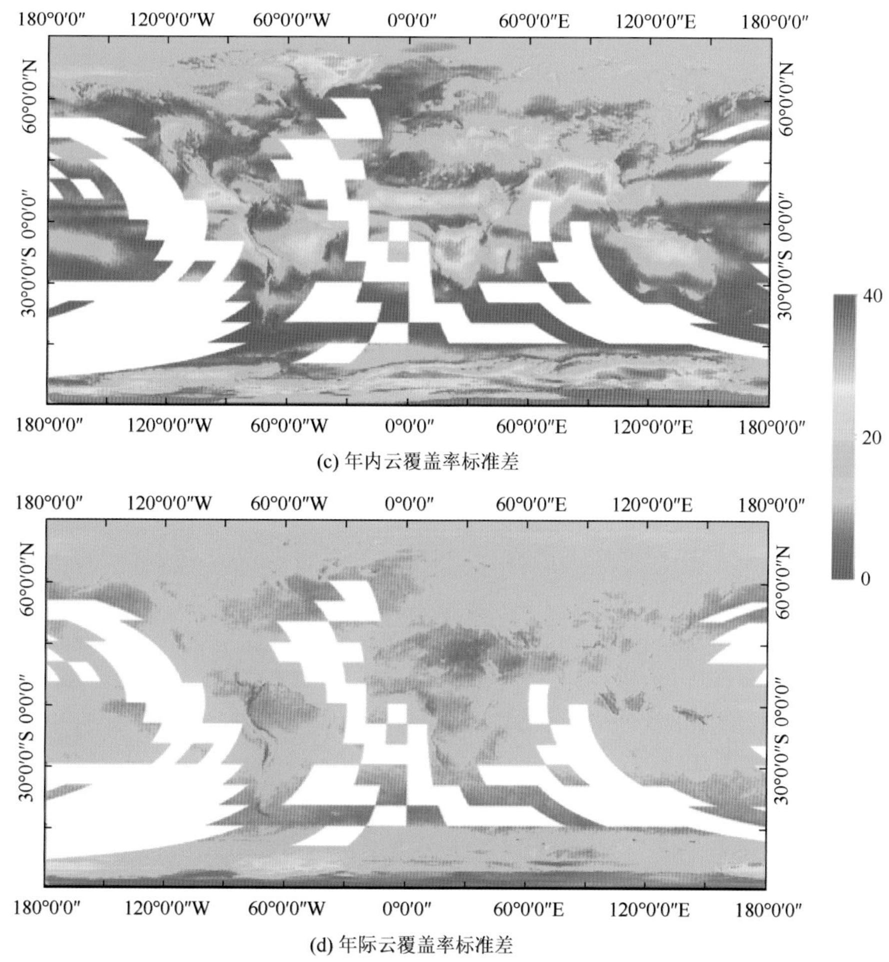

(c) 年内云覆盖率标准差

(d) 年际云覆盖率标准差

图 1-1　根据 MODIS 数据统计得到的 2000～2014 年全球平均云覆盖率

经过多年发展，通过卫星热红外遥感获取 LST 的方法已经较为成熟，相关数据产品丰富。因此，填补热红外遥感 LST 产品中由云造成的空间缺失，进而提高 LST 空间覆盖率，是获取全天候 LST 的一个有效途径。如何填补卫星热红外 LST 的空间缺失进而获取全天候 LST，近年来已成为学术界关注的焦点问题。作者在学术搜索引擎 Google Scholar 上分别以"all-sky land surface temperature"（全天空地表温度）、"all-weather land surface temperature"（全天候地表温度）、"seamless land surface temperature"（空间无缝地表温度）和"cloudy land surface temperature"（云下地表温度）为关键词进行检索，2001～2020 年的条目数如图 1-2 所示。4 种关键词的检索结果在数量上都呈现总体上升趋势，表明学术界对具有全天候属性的 LST 有越来越强的需求。其中，"cloudy land surface temperature"检索条目数最多，表明学术界对云下 LST 的关注度最高，也从侧面反映了云下 LST 是获取全天候 LST 的关键。

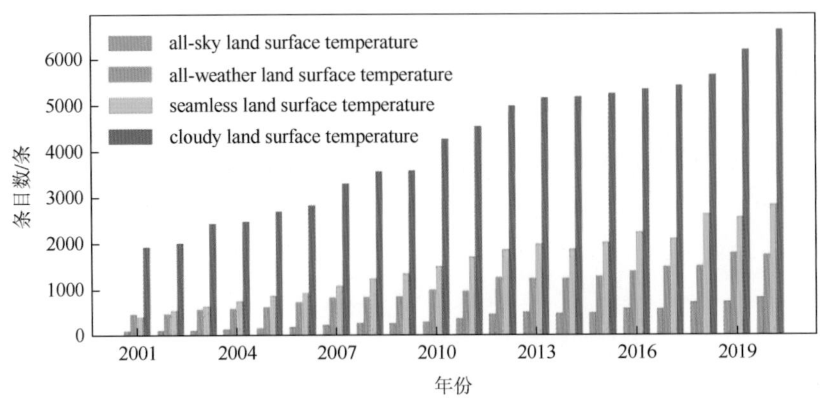

图 1-2　基于 Google Scholar 的检索结果数目

注：检索时段：2001～2020 年；检索时间：2021 年 6 月 9 日。

鉴于获取全天候 LST 已经成为遥感 LST 领域的前沿和热点，以及相应数据产品的良好实用价值，本章将从原理、方法、产品和应用方面回顾当前全天候地表温度的研究进展和实际问题，并探讨全天候地表温度的研究方向。

1.2　全天候地表温度获取基础

1.2.1　基于热红外遥感的地表温度反演

先前的遥感 LST 反演绝大部分都是基于热红外遥感进行的，经过几十年的发展，热红外遥感 LST 反演已经趋于成熟，相应的数据产品具有较高精度。Li Z L 等（2013）先后对热红外 LST 反演做了全面而深入的回顾和总结。分裂窗算法（Wan and Dozier，1996）、单窗/单通道算法（Qin et al.，2001；Jiménez-Muñoz and Sobrino，2003）以及地表温度-发射率分离算法（Gillespie et al.，1998；Hulley et al.，2014）等一系列经典反演算法的发展，推动相关机构发布了众多卫星热红外遥感 LST 产品。例如，美国航空航天局（National Aeronautics and Space Administration，NASA）发布了 MODIS LST 产品（Wan and Dozier，1996），美国海洋与大气管理局（National Oceanic and Atmospheric Administration，NOAA）发布了 VIIRS LST 产品（Yu et al.，2008），欧洲航天局（European Space Agency，ESA）和欧洲气象卫星应用组织发布了 AATSR、SLSTR 和 SEVIRI LST 产品（Trigo et al.，2008；Sobrino et al.，2016； Ghent et al.，2017）；中国气象局发布了 VIRR LST 产品（董立新等，2012）。作者在全球陆表特征参量反演团队中，也研制并发布了 GLASS LST 产品（Zhou et al.，2019；Ma et al.，2020；Liang et al.，2021）。这些 LST 产品在许多学科领域发挥了重要作用，促进了相关研究的发展（Liang et al.，2021）。

热红外遥感 LST 是全天候 LST 获取中十分重要的基础数据和参考源。此外，一些高质量的卫星热红外遥感 LST 产品的精度和空间分辨率已被学术界广泛接受。因此，全天候 LST 在精度和空间分辨率上大多对标当前被广泛使用的 MODIS LST 产品。

1.2.2 基于被动微波遥感的地表温度反演

相对于热红外谱区，被动微波波长较长，故来自地表表层的微波辐射可以穿透云层为卫星被动微波传感器所获取。因此，卫星被动微波遥感同样可以实现LST的反演，一些研究将基于被动微波遥感获得的原始分辨率的LST作为获取中分辨率(1km左右)全天候LST的重要基础数据之一。从20世纪80～90年代开始，学者们开始关注基于被动微波遥感反演LST。周芳成等（2014）和Duan等（2020）先后对被动微波LST反演现状和方向做了详细的回顾。由于篇幅所限，本章对现有被动微波遥感的LST反演算法仅做简述。

被动微波遥感的LST反演算法可以大致分为经验模型、半经验模型和物理模型。其中，经验模型的主要原理是建立LST“真值”/“相对真值”与被动微波通道亮温及其衍生参数之间的统计经验关系。第一种经验模型是单通道回归模型（毛克彪等，2006；Holmes et al.，2009）。第二种经验模型是建立多通道微波亮温、微波亮温衍生参数与LST之间的回归模型，通常称为多通道回归模型（李万彪等，1998；Wang et al.，2020）。

物理模型是以微波辐射传输方程为基础，LST与大气辐射、亮温、各通道微波地表发射率有关。相对于经验模型，物理模型意义明确。但是微波对土壤湿度十分敏感，土壤湿度对地表发射率有显著影响，存在方程的未知数个数多于方程个数的情况。针对物理模型这一问题，一些学者基于不同的假设来间接求解被动微波LST（Basist et al.，2002；潘广东等，2003）。半经验模型将不同通道微波地表发射率、通道亮温之间的相关性纳入被动微波辐射传输方程求解过程，使得半经验模型既简单易行，又兼具物理意义（Fily et al.，2003；Gao et al.，2008；André et al.，2015；代冯楠，2016）。

1.3 基于有效观测重构全天候地表温度

热红外LST虽会受云覆盖影响而缺乏有效观测值，但同一像元在时间序列上一般不会完全缺失。此外，在较大区域内，也极少出现所有像元均被云覆盖导致LST全部缺失的情况。被动微波虽存在条带现象导致空间覆盖不完全，但对同一目标像元，一般不会长时间缺乏观测。因此，基于有效LST观测获取全天候LST是可行的。

1.3.1 基于时空插值

基于时空插值的方法是获取全天候LST最直接和使用数据源较少的一类方法，它往往只使用遥感LST作为基础数据，在部分研究中会使用少量其他辅助数据，如植被指数、地表覆盖类型等。这类方法可以分为空间加权插值、时间加权插值和时空加权插值三类。这三类方法都是基于现有遥感LST数据集中的有效值来重构由于云或其他原因造成的缺失值，操作简单易行。

1. 空间加权插值

空间加权插值是基于某一区域 LST 数据中的有效值，在假设有效值与缺失值具有相同统计和几何结构的前提下，利用 LST 的空间相关性，通过插值的方法获得缺失像元的 LST 值（Fan et al.，2014；Kilibarda et al.，2014），其原理可以被简单表达为如下形式：

$$T_s(x_0,y_0)=\sum_{i=1}^{m} f[T_s(x_i,y_i)] \tag{1-1}$$

式中，T_s 为 LST；(x_0,y_0) 为需要重构 LST 的像元；则(x_i,y_i)为(x_0,y_0)空间邻近且具有有效 LST 观测值的像元；f 为加权函数。

一些常用的 LST 空间插值方法包括地理统计法、样条函数、克里金插值、回归树等，都是直接将目标缺失像元周围空间邻近的有效像元作为重构时的输入数据（Fan et al.，2014；Kilibarda et al.，2014）。例如，Neteler（2010）利用数据直方图剔除了 MODIS LST 数据中由云污染造成的低温异常值后，使用基于体积样条插值重建的温度梯度填补了山区由于云造成的 LST 缺失，输入数据中除了 LST 产品本身外，未使用其他气象数据。

2. 时间加权插值

时间加权插值是指使用同一区域在不同时间的多时相或时间序列 LST 信息去重建缺失像元 LST。该类方法主要包含线性时间法、时间傅里叶分析法、谐波分析法、小波变换等（Ghafarian et al.，2018；Zhang et al.，2020）。这些方法都是利用目标缺失像元时间窗口前后的有效 LST 观测去重构缺失时间点的 LST。时间加权可以被表示为如下形式：

$$T_s(x_0,y_0,t_0)=\sum_{i=1}^{m} f[T_s(x_0,y_0,t_i)] \tag{1-2}$$

式中，(x_0,y_0,t_0)为t_0时刻存在 LST 缺失的目标像元(x_0,y_0)；t_i 为像元(x_0,y_0)在t_0时间点前后具有 LST 有效观测的时刻。

学者们进行了一系列基于时间插值的 LST 缺失重构研究。基于奇异谱分析（singular spectrum analysis，SSA），Ghafarian 等（2018）和 Zhang 等（2020）分别填补了 MODIS 时序 LST 产品中的条带和我国 FY-3B 卫星微波成像仪（microwave radiation imager，MWRI）亮温产品中的轨道间隙，得到了空间覆盖更为完整的 MODIS LST 数据和空间无缝的 MWRI 亮温数据。基于经验正交函数（empirical orthogonal function，EOF）的数据插值也被用于填补 LST 缺失，如 Xu 和 Cheng（2021）基于数据内插的经验正交函数（data interpolating empirical orthogonal functions，DINEOF）填补了 AMSR2 被动微波 LST 的轨道间隙，获得了粗分辨率空间无缝的被动微波遥感 LST。基于日内温度循环（diurnal temperature cycle，DTC）模型的插值也是时间插值的一个重要思路（Jin and Dickinson，1999；Udahemuka et al.，2008）。此外还有学者利用不同传感器在不同时间的观测集成来提高 LST 在某一时刻的空间覆盖，得到更接近全天候的 LST 产品。例如，Crosson 等（2012）将 Terra MODIS LST 校正到 Aqua 过境时间后，将其用于填补 Aqua MODIS LST 由于云覆盖导致的缺失，得到一个新的逐日集成 LST 数据集，较集成前，云覆盖引起的空间缺失显著减少。

3. 时空加权插值

时空加权插值是同时利用目标缺失像元空间邻近和时间邻近的有效观测像元去预测和重构缺失像元 LST，与单一空间插值或时间插值相比，时空插值利用的有效观测更多，从空间和时间两个维度去考虑有效观测与目标缺失像元的关系（Sun et al.，2017b）。因此，该方法相较于前两种方法更加稳定和有效。时空加权插值可以被表达为如下形式：

$$T_s(x_0, y_0, t_0) = \sum_{i=1}^{m}\sum_{j=1}^{n} f[T_s(x_i, y_i, t_j)] \tag{1-3}$$

式中，(x_i, y_i, t_j) 为像元 (x_0, y_0) 的时空邻近像元，这些时空邻近像元具有 LST 有效观测值。

Sun 等（2017b）认为在局部区域内，相邻像元之间的 LST 差异在连续时间段内是接近的，利用缺失像元周边有效像元以及缺失像元观测时间点前后多天的有效观测值，可以通过加权求和的方式来重构目标像元缺失值。Zeng 等（2015）利用地表分类数据和缺失像元时空邻近的 LST 来预测 MODIS LST 产品中的缺失值，取得了较好的效果。Liu 等（2017）基于 DTC 模型和空间插值，重构了 FY-2F 静止轨道卫星 LST 产品中云覆盖像元的 LST，在该过程中引入了多个时间和空间插值方法。Weiss 等（2014）利用目标缺失像元及其邻近像元在缺失值观测时间前后的有效观测值，在时间维度上对缺失像元进行时间序列插值，最终填补了有效观测缺失的像元。

1.3.2 基于能量平衡方程插值

基于有效观测并通过时空插值获取的云下像元 LST 并非像元真实的非晴空 LST，原因是这种方法本质上只考虑了像元之间的时空关系，并没有考虑云下像元与晴空像元之间地表辐射差异带来的 LST 差异。通过时空插值获取的 LST 实质上是云下像元假定为晴空时的 LST。基于地表能量平衡方程的插值则考虑了晴空与云下像元之间的辐射差异，进一步校正了云下 LST（Zeng et al.，2018；Martins et al.，2019）。

1. 地表能量平衡方程插值原理

一般情况下，地面热通量可表示为

$$G = R_{\text{s-n}} + R_{\text{l-n}} - SH - LH \tag{1-4}$$

式中，G 为地面热通量；$R_{\text{s-n}}$ 为净短波辐射（太阳辐射），是下行短波辐射（$R_{\text{s}}^{\downarrow}$）与上行短波辐射（$R_{\text{s}}^{\uparrow}$）之差；$R_{\text{l-n}}$ 为净长波辐射，是下行长波辐射（$R_{\text{l}}^{\downarrow}$）与上行长波辐射（$R_{\text{l}}^{\uparrow}$）之差；$SH$ 和 LH 分别为地表感热通量和潜热通量。

$R_{\text{l-n}}$、SH 和 LH 均与 LST 密切相关。因此，式（1-4）的偏导数形式可以写成：

$$\frac{\partial G}{\partial T_s} = \frac{\partial R_{\text{s-n}}}{\partial T_s} - \frac{\partial R_{\text{l-n}}}{\partial T_s} - \frac{\partial S_{\text{hle}}}{\partial T_s} \tag{1-5}$$

式中，S_{hle} 是 SH 和 LH 之和。

式（1-5）等号右边的第一项并不说明 $R_{\mathrm{s\text{-}n}}$ 是 LST 的函数，表达为该微分形式是因为式（1-4）中 $R_{\mathrm{s\text{-}n}}$ 是与 LST 相关的能量项。基于强迫恢复（Force-Restore）理论，G 和其微分形式可进一步简化为（Deardorff，1978；Dickinson，1988）：

$$G = k_{\mathrm{g}} \frac{\partial T}{\Delta Z} = k_{\mathrm{g}} \frac{(T_{\mathrm{s}} - T_{\mathrm{d}})}{\Delta Z} \tag{1-6}$$

式中，k_{g} 是地面土壤热传导系数；ΔZ 是渗透深度，定义为热扩散率的函数，热扩散率是热导率与体积比热的比值；T_{d} 是地下层温度。

由于地下层温度对太阳辐射的敏感性远低于 LST（Stull，1988），故式（1-6）可进一步简化为

$$\frac{\partial G}{\partial T_{\mathrm{s}}} = \frac{\partial}{\partial T_{\mathrm{s}}}\left[k_{\mathrm{g}} \frac{(T_{\mathrm{s}} - T_{\mathrm{d}})}{\partial Z}\right] \approx \frac{k_{\mathrm{g}}}{\Delta Z} \tag{1-7}$$

$R_{\mathrm{l\text{-}n}}$、S_{hle} 与 $R_{\mathrm{s\text{-}n}}$ 之间具有线性相关关系（Jin，2000），可表示为

$$\begin{cases} R_{\mathrm{l\text{-}n}} = a_0 + aR_{\mathrm{s\text{-}n}} \\ S_{\mathrm{hle}} = b_0 + bR_{\mathrm{s\text{-}n}} \end{cases} \tag{1-8}$$

式中，a 和 b 为线性相关系数。

基于式（1-6）、式（1-7）和式（1-8），式（1-5）等号右边的第二项和第三项可进一步表示为

$$\begin{cases} \dfrac{\partial S_{\mathrm{hle}}}{\partial T_{\mathrm{s}}} \approx \dfrac{\Delta S_{\mathrm{hle}}}{\Delta T_{\mathrm{s}}} = \dfrac{\Delta S_{\mathrm{hle}}}{\Delta R_{\mathrm{s\text{-}n}}} \dfrac{\Delta R_{\mathrm{s\text{-}n}}}{\Delta T_{\mathrm{s}}} \\ \qquad = a \dfrac{\Delta R_{\mathrm{s\text{-}n}}}{\Delta T_{\mathrm{s}}} \\ \dfrac{\partial R_{\mathrm{l\text{-}n}}}{\partial T_{\mathrm{s}}} \approx \dfrac{\Delta R_{\mathrm{l\text{-}n}}}{\Delta T_{\mathrm{s}}} = \dfrac{\Delta R_{\mathrm{l\text{-}n}}}{\Delta R_{\mathrm{s\text{-}n}}} \dfrac{\Delta R_{\mathrm{s\text{-}n}}}{\Delta T_{\mathrm{s}}} \\ \qquad = b \dfrac{\Delta R_{\mathrm{s\text{-}n}}}{\Delta T_{\mathrm{s}}} \end{cases} \tag{1-9}$$

综合式（1-6）、式（1-7）、式（1-8）和式（1-9）可以得出：

$$\begin{cases} \Delta T_{\mathrm{s}} = \dfrac{\Delta Z}{k_{\mathrm{g}}}(\Delta R_{\mathrm{s\text{-}n}} - \Delta R_{\mathrm{l\text{-}n}} - \Delta S_{\mathrm{hle}}) \ \text{(a)} \\ \Delta T_{\mathrm{s}} = \dfrac{1}{\lambda}(1 - a - b)\Delta R_{\mathrm{s\text{-}n}} = \dfrac{1}{K}\Delta R_{\mathrm{s\text{-}n}} \ \text{(b)} \end{cases} \tag{1-10}$$

式中，λ 为 $\Delta Z / k_g$；K 为 $\Delta z / k(1-a-b)$。

由式（1-10）可知，晴空与非晴空 LST 的差异可以表示为净短波辐射差异的函数，即两个相似像元的 LST 差异主要是由其净短波辐射差异引起的。在晴空条件下，相似邻

近像元具有非常接近的 LST，当某一个相似邻近像元被云覆盖时，会使该像元接收的净短波辐射产生变化而引起 LST 变化。因此，云覆盖像元的 LST 可表达为相似邻近像元的 LST 加上由于云覆盖造成的净短波辐射差异导致的 LST 变化，即

$$T_{\text{cloud}}(i) = T_{\text{clear}}(j) + \frac{1}{K}\Delta R_{\text{s-n}}(i,j) \tag{1-11}$$

式中，i、j 分别表示像元。

当使用多个与云覆盖像元相似的邻近像元去重建云覆盖像元的 LST 时（邻近既可以指像元空间邻近，也可以指同一像元在时间序列上的邻近），式（1-11）可进一步表达为

$$T_{\text{cloud}}(i) = \frac{1}{N}\sum_{j=1}^{N} f_j[T_{\text{clear}}(j)] + \frac{1}{N}\sum_{j=1}^{N} f_j[\lambda\Delta R_{\text{s-n}}(i,j)] + d \tag{1-12}$$

式中，T_{cloud}（i）为像元 i 被云覆盖时的 LST；T_{clear}（j）为像元 i 相似邻近像元 j 的晴空 LST；f_j 为相似邻近像元 j 对应的映射函数；N 为相似邻近像元数量；d 为偏差。

式（1-12）等号右边第一项可以看作是像元 i 被假定为晴空时的 LST[$T_{\text{cloud-clear}}$（i）]，第二项是云给像元 i 带来的 LST 变化 $T_{\text{difference}}$（i）。因此，基于能量平衡方程利用晴空相似邻近像元获取 $T_{\text{cloud-clear}}$（i）和 $T_{\text{difference}}$（i）是该方法获取全天候 LST 的关键。

2. 地表能量平衡插值现状

Jin（2000）首先基于地表能量平衡理论提出了一种邻近像元法来估算极轨卫星热红外云覆盖像元 LST。该方法中，云覆盖像元 i 的 $T_{\text{cloud-clear}}$（i）由其时空邻近的晴空 LST 通过插值而来，基于实测数据建立 $R_{\text{l-n}}$ 和 S_{hle} 与 $R_{\text{s-n}}$ 之间的相关关系，最终得到 $T_{\text{difference}}$（i）并获取了云下 LST。Lu 等（2011）利用 MSG SEVIRI 提供的时域观测信息和太阳辐射数据，基于能量平衡方程，将云下像元的 LST 表达为该像元时间邻近的晴空 LST 与净短波辐射差异带来的影响之和。Martins 等（2019）同样基于能量平衡方程，利用欧洲地表分析卫星应用数据集（Satellite Application Facility on Land Surface Analysis，LSA-SAF）提供的地表参数成功填补了 MSG SEVIRI 官方 LST 产品由于云覆盖造成的 LST 缺失，并生成了全天候 LST 产品 MLST-AS。Yang 等（2019）首先利用校正后和填补空白后的 MODIS 8 天合成 LST 产品（MOD11A2）时间插值得到逐日空间全覆盖的 LST，建立了 MOD11A1 LST 产品晴空像元与对应插值 LST 之间的函数关系，并将此关系应用于云覆盖像元从插值 LST 中得到校正后的 $T_{\text{cloud-clear}}$（i），在此基础上，基于 GLASS 提供的下行短波辐射产品来计算 $T_{\text{difference}}$（i），两者相加获得全天候 LST。

前述研究都是直接基于地表能量平衡方程来获取热红外遥感 LST 产品中云覆盖像元 LST 从而得到全天候 LST，也有一些研究将净短波辐射差异导致的 LST 变化隐式地考虑在研究中。例如，Zhao 和 Duan（2020）利用随机森林方法建立了晴空条件下 LST 和地表特征参量、地形参量以及累积太阳辐射之间的映射关系，并将晴空条件下得到的映射关系用于非晴空，进而重构了 MODIS LST 产品中云覆盖像元的 LST。

1.3.3 有效观测重构的局限性

基于有效观测重构缺失 LST 虽然已经被大量运用于填补各种 LST 产品中由于云覆盖及其他原因造成的缺失，具有意义明确、操作简单以及数据依赖少等优点，但在实际操作中仍存在一些局限性。

时空插值重构缺失像元 LST 是利用缺失像元时空邻近的晴空有效像元 LST 通过插值进行。因此，重构的 LST 是假定该像元为晴空时的 LST。当 LST 观测缺失是由云覆盖引起时，时空插值重构的 LST 和缺失像元实际 LST 存在一个背景差异。此外，时空插值的应用要求缺失像元形成的时空窗口不能过大，当缺失像元周边依然是大面积缺失时，空间插值无效；当缺失像元观测时间点前后存在长时间观测空白时，时间插值无效。因此，时空插值难以应用于长时间、大面积处于多云雾状况的地区。

能量平衡法引入了地表净辐射差异来表征时空插值时晴空像元和非晴空像元之间的 LST 差异，从而校正了天气背景差异。然而，当使用能量平衡法获取全天候 LST 时，辐射分量之间的关系建立依赖大量地面站点数据。在重构 LST 阶段，准确计算各个像元的净短波辐射本身就十分困难，净短波辐射的精度直接影响全天候 LST 的精度。此外，能量平衡法同样依赖时间、空间和时空插值，即同样依赖晴空有效 LST 像元，在填补热红外 LST 缺失时也面临难以应用于长时间、大面积处于多云雾状况地区的局限。

1.4 多源数据集成获取全天候地表温度

众所周知，卫星遥感的时空分辨率难以兼顾。当极轨卫星热红外传感器的空间分辨率较高时，其时间分辨率较低（如 Landsat-8 卫星热红外传感器 TIRS 的空间分辨率为 100m，在影像无重叠时，其时间分辨率为 16 天）；当其时间分辨率较高时，其空间分辨率则会受到限制(如 Terra/Aqua MODIS 的星下点空间分辨率约为 1km,其时间分辨率约为 1 天 4 次)。被动微波传感器则可以提供不受云影响的较高空间覆盖率的 LST 观测，但其空间分辨率较低（如 AMSR-E 平均分辨率约为 25km，AMSR2 则约为 10km）。此外，再分析数据中也提供了时间和空间连续的 LST 及相关参量，但再分析数据同样面临着两个方面的限制：再分析数据中 LST 及相关参量不确定性较大，其空间分辨率较卫星热红外遥感 LST 十分粗糙，难以满足局部区域相关研究，对其进行空间降尺度和率定都存在一定困难。

热红外、被动微波遥感和再分析数据提供的 LST 及相关参量都各有优势与弊端。如何整合这些多源数据，在优势互补的情况下集成得到时空分辨率与准确性都可以接受的全天候 LST 已成为学术界的研究焦点。本节将从热红外与被动微波集成、热红外与再分析数据集成两方面回顾多源数据集成获取全天候 LST 的现状。

1.4.1 热红外与被动微波遥感集成

如前文所述，被动微波遥感已经成为获取全天候 LST 的一个重要基础数据源。但是基于单源被动微波遥感获取的 LST 存在空间分辨率低、轨道间隙缺失等问题。单源被动微波遥感 LST 难以满足小区域精细化应用需求，但其可以穿透云层的特性与热红外遥感形成了良好互补，因此被动微波与热红外遥感协同已成为获取全天候 LST 的一条重要途径。

第一种实现被动微波与热红外集成的方式是：将被动微波遥感 LST 降尺度到与热红外遥感 LST 一致的空间尺度，然后直接与后者集成得到全天候 LST，其集成流程如图 1-3 所示。对于该类方法，被动微波 LST 的降尺度十分关键，直接影响最终集成的全天候 LST 质量。

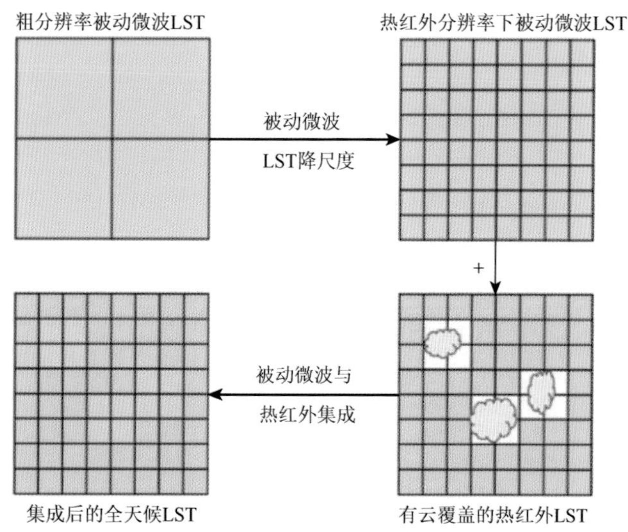

图 1-3　被动微波 LST 降尺度后与热红外 LST 集成获取全天候 LST 示意图

基于该思想，大量相关研究已经涌现，这些研究的区别在于降尺度方法和集成方式的不同。例如，Li A 等（2013）将此思想用于全天候海表温度获取，将 4km 的 MODIS 海表温度和 25km 的 AMSR-E 被动微波海表温度作为训练贝叶斯集成模型的输入参数，基于低分辨率 AMSR-E 像元和所含高分辨率 MODIS 子像元的位置关系，通过贝叶斯空间最大熵对 AMSR-E 海表温度进行空间降尺度，然后与 MODIS 海表温度直接合成得到 4km 全天候海表温度。Duan 等（2015）使用 NDVI 阈值将中国陆表地区划分为四种地表类型；其次，分别在四种地表类型上建立 AMSR-E LST 与粗分辨率归一化植被指数（normalized difference vegetation index，NDVI）的回归关系；再次，将 1km 分辨率的 NDVI 代入第二步得到的回归关系中获得降尺度后空间分辨率为 1km 的 AMSR-E LST；最后，将 1km AMSR-E LST 与 MODIS LST 融合得到中国陆表 1km 分辨率的全天候 LST。Xu 等（2019）也采用贝叶斯最大熵，将降尺度后的 AMSR-E LST 与 1km MODIS LST 集成得到了青藏高原和黑河流域空间分辨率为 1km 的全天候 LST。Duan 等（2017）认为一个 AMSR-E 像元内所包含的 1km MODIS 像元 LST 差异是由高程决定的，利用高空间分辨率高程数据对 AMSR-E LST 数据降尺度得到 1km 非晴空 LST，最后将上述 1km 的非晴空 LST 与 MODIS LST 融合得到中国区域 1km 全天候 LST。Yoo 等（2020）则认为高程不是唯一影响 LST 的因子，除了 Duan 等（2017）考虑的高程因素以外，NDVI、年积日、经纬度和太阳高度角也被作为 AMSR-E LST 降尺度影响因子，将降尺度后的 AMSR-E LST 与 MODIS LST 融合，最终得到韩国陆表空间分辨率为 1km 的全天候 LST。

上述研究中，降尺度后的被动微波 LST 都直接被用来与热红外集成，没有经过校正或其他率定处理，因此集成的全天候 LST 在图像质量和云下精度两方面都可能存在不确定性。降尺度不充分的被动微波 LST 与热红外集成后得到的全天候 LST 可能存在“斑块效应”。为了解决上述问题，一些学者从微波 LST 与热红外 LST 精度统一以及晴空和云下 LST 整体重构的角度做了另外一些尝试。基于 LST 时间分解理论（Bechtel，2012；Weng and Fu，2014；Zhan et al.，2014），LST 时间序列可分为年内温度变化分量（annual temperature component，ATC）、日内温度变化分量（diurnal temperature component，DTC）和天气温度变化分量（weather temperature component，WTC）。Zhang 等（2019）根据热红外和被动微波 LST 分别计算晴空和云下 ATC 和 DTC，加权后得到全天候 ATC 与 DTC，由再分析数据计算出 WTC，最后根据每个分量的物理特性对其进行优化或空间降尺度，并将优化分量进行叠加，得到晴空与非晴空均为重构的全天候 LST。Xu 和 Cheng（2021）先从被动微波亮温数据中反演得到被动微波 LST 数据，然后利用 DINEOF 插值填补被动微波条带；再对被动微波 LST 数据进行降尺度，得到 0.01° 的 LST 数据；进一步利用 MODIS 晴空 LST 数据作为参考数据、降尺度晴空被动微波 LST 数据作为目标数据，利用累积分布函数纠正降尺度被动微波 LST 数据；继而融合纠正后的降尺度被动微波 LST 数据，得到初步的全天候 LST；最后利用多分辨率卡尔曼滤波对上述全天候 LST 数据进行处理得到最终的全天候 LST 数据。通过校正和滤波既降低了全天候 LST 的不确定性，又提高了其图像质量。

当前大多数热红外与被动微波遥感集成获取全天候 LST 都是基于 Aqua MODIS 和 AMSR-E/AMSR2 进行的，一个十分棘手的问题是 AMSR-E 和 AMSR2 存在长达 8 个月的时间断档和极轨运行方式造成的条带缺失。这使得目前热红外和被动微波遥感观测直接集成的 LST 难以达到“空间无缝”和“时间连续”的要求。为解决这一问题，Zhang 等（2020）建立了基于缺失微波亮温重构的全天候 LST 估算方法——RBT（reconstruction of brightness temperature）。该方法利用我国风云三号 B 星（FY-3B）MWRI 被动微波亮温数据，基于 SSA 重构了 2011～2012 年 AMSR-E 和 AMSR2 时间和空间缺失窗口内的被动微波亮温数据，基于重构后时空连续的 AMSR-E 和 AMSR2 亮温数据与 MODIS LST 数据集成得到时空严格连续且空间分辨率为 1km 的全天候 LST。该研究将被动微波与热红外集成获取全天候 LST 的范围推广到了更大领域，不再受限于被动微波观测与热红外观测需要时间严格一致，而是可以借助多个卫星上多个被动微波传感器去弥补微波传感器的时间断档和极轨运行方式造成的轨道间隙缺失。最近，Tang 等（2021）提出了一种能够估算近实时全天候 LST 的方法（NRT-AW）。NRT-AW 方法首先在 FY MWRI 和 AMSR2 亮温之间建立映射关系，然后在 AMSR2 的轨道间隙区域内进行应用以获得近实时的空间无缝微波亮温。在两个相邻的年尺度周期内，热红外遥感 LST 和被动微波亮温之间的映射关系是相似的，基于此映射关系，通过空间无缝的被动微波亮温估算全天候 LST。本书第四章将对 NRT-AW 方法进行详细介绍。

1.4.2 热红外遥感与再分析数据集成

除了热红外与被动微波集成获取全天候 LST 以外，再分析数据中 LST 及相关参量的时空连续特性，为集成热红外和再分析数据获取全天候 LST 提供了另一种思路。然而，如前所述，再分析数据面临着不确定性大和空间分辨率低等问题，使得再分析数据与热红外集成面临率定和空间降尺度两大难题。到目前为止，成功实现再分析数据与热红外遥感集成获取全天候 LST 的研究较少。但不可否认，这种方式有巨大研究潜力，因此本节亦专门对这个主题进行了回顾和梳理。

目前仅有少数研究开展了集成热红外LST和再分析数据进而获得全天候LST的研究。Long 等（2020）基于自适应时空反射率融合模型（enhanced spatial and temporal adaptive reflectance fusion model，ESTARFM），集成 CLDAS LST 和 MODIS LST 估算了我国华北地区 1km 全天候 LST，取得了很好表现。该研究在大幅填补了热红外遥感 LST 空间缺失的同时，也具有十分稳定的精度（2.37～3.98K）。该方法可以被稳定推广至其他区域。基于该方法生成的全天候 LST 被成功用于估算空间连续的地表蒸散发数据(Zhang C J et al.，2021)。张晓东（2020）和 Zhang X D 等（2021）则基于一种新型的 LST 时间分解模型，提出了一种新的集成再分析数据与热红外遥感数据重建全天候 LST 的方法——RTM (reanalysis and thermal infrared remote sensing merging)。RTM 将 LST 分解为高频分量与低频分量，然后用 MODIS LST 产品来拟合低频分量和晴空高频分量，利用再分析数据拟合了非晴空高频分量，最后累加得到全天候 LST。基于 RTM，成功集成了 Aqua MODIS 和 GLDAS/CLDAS，生成了逐日 1km 全天候 LST 产品，对应的数据集 TRIMS LST 及其空间子集 TRIMS LST-TP 已在国家青藏高原科学数据中心正式发布。本书第五章和第六章将对 RTM 方法及 TRIMS LST 数据集进行详细介绍。

1.4.3 多源数据集成的局限性

多源数据集成获取全天候 LST 与基于有效观测数据重构全天候 LST 相比，可以利用具有不同特性的数据克服云覆盖带来的影响，从而使全天候 LST 在空间分辨率上达到热红外遥感 LST 的水平，并在精度上与其接近。然而，多源数据集成同样也存在一些局限。

首先，热红外与被动微波遥感集成要求热红外传感器与被动微波传感器具有相同或相近的过境时间，这要求这两种传感器最好搭载于同一卫星上。这也是当前大多数研究都集中在 Aqua MODIS 与 AMSR-E/AMSR2 的集成方面的原因，因为它们有十分接近的过境时间，可以减少由于过境时间差异带来的 LST 变化，减小集成的难度。

其次，被动微波 LST 反演中存在的问题也给该类方法的应用带来了诸多限制。第一，与热红外相比，被动微波遥感空间分辨率主要取决于微波辐射计天线尺寸和采用的频率，但受限于目前星载辐射计整体重量的限制，天线尺寸扩展空间十分有限，特别是低频波段的空间分辨率难以通过硬件提升，所以被动微波 LST 空间分辨率较低（数十公里不等），其多用于大区域尺度（国家尺度或者全球尺度）LST 的监测，粗糙的空间分辨率使其在区域尺度的应用如干旱监测、生态监测、气候变化监测等十分受限（Prigent et al.，1999）。此外，粗糙的空间分辨率也使其无法直接与热红外 LST 集成。第二，微波对地表具有一定穿透性，这也是被动微波与热红外集成面临的限制之一。在先前的检验中发现，基于被动微波观测反演得到的 LST 较热红外 LST，存在明显低估，在裸地和植被稀疏区域这种现象更为严重（Holmes et al.，2013b， 2015）。导致这一现象的原因是微波波长较长，微波亮温中包含地表以下的辐射信息，即被动微波和热红外具有不同的热采样深度（thermal sampling depth，TSD）（Zhou et al.，2017）。因此，热红外与被动微波集成未来主要研究方向是实现被动微波数据的有效降尺度及被动微波热采样深度纠正，从而为全天候 LST 获取提供更有效的集成数据。第三，热红外与再分析数据集成获取全天候 LST 则尚处于初步阶段，与此相关的研究十分稀少，关于二者集成获取全天候 LST 的方法到目前为止仍然十分匮乏。此外再分析数据本身的低空间分辨率和不确定性也是集成过程中亟待解决的问题。但热红外遥感和再分析数据集成确实提供了一种获取全天候 LST 的新思路（Long et al.，2020），将有助于区域乃至全球尺度全天候 LST 数据集的生成。热红外与再分析数据集成获取全天候LST未来研究方向应该包括如何实现再分析数据的率定和空间降尺度，以及如何从再分析数据中提取有效的时序信息。

1.5 全天候地表温度产品及其应用

1.5.1 全天候地表温度产品回顾

全天候 LST 对于局地与全球气候变化十分重要，学界对全天候 LST 的关注度日益上升。学者们从各个方面探究了获取全天候 LST 的可行性。基于有效观测重构和多源数据集成的思路，当前已经发布了一些全天候 LST 产品，这些产品对用户是公开可用的。本节搜集并整理了当前公开发布的全天候 LST 产品信息，尽管当前有较多关于全天候 LST 的研究，但目前已经公开发布的产品却十分稀少。表 1-1 列出了五种满足全天候属性的 LST 产品，可见现有的全天候 LST 产品中尚缺乏同时满足全球尺度不受云影响、时间跨度长、空间分辨率高等应用需求的产品。

表 1-1 当前已发布的全天候 LST 产品

产品名	空间分辨率/km	时间分辨率	空间覆盖范围	时间覆盖范围	发布平台与网址	参考文献
中国全天候 1km 地表温度产品（CWLST）	1	逐日一次	我国主要陆地区域（包含港澳台地区，不含南海岛礁等区域）	2002～2011 年	国家地球系统科学数据中心（http://www.geodata.cn/index.html）	（Duan et al.，2017）
中国西部逐日 1km 空间分辨率全天候地表温度数据集 V1（CWWLST）	1	逐日两次	中国西部（65.00°～108°E，45.00°～22°N）	2003～2018 年	国家青藏高原科学数据中心（https://data.tpdc.ac.cn）	（Zhang et al.，2019，2020）

续表

产品名	空间分辨率/km	时间分辨率	空间覆盖范围	时间覆盖范围	发布平台与网址	参考文献
MLST-AS（LSA-005）	3～5	30min	MSG 标称圆盘（静止点为赤道上 0°经线位置）	2020 年 11 月 23 日至今	The Satellite Application Facility（SAF）on Land Surface Analysis（LSA）（https://landsaf.ipma.pt/en）	（Martins et al.，2019）
中国西部逐日 1km 全天候地表温度数据集 V2（TRIMS LST-TP）	1	逐日两次	中国西部（72.00°～104°E，45.00°～20°N）	2000～2021 年	国家青藏高原科学数据中心（https://data.tpdc.ac.cn）	（Zhang X D et al.，2021）
中国陆域及周边逐日 1km 全天候地表温度数据集（TRIMS LST）	1	逐日两次	中国主要陆地及周边区域（包含我国港澳台地区，暂不含我国南海岛礁等区域）（72.00°～135°E，19.00°～55°N）	2000～2021 年	国家青藏高原科学数据中心（https://data.tpdc.ac.cn）	（Zhang X D et al.，2021）

Duan 等（2017）发布了中国全天候 1km 地表温度产品（CWLST），空间覆盖上包含中国陆地主要区域（包含港澳台地区，不含南海岛礁等区域），空间分辨率为 1km。时间跨度上在已发布的产品中较长，时间跨度为 10 年（2002～2011 年），其数据满足全天候 LST 不受云雾影响的要求，是首个基于热红外与被动微波融合的全天候 LST 产品。

Zhang 等（2019，2020）发布的中国西部逐日 1km 空间分辨率全天候地表温度数据集 V1（CWWLST）在集成热红外与被动微波 LST 时，采用了基于时间分解模型整体重构晴空和非晴空 LST，具有良好的图像质量和精度，尤其是在我国西南部的长期多云雾地区，更具明显优势。此外，该数据产品时间跨度为 16 年，时间跨度较长，空间分辨率较高（1km），可以用于长时序研究。该产品现已被中国西部逐日 1km 全天候地表温度数据集 V2（TRIMS LST-TP）替代（Zhang X D et al.，2021）。由于该产品在生产过程中是逐像元建模重构 LST，因此产品生产需要巨大算力支持，这限制了该产品的大范围生产，使得该产品空间覆盖范围较小，前期发布的版本只包含中国西部区域。

中国陆域及周边逐日 1km 全天候地表温度数据集（TRIMS LST）是集成 MODIS 热红外地表温度和 GLDAS 与 CLDAS 等再分析数据后，重构晴空与非晴空 LST，得到的 1km 全天候 LST，其算法同样是基于 LST 时间分解理论，与 CWWLST 相比较，TRIMS 的验证精度和图像质量得到进一步优化。此外，TRIMS 进一步拓展了该系列产品的时空覆盖范围，时间上由 CWWLST 的 2003～2018 年拓展至 2000～2021 年（后期会不断更新）；空间上由 CWWLST 的中国西部拓展至 TRIMS 的中国主要陆地及周边区域（包含我国港澳台地区，暂不包含我国南海岛礁等区域）。需要说明的是，TRIMS LST-TP 是 TRIMS LST 的子集，其目的是方便用户在青藏高原及周边地区的使用，除了空间覆盖范围有所变化外，其余参数指标与 TRIMS LST 完全一致。由于 TRIMS 与 CWWLST 都是逐像元建模重建

LST，所以重建大面积全天候 LST 时，仍然需要大量算力，因此空间范围上暂时未覆盖全球。本书将在第五章和第六章予以详细介绍。

Martins 等(2019)发布的 MLST-AS 产品是基于能量平衡方程插值获取的全天候 LST。MLST-AS 是利用 LSA-SAF 提供的地表辐射数据集填补了 MSG/SEVIRI 官方 LST 产品中由于云覆盖造成的 LST 空白后获取的全天候 LST 数据集。由于其基础数据来自静止轨道卫星，所以其时间分辨较高（半小时），其空间覆盖范围为静止点在赤道上空 0°经线处的标称全圆盘（约 75.00°W～75°E，75.00°N～75°S），星下点像元空间分辨率约为 3km，离星下点越远，空间分辨率越低，最远处约为 5km，其空间分辨率较 TRIMS LST 更低。此外，云下 LST 验证精度约为 4K。另外一个限制其应用的主要问题是，该数据处于初始发布阶段，目前其数据可用时间范围始于 2020 年 11 月 23 日（截至 2021 年 5 月），实际可用时间范围有限，尚难以满足长时间序列相关研究的需求。

尽管全天候 LST 相关研究已经开展多年，但当前全天候 LST 产品依然十分匮乏。截至目前，已发布的产品在空间分辨率、时空覆盖、精度等方面还存在较大提升空间。

1.5.2 全天候地表温度的应用

学术界十分关注全天候 LST 研究进展的一个重要原因是全天候 LST 可以促进以 LST 为驱动数据的相关研究。目前常用的热红外遥感 LST 数据均存在空间缺失，这必然制约相关研究的进一步深入和全面理解。因此将全天候 LST 数据应用到与 LST 相关的研究中，从而改善研究结果或发现新的科学问题是全天候 LST 的重要作用之一。

Qu 等（2021）利用中国西部逐日 1km 空间分辨率全天候地表温度数据集 V1 作为土壤湿度的降尺度因子，对基于微波亮温和机器学习方法生成的粗分辨率土壤湿度数据进行空间降尺度，得到了青藏高原地区 2002～2015 年空间分辨率为 1km 且空间连续的土壤湿度数据。全天候 LST 在获取中分辨率空间连续的土壤湿度数据中，扮演了十分关键的角色。He 等（2020）在中国西南河流源区，将中国西部逐日 1km 空间分辨率全天候地表温度数据集 V1 同化进热传导方程，估算了该区域云下地表蒸散发，并将估算结果与只用 MODIS 热红外 LST 作为同化输入的结果进行了比较。结果显示，同化全天候 LST 估算的云下地表蒸散发具有更高精度。Zhang C J 等（2021）使用 Long 等（2020）生成的 1km 全天候 LST 作为地表蒸散发估算的输入参数，成功估算了中国华北平原 2008～2017 年逐日 1km 空间连续的地表蒸散发，与国际广泛使用的两种地表蒸散发数据相比，其估算结果在该区域表现更好。

文献调研结果表明，除了上述少量已有研究之外，目前很少有直接应用全天候 LST 产品的相关研究。笔者认为有两个主要原因：①如前所述，全天候 LST 产品匮乏和产品时空覆盖不足等客观因素使得全天候 LST 应用尚处于初级阶段；②当前已发布的全天候 LST 产品都是近几年陆续发布的，全天候 LST 产品在学术界的传播范围较小。

除了利用全天候 LST 估算空间连续的土壤湿度、地表蒸散发外，其还有望被应用于气候变化研究、干旱监测、城市热环境分析等诸多领域。在未来，除了进一步获取更高质量和更广泛空间覆盖范围的全天候 LST 之外，促进对已有全天候 LST 产品的直接应用，进一步发现和理解相关过程也十分重要。

1.6 本 章 小 结

目前，学术界已经就全天候 LST 遥感获取展开了丰富研究，全天候 LST 获取已取得诸多进展，为 LST 相关应用提供了有力支撑。从当前两类获取全天候 LST 的方法来看，多源数据集成方法表现出较大的潜力：它可以将多种数据的优势通过集成手段整合到一起，从而使获取的全天候 LST 在时间上连续、空间上不受云雾影响，同时在空间分辨率上也可以与当前主流的卫星热红外遥感 LST 保持一致，在精度上有稳定表现。而基于有效观测重构全天候 LST 对输入数据要求较少，操作简单易行，这种方法非常适合填补热红外 LST 中短时间、小面积、碎片状的空间缺失（由碎云或者其他原因引起的缺失）。被动微波 LST 尽管存在空间分辨率低和空间条带等问题，但其对云层的穿透能力是当前获取云下地表信息的有效手段，最大限度地提高被动微波 LST 的准确性可以给多源数据集成获取全天候 LST 提供一个十分重要的数据源，从而间接促进全天候 LST 的发展。

基于前文的分析，还可从以下方面对全天候 LST 开展深入研究。

（1）被动微波热采样深度纠正和条带填补。由于微波波长较长，对地表有一定穿透性，因此被动微波观测信息具有一定热采样深度，被动微波 LST 与热红外 LST 具有不同物理含义，如何统一它们的物理含义是提高被动微波 LST 精度面临的关键问题。此外，极轨运行方式造成的条带，使被动微波存在较大空间缺失，如何填补条带缺失也是一个关键问题。从传感器角度出发，如果未来的被动微波传感器在设计中可以在控制信噪比的前提下增加微波成像仪的扫描幅宽，则可以缩小甚至消除被动微波数据中的条带，得到空间连续的被动微波 LST。解决上述两个问题后，被动微波 LST 可以为多源数据集成提供空间覆盖广、精度稳定的基础数据。

（2）加强多源数据集成获取全天候 LST 的研究。多源数据集成获取全天候 LST 虽已获得科学界关注，有一些研究涌现，但当前研究尚处于初步阶段。未来的研究应该考虑如何形成系统有效的集成策略。当前，对于热红外与被动微波集成的研究大多数都简单停留在将被动微波数据降尺度后与热红外简单叠加，进一步的研究应该注重它们之间观测差异的校正。此外，如何协同观测时间不一致的多平台多传感器来提高某一时刻 LST 的空间覆盖，也是未来的研究主题。此外，热红外与再分析数据集成受到的关注度不够，二者之间的协同潜力没有被充分挖掘，未来应该充分利用再分析数据的时空连续性和热红外数据的高空间分辨率与高精度特性，获取 100%时空连续的全天候 LST。

（3）加强全天候 LST 产品的生产、共享与应用。当前可以被用户直接应用的全天候 LST 产品较少。在接下来对全天候 LST 的研究中，应该将生成全球尺度上时空连续且具有中高空间分辨率的全天候 LST 产品作为全天候 LST 研究的重要任务。此外，在提高全天候 LST 数据质量和可靠性的同时，也应该注重方法在实际应用中的可操作性和低成本性，让全天候 LST 成为真正推动相关研究进步的可用数据。

因此，本书将从被动微波全天候 LST 反演、被动微波 LST 条带间隙填补、热红外与被动微波、再分析数据集成着手，进行较为全面的卫星遥感全天候 LST 反演与重建。在获取长时间序列的全天候 LST 后，再对相关数据产品进行检验，并进一步拓展全天候 LST 的应用领域。

第 2 章　基于被动微波遥感的全天候地表温度反演

为补足由于云雾天气造成的热红外遥感地表温度时间序列的缺失，学术界也使用卫星被动微波数据进行 LST 反演，原因是：①地物在微波频率处热辐射的能量量级在被动微波传感器的可探测范围内；②被动微波具有较强的穿透性，受云雾天气影响较小。从 20 世纪 80 年代起，学术界开始逐渐涌现一些基于卫星被动微波遥感的地表温度反演算法（Lambert and McFarland，1987）。目前针对被动微波地表温度反演的算法大致可以分为三类：经验算法（McFarland et al.，1990；李万彪等，1998；毛克彪等，2006；Holmes et al.，2009；Chen et al.，2011；Zhou et al.，2015a）、半经验算法（Fily，2003；Gao et al.，2008；陈修治等，2013）和物理算法（Weng and Grody，1998；Huang et al.，2019）。其中，经验算法是指建立地表温度与不同通道的亮温或其他相关参数之间的回归关系，该类算法的优点是在形式上十分简单，但其缺乏明确的物理意义；物理算法则是具有明确物理意义的方法，但是在真实求解过程中十分困难。半经验算法则利用较易获得的参数来对被动微波辐射传输方程中的未知参数进行近似求解，以达到简化辐射传输方程的目的。此外，神经网络因为其强大的非线性拟合能力，也被广泛应用于被动微波地表温度反演中（Aires et al.，2001；Ermida et al.，2017；Jiménez et al.，2017）。

在与神经网络有关的研究中，学者们使用的神经网络大多为传统的隐藏层为一层的全连接神经网络（fully connected neural network，是最传统、最基础的神经网络，通常缩写为 NN）。随着计算能力的发展，原先由于深层神经网络优化带来的时间成本问题得到极大的改善，学术界又开始使用更深层的网络来解决更为复杂的问题，并随之诞生了多种具有特定结构的网络，如深度信念网络（deep belief network，DBN）和卷积神经网络（convolutional neural network，CNN）等。相关研究表明当应用于不同的遥感反演场景时，不同结构的神经网络具有不同的反演精度（Ge et al.，2018；Li et al.，2018a；Sadeghi et al.，2019；Shen et al.，2020），那么确定 NN、DBN 以及 CNN 在被动微波 LST 反演中的反演精度就显得尤为重要。

在上述背景下，本章基于 NN、DBN 和 CNN 三种神经网络，构建了面向 AMSR-E 和 AMSR2 亮温的被动微波 LST 反演模型。对比反演结果选取最优网络结构，在此基础上对多种输入参数组合进行测试，最终得到适用于中国陆地及周边区域的最优网络结果与输入参数组合，可在保证反演精度的基础上减少对于多源输入参数的依赖（Wang et al.，2020；王韶飞，2021）。

2.1　研究区与数据

2.1.1　研究区

本章选取我国陆地（不含南海诸岛）及周边区域作为研究区，空间覆盖范围为 73°～

135°E、18°～54°N（图 2-1）。选择该范围作为研究区的主要原因为：一是该区域拥有多种地表覆盖类型，包括裸地、草地、农田和森林等，有助于测试不同神经网络模型的性能；二是该区域内包含海拔跨度大的子区域，如我国拥有世界上海拔最高的高原——青藏高原，在青藏高原上海拔最高可达 8500m 以上，而我国华北平原平均海拔在 50m 以下，地形较为平坦，因此可以充分验证模型在不同地形起伏下的精度；三是该区域内拥有多种气候类型，如热带季风气候、亚热带季风气候、温带季风气候、温带大陆性气候和高原山地气候，因此可以模拟在多种气候条件下大气对于微波辐射信号的影响。

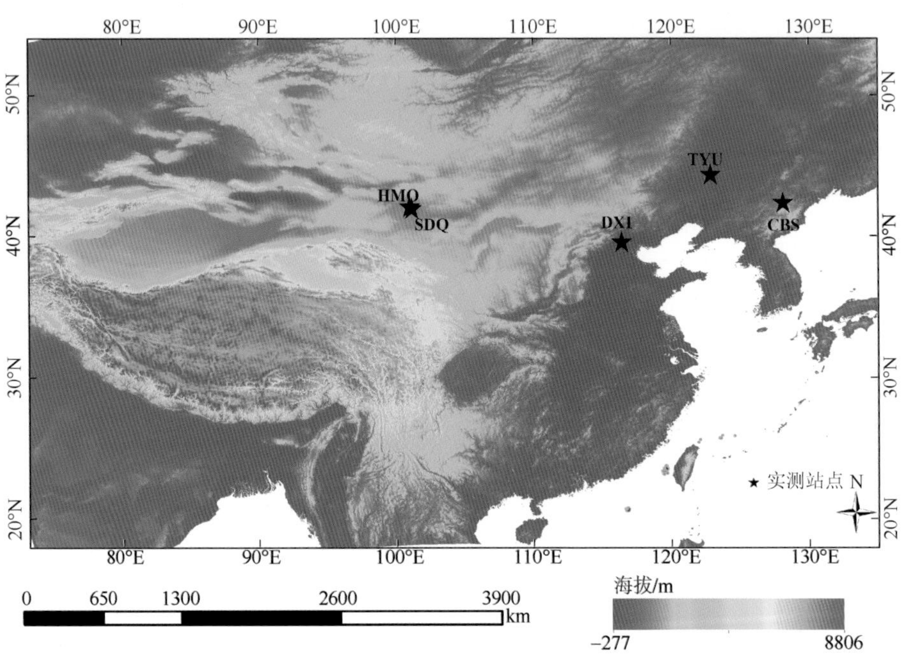

图 2-1　研究区范围、高程和地面实测站点分布

2.1.2　研究数据

本章所采用的卫星遥感数据包括卫星被动微波遥感的亮温数据和 MODIS 地表产品，其中被动微波亮温数据用于提供微波辐射亮温，而 MODIS 地表产品则主要用于实现对于地表状况的准确模拟。使用的被动微波亮温数据包括 AMSR-E 和 AMSR2 亮温数据。

AMSR-E 搭载于 EOS 系列第二颗卫星 Aqua 上，运行时间范围为 2002～2011 年，拥有 6 个频率（6.925GHz、10.65GHz、18.7GHz、23.8GHz、36.5GHz 和 89.0GHz）和 2 种极化方式（垂直极化和水平极化）。AMSR-E 以圆锥形的方式扫描，扫描天顶角为 55°，其天线的孔径直径为 1.6m。AMSR-E 亮温影像在不同频率具有不同的空间分辨率：在 89.0GHz 原始空间分辨率约为 5km，而在 6.925GHz 约为 60km。在本章中使用的 AMSR-E 亮温产品为第三级产品，该产品是在 1B 产品的基础上进行空间平均与转投影后获得的，空间分辨率为 0.25°。

AMSR2 是搭载于日本 GCOM-W1 卫星的被动微波传感器。该传感器是 AMSR-E 的改进版本，增加了一个 7.3GHz 的观测频率。相较于 AMSR-E，AMSR2 的空间分辨率有了较大的提升，其在 89.0 GHz 的原始空间分辨率约为 3.9 km，在 6.925 GHz 约为 46.6 km。AMSR-E 和 AMSR2 的过境时间在升轨均近似为地方太阳时 13:30，在降轨均近似为地方太阳时 01:30。本章使用的 AMSR2 亮温产品也为第三级产品，其生产方式与 AMSR-E 第三级产品的生产方式相同，两者均下载自日本宇宙航空研究开发机构（Japan Aerospace Exploration Agency，JAXA；https://gportal.jaxa.jp/gpr/），其中 AMSR-E 亮温产品的时间范围为 2003～2005 年和 2009～2010 年，AMSR2 亮温产品的时间范围为 2013 年～2016 年。

使用的 MODIS 地表产品包括 L3 级 MODIS 积雪覆盖产品（MYD10C1，逐日）、L3 级 MODIS 地表覆盖类型产品（MCD12C1，逐年）、L3 级 MODIS 植被指数产品（MYD13C1，16 天合成）和 MODIS 地表温度产品（MYD11C1，逐日）。这些 MODIS 地表产品的空间分辨率均为 0.05°，可以与被动微波亮温产品实现较好的空间匹配，除了 MCD12C1 来源于 Aqua 和 Terra 卫星遥感数据共同提取外，其他产品均主要基于 Aqua 卫星的 MODIS 数据生成，因此可以与被动微波亮温产品实现很好的时间匹配。MCD12C1 是 MCD12Q1 经空间聚合与转投影处理后的版本，数据集中包含国际地圈生物圈计划（international geosphere-biosphere programme，IGBP）、马里兰大学（University of Maryland，UMD）和叶面积指数（leaf area index，LAI）共 3 种分类方案的分类结果，同时提供了 IGBP 分类方案在每个 0.05°像元内的子类别比例。另外，本章还采用了 MODIS 最新的 1 km 逐日地表温度 LST 产品 MYD21A1，将其用于：①计算站点处的宽波段发射率（broadband emissivity，BBE），为后续利用站点实测四分量长波辐射数据计算实测 LST 提供支撑；②评价站点所在微波像元内的热红外异质性。本章中使用的所有 MODIS 地表产品均下载于 EARTHDATA 网站（https//search.earthdata.nasa.gov）。

本章使用的再分析数据包括第二代现代研究应用回溯分析资料（the second modern-era retrospective analysis for research and applications，MERRA-2）以及全球陆地数据同化资料系统（global land data assimilation system，GLDAS）。其中，MERRA-2 数据是 NASA 使用戈达德地球观测系统的 5.0 升级版本（GEOS-5），在 MERRA 数据的基础上升级而成，提供了 1979 年至今的全球大气和地表再分析数据，如全球表面温度、近地表气温（距地面 2m 处）、大气可降水量、6 层土壤温度和 6 层土壤湿度的瞬时以及多小时平均数据集等；数据空间分辨率为 0.5°×0.625°，时间分辨率为逐小时[瞬时数据集的起始时间为 UTC（universal time coordinated，协调世界时）时间 0 时 0 分，而多小时平均数据集起始时间为 UTC 时间 0 时 30 分]；土壤温度和土壤湿度的深度为 0.0998m、0.1952m、0.3859m、0.7626m、1.5071m 和 10m。本章使用了来自 MERRA-2 数据中的近地面气温、大气可降水量和表面温度数据。

GLDAS 通过先进的陆面过程模型和数据同化技术，结合卫星和地面观测数据产品，集成了大量基于观测的数据，生成最佳的陆地表面状态和通量场。目前，GLDAS 驱动了 4 个陆地表面模型，分别为 Noah、Catchment、CLM 和 VIC，其中 Noah 陆地表面模型 2.1 版本提供了 2000 年至今的多种要素数据集，包括表面温度、上下行长短波辐射、4 层土壤温度、4 层土壤湿度等，空间分辨率为 0.25°，时间分辨率为 3h，土壤温度和土壤湿度的深度为 0～10cm、10～40cm、40～100cm 和 100～200cm。本章使用了来自 GLDAS 数据集中 Noah 2.1 模型的土壤湿度，原因是土壤湿度在短时间内变化较小，3h 的时间分辨率足以满足要求，而 GLDAS 再分析数据的空间分辨率要高于 MERRA-2。

为了对反演得到的被动微波地表温度进行验证，本节选取了 5 个地面实测站点，分别为长白山站（CBS）、通榆站（TYU）、大兴站（DXI）、四道桥超级站（SDQ）和荒漠站（HMO），这些站点的详细信息如表 2-1 所示。所采用的数据主要为上述站点的四分量净辐射传感器观测得到的长波辐射数据。其中，CBS 站的数据来源于中国通量观测研究网络（http://www.chinaflux.org/）（Zhang and Han，2016），站点下垫面类型为落叶阔叶林；TYU 站的数据来源于 CEOP 亚洲-澳大利亚季风项目（Asia-Australia Monsoon Project，CAMP）（Dong，2003），站点下垫面类型为农田；DXI 站的数据来源于海河流域多尺度地表通量与气象要素观测数据集（Jia et al.，2012；Liu S M et al.，2013），站点下垫面类型为农田；SDQ 站的数据来源于黑河流域生态-水文过程综合遥感观测联合试验（HiWATER）（Li X et al.，2013；Liu et al.，2011，2018），站点下垫面类型为柽柳；HMO 站的数据来源于祁连山综合观测网，站点下垫面为裸地（Liu et al.，2011，2018）。这些站点的海拔分布范围为 20～1054m，仪器架设高度范围为 3～28m，由此对应的仪器观测视场角（field of view，FOV）直径范围为 22.39～208.99m。

表 2-1　地面站点的详细信息

站点	经度/(°E)	纬度/(°N)	海拔/m	仪器			站点下垫面类型	微波像元内类别百分比*/%	数据时间段	测量间隔/min
				型号	架高/m	FOV 直径/m				
CBS	128.10	42.40	736	Kipp & Zonen CNR1	6	44.78	落叶阔叶林	落叶阔叶林：62.1 混合林：29.3 稀疏草原：4.4 草地：0.8 农田：1.1 城市和建筑地表：2.3	2003.01～2005.12	30
TYU	122.87	44.42	184	Kipp & Zonen CG4	3	22.39	农田	草地：91.6 农田：8.4	2003.01～2004.12	30
DXI	116.43	39.62	20	Kipp & Zonen CNR1	28	208.99	农田	草地：0.8 农田：67.9 城市和建筑地表：31.3	2009.01～2010.12	10
SDQ	101.14	42.00	873	Kipp & Zonen CNR4	10	74.63	柽柳	草地：66.8 裸地：33.2	2015.01～2016.12	10
HMO	100.99	42.11	1054	Kipp & Zonen CNR1	6	44.78	裸地	裸地：100	2015.05～2016.12	10

注：*类别为 IGBP 分类方案。

在 CBS、DXI 和 HMO 站，测量上下行长波辐射的仪器为 CNR1（测量光谱范围：5～50μm，日总不确定度：10%）；在 TYU 站，测量上下行长波辐射的仪器为 CG4（测量光谱范围：4.5～42μm，日总不确定度：3%)；在 SDQ 站，测量上下行长波辐射的仪器为 CNR4（测量光谱范围：4.5～42μm，日总不确定度：<10%)。利用站点实测获得的长波辐射，站点实测 LST 可以通过下式计算：

$$T_{\mathrm{s}}=\sqrt[4]{\frac{L^{\uparrow}-(1-\varepsilon_{\mathrm{b}})L^{\downarrow}}{\varepsilon_{\mathrm{b}}\sigma}} \tag{2-1}$$

式中，T_{s} 为地表温度；$L^{\uparrow}$和 $L^{\downarrow}$分别为上行长波辐射和下行长波辐射；σ为斯特藩-玻尔兹曼常数，值为 5.67×10^{-8}；ε_{b} 为宽波段发射率。

式（2-1）中，宽波段发射率 ε_{b} 通过最新的 MYD21A1 LST 产品中的 29、31 和 32 通道的发射率计算得到。Liang（2005）的研究表明计算得到的 ε_{b} 的理论误差为 0.0289，由此对于 CBS、TYU、DXI 和 SDQ 站的实测 LST 引入的不确定性近似为 0.7K，对 HMO 站实测 LST 引入的不确定性近似为 0.9K。尽管前文描述的长波辐射观测仪器拥有不同的不确定性，但交叉对比结果表明上下行长波辐射的平均误差近似分别为 6W/m^2 和 3W/m^2（Xu et al.，2013)，由此导致的站点实测 LST 的不确定性近似为 0.6K。通过误差累积计算得到由于仪器测量和宽波段发射率对于 CBS、TYU、DXI 和 SDQ 站的实测 LST 引入的总不确定性为约 0.9K，对 HMO 站引入的总不确定性近似为 1.1K。

除了前文提到的数据集，本章还使用了 ESA 的 GlobTemperature AMSR-E 全球 LST 产品（空间分辨率为 14km×8km）和 NASA 的全球地表参数数据集（global land parameter data record，LPDR）中的气温（空间分辨率为 25km)（Du et al.，2017)，以进行交叉比较。本章后续将这两种产品分别简称为 GT LST 和 LPDR AT。此外，还有从地理空间数据云（http://www.gscloud.cn/）下载的 90m 分辨率的数字高程模型（digital elevation model，DEM）数据，用于对有效像元的筛选。

2.2　研 究 方 法

2.2.1　被动微波辐射传输方程

卫星被动微波传感器观测得到的被动微波辐射亮温 T_p 可表示为

$$T_p=\tau\varepsilon_p T_{\mathrm{e}}+(1-\varepsilon_p)\tau T_{\mathrm{a}}^{\downarrow}+T_{\mathrm{a}}^{\uparrow} \tag{2-2}$$

式中，T_p 下标 p 代表极化方式（$p\in\{\mathrm{V,H}\}$）；T_{e}、$T_{\mathrm{a}}^{\downarrow}$ 和 $T_{\mathrm{a}}^{\uparrow}$ 分别为微波等效温度、大气下行辐射亮温和大气上行辐射亮温，单位为 K；τ 为大气透过率；ε_p 是被动微波地表发射率（land surface emissivity，LSE）。

式（2-2）表明，要求解被动微波等效温度，需要对 LSE 和 3 个大气参数（τ、$T_{\mathrm{a}}^{\downarrow}$和 $T_{\mathrm{a}}^{\uparrow}$）进行求解。尽管这些参数很难进行直接求解，但是前人的研究已经表明这 4 个参数与其他一些较易获得的参数高度相关。其中，LSE 与地表状况有很强的相关性（如土壤湿度、积雪和植被覆盖）（Aires et al.，2011)，3 个大气参数与一些很容易获得的气象参数（如大气可降水量）高度相关（André et al.，2015)。因此，在神经网络的输入参数中，本章使用了一系列的地表和地下参数来对 LSE 进行隐式模拟，包括 NDVI、雪覆盖（snow cover，SC）、土壤湿度（soil moisture，SM）和地表覆盖类型百分比（land cover types percentage，LCTP）。其中，LCTP 是指被动微波像元内每种地表覆盖类型的占比。另外，使用大气可降水量（total precipitable water vapor，TPWV）和距地表 2m 处的气温（AT-2m）来对被动微波辐射传输方程中的 3 个大气参数进行参数化。使用 AT-2m 的原因在于，它在低湿度但高气温的条件下与大气参数有很强的相关性（Zhou et al.，2019）。

本章利用神经网络实现被动微波等效温度的反演，在此基础上进一步实现从等效温度到 LST 的隐式转换。前人的研究表明，不同深度的土壤温度是解决被动微波热采样深度（thermal sampling depth，TSD）问题的重要参数（Zhou et al.，2017）。然而，当前可用的土壤温度数据主要来源于再分析数据和同化资料。以 GLDAS 土壤温度为例，第一层土壤温度的深度是 0～10cm，这意味着第一层土壤温度与 LST 可能是非常接近的。如果将 GLDAS 土壤温度作为输入参数构建模型，那么构建出来的被动微波 LST 模型的精度将极大依赖于再分析数据中土壤温度的精度，而来源于被动微波亮温的贡献将只占很小的一部分。考虑到一方面这有悖于使用被动微波亮温反演 LST 的初衷，另一方面再分析数据的可信度一般要低于卫星被动微波传感器亮温产品的精度，因此本章未将土壤温度作为输入参数。除了前文提到的输入参数，为了表征 LST 在年尺度上的变化，还将年积日（day of year，DOY）作为输入参数。最终，本章选取的神经网络输入参数包括：所有频率和所有极化方式通道的亮温、NDVI、SC、LCTP、SM、AT-2m、TPWV 和 DOY。

2.2.2　神经网络

本章使用了 NN、DBN 和 CNN 来构建基于 AMSR-E 和 AMSR2 亮温数据的被动微波 LST 反演模型，通过对 3 种网络的网络结构参数进行测试，选取 3 种网络的最优结构参数构建模型。基于网络在多种地表覆盖类型下的反演精度，得到最适用于被动微波 LST 反演的网络。然后通过对输入参数组合的测试，在对精度影响不大的情况下减小模型对于多源输入数据的依赖。所选取的 3 种网络的网络结构如图 2-2 所示。

NN 的典型结构如图 2-2（a）所示，包含输入层、隐藏层和输出层，其特点是相邻两层的神经元之间是两两相连的，其中输入层神经元的个数与输入数据的个数相同，输出层神经元的个数与输出数据的个数相同（在本章中为 LST）。隐藏层的输出 $\boldsymbol{h}$ 为

$$\boldsymbol{h}=\sigma(\boldsymbol{W}_1\boldsymbol{x}+\boldsymbol{b}_1) \tag{2-3}$$

式中，σ 为激活函数；$\boldsymbol{W}_1$ 和 $\boldsymbol{b}_1$ 分别为隐藏层输入向量和输出向量之间的权重矩阵和偏置矩阵；$\boldsymbol{x}$ 为输入向量。

输出层的输出 $\hat{\boldsymbol{y}}$ 为

$$\hat{\boldsymbol{y}}=\boldsymbol{W}_n\boldsymbol{h}_n+\boldsymbol{b}_n \tag{2-4}$$

式中，$\boldsymbol{W}_n$ 和 $\boldsymbol{b}_n$ 分别是最后一层隐藏层输入向量和输出向量之间的权重矩阵和偏置矩阵；$\boldsymbol{h}_n$ 是最后一层隐藏层的输出向量。经过测试，隐藏层的层数设置为 2 层，隐藏层神经元的个数分别为 64 和 48。

DBN 的典型结构如图 2-2（b）所示。该网络是一个生成模型，通过训练神经元之间的权值来最大概率地生成训练数据。DBN 是由受限玻尔兹曼机（restricted Boltzmann machine，RBM）堆叠而成。RBM 仅包含两层神经元，分别为可见层和隐藏层，特点是当给定可见单元的状态，隐藏层的每一个隐藏单元的激活状态是独立的。

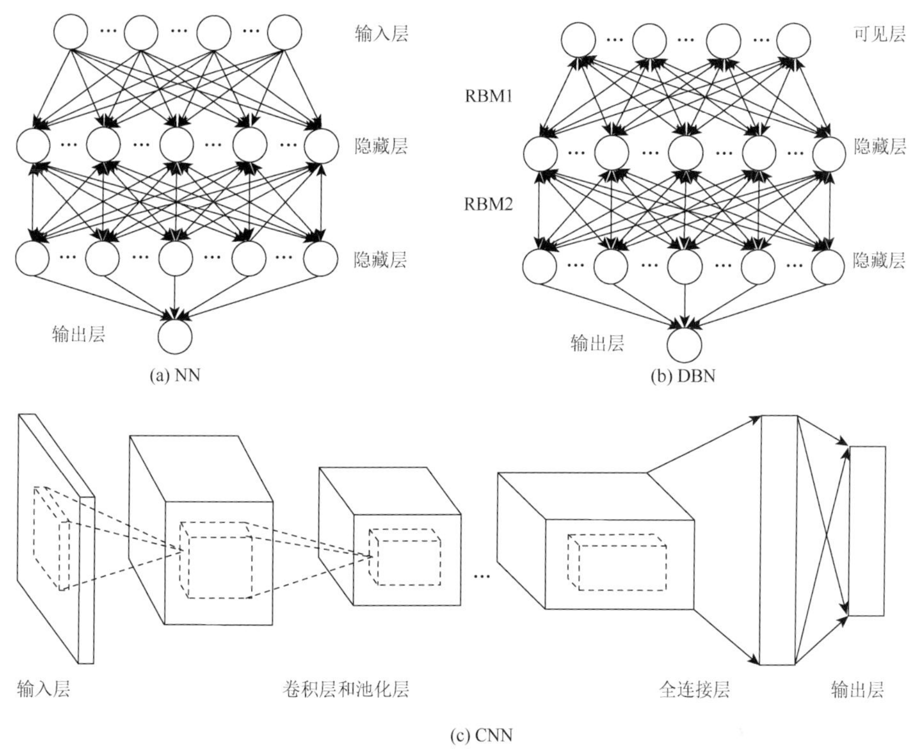

图 2-2　3 种神经网络的典型结构

同时，当给定隐藏单元的状态时，可见层的每一个可见单元的激活状态也是独立的。训练 RBM 的意义在于调整模型的权重来拟合给定的参数，最终使得可见单元的概率分布与输入数据一致。对于 RBM，隐藏单元 h_j 和可见单元 v_i 的激活概率为

$$\begin{aligned} P(h_j|v) &= \sigma(\boldsymbol{b}_j + \sum\nolimits_i \boldsymbol{W}_{i,j}\boldsymbol{x}_i) \\ P(v_i|h) &= \sigma(\boldsymbol{c}_i + \sum\nolimits_j \boldsymbol{W}_{i,j}\boldsymbol{h}_j) \end{aligned} \tag{2-5}$$

式中，$\boldsymbol{x}_i$ 为 RBM 的输入数据；$\boldsymbol{W}_{i,j}$ 为 RBM 的权重矩阵；$\boldsymbol{b}_j$ 和 $\boldsymbol{c}_i$ 分别为可见层和隐藏层的偏置向量；σ 为激活函数。

与 NN 的训练方式不同，DBN 的训练方式是首先以无监督的方式对每一层 RBM 进行训练。在此基础上，将第一层 RBM 的输出作为下一层 RBM 的输入，以此类推。在 DBN 的最后一层，设置一个全连接层来得到最后的输出。在本章中，RBM 的层数设置为 1 层，RBM 中隐藏单元的个数设置为 112。

CNN 的典型结构如图 2-2（c）所示。与 NN 相比，CNN 最大的特点是相邻层之间的神经元是局部连接的。CNN 包含 5 个部分，分别为输入层、卷积层、池化层、全连接层和

输出层。其中，卷积层通过卷积分离局部特征，池化层用来减少整个网络中的参数，全连接层用于整合卷积层分离出来的局部特征。然而，前人研究表明，池化层对于 CNN 模型的精度有很小的影响（Springenberg et al.，2015）。每个卷积层的输出 y^l 以及输出层的输出 $\hat{y}$ 为

$$\begin{aligned} y^l &= \sigma(W^l x^l + b^l) \\ \hat{y} &= W_2[\sigma(W_1 y^l + b_1)] + b_2 \end{aligned} \tag{2-6}$$

式中，l 代表第 l 个卷积层；W^l 和 b^l 分别为卷积核的权重和偏置；x^l 为卷积层的输入；W_1 和 W_2 分别为全连接层和输出层的权重；b_1 和 b_2 分别为全连接层和输出层的偏置；σ 为激活函数。

在本章中，除去输入层和输出层，CNN 包含一个卷积层和一个全连接层，卷积核大小设置为 1×7，卷积核数量设置为 96，全连接层神经元的数量设置为 96。使用的激活函数为修正线性单元（rectified linear unit，ReLU），目的是为网络增添非线性拟合的能力。ReLU 函数的形式为

$$f(x) = \max(x, 0) \tag{2-7}$$

式中，x 代表输入；f（x）代表变量 x 经过 ReLU 函数计算所得的函数值。

2.2.3　数据集构建

神经网络模型的精度依赖于训练数据的准确性以及数据量，本章使用学术界公认精度较高的 MODIS LST 产品，以空间平均升尺度的方式来获取对应被动微波像元的 LST。为了保证样本的有效性，使用 2 个准则来对有效像元进行筛选。第一个准则是要求被动微波像元内所有的 MODIS 像元的 LST 的质量均为“good”（好，即生产系统提供的 LST 误差小于 1K）且观测天顶角小于 40°；第二个准则是利用被动微波像元内海拔变化的标准差阈值对像元进行筛选（对于 AMSR-E/AMSR2 像元，海拔标准差阈值为 100/10m）。使用第二个准则的原因在于，由于本章将 MODIS 像元的 LST 空间平均后作为被动微波像元的目标 LST，那么在海拔变化比较大的微波像元内，空间平均将引入很大的不确定性，即无法认为空间平均后的 MODIS LST 是微波像元的 LST 真值，这会严重影响所构建模型的精度。相较于 AMSR-E 像元，对 AMSR2 像元的筛选更为严格，一方面是因为 AMSR2 像元的空间分辨率更高，因此会有更多的样本；另一方面是 AMSR2 像元与 MODIS 像元存在过境时间上的差异，在时间匹配时进行的归一化会引入些许的不确定性，而更严格的筛选可以限制样本不确定性的上限。

当所有数据的空间匹配与时间匹配完成后，依据传感器类型和过境时间将样本分为 4 个数据集，分别是 AMSR-E 白天数据集、AMSR-E 夜间数据集、AMSR2 白天数据集和 AMSR2 夜间数据集，后续分别称为数据集 I、数据集Ⅱ、数据集Ⅲ和数据集Ⅳ。每个数据集中包含 1 个训练集、1 个验证集和 1 个测试集。传统的训练机器学习是在训练集中选取一定比例的数据作为验证集，通过模型在验证集数据上的精度来判断模型是否达到最优。为了最大限度地保证模型的泛化能力，本章将一整年的数据作为验证集。这样处理的原因在于：如果在训练数据中选取一定比例的样本作为验证集，在某些情况（如积雪覆盖）下，该类数据的样本量可能很少，导致模型无法在该类情况下得到推广。对于 AMSR-E，

训练集、验证集和测试集分别是来自 2003 年、2004 年和 2009 年的样本；对于 AMSR2，训练集、验证集和测试集分别是来自 2013 年、2014 年和 2016 年的样本。这些数据集的详细信息如表 2-2 所示。

表 2-2　所构建数据集的详细信息

数据集	传感器	时间	样本量/个		
			训练集	验证集	测试集
I	AMSR-E	白天	399351	450171	420655
II	AMSR-E	夜间	170144	262803	315708
III	AMSR2	白天	1057257	589205	832588
IV	AMSR2	夜间	570848	400695	448753

2.2.4　方法实现

在本章中，NN、DBN 和 CNN 是基于深度学习框架 Tensorflow、利用一个计算能力为 5.0 的 GPU 实现的。实现流程可以分为 3 个步骤，如图 2-3 所示。

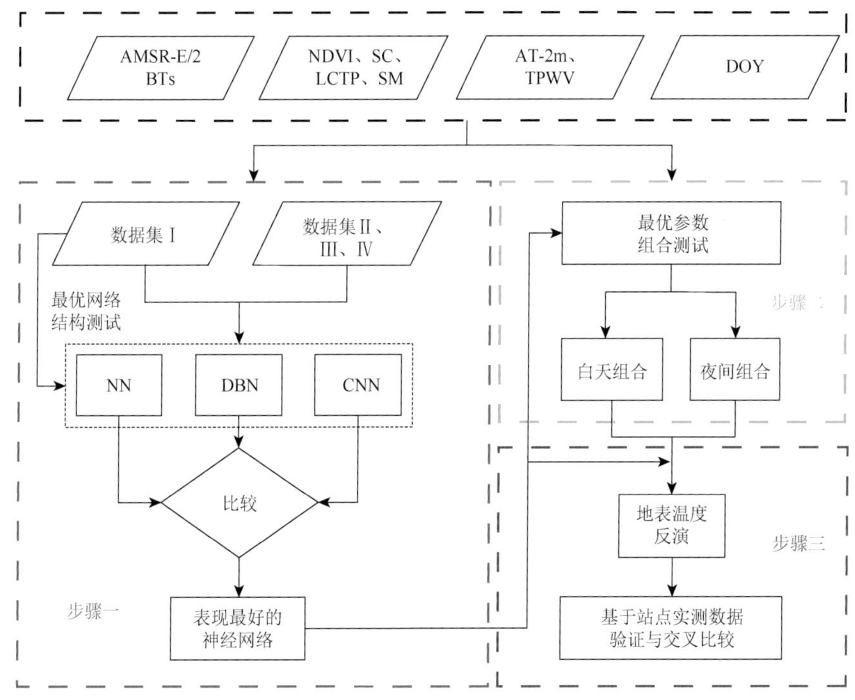

图 2-3　神经网络方法实现流程图

步骤一，利用数据集 I 测试 NN、DBN 和 CNN 的最优网络结构参数，在最优网络结构参数的基础上，比较 3 种网络在前文构建的 4 个数据集上的精度，得出最适用于被动微波 LST 反演的网络。对于 NN，被测试的网络结构参数包括隐藏层数量和每个隐藏层神经元数量；对于 DBN，被测试的网络结构参数包括 RBM 数量和每个 RBM 中隐藏单元数量；对于 CNN，被测试的网络结构参数包括卷积核大小、卷积层/全连接层数和卷积核/神经元数量。

对于神经网络而言，更多的输入参数可能会获得更高的精度，但是有一些参数对模型精度的提高贡献很小，且难以直接获得。在这种情况下，当应用于其他传感器时可能会由于输入参数的不可获得导致无法实际应用。为了避免该情况的出现，步骤二在步骤一的基础上，设计了不同的输入参数组合，通过测试最优网络在不同输入参数组合下的精度，针对白天和夜间分别选取最优输入参数组合。通过该方式，在保证模型精度的同时，最小化模型对于多源输入参数的依赖。考虑到被动微波亮温产品中会同时提供所有频率和所有极化方式的亮温，故在该环节中，仅对 NDVI、SC、LCTP、SM、TPWV、AT-2m 和 DOY 进行了测试。设置的组合如表 2-3 所示，组合 C0 代表所有的输入参数；C1～C4 用于测试地表参数；C5～C7 用于测试大气相关的参数；C8 用于测试 DOY；C9～C14 是基于 C1～C8 组合的结果来最终确定适用于白天和夜间的最优输入参数组合，最优组合的选择依据为：①相比于组合 C0 的结果，由于减少参数对于模型精度的影响要低于 0.3K；②输入参数要尽可能少。

表 2-3　设置的输入参数组合

组合	BTs	地表参数			大气相关参数		DOY	总参数量/个
		NDVI	LCTP	SM 和 SC	AT-2m	TPWV		
C0	√	√	√	√	√	√	√	38（40）
C1	√	√	√	×	√	√	√	33（35）
C2	√	√	×	×	√	√	√	16（18）
C3	√	×	√	×	√	√	√	32（34）
C4	√	×	×	×	√	√	√	15（17）
C5	√	√	√	√	√	×	√	37（39）
C6	√	√	√	√	×	√	√	37（39）
C7	√	√	√	√	×	×	√	36（38）
C8	√	√	√	√	√	√	×	37（39）
C9	√	√	√	×	√	×	√	32（34）
C10	√	√	×	×	√	×	√	15（17）
C11	√	×	√	×	√	×	√	31（33）
C12	√	×	×	×	√	×	√	14（16）
C13	√	×	×	×	√	×	×	13（15）
C14	√	×	×	×	×	×	×	12（14）

注：括号内/外代表 AMSR-E/AMSR2 的总参数量。

在步骤三中，将利用最优网络和最优输入参数组合反演得到的被动微波 LST 与地面站点实测 LST 进行对比验证，并利用最新的 MYD21A1 LST、GT LST 和 LPDR ATs 进行交叉验证。需要注意的是，前文制定的 2 个对于有效像元的筛选规则仅适用于样本的分离部分，目的是保证训练样本标签值的有效性，进而利用神经网络获得准确的 BT-LST 转换关系，而步骤三的验证与交叉则是在所有数据的基础上进行的，以此测试模型在所用情况下的精度。

2.3　结 果 分 析

2.3.1　不同神经网络的对比结果

考虑到不同网络的精度对比应该建立在各自最优网络结构基础上，首先对 3 种网络的结构参数进行了测试，测试是基于数据集 I 进行的，测试结果如图 2-4 所示。对于 NN 而言，当只有一层隐藏层时，均方根偏差（root mean square deviation，RMSD）随着隐藏层神经元数量的增加而逐渐降低，但是当神经元数量大于 64 个以后，RMSD 逐渐趋于平稳，且不再有较大的变化；当设置两层隐藏层时，相比于一层隐藏层，可以发现 RMSD 有了明显的降低，但是波动较小；而三层隐藏层的精度与两层的精度十分接近。因此，最终隐藏层的层数设置为 2 层，隐藏层神经元的个数分别设置为 64 个和 48 个。

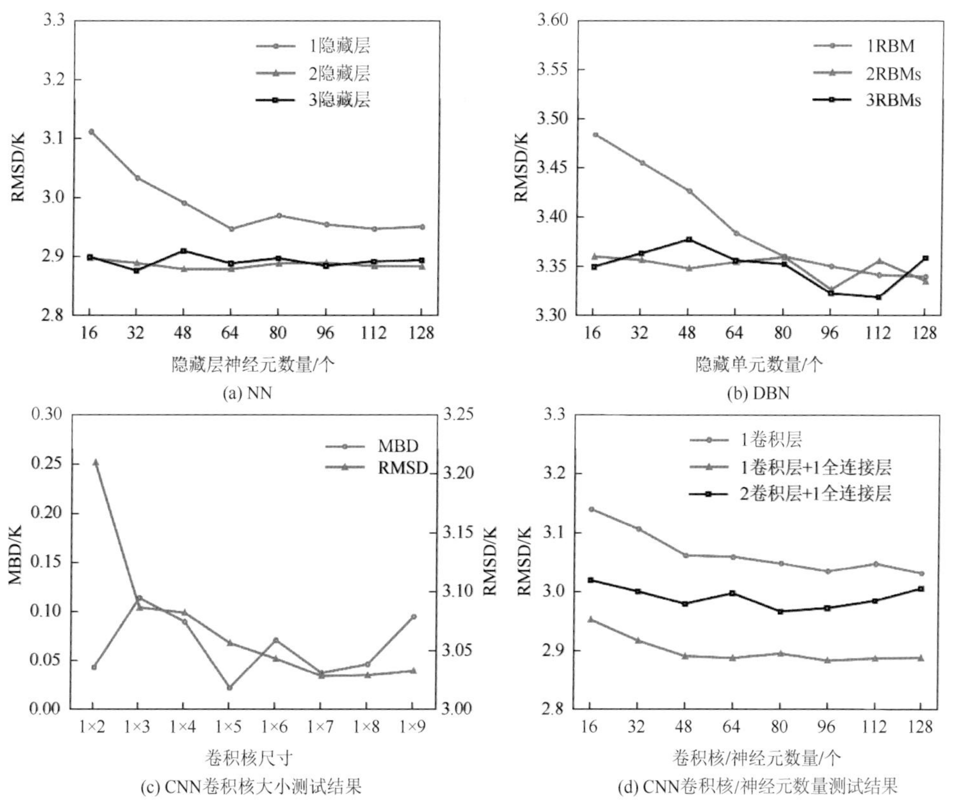

图 2-4　3 种网络的网络结构测试结果

对于 DBN 而言，两层或三层 RBM 网络的精度与拥有 112 个节点以上的一层 RBM 的网络的精度接近（RMSD 差距小于 0.05K）。因此，最终 RBM 的层数设置为 1 层，RBM 中隐藏单元的个数设置为 112 个。

对于 CNN 而言，首先对卷积核进行了测试，发现随着卷积核尺寸的增加，RMSD 首先出现了很明显的下降；当卷积核尺寸再增加时，RMSD 逐渐趋于稳定。对于所有的卷积核尺寸，平均偏差（mean bias deviation，MBD）均低于 0.15K，表明没有明显的系统性偏差。因此，选取 1×7 作为最终的卷积核尺寸。对于 CNN 的层数而言，发现 1 层卷积层加 1 层全连接层的效果要明显优于单一卷积层和两层卷积层加 1 层全连接层的效果。因此，CNN 最终的网络结构设置为 1 层卷积层加 1 层全连接层，卷积层卷积核数量设置为 96 个，全连接层神经元的数量设置为 96 个。

当最优网络结构确定后，利用前文构建的 4 个数据集分别建立对应的神经网络模型，3 种网络在 4 个数据集上的精度统计如表 2-4 所示。从整体来看，所有模型反演得到的被动微波 LST 均未表现出明显的系统性偏差（MBD 的绝对值均小于 0.4K）。验证集与测试集上的 RMSD 的差异均不超过 0.3K，表明所构建的模型较为稳定，未出现明显过拟合。在所有数据集上的决定系数 R^2 不低于 0.95，表明预测结果与 MODIS LST 之间有很强的相关性。同时，结果也表明所选的 3 种网络在 AMSR2 数据集的精度均低于在 AMSR-E 数据集上的精度，原因主要在于：①AMSR2 相比于 AMSR-E 拥有更高的空间分辨率，因此对于 AMSR2 样本而言，空间匹配的过程中会引入更多的不确定性；②AMSR2 的过境时间与搭载 MODIS 的 Aqua 卫星的过境时间存在一些差异；尽管本章利用了再分析数据构建日内温度变化模型进行时间归一化来最小化由于过境时间导致的不确定性，但无法避免该不确定性的引入。此外，还发现 3 种网络在夜间数据集上的表现均要优于在白天数据集上的表现，原因是与夜间相比，白天的数据具有更多的噪声。

表 2-4　NN、DBN 和 CNN 在 4 个数据集上的精度统计

数据集		NN			DBN			CNN		
		MBD/K	RMSD/K	R^2	MBD/K	RMSD/K	R^2	MBD/K	RMSD/K	R^2
数据集 I（AMSR-E 白天）	训练集	−0.04	2.77	0.97	−0.06	3.28	0.96	0.04	2.50	0.98
	验证集	−0.03	2.99	0.97	−0.03	3.34	0.96	0.08	2.88	0.97
	测试集	0.04	3.11	0.97	−0.07	3.38	0.96	0.13	3.00	0.97
数据集 II（AMSR-E 夜间）	训练集	−0.09	1.56	0.98	−0.05	2.03	0.96	−0.01	1.32	0.98
	验证集	0.08	1.81	0.97	0.01	2.10	0.96	0.12	1.66	0.98
	测试集	0.13	1.83	0.97	0.03	2.20	0.96	0.19	1.74	0.97
数据集 III（AMSR2 白天）	训练集	0.12	3.12	0.97	−0.03	3.46	0.96	0.01	2.90	0.97
	验证集	−0.03	3.32	0.96	−0.14	3.55	0.95	−0.12	3.22	0.96
	测试集	0.05	3.62	0.96	−0.21	3.83	0.95	−0.08	3.48	0.96
数据集 IV（AMSR2 夜间）	训练集	−0.06	1.85	0.98	0.01	2.12	0.98	−0.07	1.70	0.98
	验证集	0.23	2.12	0.97	0.37	2.34	0.96	0.22	2.02	0.97
	测试集	−0.13	2.19	0.97	−0.01	2.38	0.96	−0.06	2.10	0.97

从不同网络的精度对比来看，CNN 反演得到的 LST 在验证集和测试集上的 RMSD 比 DBN 要低 0.3K 左右，比 NN 要低 0.1K 左右。尽管初步结果显示 CNN 在所有数据集上均要略优于 NN，但是 CNN 的优势并不是很明显，因此在此使用统计检验来评估 CNN 反演结果和 NN 反演结果之间的差异。采用等价检验来减少第一类推理错误的风险，其中零假设 H_0 是 $|T_1-T_2|\geqslant\Delta T$，备择假设 H_1 是 $|T_1-T_2|<\Delta T$。需要注意的是当两个单边假设被拒绝时 H_0 才会被拒绝。此处，CNN 与 NN 反演结果的 RMSD 的差异近似为 0.1K，故将 ΔT 设置为 0.1K，以此来检验该差异的显著性。等价检验测试结果如表 2-5 所示。

表 2-5　NN LST 和 CNN LST 等价检验的可能概率（p）

样本集	数据集Ⅰ		数据集Ⅱ		数据集Ⅲ		数据集Ⅳ	
	$T_1-T_2\leqslant$ −0.1K	$T_1-T_2\geqslant$ 0.1K	$T_1-T_2\leqslant$ −0.1K	$T_1-T_2\geqslant$ 0.1K	$T_1-T_2\leqslant$ −0.1K	$T_1-T_2\geqslant$ 0.1K	$T_1-T_2\leqslant$ −0.1K	$T_1-T_2\geqslant$ 0.1K
训练集	0.35	＜0.01	0.31	＜0.01	＜0.01	0.86	＜0.01*	＜0.01*
验证集	0.58	＜0.01	0.03*	＜0.01*	＜0.01	0.41	＜0.01*	＜0.01*
测试集	0.35	＜0.01	0.04*	＜0.01*	＜0.01	0.90	0.16	＜0.01

注：*表示拒绝零假设。

从表 2-5 可以看出，对于白天数据集（数据集Ⅰ和Ⅲ），CNN 反演得到的 LST 与 NN 反演得到的 LST 之间是不等价的（接受零假设）。对于夜间数据集，CNN 反演得到的 LST 与 NN 反演得到的 LST 在 AMSR-E（数据集Ⅱ）的验证集和测试集以及 AMSR2（数据集Ⅳ）的训练集和验证集上是等价的。从等价检验的整体结果来看，可以认为 NN 和 CNN 反演之间是不等价的，即可以认为 CNN 与 NN 反演结果的 RMSD 的差异通过显著性检验。

然后，进一步比较 NN、DBN 和 CNN 模型在不同地表覆盖类型和不同季节上的精度。在此基于 NDVI 将被动微波像元划分为 3 种地表覆盖类型：①当 NDVI＜0.2 时视为裸地像元；②当 0.2≤NDVI≤0.5 时视为稀疏植被像元；③当 NDVI＞0.5 时视为浓密植被像元。为了便于统计，在本章中春季为 3～5 月，夏季为 6～8 月，秋季为 9～11 月，冬季为 12 月至次年 2 月。3 种网络在不同地表覆盖类型和不同季节的反演精度分别如图 2-5 和图 2-6 所示，可以发现 CNN 在所有地表覆盖类型和所有季节的表现均为最优，其次为 NN，最后为 DBN。

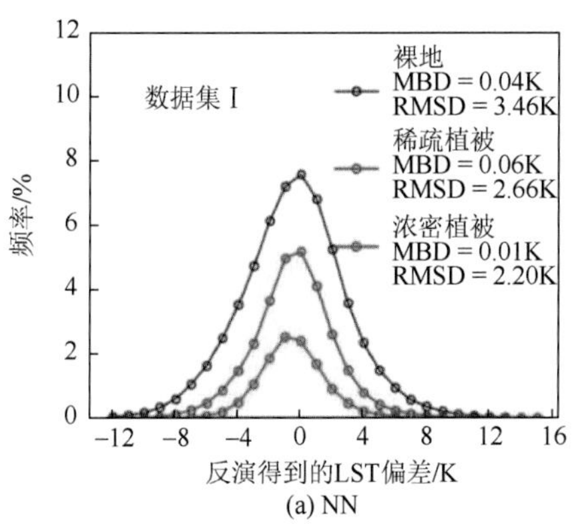

(a) NN

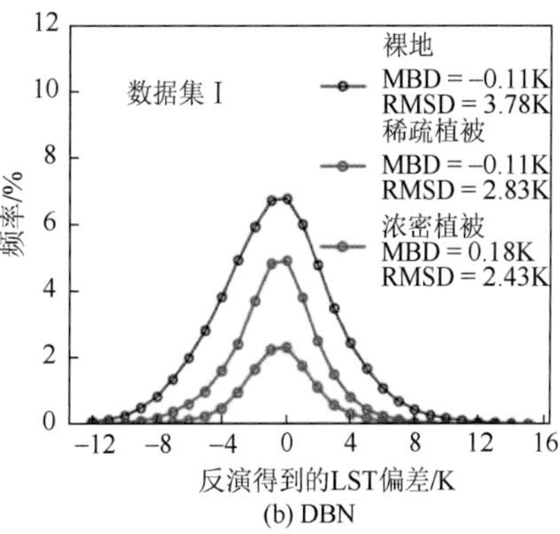

(b) DBN

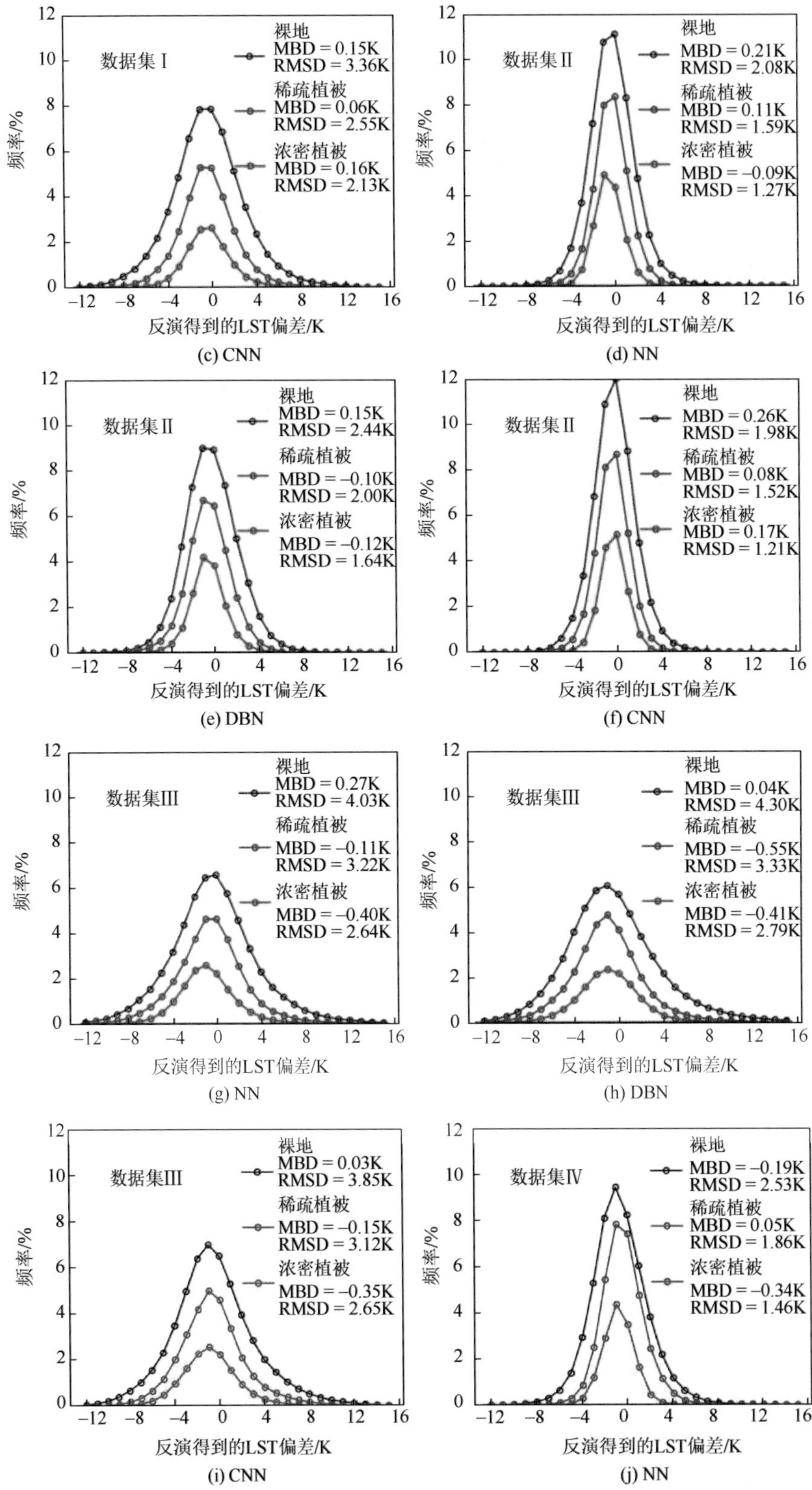

(c) CNN　(d) NN

(e) DBN　(f) CNN

(g) NN　(h) DBN

(i) CNN　(j) NN

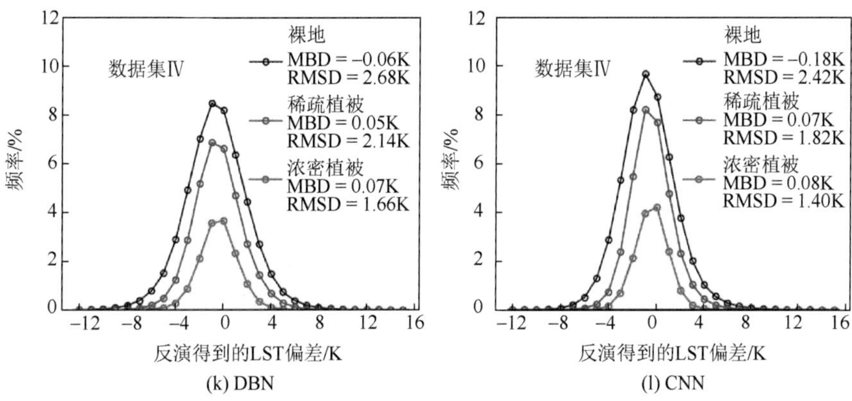

数据集Ⅳ
裸地
MBD = −0.06K
RMSD = 2.68K
稀疏植被
MBD = 0.05K
RMSD = 2.14K
浓密植被
MBD = 0.07K
RMSD = 1.66K
频率/%
反演得到的LST偏差/K
(k) DBN
数据集Ⅳ
裸地
MBD = −0.18K
RMSD = 2.42K
稀疏植被
MBD = 0.07K
RMSD = 1.82K
浓密植被
MBD = 0.08K
RMSD = 1.40K
频率/%
反演得到的LST偏差/K
(l) CNN

图 2-5　从 3 种神经网络反演得到的 LST 与 MODIS LST 之间差异的直方图（不同地表覆盖类型）

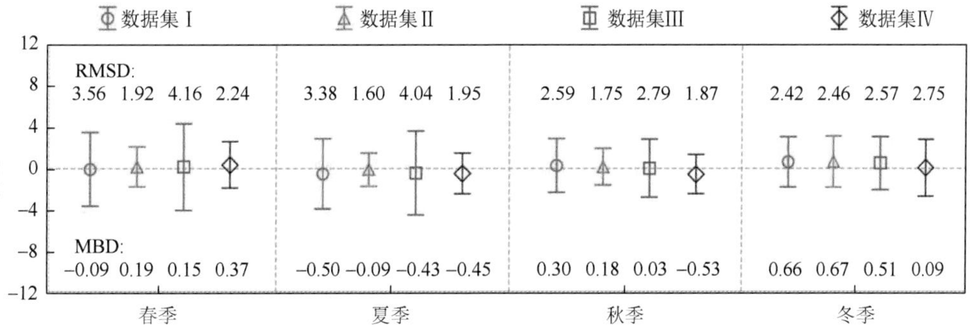

数据集Ⅰ
数据集Ⅱ
数据集Ⅲ
数据集Ⅳ
RMSD:
3.56 1.92 4.16 2.24
3.38 1.60 4.04 1.95
2.59 1.75 2.79 1.87
2.42 2.46 2.57 2.75
MBD:
−0.09 0.19 0.15 0.37
−0.50 −0.09 −0.43 −0.45
0.30 0.18 0.03 −0.53
0.66 0.67 0.51 0.09
偏差/K
春季
夏季
秋季
冬季

(a) NN

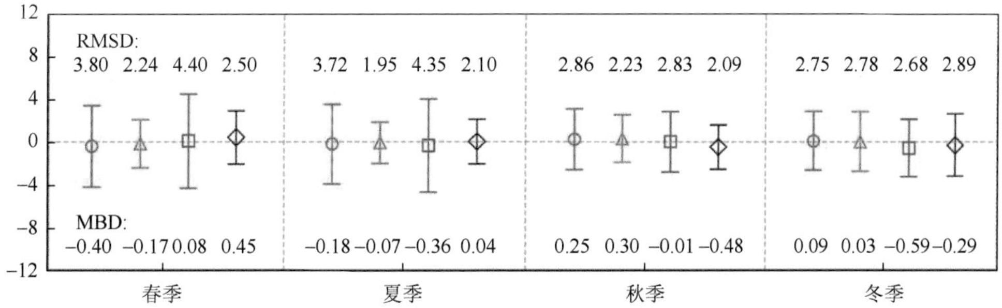

RMSD:
3.80 2.24 4.40 2.50
3.72 1.95 4.35 2.10
2.86 2.23 2.83 2.09
2.75 2.78 2.68 2.89
MBD:
−0.40 −0.17 0.08 0.45
−0.18 −0.07 −0.36 0.04
0.25 0.30 −0.01 −0.48
0.09 0.03 −0.59 −0.29
偏差/K
春季
夏季
秋季
冬季

(b) DBN

RMSD:
3.46 1.84 4.06 2.23
3.29 1.57 3.91 1.91
2.55 1.66 2.64 1.84
2.35 2.19 2.41 2.44
MBD:
−0.05 0.11 0.04 0.23
0.07 0.28 −0.23 −0.01
0.26 0.16 −0.03 −0.51
0.30 0.19 −0.12 0.04
偏差/K
春季
夏季
秋季
冬季

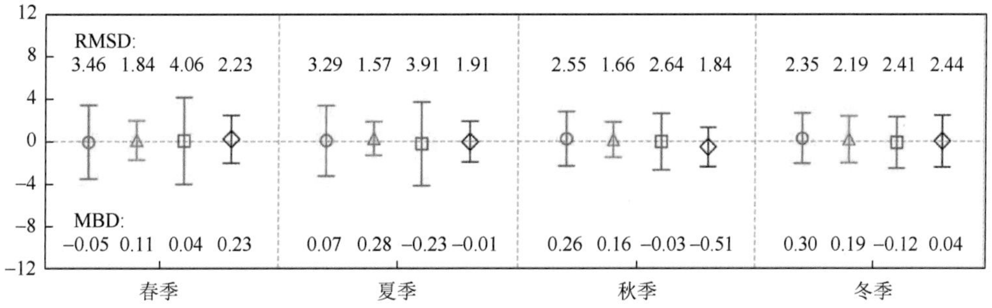

(c) CNN

图 2-6　从 3 种神经网络反演得到的 LST 与 MODIS LST 之间差异的季节统计结果（不同季节）

从前文的分析可以很清晰地看出：无论是在整体精度还是在不同地表覆盖类型和不同季节上，CNN 的表现均为最优。由于训练时间依赖于训练样本数，在此仅仅列出 3 种网络在数据集 I 上的训练时间，对于 NN、DBN 和 CNN 分别为 6min、8min 和 12min。尽管 CNN 模型的训练花费最长的时间，但是它的时间成本仍然是可以接受的。因此，在后续研究中仅仅使用了 CNN，包括最优输入参数组合的选取、实测数据验证和交叉比较。

2.3.2 确定最优输入参数组合

设计的输入参数组合如表 2-3 所示，组合 C1～C14 与 C0 在验证集与测试集上的 RMSD 差异（ΔRMSD，值越小代表移除参数后对于模型精度的影响越小）如图 2-7 所示。对于白天来说，地表参数中的 SM 和 SC 对于模型精度的提升贡献很小。当输入参数中不包含 SM 和 SC 时（组合 C1），ΔRMSD 在验证集和测试集上的值都小于 0.15K。如果 NDVI 和 LCTP 不被同时移除，RMSD 仅有微小的增加，如在 C1 的基础上仅有 NVDI/LCTP 被移除时（组合 C2/C3），ΔRMSD 的值小于 0.1K。然而，当 NDVI 和 LCTP（组合 C4）同时被移除时，ΔRMSD 的值大于 0.25K。

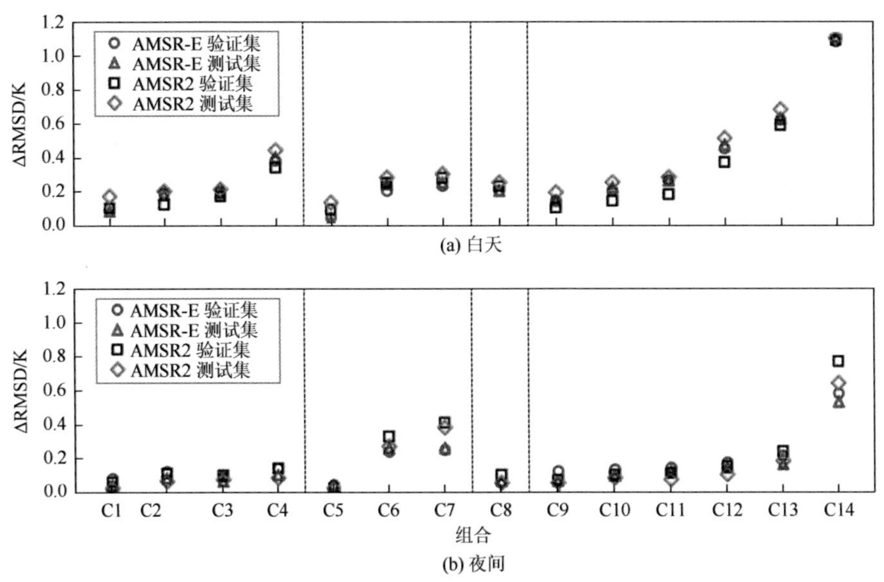

图 2-7　组合 C1～C14 与 C0 的 RMSD 差异（ΔRMSD）

在大气参数中，AT-2m 对于模型精度的影响比 TPWV 更大，当输入参数中不包含 AT-2m 时（组合 C6），ΔRMSD 的值大于 0.2K。此外，DOY（组合 C8）有助于提高白天模型的精度。在这些模型中，组合 C10 和 C11 拥有相似的精度，且 ΔRMSD 均小于 0.3K。考虑到组合 C10 比组合 C11 的参数更少，故最终选取组合 C10 作为白天的最优参数组合。

夜间情况的结果与白天相似，SM、SC 和 TPWV 对于模型精度的提升贡献很小，而 AT-2m 贡献很大。但与白天情况不同的是，在夜间 NDVI、LCTP 和 DOY 对于模型精度的贡献要明显低于白天。例如，对于组合 C13（仅包括 BTs 和 AT-2m 作为输入参数），ΔRMSD 要低于 0.3K。因此，最终选取组合 C13 作为夜间的最优参数组合。

最优输入参数组合在不同地表覆盖类型和不同季节上的精度分别如图 2-8 和图 2-9 所示。对于地表覆盖类型而言，模型在浓密植被像元有最高的精度，在裸地像元有最低的精

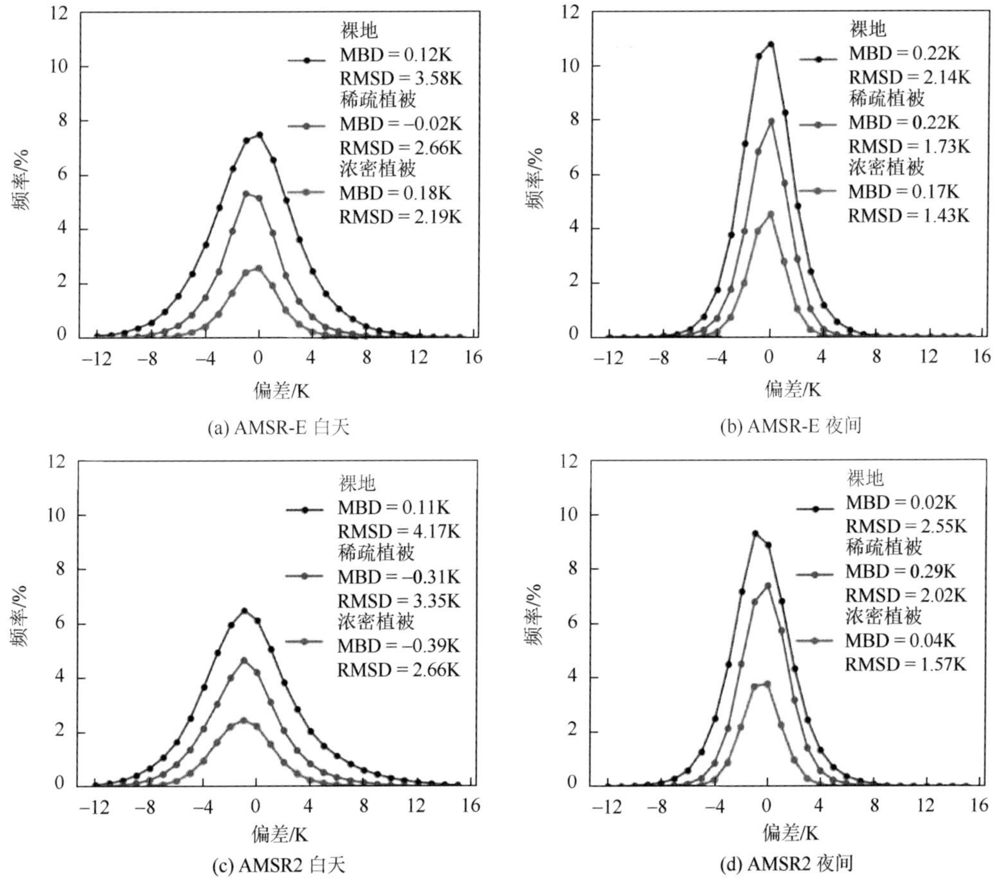

(a) AMSR-E 白天

(b) AMSR-E 夜间

(c) AMSR2 白天

(d) AMSR2 夜间

图 2-8　使用 CNN 和最优输入参数组合反演得到的 LST 与 MODIS LST 在不同地表覆盖类型上的差异直方图

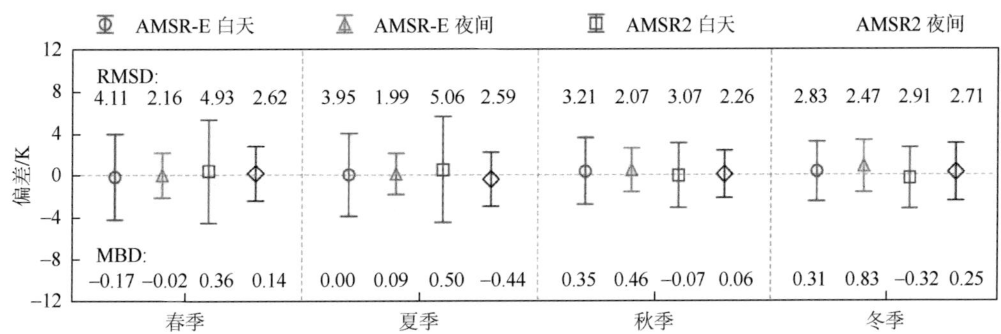

图 2-9　使用 CNN 和最优输入参数组合反演得到的 LST 与 MODIS LST 之间差异的季节统计

度。对于 AMSR-E 而言，白天最优组合在裸地、稀疏植被和浓密植被的 RMSD 分别为 3.58K、2.66K 和 2.19K，夜间最优组合在裸地、稀疏植被和浓密植被的 RMSD 分别为 2.14K、1.73K 和 1.43K。对于 AMSR2 而言，整体精度要低于 AMSR-E（在白天情况下，精度低约 0.6K；在夜间情况下，精度低约 0.3K）。模型在裸地像元上精度最低的原因是植被的微波发射率近似为常数，而裸地的微波地表发射率受多种因素的影响，因此 CNN 在对裸地像元的地表发射率进行参数化时有更大的难度。

对于不同季节而言，在白天情况下，春季和夏季的模型精度要低于秋季和冬季。原因在于：春季和夏季是植被生长季，相较于其他季节，被动微波像元在春季和夏季内部的异质性更强，从而在对 NDVI 空间平均以匹配被动微波像元时会引入更大的不确定性。相比之下，CNN 在夜间的数据集上可以实现很好的拟合（对于 AMSR-E/AMSR2 而言，所有季节的 RMSD 均要低于 2.3K/2.5K），原因在于像元内不同地表覆盖类型的热异质性在夜间会减小。

如前文所述，对于白天情况，最优输入参数组合为 BTs、NDVI、AT-2m 和 DOY；对于夜间情况，最优输入参数组合为 BTs 和 AT-2m。SM、SC 和 TPWV 对于模型精度共享很小的原因在于，这些参数可以通过被动微波不同通道的亮温反演得到，因此神经网络可以通过被动微波亮温隐式模拟出这些参数。在白天，NDVI 可以提高模型的精度，原因是白天微波像元内不同地物的热属性有很大的差异，而 NDVI 可以隐式刻画像元内不同地表覆盖类型的比例，这也是 NDVI 和 LCTP 对于白天模型的贡献相似而却不能同时移除的原因。在夜间，微波像元内不同地物的热属性差异减小，因此 NDVI 对于夜间模型的贡献很小且 NDVI 和 LCTP 可以同时被移除。

对于 DOY，该参数可以提高白天模型的精度，在夜间的贡献却很小，可能的原因如下：①被动微波像元内裸地和植被的组分温度差异在夏季要大于冬季，因此该组分温度差异可以表示成以 DOY 为自变量的函数，即 DOY 可以帮助刻画像元内组分温度的差异，该信息有助于大尺度像元地表温度的反演；②对某一像元来说，一整年的 LST 在时间尺度上可以分解为 3 个分量，分别是年内变化分量、日内温度变化分量和天气变化分量，其中年内变化分量的表达式为（Zhan et al.，2014）

$$\mathrm{LST}(d)=\mathrm{MAST}+\mathrm{YAST}\sin(2d\pi / 365+\theta) \tag{2-8}$$

式中，MAST 是 LST 的年平均值；YAST 是 LST 的年振幅；d 为 DOY；θ 为相对于春分点的相位偏移。

式（2-8）表明，ATC 是 DOY 的函数，故 DOY 有助于白天模型精度的提升。DOY 对夜间模型贡献小的原因是在夜间数据集的噪声要小于白天，在模型本身的残差较小的情况下，DOY 仅能提供很小的贡献。

需要说明的是，本书研究并非 CNN 首次应用于被动微波 LST 反演中，Tan 等（2019）构建了基于 CNN 的被动微波 LST 反演模型。在该研究中，仅有亮温作为输入参数（与本章中的组合 C14 输入参数一致）。前文的测试结果表明，相对于选取得到的最优输入参数组合，组合 C14 的精度在白天要低 0.8K，在夜间要低 0.3K。因此可以证明：在亮温的基础上增加一些容易获取的参数（如 AT-2m），可以显著地提高被动微波 LST 反演的精度。

2.3.3　基于实测数据的直接验证

基于最优输入参数组合，利用站点实测 LST 对 CNN 反演得到的 LST 进行验证。由于所收集的站点实测数据来源于不同的年份，故对 AMSR-E 反演结果的验证站点为 CBS、TYU 和 DXI，对 AMSR2 反演结果的验证站点为 SDQ 和 HMO。如表 2-1 所示，站点实测四分量观测仪器的 FOV 为 22.39～208.99m，而被动微波像元的空间分辨率为数十公里，若直接采用站点处的 LST 来验证，难以准确获得被动微波像元尺度 LST 的真实精度。因此，在采用实测数据进行直接检验前，先评价各站点所在被动微波像元内的热异质性。由于 MODIS LST 产品是当前公认具有良好精度的 LST 产品（Wan，2014），故使用了最新的 MYD21A1 1km 逐日 LST 产品来评价热异质性。评价方式为计算被动微波像元内所有 1km MODIS 像元 LST 的平均值与站点所在的 1km MODIS 像元 LST 的差异，其中每个站点用于统计热异质性的 MYD21A1 产品的时间段与实测数据的时间段一致。评价结果如图 2-10 所示。

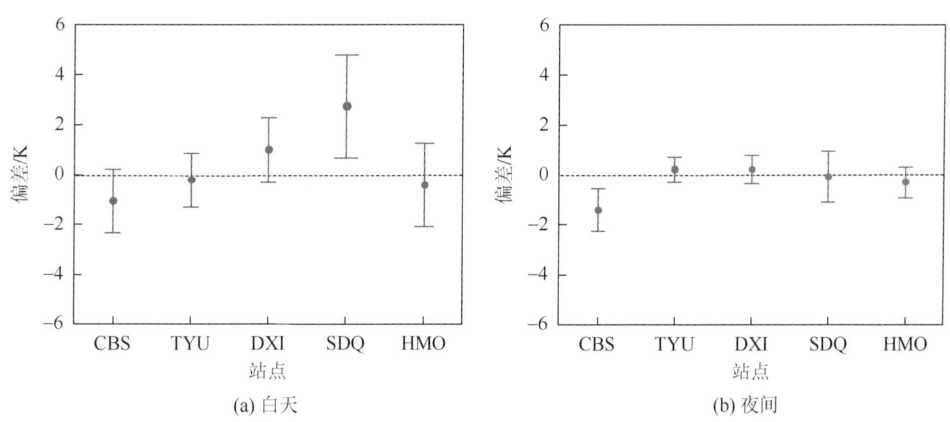

图 2-10　所选的 5 个实测站点所在的微波像元内的热异质性

图 2-10 表明，在白天情况下，相对于 1km 尺度的 MODIS LST，被动微波像元尺度的 MODIS LST 在 CBS 站有 1K 左右的系统性低估，在 DXI 和 SDQ 分别有 1K 和 2.5K 左右的系统性高估，在 TYU 和 HMO 站没有明显的系统性偏差。在 CBS 站低估的原因是 CBS 站所在的微波像元南侧出现了明显的海拔升高现象，进而导致在微波像元尺度的 LST 要低于 1km 尺度的 LST。DXI 和 SDQ 站的高估分别是由站点所在微波像元内超过 30%的建筑物和裸地覆盖导致的。在夜间情况下，只有 CBS 站有 1.5K 左右的系统性低估，同样是由于站点所在微波像元内的海拔分布导致的。

基于站点实测数据对采用 CNN 从 AMSR-E、AMSR2 数据反演得到的 LST 验证结果分别如图 2-11 和图 2-12 所示。为便于后续量化由于站点和被动微波像元尺度不匹配引入的代表性误差，图 2-11 和图 2-12 同时也展示了对于 1km MODIS LST 的验证结果。

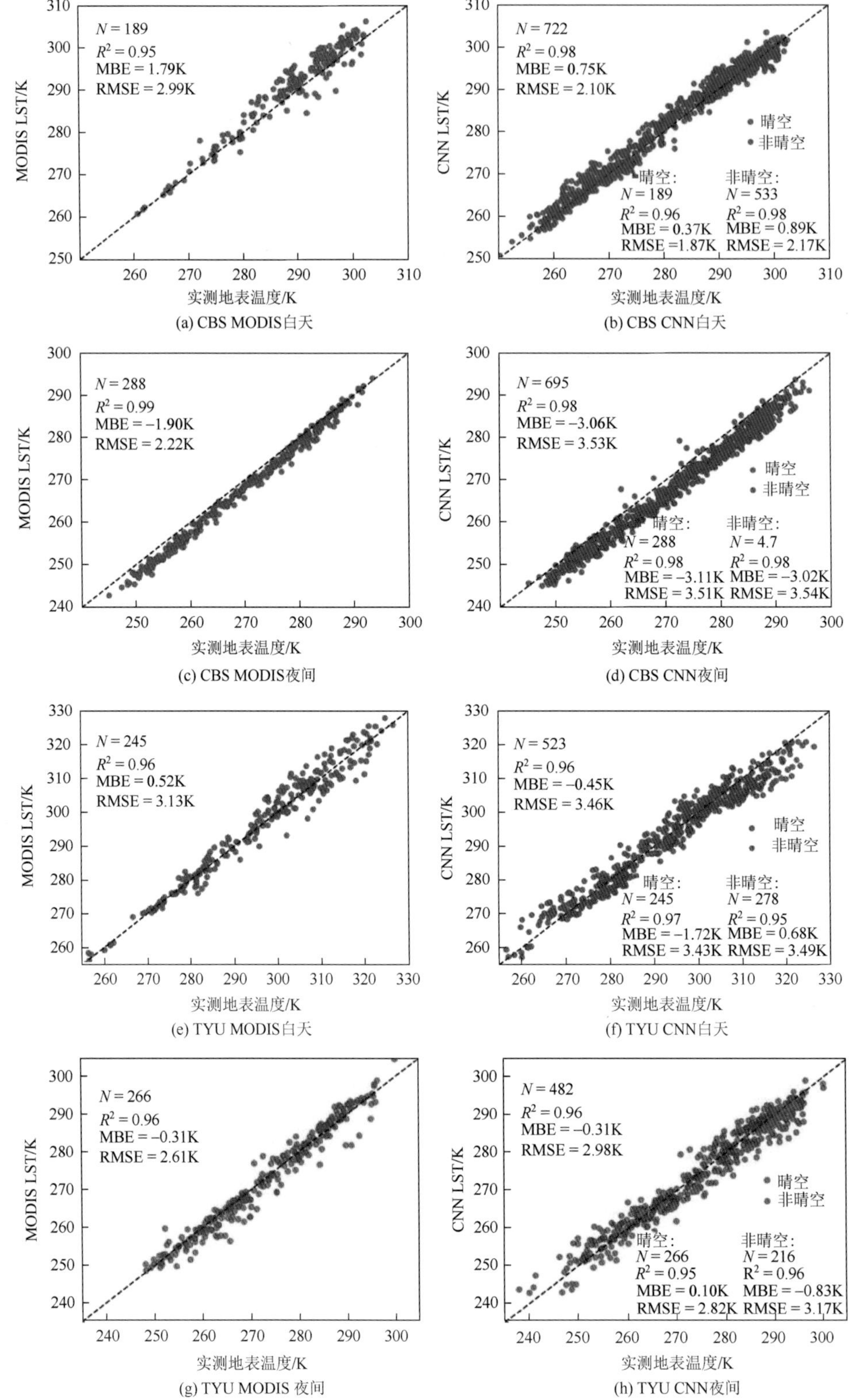

(a) CBS MODIS白天　(b) CBS CNN白天

(c) CBS MODIS夜间　(d) CBS CNN夜间

(e) TYU MODIS白天　(f) TYU CNN白天

(g) TYU MODIS 夜间　(h) TYU CNN夜间

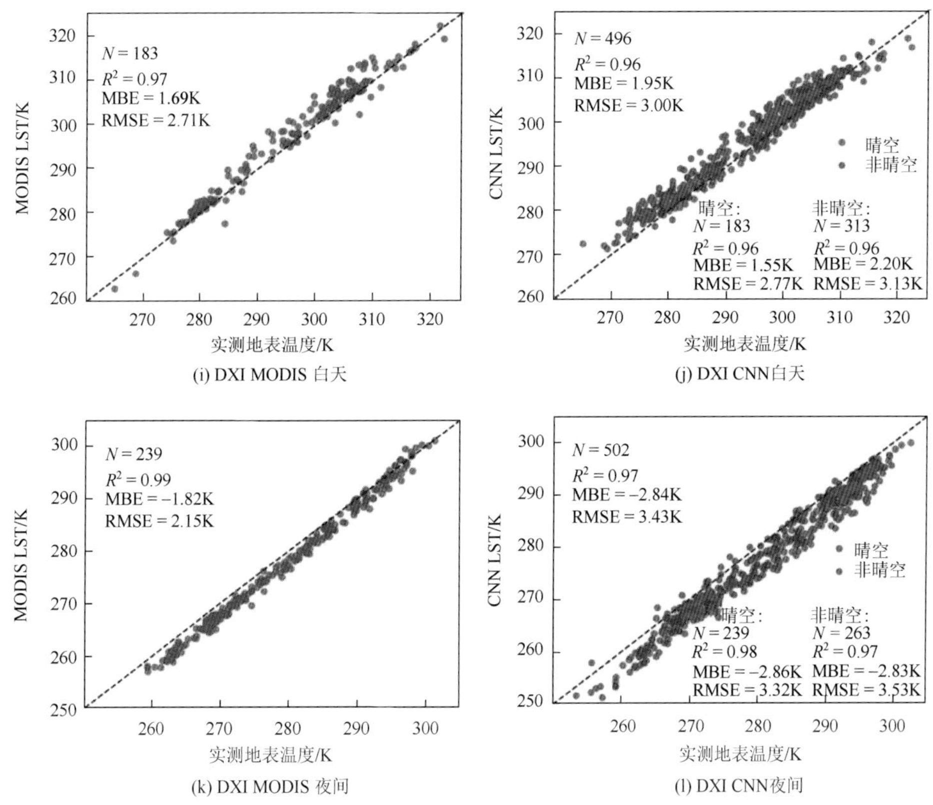

图 2-11　基于 CBS、TYU 和 DXI 实测 LST 对 MODIS LST 和 CNN LST（基于 AMSR-E 数据反演得到）的验证

在 CBS 站，MODIS LST 在白天表现出轻微的高估，在夜间表现出低估。尽管被动微波像元内建筑物的占比为 2%左右，但是这些建筑物集中在站点附近，这导致 MODIS LST 相比于站点实测温度在白天高估而夜间低估。CNN LST 在白天与站点实测地表温度接近，在夜间有一个明显的系统性偏低：白天和夜间的平均误差（mean bias error，MBE）分别为 0.75K 和−3.06K，相应的均方根误差（root mean square error，RMSE）分别为 2.10K 和 3.53K。

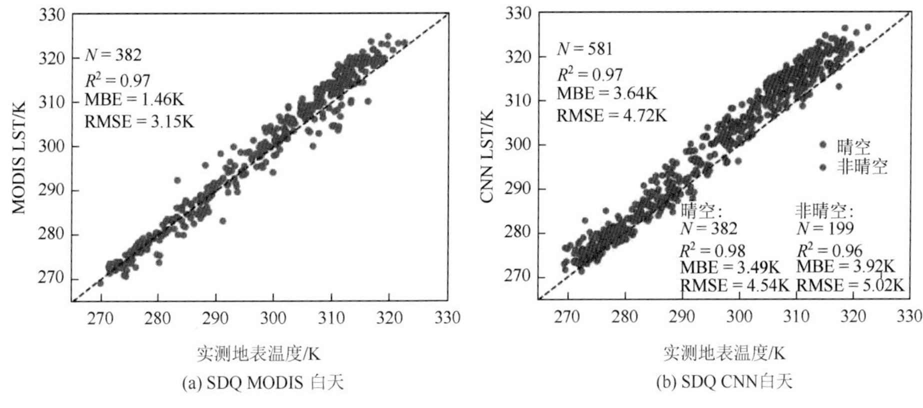

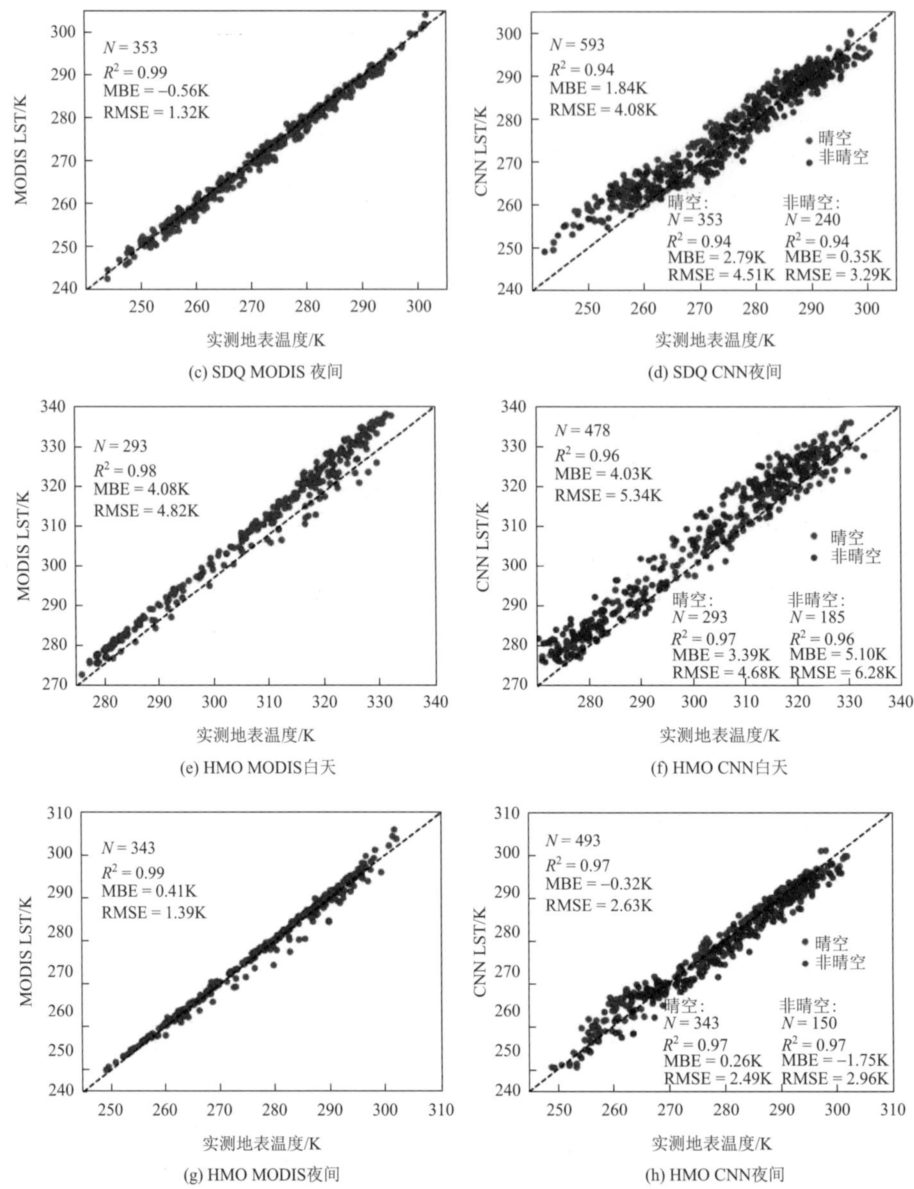

(c) SDQ MODIS 夜间　(d) SDQ CNN夜间

(e) HMO MODIS白天　(f) HMO CNN白天

(g) HMO MODIS夜间　(h) HMO CNN夜间

图 2-12　基于 SDQ 和 HMO 实测 LST 对 MODIS LST 和 CNN LST（基于 AMSR2 数据反演得到）的验证

在 TYU 站，MODIS LST 和 CNN LST 在白天和夜间均没有表现出明显的系统性偏差（MBE的绝对值均不大于0.52K）。CNN LST的RMSE在白天和夜间分别低于3.5K和3.0K。尽管包含 TYU 站的 AMSR-E 像元并非纯净像元，但是微波像元内的主要地表覆盖类型为农田和草地，这两种地表覆盖类型有非常相似的热属性和 LST，因此 CNN LST 的精度与 1km 尺度的 MODIS LST 的精度较为接近。

在 DXI 站，MODIS LST 和 CNN LST 在白天均表现出高估，在夜间均表现出低估。造成该现象的原因是像元内的建筑物（表 2-1 显示 DXI 站所在的微波像元内有 30%被建筑物覆盖）。CNN LST 在白天和夜间的 MBE 分别为 1.95K 和–2.84K，相应的 RMSE 分别为 3.00K 和 3.43K。

在 SDQ 站，CNN LST 在白天的 MBE 为 3.64K，RMSE 为 4.72K。原因是 SDQ 站所在的被动微波像元中超过 30%的像元被裸地覆盖，这导致超过 3K 的系统性高估。在夜间，MODIS LST 与站点实测 LST 较为接近，MBE 和 RMSE 分别为–0.56K 和 1.32K，而 CNN LST 的 MBE 和 RMSE 分别为 1.84K 和 4.08K。

在 HMO 站，MODIS LST 和 CNN LST 在白天都有较高的系统性高估（>4K），而夜间精度（MODIS LST 的 RMSE 为 1.39K，CNN LST 的 RMSE 为 2.63K）要优于白天。CNN LST 在白天高估的原因是本章使用了 MODIS LST 作为模型的训练数据，MODIS LST 本身的高估造成 CNN LST 的高估。

在 SDQ 和 HMO 站的夜间，当温度小于 270K 时，反演结果多数情况下出现了明显的高估。根据 Wang 等（2019）提出的判别式函数算法（discriminant function algorithm，DFA）进行分析，发现该高估现象是由于冻土造成的。DFA 的定义如下：

$$
\begin{aligned}
\text{FTI(A)} &= -0.123*T_{\text{b36.5V}} + 11.842*(T_{\text{b18.7H}}/T_{\text{b36.5V}}) + 20.65 \\
\text{FTI(D)} &= -0.209*T_{\text{b36.5V}} + 9.384*(T_{\text{b18.7H}}/T_{\text{b36.5V}}) + 43.697
\end{aligned}
\tag{2-9}
$$

式中，FTI 代表冻融指标（freeze/thraw index，FTI），FTI<0 代表土壤融解，FTI>0 代表土壤冻结；A 和 D 分别代表升轨（地方太阳时 13:30）和降轨（地方太阳时 01:30）；$T_{\text{b36.5V}}$ 代表 36.5GHz 垂直极化通道的亮温；$T_{\text{b18.7H}}$ 代表 18.7GHz 水平极化通道的亮温。

图 2-13 展示了 SDQ 站夜间数据中小于 270K 部分的 FTI，可以发现 LST 中小于 270K 的像元对应的 FTI 均大于 0，即处于冻结状态。当土壤从融解状态转换到冻结状态时，发射率会升高，导致亮温升高（Zhao et al.，2012），进而导致反演得到的 LST 偏高。

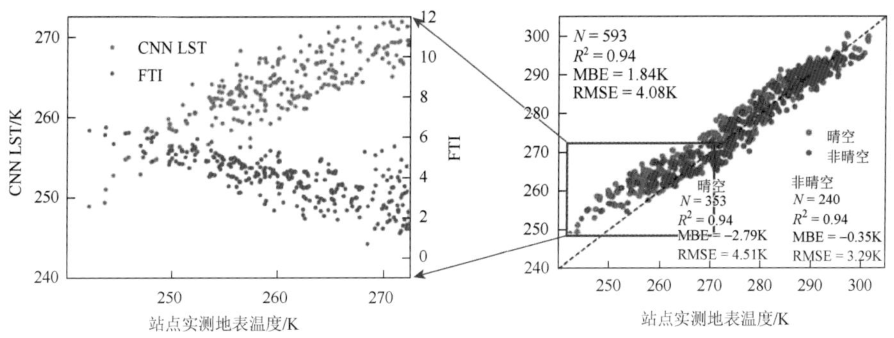

图 2-13　SDQ 站 CNN LST 在夜间的验证结果（右）以及小于 270K 像元对应的冻融指标（左）

图 2-11 和图 2-12 还展示了在晴空与非晴空条件下 CNN LST 的验证结果。在多数情况下，白天和夜间的这两种天气条件下的 RMSE 差异小于 0.5K，但是在 SDQ 站夜间和 HMO 站白天出现了例外，其原因是晴空样本和非晴空样本的分布不均匀。例如，SDQ 站夜间在小于 270K 时由于冻土导致了反演结果的偏高，但是这部分像元多数处于晴空条件下，因此在晴空条件下 CNN LST 的 RMSE 要高于非晴空条件下的 RMSE。但是在所有验

证站点，CNN LST 在非晴空条件下并没有表现出明显不同于晴空条件下的异常值，这表明使用晴空样本建立的 CNN 模型扩展至非晴空时仍然具有很好的适用性。

如前文所述，地面站点的仪器视场角与被动微波像元的空间分辨率有很大的差异。因此，此处利用图 2-10 统计得到的站点所在微波像元内的热异质性信息和 1km 尺度的 MODIS LST 验证结果来量化由于尺度不匹配引进的代表性误差。借鉴 Huang G 等（2016）的做法，在假设 MODIS LST 是 1km 尺度的“真值”的基础上，每个站点的代表性误差可表示为

$$\begin{aligned} MBE_{GtoMW} &= MBE_{Gto1KM} + MBE_{1KMtoMW} \\ STD^2_{GtoMW} &= STD^2_{Gto1KM} + STD^2_{1KMtoMW} \end{aligned} \quad (2\text{-}10)$$

式中，MBE_{GtoMW}、MBE_{Gto1KM} 和 $MBE_{1KMtoMW}$ 分别为从站点尺度到被动微波像元尺度、从站点到 1km 尺度和从 1km 尺度到被动微波像元尺度由于尺度不匹配引入的系统性偏差；STD_{GtoMW}、STD_{Gto1KM} 和 $STD_{1KMtoMW}$ 是相应的由于尺度不匹配引入的标准差。

所选验证站点的代表性误差与相应的 CNN LST 验证结果如表 2-6 所示。表 2-6 表明，在多数情况下 CNN 反演结果的平均误差 MBE_{CNN} 和误差标准差 STD_{CNN} 分别与 MBE_{GtoMW} 和 STD_{GtoMW} 较为接近（MBE 差异和 STD 差异均小于 1K）。不符合该规律的是 SDQ 和 HMO 站的夜间，如前文所述是由于冻土导致的亮温偏高造成的。

表 2-6　所选验证站点的代表性误差与相应的 CNN LST 验证结果

站点	时间	MBE_{GtoMW}	MBE_{CNN}	STD_{GtoMW}	STD_{CNN}
CBS	白天	0.77	0.75	2.72	1.96
	夜间	−3.29	−3.06	1.43	1.76
TYU	白天	0.32	−0.45	3.27	3.43
	夜间	−0.09	−0.31	2.64	2.96
DXI	白天	2.70	1.95	2.47	2.28
	夜间	−2.06	−2.84	1.27	1.91
SDQ	白天	4.19	3.64	3.45	2.99
	夜间	−0.61	1.84	1.55	3.64
HMO	白天	3.67	4.03	3.05	3.50
	夜间	0.14	−0.32	1.47	2.62

综上，相对于晴空条件下，CNN LST 在非晴空条件下的温度趋势并没有表现出显著的区别，这表明本章利用晴空样本建立的 CNN 模型在非晴空条件下仍有较好的适用性。CNN LST 与站点实测 LST 之间存在差异的主要原因之一，是站点与被动微波像元在空间尺度上的不匹配。

2.3.4　反演结果的交叉比较

在利用站点实测数据验证后，本节将 CNN LST 与 GT LST 进行了交叉比较。由于 GT LST 的时间覆盖范围为 2008～2010 年，在此选取 2009 年的数据来进行交叉比较（图 2-14）。

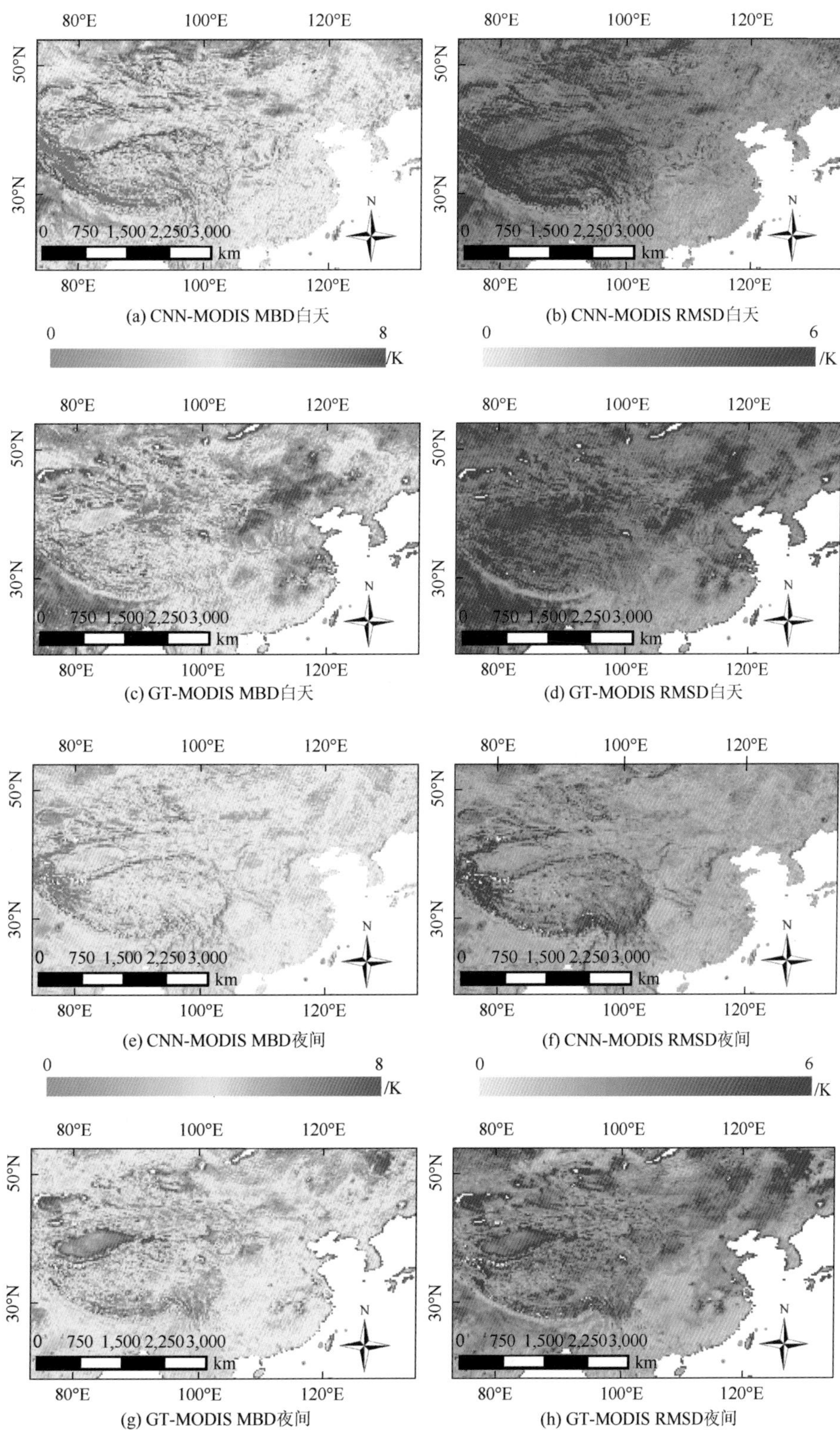

图 2-14　CNN LST 和 GT LST 相对于 MODIS LST 的差异（统计数据来源于 2009 年）

交叉比较的方式为以 MODIS LST 为基准，逐像元统计两种 LST 与 MODIS LST 之间的差异，统计指标包括 MBD 和 RMSD。图 2-14 表明，GT LST 在研究区的某些区域（如白天的北方及南方部分区域、夜间塔里木盆地区域）出现了明显的系统性偏差，而 CNN LST 则并没有出现这种情况。从 RMSD 来说，CNN LST 在研究区东部区域的精度要明显优于 GT LST，在西部区域则各有优劣。

为了量化这两种 LST 的精度，统计了 CNN LST 和 GT LST 相较于 MODIS LST 的差异的像元占比，差异的定义如下：

$$\Delta \mathrm{RMSD}_{\mathrm{MODIS}}=\mathrm{RMSD}_{\mathrm{CNN}}-\mathrm{RMSD}_{\mathrm{GT}} \tag{2-11}$$

式中，$\mathrm{RMSD}_{\mathrm{CNN}}$ 代表 CNN LST 相对于 MODIS LST 的 RMSD；$\mathrm{RMSD}_{\mathrm{GT}}$ 代表 GT LST 相对于 MODIS LST 的 RMSD；$\Delta\mathrm{RMSD}_{\mathrm{MODIS}}$ 代表以 MODIS LST 为基准的 $\mathrm{RMSD}_{\mathrm{CNN}}$ 与 $\mathrm{RMSD}_{\mathrm{GT}}$ 之间的差异。

当 $\Delta\mathrm{RMSD}_{\mathrm{MODIS}}<-0.5\mathrm{K}$ 时，认为在该像元 CNN LST 的精度要优于 GT LST；当 $-0.5\mathrm{K}\leqslant\Delta\mathrm{RMSD}_{\mathrm{MODIS}}\leqslant0.5\mathrm{K}$ 时，认为在该像元 CNN LST 的精度与 GT LST 相似；当 $\Delta\mathrm{RMSD}_{\mathrm{MODIS}}>0.5\mathrm{K}$ 时，认为在该像元 GT LST 的精度要优于 CNN LST。统计结果如表 2-7 所示。表 2-7 表明，在整个研究区，相对于 GT LST，CNN LST 在白天和夜间均有约 50%的像元要更接近于 MODIS LST，而仅有约 20%的像元有比 GT LST 更大的 RMSD。另外，可以发现 CNN LST 中出现明显低估的像元集中在青藏高原边界区域，通过与 MODIS 积雪覆盖产品 MYD10C1 对比，可以发现这些像元常年被积雪覆盖，而积雪像元在反演时通常有更大的误差。通过分析这些积雪像元的亮温，发现亮温存在明显的偏低现象，尤其是在高频通道（如 36.5GHz 和 89.0GHz），这是由积雪的强烈体散射导致的（Cordisco et al.，2006），进而导致反演得到的 LST 偏低。

表 2-7　CNN LST 和 GT LST 的 RMSD 差异在不同范围内的百分比　（%）

时间	ΔRMSD＜−0.5K	−0.5K≤ΔRMSD≤0.5K	ΔRMSD＞0.5
白天	47.7	29.4	22.9
夜间	52.3	29.1	18.6

由于被动微波像元的空间分辨率较低，一些研究在对反演得到的 LST 评价时基于近地表气温进行，如 Fily 等（2003）的研究表明，浓密植被区域的 LST 与近地表气温接近。由于 AMSR-E 和 AMSR2 的过境时间均为地方太阳时 01:30 和 13:30，这两个时刻与每日最低气温和最高气温出现时刻接近。因此，本章还将 CNN LST 与 NASA 提供的 LPDR AT 进行了比较。由于气温与 LST 物理意义不同，在与气温比较时的统计指标包括 RMSD 和 R^2，结果如图 2-15 所示。

图 2-15 表明，在整个研究区，有超过 80%的像元 R^2 大于 0.8，R^2 比较小的像元集中在青藏高原以及我国西北部等植被覆盖稀少的区域，这表明 CNN LST 与 LPDR AT 在多数情况下有很好的一致性。在高植被覆盖区域，像元的 RMSD 均小于 3K（如华南及东北区域）。因此，与气温的交叉比较结果表明 CNN LST 与 AT 有相似的年内变化趋势且在浓密植被像元上十分接近，这与前人的研究结论相符（Fily et al.，2003）。

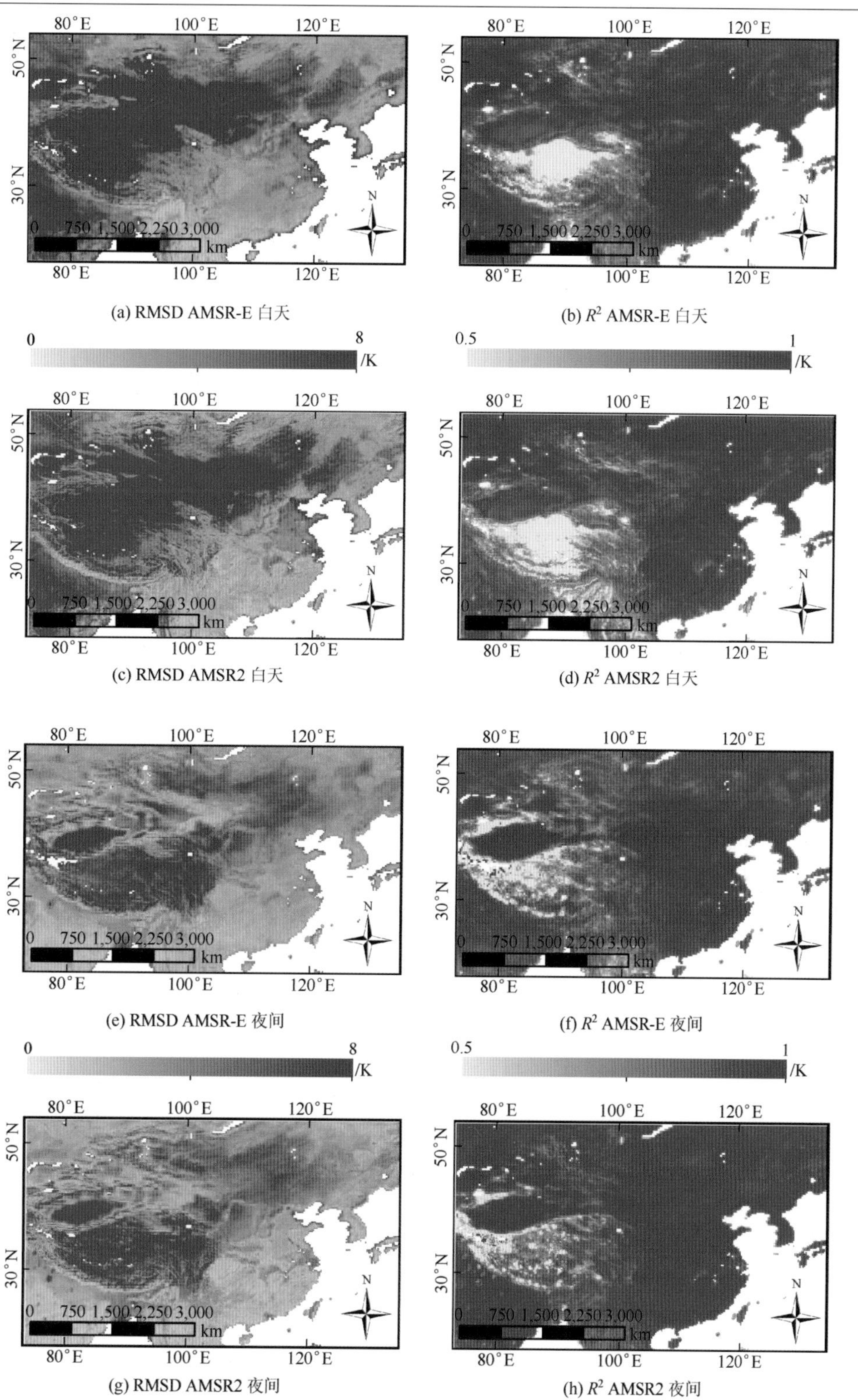

(a) RMSD AMSR-E 白天　(b) R^2 AMSR-E 白天

(c) RMSD AMSR2 白天　(d) R^2 AMSR2 白天

(e) RMSD AMSR-E 夜间　(f) R^2 AMSR-E 夜间

(g) RMSD AMSR2 夜间　(h) R^2 AMSR2 夜间

图 2-15　CNN LST 与 LPDR AT 的比较结果

（统计数据来自 2009 年和 2016 年）

为了进一步评价 CNN LST 的精度，本节还将 CNN LST 与学术界常用的针对中国区域建立的查找表算法（Zhou et al.，2015a）以及单通道算法（Holmes et al.，2009）反演结果进行对比。根据图 2-8 可知，CNN LST 在浓密植被上的精度已经可以满足要求，但是在裸地像元上的精度偏低。因此，选择裸地像元，将 CNN LST 与查找表算法、单通道算法的反演结果进行对比。需要说明的是，考虑到单通道算法无法适用于积雪覆盖情况，故对比中仅选取 LST 大于 273K 且不被积雪覆盖的像元。对比结果如表 2-8 所示，可以发现 CNN LST 的精度要优于其他两种方法。

表 2-8 CNN LST 与查找表算法和单通道算法在裸地像元上的结果对比 （单位：K）

方法	白天 RMSD				夜间 RMSD			
	春季	夏季	秋季	冬季	春季	夏季	秋季	冬季
CNN LST	4.1	4.0	3.2	2.8	2.2	2.0	2.1	2.5
查找表算法	6.6	5.0	5.6	8.6	4.6	2.9	3.6	8.7
单通道算法	13.2	10.4	11.2	13.1	11.6	9.7	10.1	13.0

2.4 本章小结

卫星被动微波遥感可用于直接反演大尺度的全天候 LST，且其反演结果在补足热红外 LST 时间序列以及与热红外 LST 集成生成中分辨率全天候 LST 中拥有较大的优势。为此，本章测试了传统的全连接神经网络（NN）以及两种深度学习方法（DBN 和 CNN）在被动微波 LST 反演中的应用效果。

对于所选取的 3 种神经网络，选择的输入参数数据集包括所有频率和所有极化方式的亮温、SM、NDVI、SC、LCTP、近地表气温、大气可降水量和 DOY。精度统计结果表明，CNN 的反演结果从整体精度、不同地表类型和不同季节来说均与 MODIS LST 最为接近。此外，设计了多种输入参数组合来移除模型对于多源输入数据的依赖。结果表明，在地表参数中，NDVI 和 LCTP 在白天不能同时被移除，但在夜间贡献很小；大气参数中，贡献最大的是近地表气温；DOY 在白天可以提高模型的精度。最终，利用站点实测数据对 CNN 反演的 LST 进行了验证，验证时量化了由于站点代表性引入的不确定性，同时与 GT LST 和 LPDR AT 进行了交叉比较，结果进一步表明 CNN LST 在 3 种神经网络中具有最高的精度。

第 3 章　被动微波遥感影像的轨道间隙填补

被动微波遥感在土壤湿度、大气可降水量、雪水当量以及 LST 反演中均发挥着重要作用。目前，卫星被动微波传感器一般搭载于极轨卫星上。然而，极轨卫星的运行方式导致搭载于其上的被动微波传感器观测得到的亮温影像在空间上存在一定的轨道间隙，且该间隙随着纬度的降低而逐渐增大，这进而导致使用被动微波亮温影像反演得到的遥感参数在空间以及时间上都有缺失。对 LST 而言，一方面会对被动微波遥感 LST 的长时间序列分析造成影响；另一方面，如第一章中所述，目前集成热红外与被动微波遥感是生成中分辨率（1km 左右）全天候 LST 的主要方法之一，但被动微波遥感影像的空间不连续将导致生成的中分辨率 LST 在空间上不连续，并降低其时间尺度上的连续性。

随着卫星遥感技术的发展，学术界开始逐渐关注对卫星遥感影像缺失值的填补。目前的填补方法主要是基于时间序列的插值与填补，最简单的方法是在时间序列的连续值之间拟合分段线性函数（Musial et al.，2011）。该方法会产生一个锯齿状的序列，虽然该方法可以产生连续无间断的时间序列，但是在时间序列的每一个点上都是不可微的且受限于受原始时间序列值的分布。因此，该方法生成的时间序列存在较大不确定性。第二种方法是通过时间序列中的每个点拟合拉格朗日形式的多项式（Musial et al.，2011）。但是，当时间序列中的点数增加时，多项式的阶数会急剧增加，方法复杂度和实用性受到极大限制。还有一种方法是计算缺失值前后数据的平均值，以移动窗口的形式进行填充，但该方法无法对缺失值处的波动项进行填充。此外，还有一些其他方法来进行时间序列数据缺失值的填补。例如，经验正交分解插值方法（data interpolating empirical orthogonal fanctions，DINEOF）是一种基于经验正交函数且自洽的用于填补地球物理学领域时间序列缺失值的方法，该方法采用一种可迭代的方式来计算缺失位置处的值，且其不依赖其他输入参数（Beckers and Rixen，2003；盛峥等，2009；Alvera-Azcárate et al.，2011）。Kondrashov 与 Ghil（2006）则提出一种基于奇异谱分析（singular spectrum analysis，SSA）技术的时间序列填补方法，该方法结合了许多数学领域的元素，包括经典时间序列分析和多元统计等，并被诸多学者应用（Ghafarian et al.，2018；Kondrashov et al.，2010）。

在本章中，填补被动微波亮温影像轨道间隙的目的，是获得空间无缝的 LST。实现该目的可以从两个角度来入手。第一个角度为先对被动微波亮温影像进行填补，再反演得到空间无缝的被动微波 LST。从该角度实现的典型工作为 Zhang 等（2020）的研究，其通过融合多源卫星遥感数据，采用 SSA 方法，利用搭载于 FY-3B 卫星上的 MWRI 亮温数据来实现对于 AMSR-E 和 AMSR2 亮温影像轨道间隙的填补，然后再进行被动微波 LST 的反演，最终实现被动微波 LST 和热红外 LST 的融合，生成中分辨率全天候 LST。第二个角度为直接对被动微波反演得到的 LST 缺失值进行填补。从该角度实现的相关工作为 Xu 与 Cheng（2021）利用 DINEOF 对反演得到的 AMSR2 LST 进行空间间隙填补，进而融合空间无缝的 AMSR2 LST 和 MODIS LST 生成空间无缝的全天候 LST。总体上，当前针对被动微波遥感影像轨道间隙填补方面的相关研究较为匮乏。

本章填补被动微波亮温影像轨道间隙的思路为：利用再分析数据空间无缝的优势，通过深度神经网络实现对于再分析数据的隐式校正；在此基础上，利用深度神经网络模拟地表微波发射以及大气辐射传输的整个过程，最终实现对于被动微波亮温影像间隙的填补。

3.1　研究区与数据

3.1.1　研究区

由于从正向模拟角度出发实现对于被动微波亮温影像的填补是一个探索性工作，故在我国纬度较低的区域中选取了两个小的实验区，如图 3-1 所示。其中，实验区一位于青藏高原[图 3-1（a）]，空间范围为 83°E～88°E、32°N～37°N。该实验区的特征是微波像元内海拔变化剧烈，植被覆盖率较低，存在一些特殊下垫面（如冻土和积雪），因此主要用于分析所构建的模型在特殊下垫面下的表现。实验区二位于华南区域[图 3-1（b）]，空间覆盖范围为 108°E～113°E 和 24°N～29°N。该实验区内部像元地表覆盖类型以农田和自然稀疏植被为主，同时实验区内海拔差异小，主要用于判断模型在平坦均一下垫面下的表现。

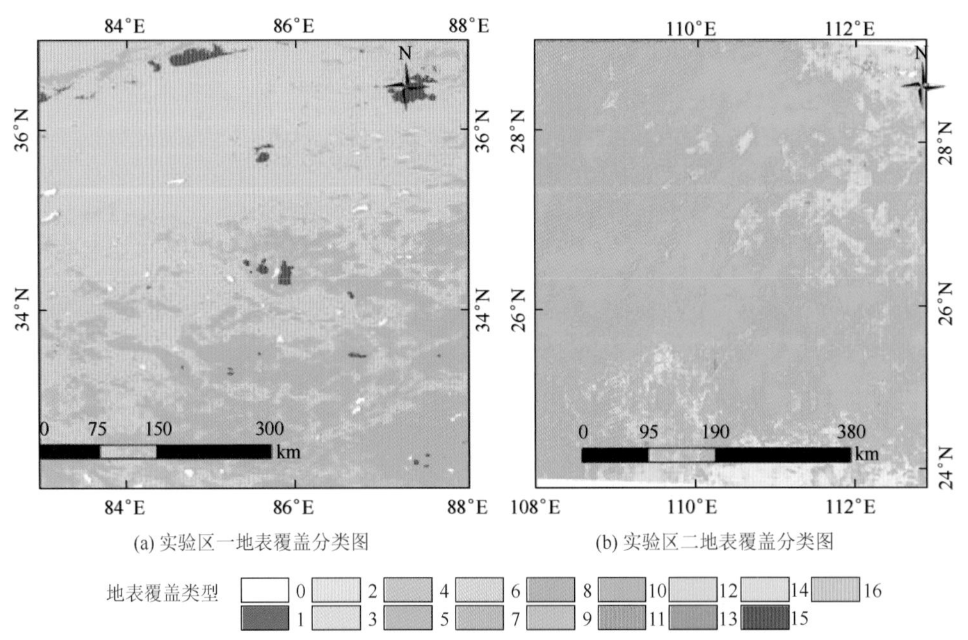

图 3-1　实验区一和实验区二的地表覆盖分类图

注：0. 水体；1. 常绿针叶林；2. 常绿阔叶林；3. 落叶针叶林；4. 落叶阔叶林；5. 混合林；6. 郁闭灌木带；7. 稀疏灌木带；8. 热带木本草原；9. 热带草原；10. 草地；11. 永久湿地；12. 农田；13. 城市建筑用地；14. 农田-自然植被混合地；15. 冰雪；16. 裸地

基于 2009 年 AMSR-E 数据的统计结果表明，青藏高原实验区白天轨道间隙外（即亮温非缺失）与轨道间隙内（即亮温缺失）像元的占比分别为 65.89%和 34.11%，夜间间隙外与间隙内像元的占比分别为 66.03%和 33.97%；华南实验区白天在间隙外与间隙内像元的占比分别为 60.42%和 39.58%，夜间在间隙外与间隙内像元的占比分别为 60.46%和 39.54%。因此，被动微波亮温影像的轨道间隙已经严重制约了完整的被动微波亮温时间序列及相应产品完整时间序列的获得。

3.1.2　研究数据

使用的被动微波亮温数据为 AMSR-E 第三级亮温产品，该产品是在 1B 产品的基础上进行空间平均与转投影后获得的，空间分辨率为 0.25°。所使用的亮温产品的时间范围为 2003～2010 年。使用的 MODIS 地表产品包括 L3 级 MODIS 积雪覆盖产品（MYD10C1，逐日）、L3 级 MODIS 地表覆盖类型产品（MCD12C1，逐年）、L3 级 MODIS 植被指数产品（MYD13C1，16 天合成）和 MODIS LST 产品（MYD11C1，逐日）。这些 MODIS 地表产品用于实现对像元内地表状况的模拟。

本章使用的再分析数据包括 2003～2010 年 MERRA-2 中的土壤温度、近地面气温、大气可降水量、表面温度以及 GLDAS 中的土壤湿度数据。其中，MERRA-2 再分析数据的空间分辨率为 0.5°×0.625°，时间分辨率为 1h；GLDAS 再分析数据的空间分辨率为 0.25°，时间分辨率为 3h。

3.2　被动微波亮温时间序列特征

前人的研究表明，LST 时间序列在年尺度上可以近似用正弦曲线来表示（Weng and Fu，2014；Zhan et al.，2014）。然而，学术界目前对于典型下垫面被动微波亮温时间序列，尤其是年尺度上变化规律的相关研究较少。为了寻找合理有效的输入参数，针对两个实验区的典型地表覆盖类型的亮温时间序列进行分析，以被动微波辐射方程为基础，确定输入参数。本章选取了 6.925GHz 和 89.0GHz 通道的亮温来进行分析，原因是在现有微波成像仪测量频率中，6.925GHz 通道具有最大的热采样深度（Prigent et al.，1999），故其受地下状态的影响最大；89.0GHz 通道则受地表状况影响最大；而其他频率（相同极化方式下）受地下状态的影响介于两者之间。

3.2.1　青藏高原实验区

如图 3-1（a）所示，青藏高原实验区（实验区一）典型地表覆盖类型为草地和裸地。针对这两种典型地表覆盖类型，分别选取一个 AMSR-E 像元来对其亮温时间序列进行分析。所选取的裸地像元的空间范围为 86.0°E～86.25°E、36.0°N～36.25°N，所选取的草地像元的空间范围为 87.25°E～87.50°E、32.50°N～32.75°N。由于被动微波像元分辨率低，无法保证所选取像元为纯净像元，但所选取 AMSR-E 像元中对应地表覆盖类型占比超过 90%。

图 3-2 和图 3-3 分别展示了青藏高原实验区所选择的裸地和草地像元在 6.925GHz 和 89.0GHz 通道（包括白天和夜间，以及两种极化方式，年份为 2009 年）的亮温时间序列。同时，来自 MERRA-2 的 LST（TS）和第一层土壤温度（SoilT1，深度为 0.0988m）也用来比较亮温时间序列与 LST 时间序列的趋势。从整体来看，垂直极化通道的亮温要高于水平极化通道的亮温，原因是在相同土壤状态下，同一频率垂直极化通道的发射率要高于水平极化通道的发射率（Zheng et al.，2019）。随着频率的增加，垂直极化通道的发射率与水平极化通道的发射率之间的差异逐渐减小。因此，可以看到 89.0GHz 垂直极化通道与水平极化通道之间的亮温差异要小于 6.925GHz。

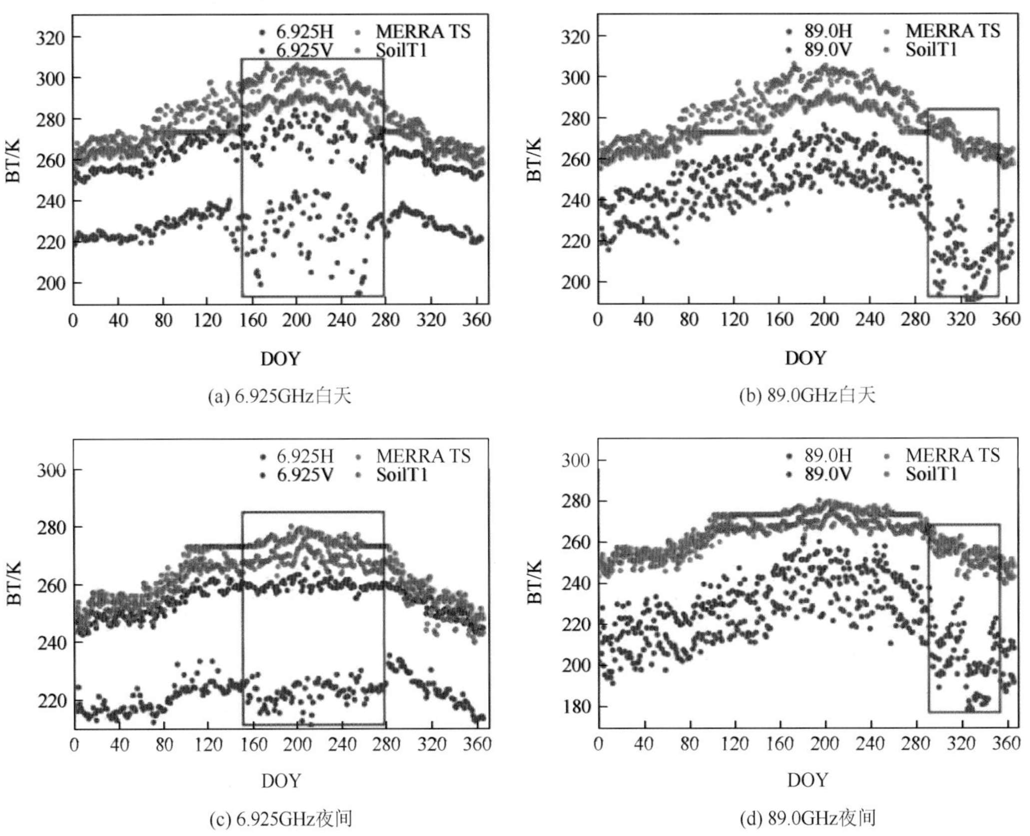

图 3-2　2009 年青藏高原实验区所选裸地像元 6.925GHz 通道亮温、89.0GHz 通道亮温、MERRA TS 和 SoilT1 在白天和夜间的时间序列

如前文所述，LST 的年内变化趋势可以近似表示为正弦曲线。对于青藏高原实验区所选裸地像元而言，大气对 6.925GHz 通道的影响可以忽略（Wang et al.，2020），即亮温等

于有效温度和发射率之乘积。从图 3-2 可以发现，当 DOY 为 1～150 时，亮温与温度均随时间缓慢增加；当 DOY 为 280～365 时，亮温与温度均随时间缓慢减小；当 DOY 为 150～280 时，温度先增加后减小，在 210 天附近到达顶峰，而亮温随时间波动较大，并且有些时间虽然温度高于其他两个时间段，但亮温要明显低于其他两个时间段。这些现象表明在 1～150 天和 280～365 天内发射率的变化比较小，而在 150～280 天内发射率有很大的波动。对裸地像元而言，在土壤状态不发生变化时发射率变化主要是由于土壤湿度的变化引起的。通过对比 GLDAS 的土壤湿度数据，发现尽管在 150～280 天的土壤湿度确实大于前 150 天的土壤湿度，同时也有较大的波动，这使得发射率减小并产生较大的波动；在 280 天以后，土壤湿度并没有出现明显的下降趋势，这无法解释在 280 天之后的几天内亮温明显升高的现象。

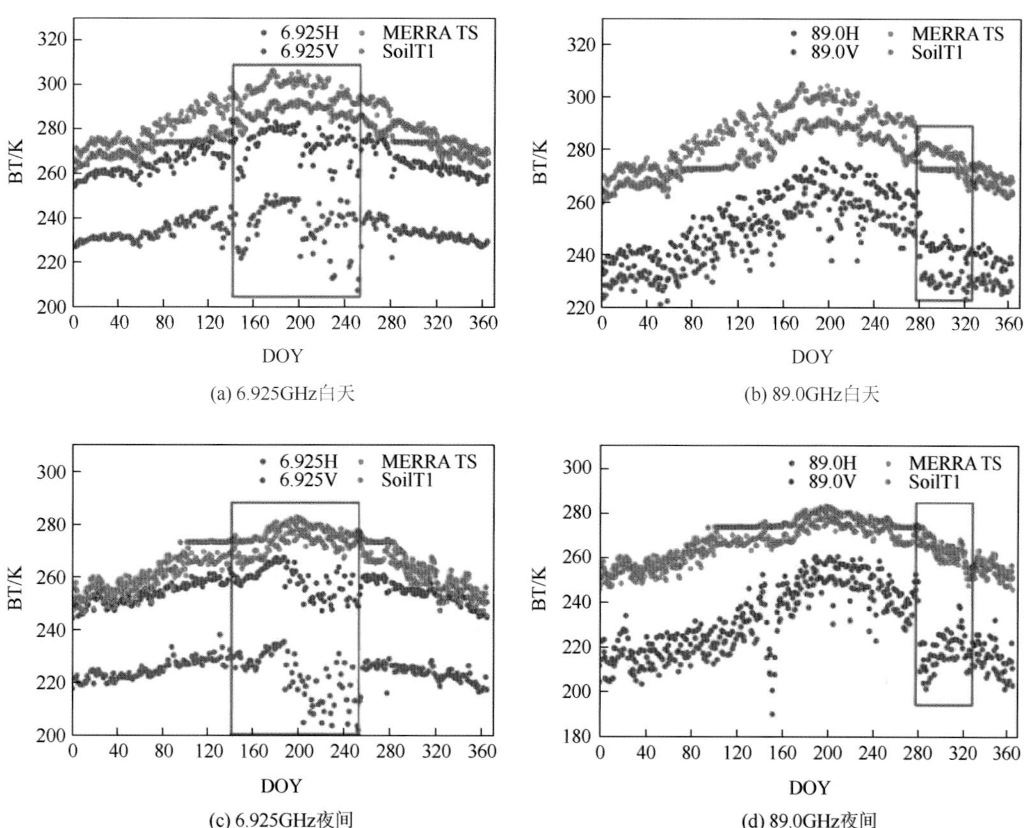

(a) 6.925GHz白天　(b) 89.0GHz白天

(c) 6.925GHz夜间　(d) 89.0GHz夜间

图 3-3　2009 年青藏高原实验区所选草地像元 6.925GHz 亮温、89.0GHz 亮温、MERRA TS 和 SoilT1 在白天和夜间的时间序列

考虑到青藏高原上存在季节性冻土下垫面，本章尝试从冻土的角度来分析亮温的时间变化趋势。当土壤冻结时，有效土壤介电常数会降低，导致发射率升高（相对于非冻结土壤）；同时，在冻结状态下，土壤中液态水的含量随时间变化较小，使得发射率在土壤冻

结期间变化很小（Zheng et al.，2017）。当土壤解冻后，由于土壤中液态水含量急剧增加，导致发射率的快速减小。因此，在土壤解冻之初时的亮温会明显低于解冻之前，同时在解冻时间段内土壤水分受外界条件变化（如降水和日照）影响较大，进而导致发射率出现较大波动。从图 3-2 可以发现，裸地像元在 6.925GHz 通道的亮温变化规律与季节性冻土的理论亮温变化趋势完全一致。

对于所选裸地像元在 89.0GHz 通道而言，该频率的亮温主要受地表状况的影响。从图 3-2 可以发现，在 1～150 天，由于土壤冻结，6.925GHz 通道的亮温变化很小；但由于土壤冻结主要发生于地表以下，故对 89.0GHz 通道影响很小。与 89.0GHz 通道亮温主要受地表状况影响相呼应的是，该频率通道的亮温在年尺度上波动性很大，且整体趋势与温度的年尺度变化曲线相似。然而，在 280 天后的某些时间段内，亮温出现了明显的偏低现象。经过与 MODIS 积雪覆盖产品比对，发现在亮温明显偏低的时间内，像元内均存在极大比例（超过 50%）的积雪覆盖。积雪的强烈体散射导致发射率降低，进而导致亮温的显著下降（Cordisco et al.，2006；Ermida et al.，2017）。

对于青藏高原实验区所选草地像元的 6.925GHz 通道亮温而言，可以发现亮温时间序列与裸地像元的亮温时间序列相似，在 1～140 天附近亮温与温度均随时间而增加；在 140～250 天附近亮温剧烈震荡；在 250 天以后亮温随时间缓慢降低。这是由于草地属于稀疏植被，地下微波辐射仍然可以穿透草地被卫星微波辐射计接收到，故草地像元在 6.925GHz 通道的亮温同样受冻土的影响。对于所选草地像元的 89.0GHz 通道亮温而言，在 280 天之前，亮温的变化趋势与温度的年尺度变化趋势相近，但 280 天后的部分时间段出现了明显的下降现象，这同样是由于像元内积雪强烈的体散射造成的。

3.2.2　华南实验区

华南实验区（实验区二）的典型地表覆盖类型包括农田、热带木本草原、混合林和常绿阔叶林。针对这 4 种典型地表覆盖类型，分别选取一个 AMSR-E 像元来对其亮温时间序列进行分析。所选取农田像元的空间范围为 112.0°E～112.25°E、28.75°N～29.0°N，所选取的热带木本草原像元的空间范围为 108.25°E～108.50°E、28.25°N～28.50°N，所选取的混合林像元的空间范围为 110.0°E～110.25°E、26.75°N～27.0°N，所选取的常绿阔叶林像元的空间范围为 110.50°E～110.75°E、24.0°N～24.25°N。由于被动微波像元空间分辨率较低，无法保证所选取像元为纯净像元，但所选取 AMSR-E 像元中对应地表覆盖类型占比超过 90%。

与青藏高原实验区类似，本节对 6.925GHz 和 89.0GHz 通道亮温的时间序列进行了分析，同时来自 MERRA-2 的地表温度（TS）和第一层土壤温度（SoilT1，深度为 0.0988m）也用于比较亮温时间序列与温度时间序列的趋势。所选择的 4 个像元的亮温和温度时间序列分别如图 3-4～图 3-7 所示，时间序列数据来源于 2009 年。

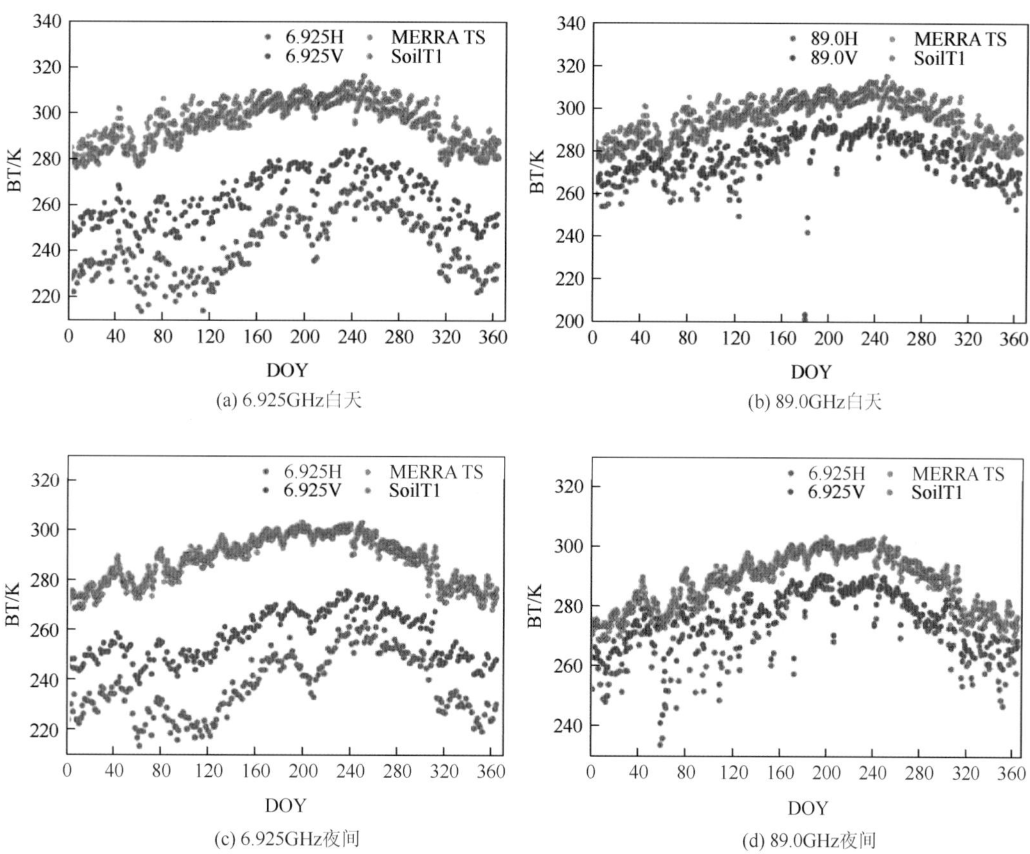

(a) 6.925GHz白天　(b) 89.0GHz白天

(c) 6.925GHz夜间　(d) 89.0GHz夜间

图 3-4　2009 年华南实验区所选农田像元 6.925GHz 亮温、89.0GHz 亮温、MERRA TS 和 SoilT1 在白天和夜间的时间序列

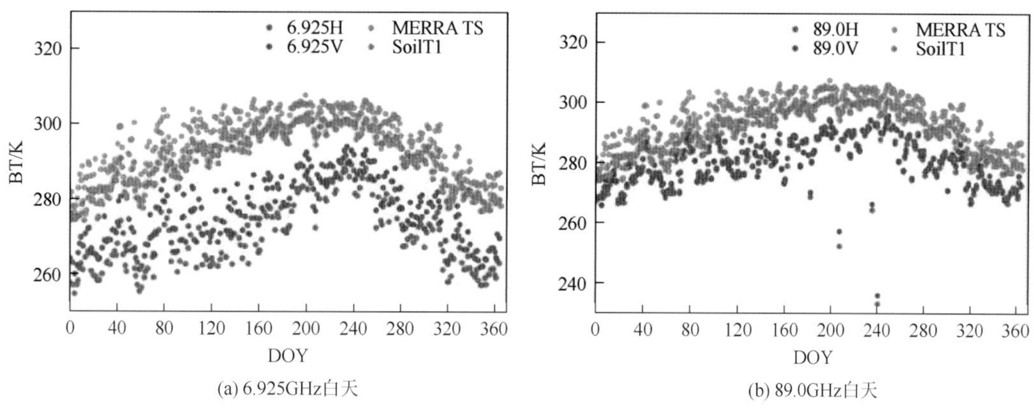

(a) 6.925GHz白天　(b) 89.0GHz白天

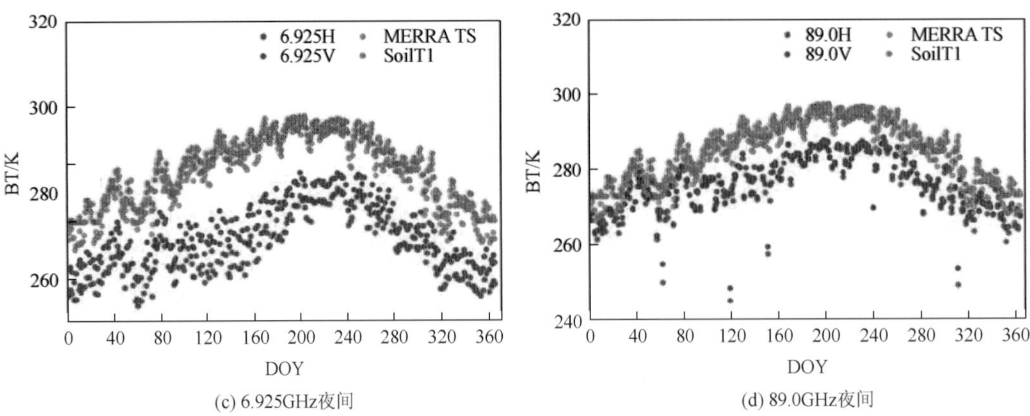

(c) 6.925GHz夜间　(d) 89.0GHz夜间

图 3-5　2009 年华南实验区所选热带木本草原像元 6.925GHz 亮温、89.0GHz 亮温、MERRA TS 和 SoilT1 在白天和夜间的时间序列

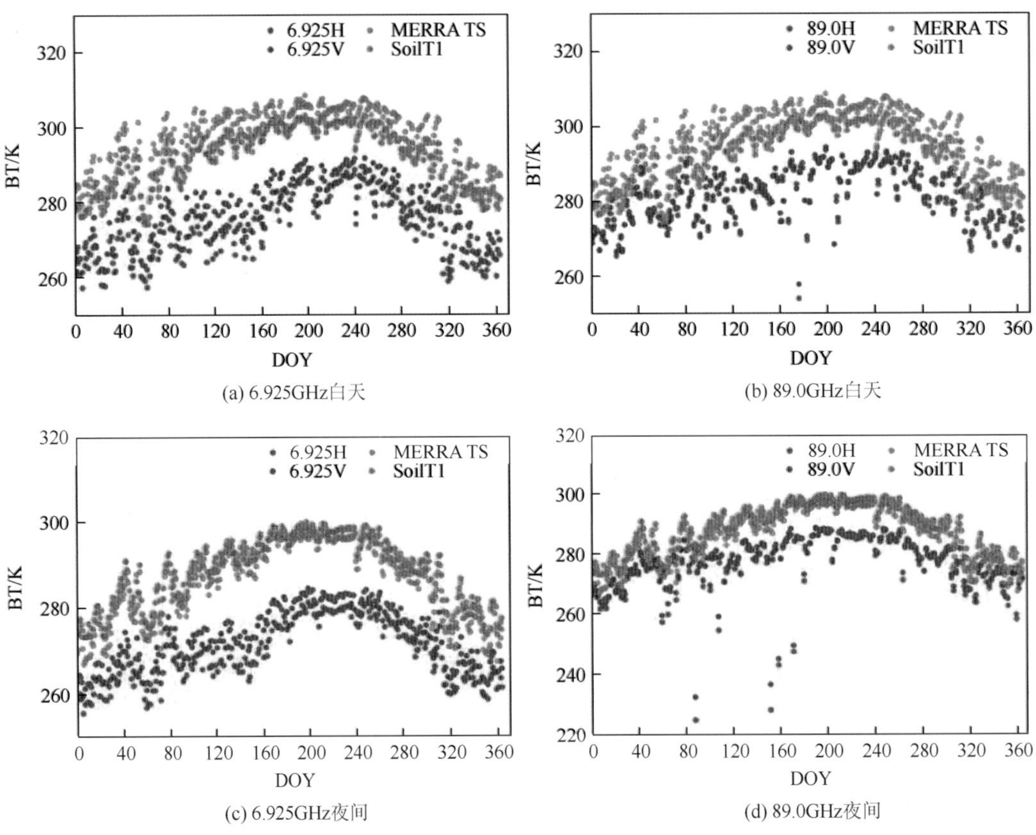

(a) 6.925GHz白天　(b) 89.0GHz白天

(c) 6.925GHz夜间　(d) 89.0GHz夜间

图 3-6　2009 年华南实验区所选混合林像元 6.925GHz 亮温、89.0GHz 亮温、MERRA TS 和 SoilT1 在白天和夜间的时间序列

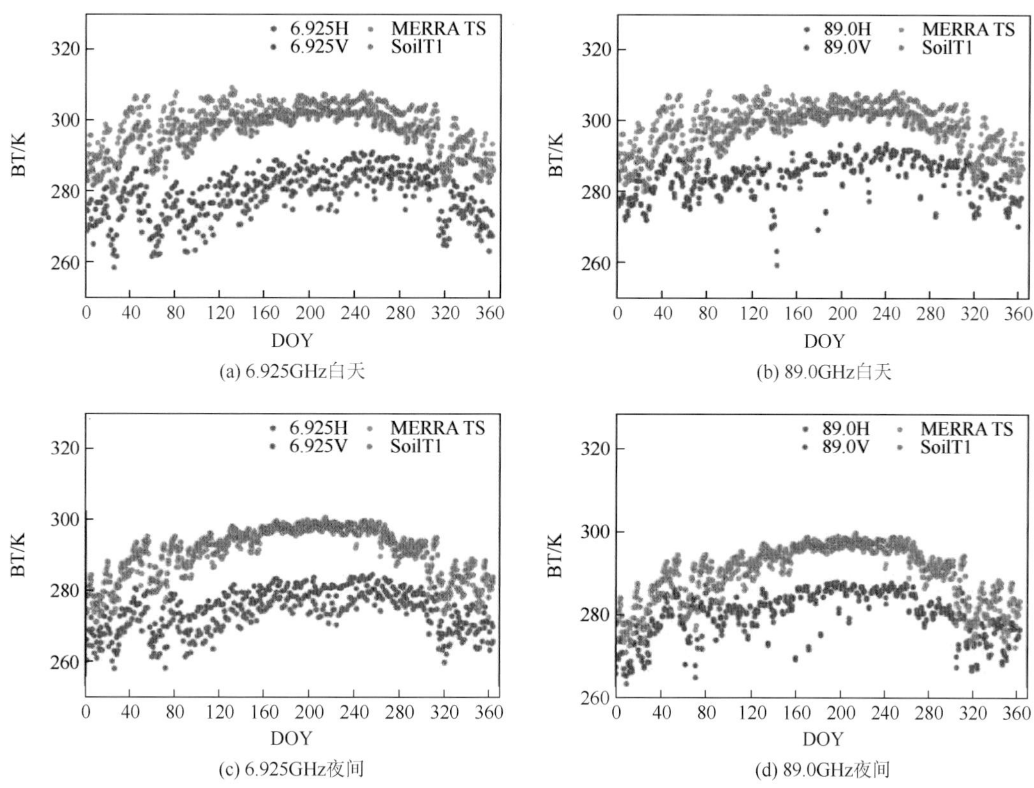

图 3-7　2009 年华南实验区所选常绿阔叶林像元 6.925GHz 亮温、89.0GHz 亮温、MERRA TS 和 SoilT1 在白天和夜间的时间序列

从整体来看，对华南实验区的 4 种典型地表覆盖类型而言，亮温的变化趋势均与温度的变化趋势相似，在相同的时间出现波峰和波谷，这表明没有发生土壤状态的转变（如土壤的冻融转变）。垂直极化通道亮温与水平极化通道亮温之间的差异会随着植被覆盖度以及频率的增加而逐渐减小，如常绿阔叶林像元在 6.925GHz 的两个极化方式下亮温的差异要明显低于农田像元，而常绿阔叶林像元 89.0GHz 的两个极化方式下亮温的差异又要小于 6.925GHz。

3.3　研 究 方 法

本章尝试从正演的角度出发，以被动微波辐射传输方程为基础，利用再分析数据空间无缝的优势，通过深度神经网络实现局部区域内再分析数据的隐式校正，进而实现对被动微波亮温影像轨道间隙处亮温的预测，即实现间隙的填补。由于本章为探索性研究，首先利用 AMSR-E 数据进行测试，其次以被动微波辐射传输方程式（2-2）为物理基础。在本书中使用的神经网络模型为 NN，网络的相关介绍见 2.3.1。在第二章中，CNN 与 NN 的对比发现，前者在预测时的精度略好于后者，但前者模型的训练时间比后者多 6min。本章的研究以移动窗口建模，需要构建多个模型，考虑到时间成本，本章最终选取 NN 来构建被动微波亮温间隙填补模型。同时，考虑到填补过程要实现对于再分析数据的隐式校正，在第二章的最优网络层数的基础上又增加了一层隐藏层，具有三层隐藏层的神经网络（即深度神经网络）已经具有深度学习的能力，可以保证所搭建的网络具有足够的非线性拟合能力。三层隐藏层的隐藏神经元数量分别设置为 80 个、80 个和 48 个。

与第二章类似，本章也使用了大气可降水量（TPWV）和近地表气温（AT-2m）来对式（2-2）中的 3 个大气参数进行模拟（Wang et al.，2020）。为了对微波等效温度进行模拟，将 MERRA TS 和前 4 层土壤温度作为深度神经网络的输入参数（Zhou et al.，2017）。对于发射率来说，由于土壤湿度和 NDVI 仅可以用来模拟土壤状态不发生变化和非积雪下垫面时的微波发射率，故在使用深度神经网络模拟微波发射率时需要加入额外的表征冻土和积雪的指示因子。同时，为了反映可能出现的亮温在年尺度上的周期性，将 DOY 也作为输入参数。

对于冻土，使用再分析数据中的不同层土壤温度来对亮温时间序列进行分类。当土壤温度小于 273.15K 时，该层土壤处于冻结状态；当土壤温度大于 273.15K 时，该层土壤处于融解状态；而当土壤温度等于 273.15K 时，该层土壤处于冻土和融土共存的状态。然而，不同土壤深度处的土壤冻结情况不同，如当地下 10cm 处的土壤融解后，15cm 处的土壤可能还处于冻结状态。但是，微波不同频率的热采样深度不同，即不同微波频率的可探测深度不同，同时每个像元的土壤属性不同，因此在实际应用时无法准确确定使用哪一层土壤温度来表征特定频率下的土壤冻结状态。另外，再分析数据虽然可以用来表征温度的变化趋势，但是在准确性方面可能存在一定的不确定性。因此，在实际应用中难以基于再分析数据的土壤温度实现对于亮温时间序列的准确分类。

Zheng 等（2017）分析了青藏高原玛曲地区冻土和融土在 L 波段（1.4GHz）的被动微波辐射特性，发现当土壤状态从冻结转换为融解时，极化比（polarization ration，PR）会出现急剧升高的现象。PR 定义为

$$\mathrm{PR}=\frac{T_{\mathrm{b}}^{\mathrm{V}}-T_{\mathrm{b}}^{\mathrm{H}}}{T_{\mathrm{b}}^{\mathrm{V}}+T_{\mathrm{b}}^{\mathrm{H}}} \tag{3-1}$$

式中，$T_{\mathrm{b}}^{\mathrm{V}}$ 代表某一频率垂直极化通道的亮温；$T_{\mathrm{b}}^{\mathrm{H}}$ 代表该频率水平极化通道的亮温。

土壤融解后发射率会降低，进而导致亮温降低，但是亮温在水平极化方式下的变化要大于垂直极化方式下，原因是在类菲涅耳（Fresnel）辐射面，介电常数的改变对于水平极化方式的影响要大于垂直极化方式（Zheng et al.，2017）。因此，最终选取 PR 来表征对应频率下的土壤冻结情况。然而，由于 PR 的计算依赖亮温，本章研究的目的就是填补亮温影像间隙，即在亮温影像间隙处无法获得该频率下的 PR，故需要对亮温影像间隙处的 PR 进行填补。

假设同一频率的垂直极化通道和水平极化通道拥有相同的有效温度，PR 可用下式表示：

$$\mathrm{PR}=\frac{T_{\mathrm{b}}^{\mathrm{V}}-T_{\mathrm{b}}^{\mathrm{H}}}{T_{\mathrm{b}}^{\mathrm{V}}+T_{\mathrm{b}}^{\mathrm{H}}}=\frac{(a\varepsilon_{\mathrm{H}}+b)T_{\mathrm{e}}-T_{\mathrm{e}}}{(a\varepsilon_{\mathrm{H}}+b)T_{\mathrm{e}}+T_{\mathrm{e}}}=\frac{a\varepsilon_{\mathrm{H}}+b-1}{a\varepsilon_{\mathrm{H}}+b+1} \tag{3-2}$$

式中，ε_{H} 为水平极化通道发射率；a 和 b 为垂直极化通道发射率与 ε_{H} 之间的线性回归系数。

对于单个像元来说，式（3-2）中的 a 和 b 主要受像元中土壤湿度的影响。考虑到土壤湿度的变化速率要显著低于温度的变化速率，因此使用线性插值来实现对于 PR 的填补，同时对各个频率的 PR 进行敏感性分析来量化线性插值方法对于模型精度的影响。图 3-8 展示了青藏高原实验区所选裸地像元各个频率的原始 PR 值以及使用线性插值填补后的 PR 值（PR filled）。图 3-8 表明，PR 在 150 天附近的升高现象会随着频率的升高而逐渐弱化，89.0GHz 的 PR 在 150 天附近已经完全没有升高现象了。产生该现象的原因是，被动微波传感器接收到的 89.0GHz 微波辐射受地下土壤状态影响很小，而土壤冻结一般发生于地表以下。因此，加入 89.0GHz 的 PR 对于模型的精度将不会有提升。鉴于此，本章将 6.925GHz、10.65GHz、18.7GHz、23.8GHz 和 36.5GHz 的 PR 作为深度神经网络的输入参数来表征土壤的冻结状况。

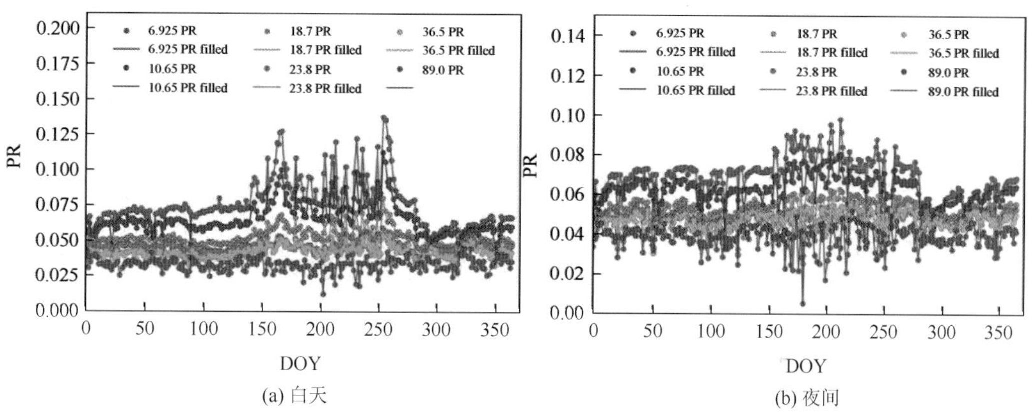

图 3-8 青藏高原所选裸地像元的原始 PR 值（散点）以及使用线性插值填补后的 PR 值（连续曲线）

对于积雪来说，本章尝试使用 MODIS 积雪覆盖产品来表征被动微波像元内的积雪覆盖比，但是结果表明该参数对于模型精度的提升贡献很小。在 AMSR-E 的官方积雪产品中，10.65GHz 和 36.5GHz 垂直极化通道的亮温差是一个判断积雪的重要指标（Tedesco，2012）。以此为基础，针对 36.5GHz 和 89.0GHz 加入了频率比（frequency ratio，FR）来作为地表被积雪覆盖的指示因子。FR 定义为

$$\mathrm{FR}_{f}=\frac{T_{\mathrm{b}}^{\mathrm{V}}(10.65)-T_{\mathrm{b}}^{\mathrm{V}}(f)}{T_{\mathrm{b}}^{\mathrm{V}}(10.65)-T_{\mathrm{b}}^{\mathrm{V}}(f)} \tag{3-3}$$

式中，$T_{\mathrm{b}}^{\mathrm{V}}$（10.65）代表 10.65GHz 垂直极化通道的亮温；$T_{\mathrm{b}}^{\mathrm{V}}(f)$ 代表频率 f 垂直极化通道的亮温，$f\in\{36.5, 89.0\}$。

FR 面临与 PR 一样的问题，即在影像的轨道间隙处无法计算 FR。在此同样采取线性插值的方法，并对 FR 进行敏感性分析来量化对于模型精度的影响。图 3-9 展示了在青藏

高原实验区所选裸地像元在36.5GHz和89.0GHz频率下的原始FR值和使用线性插值填补后的FR值（FR filled）。图3-9表明，89.0GHz的FR值在300天和330天附近位于波峰位置，而此时对应的亮温处于波谷位置（图3-2）。36.5GHz积雪时刻与非积雪时刻的FR值之差要明显小于89.0GHz，原因是89.0GHz受地表状况影响更大。最终，本节选择$FR_{36.5}$和$FR_{89.0}$来表征地表的积雪覆盖状况。

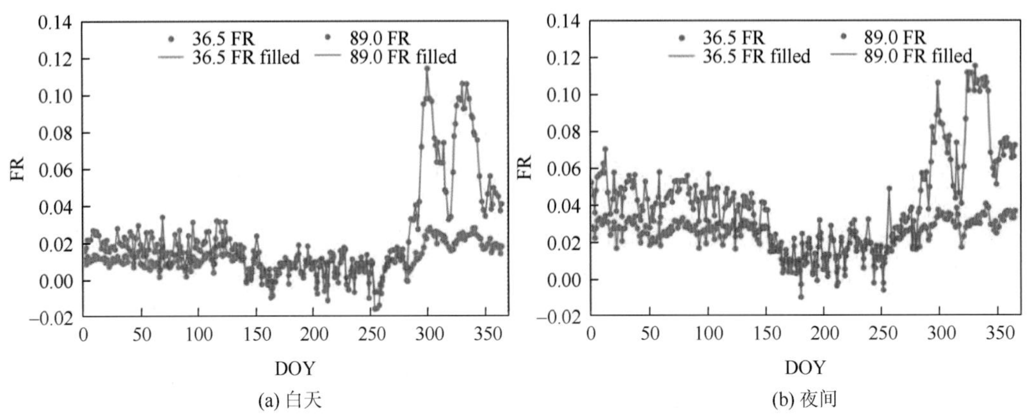

图3-9 青藏高原所选裸地像元的原始FR值（散点）以及使用线性插值填补后的FR值（连续曲线）

综上，深度神经网络的输入参数数据集包括DOY、MERRA TS、4层MERRA土壤温度、4层GLDAS土壤湿度、近地表气温、大气可降水量、NDVI、PR（6.925GHz、10.65GHz、18.7GHz、23.8GHz和36.5GHz）和FR（36.5GHz和89.0GHz），输出参数为指定频率指定极化方式下的被动微波亮温。所选的两个实验区的训练数据分别来自对应研究区的2003年和2004年，验证数据来源于2005年，而测试数据来源于2009年。

3.4 结果分析

3.4.1 青藏高原实验区间隙填补结果

深度神经网络在青藏高原实验区测试集上的整体表现如表3-1所示。从整体来看，夜间模型的精度要明显优于白天模型，相同频率下的夜间模型的RMSE与白天模型的RMSE的差异为0.4～0.8K，原因是夜间的数据具有更小的噪声。当频率低于36.5GHz时，垂直极化通道模型的精度要略低于水平极化通道，原因是在确定输入参数时，加入了PR来表征像元内可能存在的冻土情况，而土壤冻融对于水平极化方式的发射率影响更大。根据PR的定义，可知PR实际上与水平极化方式亮温的波动更为相关，即PR对于水平极化方式的模型有更大的贡献。R^2在所有频率和所有极化方式下均大于0.9，表明所构建模型预测得到的亮温与原始亮温表现出了很好的相关性。

表 3-1 深度神经网络在青藏高原实验区测试集上的整体表现

时间	频率/GHz	水平极化通道/H				垂直极化通道/V			
		N	MBE/K	RMSE/K	R^2	N	MBE/K	RMSE/K	R^2
白天	6.925	98655	−0.29	2.18	0.95	98655	−0.20	2.44	0.94
	10.65	98426	−0.14	2.64	0.93	98426	−0.04	2.79	0.93
	18.7	98203	−0.22	2.95	0.93	98203	−0.19	3.25	0.92
	23.8	98225	−0.15	2.74	0.95	98225	−0.12	2.88	0.94
	36.5	98206	−0.06	2.58	0.96	98206	−0.01	2.71	0.96
	89.0	96168	−0.23	2.85	0.96	96168	−0.09	2.85	0.97
夜间	6.925	98560	−0.61	1.72	0.95	98560	−0.70	2.00	0.92
	10.65	98383	−0.56	1.97	0.94	98382	−0.65	2.23	0.92
	18.7	98143	−0.51	2.27	0.95	98143	−0.61	2.51	0.94
	23.8	98168	−0.49	2.19	0.96	98168	−0.55	2.40	0.95
	36.5	98164	−0.40	1.91	0.98	98164	−0.52	2.04	0.97
	89.0	96353	−0.50	2.34	0.98	96353	−0.57	2.06	0.99

注：N 为样本量。

在白天情况下，MBE 的绝对值在所有频率和两个极化方式下均小于 0.3K，这表明所构建的深度神经网络模型在测试集上的预测结果与原始亮温相比没有表现出明显的系统性偏差。当频率小于 36.5GHz 时，RMSE 整体表现出随频率先升高后下降的趋势。当频率为 18.7GHz 时，RMSE 达到最大，但是可以发现，只有 18.7GHz 垂直极化通道的 RMSE 大于 3K。89.0GHz 两个极化方式下的 RMSE 虽然大于 36.5GHz，但仍然小于 3K。

在夜间情况下，深度神经网络模型在所有频率的预测值均出现了明显的系统性偏低，且偏低程度要大于白天（MBE 的绝对值均大于 0.4K，集中分布在 0.4～0.7K）；然而夜间模型的 RMSE 却要明显低于白天，对于 6.925GHz、10.65GHz 和 36.5GHz 的垂直水平极化通道来说，RMSE 可达 2K 以内，其余通道的 RMSE 略高，但均低于 2.5K。另外，夜间模型精度随频率的变化趋势与白天相同。

图 3-10 展示了青藏高原实验区所选裸地和草地像元 6.925GHz 和 89.0GHz 的原始亮温序列以及利用深度神经网络预测得到的无缺失亮温序列。图中的数据来源于 2009 年（测试集），模型在该年份的精度可以准确地反映模型的真实精度。可以发现，对于受地下土壤冻融状况影响较大的 6.925GHz，无论是在土壤冻结期（发射率变化较小）还是在土壤融解期（发射率受外部条件影响较大），所构建模型预测的亮温序列与原始亮温序列在时间上表现出了高度的相关性。对于受地表状况（如积雪）影响较大的 89.0GHz，亮温预测值同样在变化趋势与数值上均与原始亮温较为接近。

图 3-11 和图 3-12 分别展示了 2009 年第 1 天和第 180 天在白天和夜间情况下，6.925GHz 和 89.0GHz 水平极化通道的原始亮温影像以及深度神经网络预测的亮温影像。可以发现，深度神经网络很好地实现了对于轨道间隙处亮温值的填补，填补后的亮温影像与原始亮温影像在空间变化上保持了很好的一致性。相对于 6.925GHz，89.0GHz 的亮温影像在空间

上更容易出现突变，第一个原因是 6.925GHz 通道的原始空间分辨率要低于后期处理生成的 L3 级产品；第二个原因是 89.0GHz 通道亮温更容易受到日照等外界条件的影响，而 6.925GHz 通道亮温中包含地表以下的辐射信息，该部分辐射信息对于外界条件变化的响应速率要慢于地表。在 89.0GHz 的通道亮温中，第 180 天比第 1 天更容易出现突变值的原因是夏季外界条件的变化速率要快于冬季。

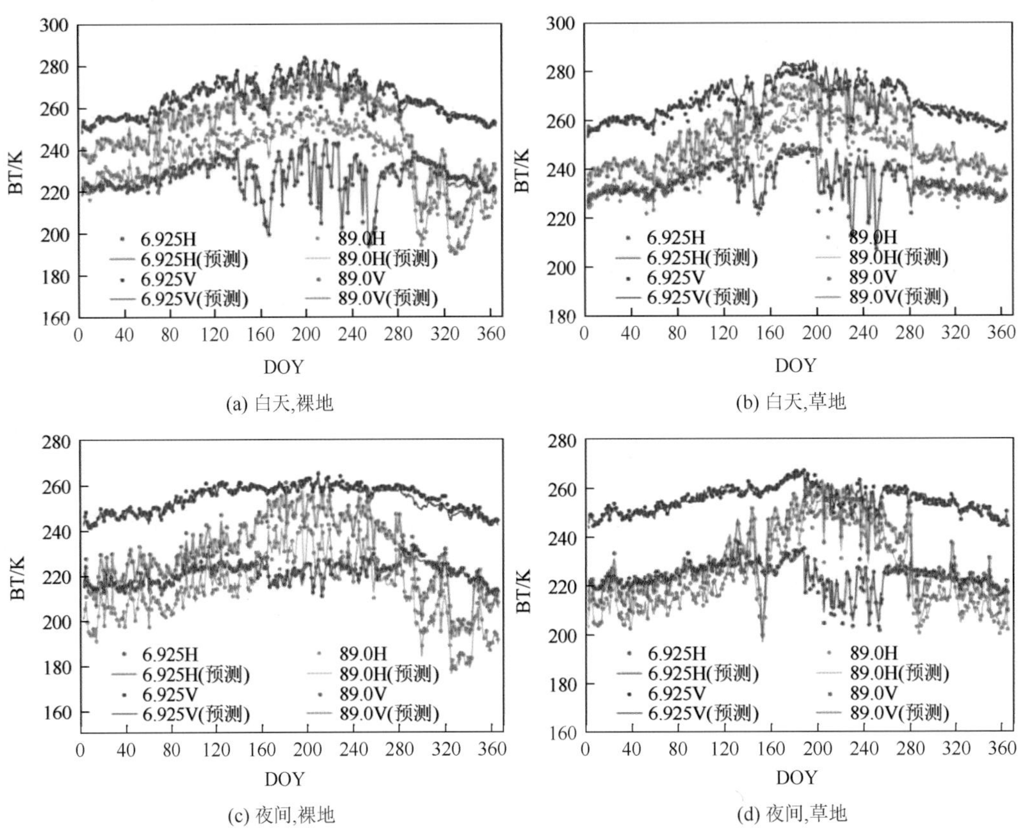

(a) 白天,裸地　(b) 白天,草地　(c) 夜间,裸地　(d) 夜间,草地

图 3-10　青藏高原实验区所选裸地和草地像元 6.925GHz 和 89.0GHz 的原始亮温序列以及预测得到的无缺失亮温序列

注：数据来源于 2009 年（测试集）

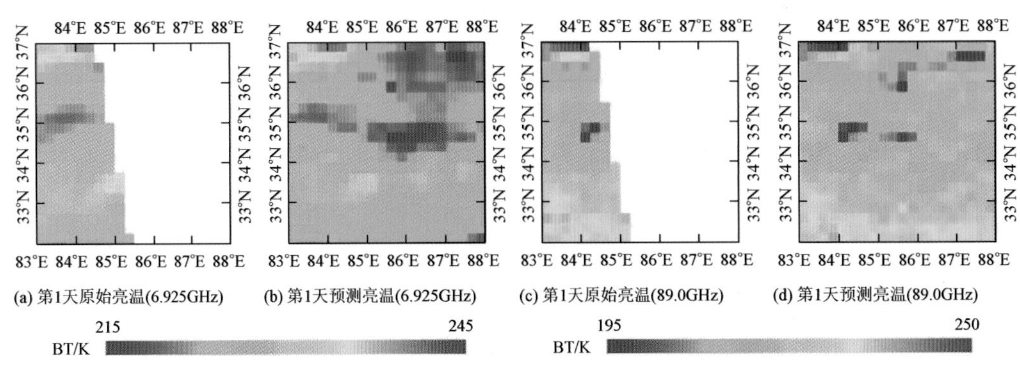

(a) 第1天原始亮温(6.925GHz)　(b) 第1天预测亮温(6.925GHz)　(c) 第1天原始亮温(89.0GHz)　(d) 第1天预测亮温(89.0GHz)

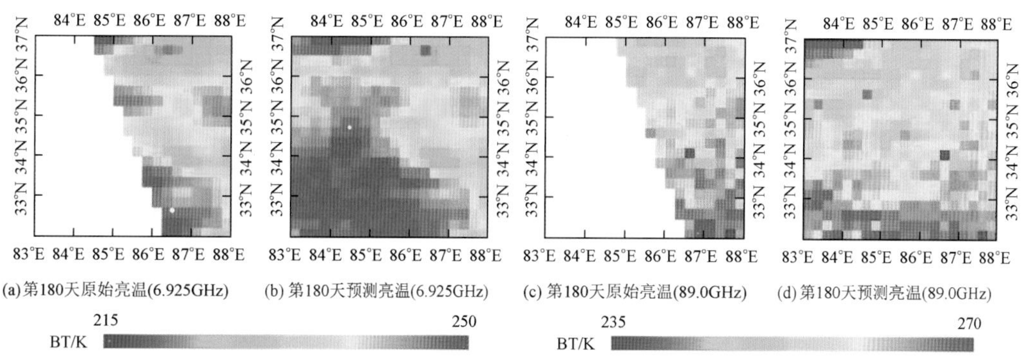

图 3-11　2009 年第 1 天和第 180 天青藏高原实验区 6.925GHz 和 89.0GHz 水平极化通道在白天的原始亮温和深度神经网络的亮温预测值

注：白色区域代表亮温影像间隙

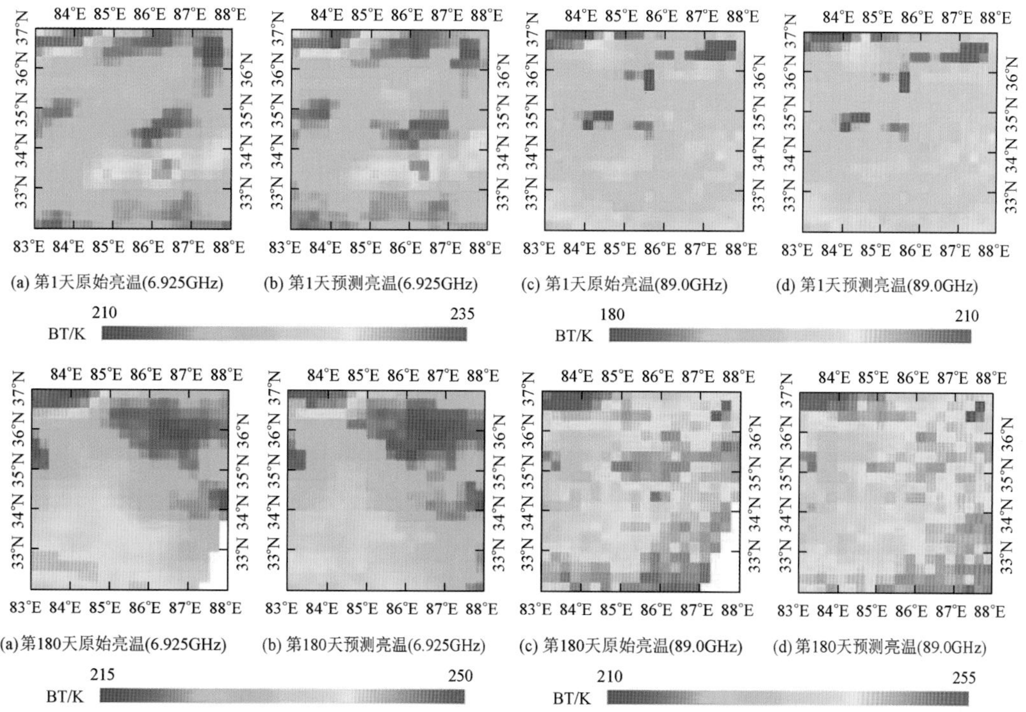

图 3-12　2009 年第 1 天和第 180 天青藏高原实验区 6.925GHz 和 89.0GHz 水平极化通道在夜间的原始亮温和深度神经网络的亮温预测值

注：白色区域代表亮温影像间隙

3.4.2　华南实验区间隙填补结果

深度神经网络在华南实验区测试集上的整体表现如表 3-2 所示。对比表 3-2 与表 3-1 发现，深度神经网络在华南实验区上的整体精度要明显优于青藏高原实验区，原因是华南实验区的地形较为平坦，且像元内的植被覆盖度要明显高于青藏高原实验区。就 MBE 而言，白天范围为–0.13～–0.06K，夜间范围为–0.19～–0.01K，这表明深度神经网络的亮温预测值没有明显的系统性偏差。就 RMSE 而言，白天范围为 1.68～1.99K，与青藏高原实验区类似，当频率小于 89.0GHz 时，白天的 RMSE 同样出现了随频率先升高后降低的现象，且 18.7GHz 的 RMSE 最大。夜间 RMSE 的范围为 1.21～1.56K，相对于白天，夜间各个频率的 RMSE 波动较小，除 89.0GHz 外，其他频率的 RMSE 均集中在 1.3K 附近。就 R^2 而言，除去白天 36.5GHz 和 89.0GHz 的 R^2 为 0.94 外，其余情况下深度神经网络的亮温预测值与原始亮温值的 R^2 均不低于 0.95。因此，上述统计结果均表明所构建的深度神经网络模型在华南实验区有很好的表现。

表 3-2 深度神经网络在华南实验区测试集上的整体表现

时间	频率/GHz	水平极化通道/H				垂直极化通道/V			
		N	MBE/K	RMSE/K	R^2	N	MBE/K	RMSE/K	R^2
白天	6.925	90316	−0.10	1.77	0.98	90316	−0.12	1.84	0.96
	10.65	90317	−0.08	1.78	0.98	90317	−0.06	1.83	0.96
	18.7	89948	−0.04	1.92	0.97	89948	−0.06	1.99	0.95
	23.8	89971	−0.10	1.68	0.97	89971	−0.10	1.72	0.95
	36.5	89948	−0.07	1.82	0.96	89948	−0.08	1.88	0.94
	89.0	88206	−0.13	1.90	0.95	88206	−0.06	1.87	0.94
夜间	6.925	90266	−0.03	1.33	0.99	90266	−0.03	1.38	0.97
	10.65	90078	−0.12	1.26	0.99	90078	−0.11	1.32	0.97
	18.7	89873	−0.01	1.32	0.98	89873	−0.02	1.36	0.97
	23.8	89870	−0.19	1.21	0.98	89870	−0.18	1.23	0.97
	36.5	89884	−0.13	1.31	0.97	89884	−0.13	1.33	0.96
	89.0	88271	−0.11	1.56	0.97	88271	−0.14	1.30	0.98

注：N 为样本量。

图 3-13 展示了华南实验区所选农田和常绿阔叶林像元在 6.925GHz 和 89.0GHz 通道的原始亮温序列以及利用深度神经网络预测得到的无缺失亮温序列。图中的数据同样来源于 2009 年（测试集），精度可以准确地反映模型的真实精度。可以发现，与青藏高原实验区类似，深度神经网络预测得到的亮温序列随时间的变化趋势和数值均与原始亮温值十分接近。

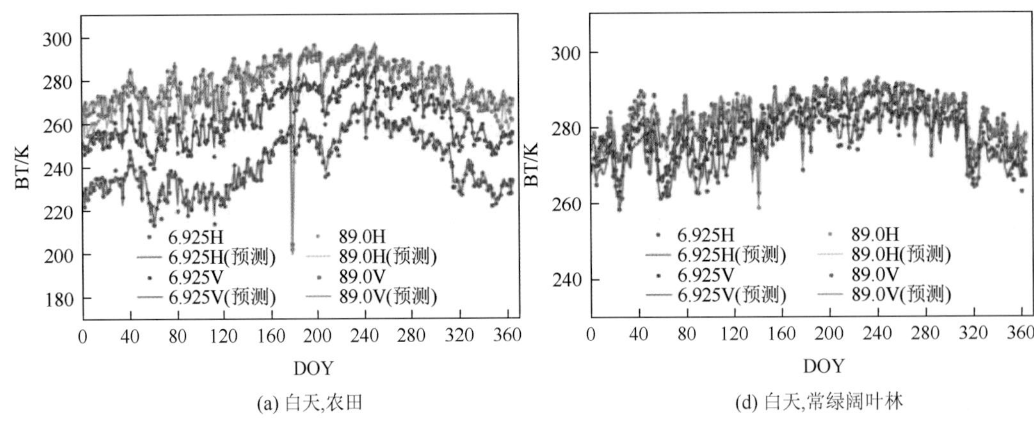

(a) 白天,农田　　(d) 白天,常绿阔叶林

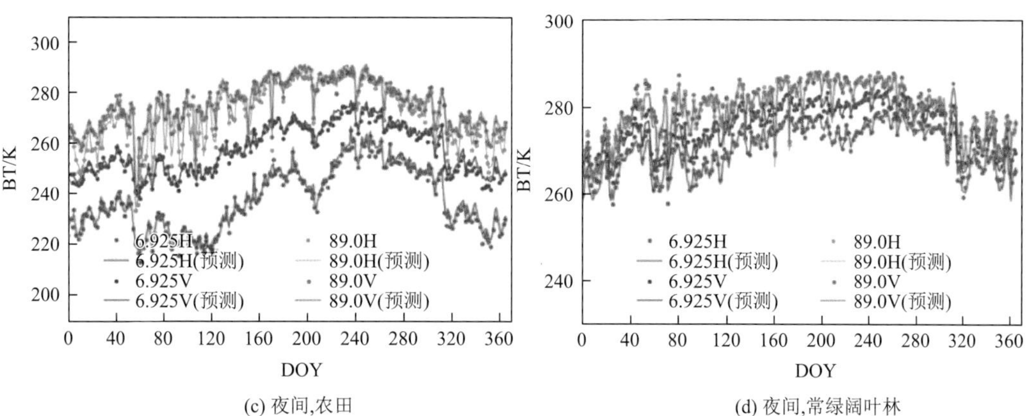

(c) 夜间,农田　　(d) 夜间,常绿阔叶林

图 3-13　华南实验区所选农田和常绿阔叶林像元在 6.925GHz 和 89.0GHz 通道的原始亮温序列以及利用深度神经网络预测得到的无缺失亮温序列

注：数据来源于 2009 年（测试集）

图 3-14 和图 3-15 分别展示了 2009 年第 90 天和第 270 天在白天和夜间情况下 6.925GHz 和 89.0GHz 水平极化通道的原始亮温影像以及深度神经网络的预测亮温影像。与青藏高原实验区类似，深度神经网络预测得到的亮温影像与原始亮温影像在空间变化上保持了很好的一致性。

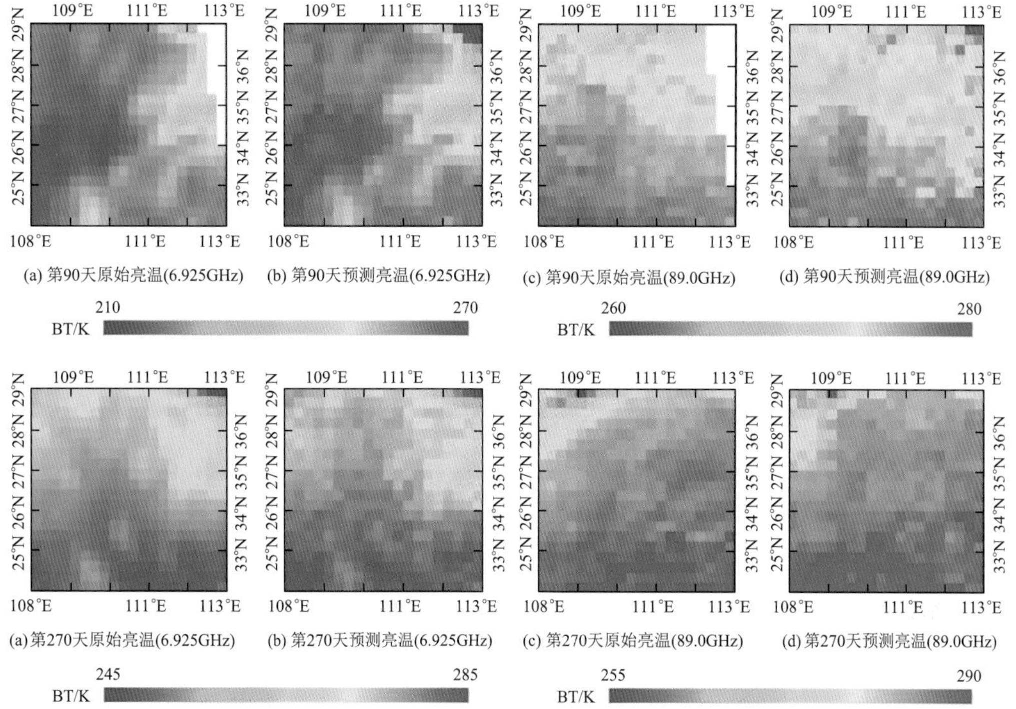

图 3-14　2009 年第 90 天和第 270 天华南实验区 6.925GHz 和 89.0GHz 水平极化通道在白天的原始亮温及相应的亮温预测值

注：白色区域代表亮温影像间隙

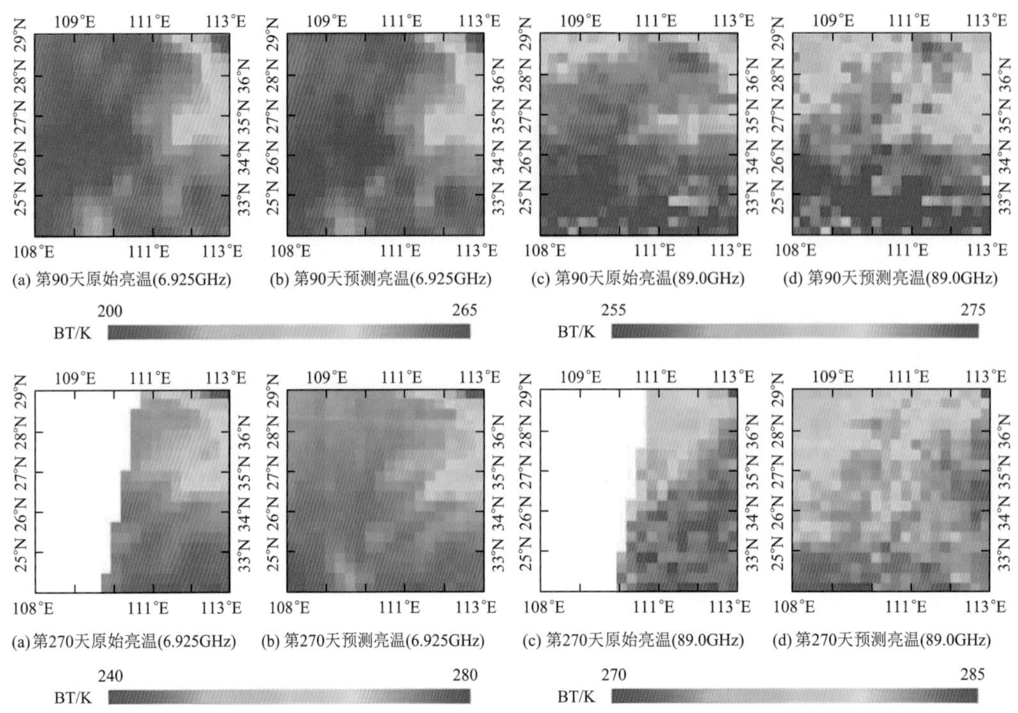

图 3-15　2009 年第 90 天和第 270 天华南实验区 6.925GHz 和 89.0GHz 水平极化通道在夜间的原始亮温和深度神经网络的亮温预测值

注：白色区域代表亮温影像间隙

3.4.3　基于模拟缺失值的结果评价

如前文所述，深度神经网络亮温预测模型中的输入参数包含 PR 和 FR，而这两个参数的获取依赖亮温。本章基于时间的线性插值来获取亮温影像间隙处的 PR 和 FR。然而，由于无法获得间隙处被动微波亮温的真值，无法直接对线性插值后的 PR 和 FR 以及预测得到的间隙处的亮温的准确性进行评估。幸运的是，同一被动微波像元的亮温存在相邻 3～4 天均为有效值的情况，因此一个替代方案是使用模拟亮温缺失值（即人为构造缺失值）来进行结果评价。人为构造缺失值的方法为当连续 3 天亮温均为有效值时，将第 2 天的亮温视为缺失值。经统计，对于单个像元来说，一年中使用上述方法可以构造超过 20 个缺失值。

表 3-3 列出了通过线性插值方法获得的模拟亮温缺失值的 PR/FR 与真实的 PR/FR 的对比结果。由于二者的系统性偏差均小于或等于 10^{-5}，故表 3-3 仅列出了二者的 STD。对于青藏高原实验区，PR 在白天的 STD 均小于或等于 3.5×10^{-3}，在夜间均小于或等于 4.5×10^{-3}；对于华南实验区，PR 在白天的 STD 均小于或等于 1.2×10^{-3}，在夜间的 STD 小于或等于 1.6×10^{-3}。对于 FR，一个较为明显的规律是 89.0GHz 的 FR 的 STD 要高于 36.5GHz，原因是积雪覆盖对 89.0GHz 亮温的影响更大。

表 3-3　模拟亮温缺失值处的 PR/FR 与真实的 PR/FR 差值的标准差（STD）（单位：$\times 10^{-3}$）

实验区	时间	STD（PR）				STD（FR）		
		6.925	10.65	18.7	23.8	36.5	36.5	89.0
青藏高原	白天	3.5	3.4	3.2	2.9	3.4	3.1	4.9
	夜间	4.5	4.4	3.6	3.1	3.5	3.3	5.1
华南	白天	1.2	1.2	1.0	0.9	1.0	2.1	3.6
	夜间	1.6	1.5	1.2	1.2	1.2	1.9	3.3

表 3-4 与表 3-5 展示了模拟亮温缺失值处的亮温预测值与亮温真值的对比结果。对于青藏高原实验区，白天 MBD 的绝对值均小于 0.65K，而夜间的 MBD 的绝对值要明显大于白天（0.35～1.35K），且均为系统性低估；白天 RMSD 的分布范围为 2.08～3.70K，夜间 RMSD 的分布范围为 1.83～4.13K。相比之下，华南实验区的精度要明显优于青藏高原实验区，MBD/RMSD 在多数情况下小于 0.6/2.0K，其原因是华南实验区很少存在冻土和积雪覆盖状况，且微波像元内地形较为平坦均一。

表 3-4　青藏高原实验区模拟亮温缺失值处的亮温预测值与亮温真值的对比结果

频率/GHz	白天		夜间	
	MBE/K	RMSE/K	MBE/K	RMSE/K
6.925	−0.37（−0.40）	2.59（2.08）	−0.77（−1.22）	2.49（1.83）
10.65	0.17（−0.20）	2.66（2.27）	−0.86（−1.30）	2.67（1.98）
18.7	−0.26（−0.31）	2.89（2.59）	−0.76（−1.35）	3.11（2.26）
23.8	−0.14（−0.30）	2.67（2.39）	−0.66（−1.31）	3.15（2.32）
36.5	0.11（−0.04）	3.02（2.78）	−0.67（−1.10）	3.52（2.69）
89.0	0.55（0.61）	3.70（3.50）	−0.35（−0.63）	4.13（3.91）

注：括号外、内分别代表水平、垂直极化通道。

表 3-5　华南实验区模拟亮温缺失值处的亮温预测值与亮温真值的对比结果

频率/GHz	白天		夜间	
	MBE/K	RMSE/K	MBE/K	RMSE/K
6.925	−0.28（−0.66）	2.11（1.96）	−1.01（−0.38）	1.70（1.37）
10.65	−0.08（−0.32）	2.17（2.16）	−0.50（−0.15）	1.64（1.41）
18.7	0.07（−0.11）	1.90（1.97）	0.13（0.02）	1.63（1.46）
23.8	−0.11（−0.08）	1.65（1.57）	0.10（0.04）	1.41（1.26）
36.5	0.23（−0.14）	1.94（1.84）	0.29（0.24）	1.68（1.44）
89.0	0.39（0.05）	2.38（2.44）	0.66（0.35）	2.03（1.90）

注：括号外、内分别代表水平、垂直极化通道。

3.4.4　极化比与频率比对间隙填补的影响分析

如前文所述，被动微波像元（尤其是在青藏高原）内可能存在的冻土和积雪，在这种情况下随着土壤状态的变化，微波发射率会出现急剧的升高或降低，进而导致亮温出现突变。为了表征像元内可能出现的冻土和积雪情况，本章将 PR 和 FR 作为深度神经网络的输入因子。在此，为了对 PR 和 FR 对于亮温填补模型的重要性进行分析，本节使用了不包含 PR 和 FR 但其他完全相同的输入参数来构建亮温填补模型。需要注意的是冻土和积雪覆盖主要分布于青藏高原实验区，因此在此仅仅列举了青藏高原实验区所选裸地像元的亮温预测结果，如图 3-16 所示。

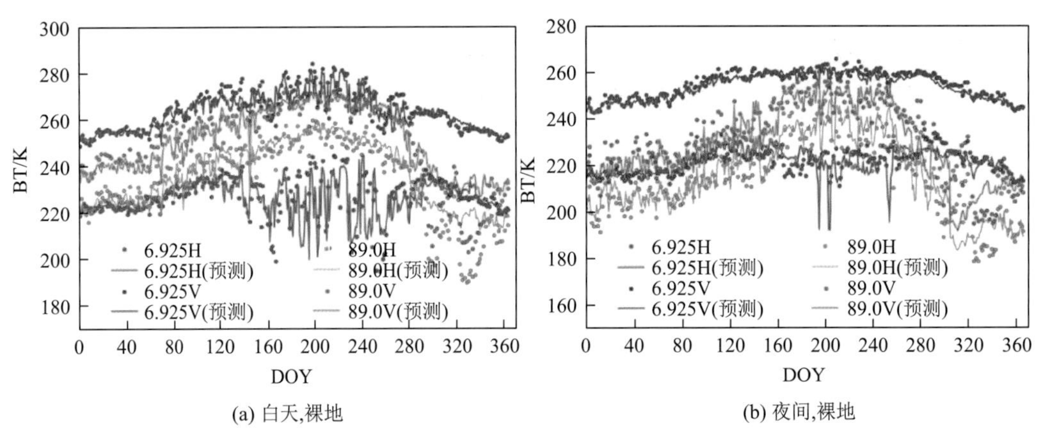

图 3-16　深度神经网络模型输入参数中不包含 PR 和 FR 时得到的无缺失亮温序列

像元：青藏高原实验区所选裸地像元；通道：6.925GHz 和 89.0GHz。注：数据来源于 2009 年测试集

图 3-16 表明，在 6.925GHz 通道，当输入参数中不包含 PR 和 FR 时，亮温预测模型在垂直极化通道预测效果较好，原因是土壤状态的变化对于垂直极化通道发射率的影响要远远小于对水平极化通道发射率的影响。然而，在 6.925GHz 的水平极化通道，亮温预测值与原始亮温出现了明显的不一致，如在 150～280 天内出现了较为明显的高温偏低但低温偏高的现象。对于 89.0GHz，预测的亮温与原始亮温表现出的一个较为显著的不符现象是在积雪发生的时间段（280～340 天）出现了明显的系统性高估。

因此，据图 3-16 可知，当输入参数中不包括 PR 和 FR 时，深度神经网络无法实现对亮温的准确模拟。相比之下，加入 PR 和 FR 后构建的亮温预测模型则与原始亮温高度吻合（图 3-10）。因此，PR 和 FR 对于构建特殊下垫面准确的亮温填补模型是必不可少的。

由 PR 和 FR 的定义可知，这两个参数的获取依赖被动微波亮温，这意味着当对亮温影像间隙进行填补时，缺少间隙处像元的 PR 和 FR。本章通过线性插值实现了对于 PR 和 FR 的填补，故在本节中通过敏感性分析来量化线性插值方式对于最终模型精度的影响。

计算由于 PR 和 FR 本身误差对于模型精度影响的方式为设置误差区间和步长，将误差加入原始 PR 和 FR 值，统计所构建的模型在以加入误差后的 PR 和 FR 为输入参数（其他参数保持不变）时的亮温预测值与原始亮温预测值之间的差异。

对于青藏高原实验区，基于模拟缺失值求得的 PR 值的 RMSE 约为 0.005，故设置 PR 值的误差区间为−0.005～0.005，步长为 0.001。针对 PR 值的敏感性分析结果如图 3-17 所示。整体表现出来的规律为 PR 在同一频率下仅对一个极化方式较为敏感，如当误差为−0.005 时，对 6.925GHz 水平极化方式亮温预测值的影响要大于 2K，而对垂直极化方式亮温预测值的影响则小于 0.5K。在白天，PR 值对于 6.925GHz、18.7GHz 和 36.5GHz 水平极化通道以及 10.65GHz 和 23.8GHz 垂直极化通道亮温的预测结果影响较大，但在误差绝对值小于 0.004 时，对于所有通道的亮温预测值的影响均要小于 2K。在夜间，PR 值对水平极化方式的影响整体要大于对垂直极化方式的影响，当误差为−0.005 时，对水平极化方式亮温预测值的影响分布范围为 1～2K，而对垂直极化方式亮温预测值的影响则小于 1K。由于篇幅限制，在此未全部展示华南实验区的 PR 值敏感性分析结果。对于该研究区，由于华南实验区的植被覆盖度较高，PR 的 RMSE 要小于 0.002；当误差为 0.002 时，所有通道的亮温预测值偏差在白天均小于 1K，在夜间均小于 0.5K。

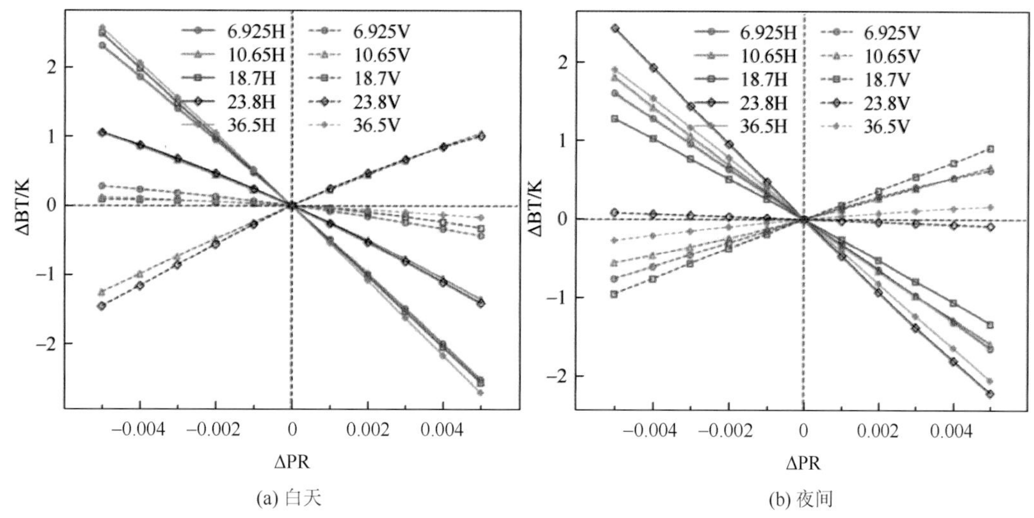

(a) 白天　　(b) 夜间

图 3-17　青藏高原实验区 PR 值敏感性分析结果

经统计，基于模拟缺失值求得的青藏高原实验区的 FR 值的 RMSE 最大为 0.005，故设置 FR 值的误差区间为−0.005～0.005，步长为 0.001。FR 值的敏感性分析结果如图 3-18 所示。在多数情况下，由于 FR 值误差对于亮温预测值造成的偏差值低于 2K，当 FR 值误差为 0.003 时，对于 36.5GHz 的影响要小于 2K。同样的，由于篇幅限制，华南实验区的 FR 值敏感性分析结果未进行展示。由于华南实验区很少有积雪覆盖，FR 值的变化范围很小，当误差为 0.004 时，对于最终亮温预测值的影响要小于 2K。

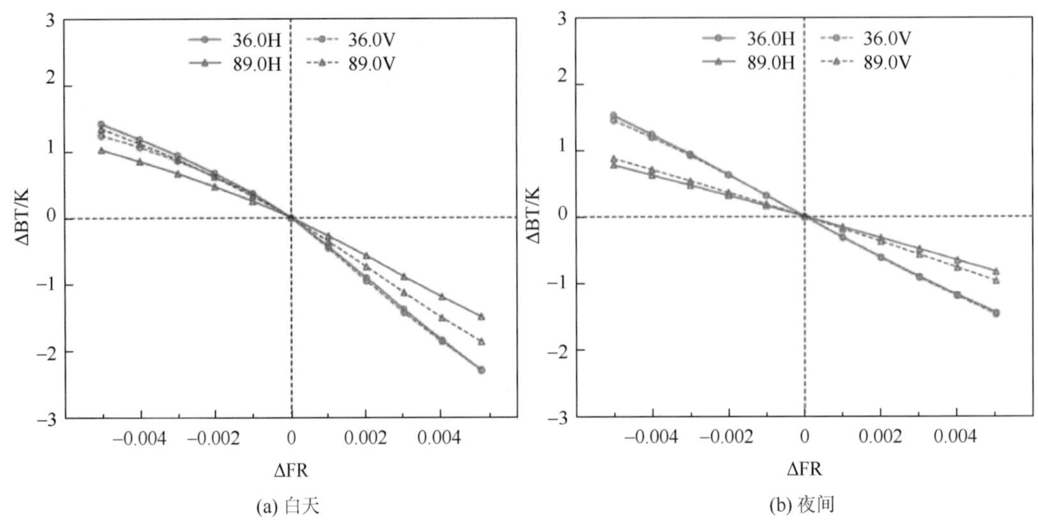

(a) 白天　　(b) 夜间

图 3-18　青藏高原实验区 FR 值敏感性分析结果

当土壤处于冻结状态时，PR 值变化很小，而当土壤处于融解状态时，PR 值主要受像元内土壤湿度的影响。由于土壤湿度变化速率较慢，加之被动微波亮温时间序列并不会出现连续的长时间缺失，使得基于时间线性插值获得的 PR 值并不会有太大的偏差。FR 值的情况与 PR 值类似，当 FR 值出现明显的突变时，一般是像元内出现了大面积且较厚的积雪覆盖，而较厚积雪的堆积和消融过程较为缓慢。综上，可以得出基于时间线性插值获得的亮温影像间隙处的 PR 值和 FR 值对于准确预测轨道间隙处的亮温影响较小。

3.4.5　空间无缝被动微波地表温度生成

为进一步评价轨道间隙填补所得亮温的精度，采用第二章所构建的 CNN 反演模型，从该亮温反演得到 LST。使用 2009 年原始亮温（即卫星遥感的真实观测值）反演得到的 LST 与使用亮温预测值(即通过深度神经网络填补得到)反演得到的 LST 的散点密度图如图 3-19 所示。图 3-19 中，CNN LST 代表由原始亮温反演得到的 LST，CNN LST filled 代表使用深度神经网络亮温预测值反演得到的 LST。在白天情况下，两种 LST 没有表现出明显的系统性偏差，MBD 为 0.11K，RMSD 为 2.34K。在夜间情况下，两种 LST 更为接近，MBD 为 −0.26K，RMSD 为 1.33K。原因是白天数据存在更多的噪声，导致深度神经网络构建的亮温填补模型白天精度要低于夜间，进而导致与原始亮温反演得到的 LST 偏差较大。

图 3-20 展示了青藏高原实验区所选裸地和草地像元分别利用原始亮温序列反演得到的 LST 和利用深度神经网络预测亮温反演得到的 LST，以此来分析两个 LST 序列在时间上的变化规律。从年内趋势来看，白天和夜间 LST 时间序列的变化趋势整体与正弦曲线较为接近，由于白天外界条件变化较为剧烈，因此白天 LST 的波动程度要大于夜间。另外可以发现，在 280 天附近的 LST 出现了类似 89.0GHz 亮温的明显下降。在被动微波传感器的频率中 89.0GHz 与热红外的频率最为接近，即两者的热采样深度最为接近，故所

构建的 CNN LST 反演模型中 89.0GHz 将对模型有很高的贡献。因此，在积雪像元占训练样本比例很少的情况下，所构建的 LST 反演模型在积雪覆盖像元上势必会出现偏低的现象，这是本章的不足与待改进之处。

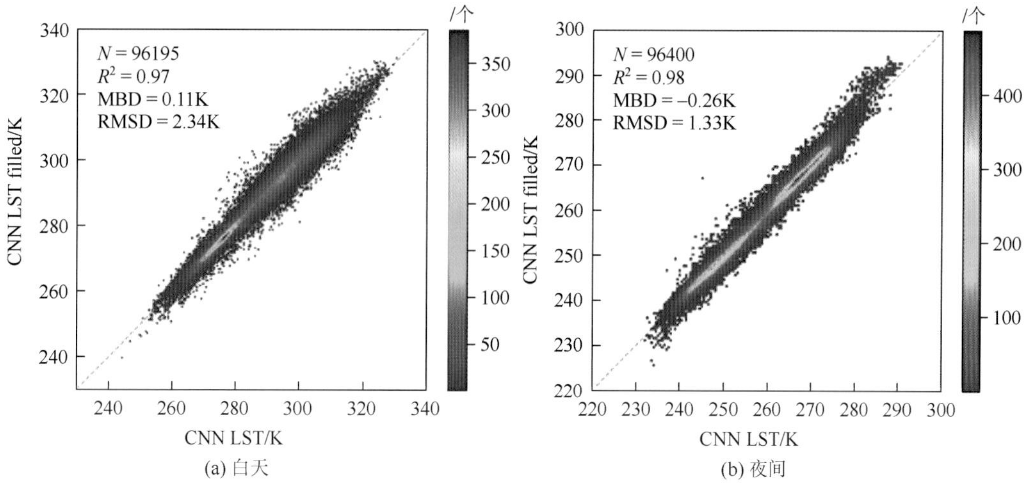

图 3-19　在青藏高原实验区使用原始亮温反演得到的 LST（CNN LST）与完全使用深度神经网络亮温预测值反演得到的 LST（CNN LST filled）的散点密度图

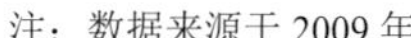
注：数据来源于 2009 年

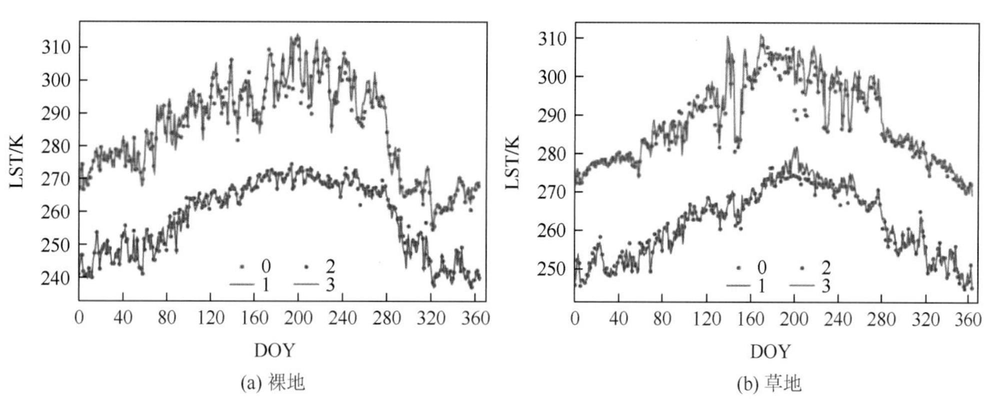

图 3-20　青藏高原实验区所选裸地像元和草地像元利用原始亮温反演得到的 LST 和利用深度神经网络预测得到的亮温反演得到的 LST

注：0 代表在白天利用原始亮温反演得到的 LST；1 代表在白天利用预测亮温反演得到的 LST；2 代表在夜间利用原始亮温序列反演得到的 LST；3 代表在夜间利用预测亮温反演得到的 LST

与青藏高原实验区类似，统计了 2009 年华南实验区内利用原始亮温反演得到的 LST 与利用深度神经网络预测得到的完整 LST 时间序列的对比结果，如图 3-21 所示。相对于青藏高原实验区，华南实验区利用深度神经网络预测的亮温反演得到的 LST 更接近与使用原始亮温反演得到的 LST：R^2 在白天和夜间均大于或等于 0.97，这表明两种 LST 存在高度的相关性；白天和夜间的 MBD 分别为−0.03K 和−0.09K，表明两种 LST 之间基本不存在系统性差异；同样由于数据噪声的原因，白天的 RMSD 要略大于夜间（白天的 RMSD 为 1.51K，夜间的 RMSD 为 1.03K），但是从整体精度来看与使用原始亮温反演得到的 LST 较为相似的。

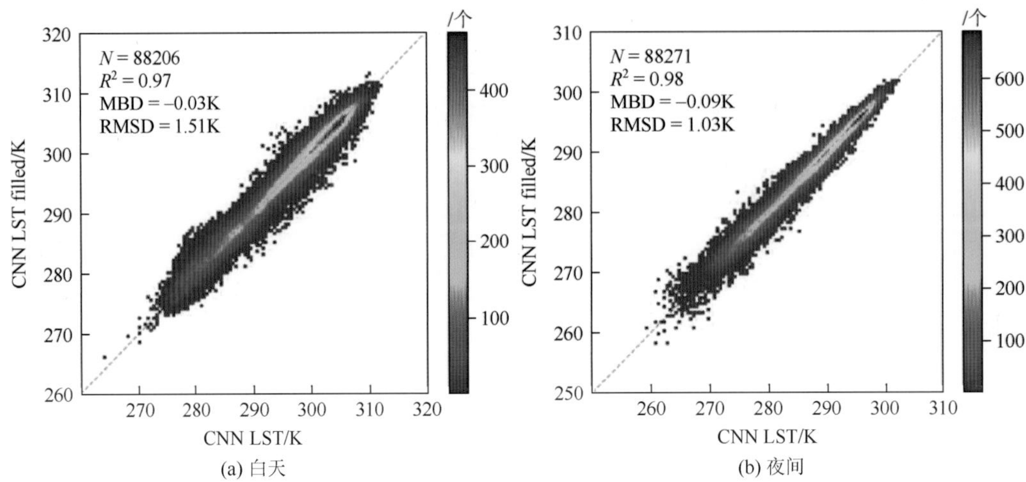

(a) 白天　　(b) 夜间

图 3-21　在华南实验区使用原始亮温反演得到的 LST（CNN LST）与完全使用深度神经网络亮温预测值反演得到的 LST（CNN LST filled）的散点密度图

注：数据来源于 2009 年

图 3-22 展示了所选农田像元和常绿阔叶林像元分别利用原始亮温序列反演得到的 LST 和利用深度神经网络预测亮温值反演得到的 LST 序列。同样的，两种 LST 序列的变化趋势均与正弦曲线类似。由于华南实验区气候湿润，因此该区域的 LST 年较差要明显低于青藏高原实验区（华南实验区的年较差在 30K 以下，而青藏高原实验区的年较差可达 50K 以上），同时随着像元内植被覆盖比例的增加，冬季与夏季 LST 之间的差异会逐渐减小。

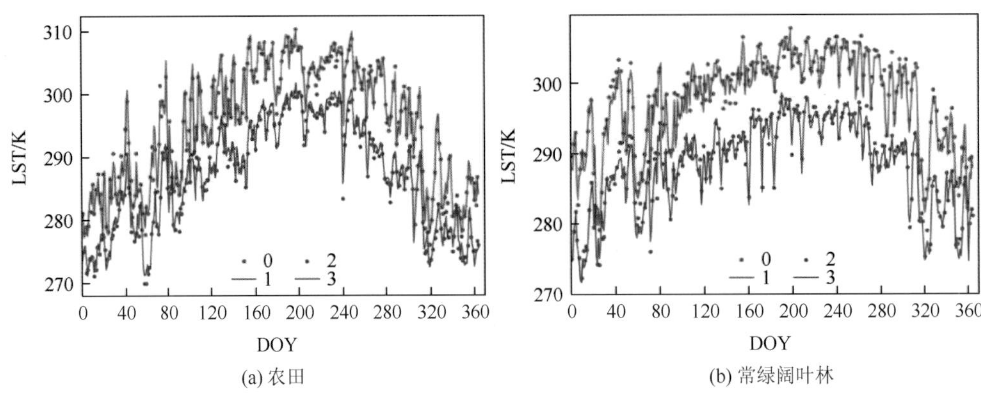

(a) 农田　　(b) 常绿阔叶林

图 3-22　华南实验区所选农田和常绿阔叶林像元利用原始亮温反演得到的 LST 和利用深度神经网络预测亮温反演得到的 LST

注：0 代表在白天利用原始亮温反演得到的 LST；1 代表在白天利用预测亮温反演得到的 LST；2 代表在夜间利用原始亮温序列反演得到的 LST；3 代表在夜间利用预测亮温反演得到的 LST

3.5 本章小结

本章的主要内容为从正演的角度出发，利用再分析数据空间无缝的特点，结合深度神经网络强大的学习能力实现对于再分析数据的隐式校正，进而实现对于被动微波亮温影像轨道间隙缺失的填补。测试所建立方法的研究区分别为青藏高原和华南地区各自一个5°×5°的小实验区。青藏高原实验区主要用于测试该方法对于特殊下垫面（如冻土和积雪）以及非平坦地表的适用性，华南实验区则主要用于测试该方法在传统下垫面和平坦地表下的精度。

由于被动微波像元在年尺度上可能会出现由于地下状况的改变（如土壤冻融状态的改变）和地表状况的改变（如积雪的堆积与消融）而导致的发射率突变，将表征地表和地下状况的因子作为深度神经网络的输入参数可以明显提高模型的精度。本章分别利用极化比 PR 和频率比 FR 来表征像元内可能出现的冻土和积雪覆盖，并对两个实验区的亮温预测结果从整体、时间和空间三个角度进行了分析，通过敏感性分析量化了极化比和频率比对于模型精度的影响。结果表明：使用深度神经网络建立的亮温预测模型可以很好地实现对于被动微波各个通道亮温的预测；最终使用预测得到的空间无缝的被动微波亮温生成了研究区空间无缝的全天候 LST。需要说明的是，当应用于大区域尺度时，基于局部区域的建模方式会增加该方法的时间成本。

第4章　被动微波与热红外遥感集成反演近实时全天候地表温度

如前文所述，热红外遥感反演 LST 的算法流程较为成熟、精度较高，但是在云覆盖条件下无法获取有效观测值；被动微波遥感可以避免云覆盖的影响，但反演精度较低、无法提供精细的 LST 空间分布信息（李召良 等，2016）。因此，仅仅依靠单源遥感难以满足各类研究和应用对中等空间分辨率（1km 左右）全天候 LST 的需求，而集成被动微波与热红外遥感是反演中等空间分辨率全天候 LST 的有效途径之一。

近年来，国内外学者针对该领域做了大量研究，推动了全天候 LST 研究领域的发展。多种被动微波与热红外遥感集成方法在引入了图像融合理论、经验/半经验模型以及机器学习方法后得到了广泛应用并生成了相关产品（Zhang et al.，2020）。例如，Kou 等（2016）将贝叶斯最大熵（Bayesian maximum entropy，BME）方法应用于集成 MODIS 和 AMSR-E LST，结果表明该方法集成的全天候 LST 具有良好的空间连续性；Parinussa 等（2016）采用线性模型，逐像元构建了 MODIS LST 与 AMSR2 亮温之间的关系，用于从后者直接估算 1km 的 LST。Shwetha 和 Kumar（2016）引入人工神经网络，输入高分辨率的微波极化差异指数和其他辅助数据，并在不同地表覆盖类别下训练得到 AMSR-E/AMSR2 与 MODIS LST 之间的模型关系，以得到非晴空条件下的高时空分辨率 LST，估算结果的均方根误差在可接受范围内；Duan 等（2017）将高程作为非晴空条件下的 LST 变化的主要影响因子，将低分辨率的被动微波 LST 降尺度以得到 1km 分辨率的非晴空 LST，最后与原始晴空的 MODIS LST 产品集成得到 1km 分辨率的全天候 LST。

本书作者所在团队围绕被动微波与热红外遥感集成反演全天候地表温度也开展了长期的工作。例如，Zhang X D 等（2019）根据 LST 时间分解模型从卫星热红外与被动微波遥感时序观测信息中分离出 LST 在不同时间尺度的 3 个分量（年温度周期分量——ATC；由地球自转驱动的昼夜温度周期分量——DTC；由天气变化驱动的天气温度分量——WTC），再将其集成，最终得到 1km 全天候 LST。该方法首先应用于 MODIS 和 AMSR-E/AMSR2 数据之间的集成，在我国东北及周边地区（经纬度范围为 116.575°E～144.025°E 和 36.025°N～57.525°N）的验证精度为 1.29～2.71K，晴空条件与非晴空条件下没有明显差异。后续针对 AMSR-E 与 AMSR2 在时序上的观测空白期（2011 年 11 月～2012 年 5 月），Zhang 等（2020）基于我国 FY-3 MWRI 数据重构得到空间无缝的 AMSR-E 和 AMSR2 亮温，该重构后的亮温在时空尺度上是连续的，与非轨道间隙处的原始 AMSR-E 和 AMSR2 亮温相比，重构后亮温的精度为 0.89～2.61K；然后，通过机器学习方法将重构的微波亮温与 Aqua MODIS 数据进行集成，实现了青藏高原 1km 空间分辨率长时序的全天候 LST 重建，验证结果表明其精度为 1.45～3.36K。

需要注意的是，目前多数集成卫星被动微波和热红外遥感反演全天候 LST 方法，可看作是基于历史存档数据的 LST“重建”，即要求数据至少为一个完整的 LST 变化周期（从某年的第一天到当年的最后一天）。该类方法时效性较低，难以满足 LST 实时或近实时监测的需求，进而制约了这些方法在区域和全球尺度上的应用。同时，实时或近实时反演又因被动微波亮温影像在轨道间隙内的缺失面临新的困难，若不能较好地解决亮温缺失的问题，集成被动微波与热红外遥感也难以获得真正意义上的全天候 LST（Zhang et al.，2020）。

在上述背景下，本章建立了一种能够近实时生成全天候 LST 的方法（near-real-time all-weather，NRT-AW）（Tang et al.，2021；唐文彬，2021）。该方法首先基于我国 FY-3 MWRI 亮温填补了 AMSR2 亮温影像轨道间隙内的缺失值，进而建立了空间无缝的 AMSR2 亮温和 MODIS LST 的年尺度模型，并将该年尺度模型应用于相邻年尺度时间段以获得最新目标时刻、空间分辨率为 1km 的全天候 LST。

4.1　研 究 数 据

4.1.1　遥感数据

本章采用的卫星遥感数据包括四类。

（1）MODIS LST 产品。采用 MODIS 第 6 版的逐日 1km LST 产品 MYD11A1。该产品幅宽为 1200km×1200km，产品的科学数据集中包含逐日 LST、MODIS 第 31、第 32 通道的地表发射率，以及质量控制、观测时间、观测天顶角等。该产品从美国戈达德航天中心的数据网站接口（The Level-1 and Atmosphere Archive Distribution System，https://ladsweb. modaps.eosdis.nasa.gov/）获取，时效性为滞后 1.5～2 天发布。

（2）AMSR2 被动微波遥感数据。AMSR2 是搭载于日本 GCOM-W1 卫星的被动微波传感器。该传感器是日本 ADEOS Ⅱ卫星所搭载的 AMSR 与美国 Aqua 卫星所搭载的 AMSR-E 的改进版本，计划寿命为 5 年。相关信息见第 2.1 节。

（3）FY-3B/D MWRI 被动微波遥感数据。MWRI 是我国风云三号（FY-3）B/D 星的主要有效载荷之一。MWRI 具有 10.65GHz、18.7GHz、23.8GHz、36.5GHz、89GHz 共 5 个频率的对地观测能力，每个频率拥有垂直（V）和水平（H）两种极化形式，共计 10 个通道。MWRI 上各通道的空间分辨率各不相同，随频率变化，在 10～70km 之间。MWRI 的相关参数如表 4-1 和表 4-2 所示。MWRI 的观测数据集已被用于土壤水分、积雪深度、海面风速、海冰覆盖、海温、大气降水分布、LST 等各类参数的反演，在提高我国天气预报、气候变化、农业监测、交通运输和灾害防治等领域的技术能力中发挥了重要作用（彭丽春 等，2011；陈昊和金亚秋，2012；蒋玲梅 等，2014；张淼 等，2018）。本章所采用的是 MWRI 提供的近实时亮温产品，其空间分辨率为 0.1°，数据下载自风云卫星遥感数据服务网（http://satellite.nsmc.org.cn/portalsite/default.aspx），时效性为滞后 0.5 天左右发布。

表 4-1 MWRI 关键参数指标

参数	指标
采样点数/个	240
量化等级	12Bit
通道间配准	波束指向误差＜0.1°
幅宽/km	1400
天线视角/(°)	45±0.1
扫描周期/s	1.8±0.1
扫描周期误差/ms	0.34（相邻扫描线）/1（连续 30min 内）

注：本表信息来源于国家卫星气象中心（http://www.nsmc.org.cn/nsmc/cn/instrument/MWRI-1.html）。

表 4-2 MWRI 通道设置与指标

通道序号	中心频率与极化	带宽	灵敏度/K	动态范围/K（0～10V）	主波数效率/%	地面分辨率/km
1	10.65V	180±10%	0.5	3～340	≥90%	51×85
2	10.65H	180±10%	0.5	3～340	≥90%	51×85
3	18.7V	200±10%	0.5	3～340	≥90%	30×50
4	18.7H	200±10%	0.5	3～340	≥90%	30×50
5	23.8V	400±10%	0.5	3～340	≥90%	27×45
6	23.8H	400±10%	0.5	3～340	≥90%	27×45
7	36.5V	900±10%	0.5	3～340	≥90%	18×30
8	36.5H	900±10%	0.5	3～340	≥90%	18×30
9	89.0V	双边带 2300×2±10%	0.8	3～340	≥90%	9×15
10	89.0H	双边带 2300×2±10%	0.8	3～340	≥90%	9×15

注：本表信息来源于国家卫星气象中心（http://www.nsmc.org.cn/nsmc/cn/instrument/MWRI-1.html）。

（4）其他遥感数据。包括逐日 MODIS 云产品（MOD06_L2；空间分辨率为 5km）、逐日地表反照率产品（MCD43A3；空间分辨率为 1km）、逐日归一化积雪指数（normalized difference snow index，NDSI）产品（MOD10A1；空间分辨率为 500m）以及 16 天合成 NDVI 产品（MOD12A2；空间分辨率为 1km）。

4.1.2 地面站点实测数据

选择位于我国西北的黑河流域中游、上游及以青藏高原北部为主的周边区域作为研究区，以测试所建立的 NRT-AW 方法。研究区的地理范围为 88.4°E～103.8°E，31.7°N～

39.3°N，如图 4-1 所示。前文部分章节对青藏高原地区已有较为详细的描述，此处不再赘述。黑河流域位于我国西北干旱/半干旱地区，是我国西北地区的第二大内陆流域。黑河流域远离海洋，四周山脉环绕，该地区属于干旱/半干旱地区，因受到中高纬度西风带环流和高纬度极地冷空气集团共同影响，气候十分干燥，年降水量稀少且降水时段集中，风沙现象频繁，日照辐射强，昼夜温差大（Li X et al.，2013；Xu et al.，2013）。该地区有黑河流域生态-水文过程综合遥感观测联合试验（HiWATER）及黑河流域水文气象网提供的高质量地面实测站点数据集（Liu et al.，2011；Li X et al.，2013； Liu et al.，2018 ；Che et al.，2019），有助于检验反演得到的 LST。

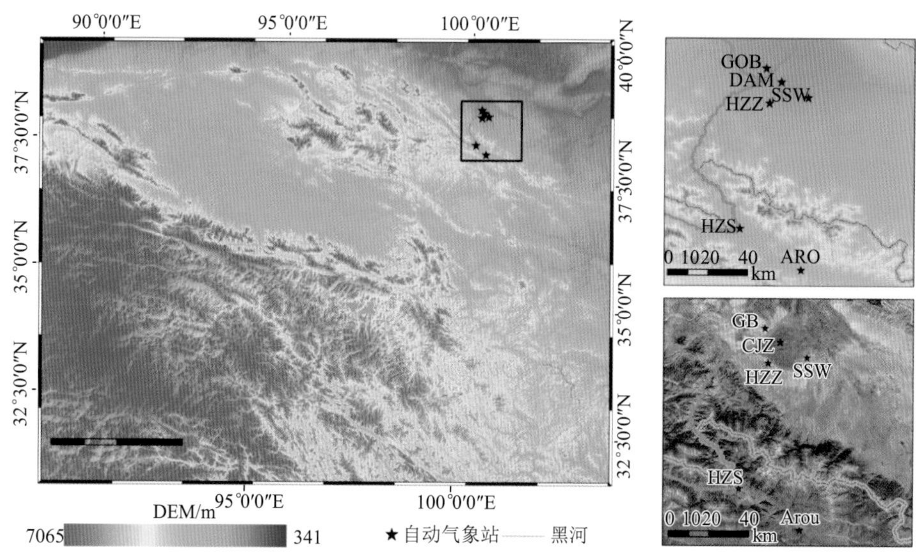

图 4-1 研究区与地面实测站点分布

本章共选择布设在研究区内的 6 个地面站点（表 4-3），利用其实测 LST 开展反演得到的全天候 LST 的检验。所选站点的海拔为 1555～3529m；地表覆盖类型包括裸地（沙漠、戈壁、荒漠）、农田和高寒草地等。各站点均架设了自动气象站，基于自动气象站的四分量净辐射传感器观测的长波辐射，通过式（2-1）计算得到实测 LST。

表 4-3 用于开展 NRT-AW 方法反演的近实时全天候 LST 检验的地面站点信息

站名	经纬度/(°E，°N)	高程/m	地表类型	观测年份	观测仪器
阿柔（ARO）	100.46，38.05	3033	高寒草地	2014	CNR4
大满（DAM）	100.37，38.86	1556	农田	2014	CNR1
戈壁（GOB）	100.31，38.92	1567	戈壁	2014	CNR1
黄藏寺（HZS）	100.19，38.23	3529	农田	2014	CNR1
神沙窝（SSW）	100.49，38.79	1555	沙漠	2014	CNR1
花寨子（HZZ）	100.32，38.77	1735	荒漠	2014	CNR1

4.2 研 究 方 法

本章所建立的 NRT-AW 方法分为两个部分。首先，在 FY-3B/D MWRI 亮温与 AMSR2 亮温之间建立随机森林（random forest，RF）回归映射关系，从而获得近实时、空间无缝的 AMSR2 亮温。其次，通过建立空间无缝的 AMSR2 亮温和 MODIS LST 的年度尺度模型，并将其应用于目标时间，最终反演得到近实时、空间分辨率为 1km 的全天候 LST。

4.2.1 近实时空间无缝被动微波亮温重构

FY-3B/D MWRI 与 Aqua MODIS 具有不同的扫描路径，虽然二者的观测时间接近（董立新等，2012），但据前期统计分析，发现二者之间仍存在 36～120min 的观测时间差。由于在二者过境时间间隔内，LST 会发生变化，因此不能直接使用 MWRI 的亮温来填补 AMSR2 亮温影像的轨道间隙。Zhang 等（2020）利用从陆面数据同化系统（land data assimilation system，LDAS）LST 数据中提取的温度日内变化（diurnal temperature cycle，DTC）模型对 MWRI 亮温进行时间校准，进而从 MWRI 亮温中获得了类似于 AMSR-E/AMSR2 的亮温数据。受该研究启发，经过统计分析发现，研究区内 MWRI 亮温与 AMSR2 亮温之间具有高度的相关性（$R>0.85$）。因此，可以通过建立二者之间的回归映射关系来估算 AMSR2 轨道间隙区域内的亮温值。与其他机器学习方法相比，RF 可以更充分地表征回归参数与目标特征之间的关系，并能以更高的准确性和泛化能力构建回归映射模型（Wu and Li，2019）。因此，在所建立的 NRT-AW 方法中，使用 RF 建立了 MWRI 每个通道的亮温与 AMSR2 亮温之间的回归关系，然后在 AMSR2 的轨道间隙区域内进行应用。

以白天的情况为例，在一年中的第 k 天，对于频率为 f 且极化方式为 p 的 AMSR2 亮温，可以在轨道间隙区域外的所有亮温像元与对应的所有 MWRI 亮温之间建立回归映射模型：

$$\begin{aligned}&\boldsymbol{BT}_{fp\text{-AMSR2-outside}}(k)=\boldsymbol{RF}_{fp-k}[\boldsymbol{BT}_{fp\text{-MWRI-outside}}(k),\Delta\boldsymbol{T}_{fp\text{-MWRI-outside}}(k)]\\&f\in\{10,18,23,36,89\},p\in\{\mathrm{V},\mathrm{H}\}\end{aligned}\tag{4-1}$$

式中，$\boldsymbol{BT}_{fp\text{-AMSR2-outside}}$ 是列向量，其中包含 AMSR2 轨道间隙之外的所有亮温；$\boldsymbol{BT}_{fp\text{-MWRI-outside}}$ 表示 AMSR2 影像非轨道间隙区域内对应的全部 MWRI 亮温；$\Delta\boldsymbol{T}_{fp\text{-MWRI-outside}}$ 是列向量，表示 AMSR2 非轨道间隙区域内全部亮温与对应 MWRI 亮温的观测时间差；$\boldsymbol{RF}_{fp\text{-}k}$（）是第 k 天为 AMSR2 通道建立的 RF 回归映射模型；10、18、23、36 和 89 分别表示 10.7GHz、18.7GHz、23.8GHz、36.5GHz 和 89.0GHz，本章后续方程式也采用相同的简写方式；需要说明的是，由于 MWRI 未设置 6～7GHz 的通道，故仅采用了 AMSR2 的其余 6 个通道。

然后，将式（4-1）所构建的 RF 模型应用到 AMSR2 的轨道间隙区域内，实现轨道间隙区域的缺失值填补：

$$\boldsymbol{BT}_{fp\text{-AMSR2-inside}}(k)=\boldsymbol{RF}_{fp\text{-}k}[\boldsymbol{BT}_{fp\text{-MWRI-inside}}(k),\Delta\boldsymbol{T}_{fp\text{-MWRI-inside}}(k)]\tag{4-2}$$

式中，$\boldsymbol{BT}_{fp\text{-AMSR2-inside}}$ 是列向量，其中包含 AMSR2 轨道间隙之内的所有亮温；$\boldsymbol{BT}_{fp\text{-MWRI-inside}}$

是包含 AMSR2 轨道间隙内所有 MWRI 亮温的列向量；$\Delta \boldsymbol{T}_{fp\text{-MWRI-inside}}$ 表示 AMSR2 轨道间隙内的全部亮温与对应 MWRI 亮温的观测时间差。

4.2.2 近实时全天候地表温度反演

得到空间无缝的 AMSR2 亮温后，建立其与 MODIS LST 的年度尺度模型并将该模型应用于目标时间，最终得到近实时的全天候 LST 反演结果，流程如图 4-2 所示。首先，将研究时段分为训练时段与预测时段。训练时段为需要近实时估算的日期的前一年（图 4-2 中所示的第一年，该时段提供完整年尺度的地表温度变化信息）；预测时段即为需要近实时反演的目标时段，具体时段长度不定。

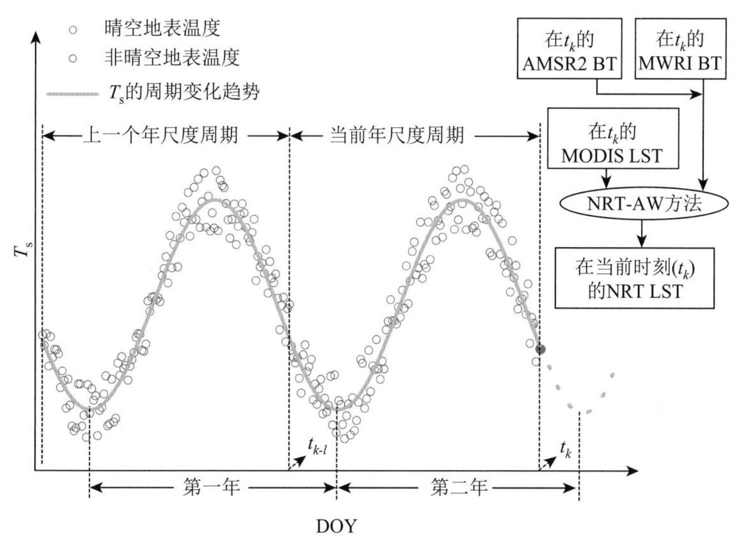

图 4-2　近实时全天候 LST 反演示意图

基于历史数据的全天候 LST 重建研究表明，在两个相邻的年尺度周期内，卫星热红外遥感反演的 LST 与被动微波亮温之间的映射关系是相似的（Zhang et al.，2020）。通过建立线性回归模型能够较好地刻画 1km 尺度上热红外遥感 LST 与被动微波亮温之间的映射关系，且通过该途径反演得到的全天候 LST 具有良好的精度（Zhang X D et al.，2019；Zhang et al.，2020）。因此，根据从训练时段获得的映射关系，可以应用到预测时段内以得到近实时的全天候 LST。考虑上述映射关系的稳定性和存在非线性关系的可能性，在 NRT-AW 方法实施过程中使用 RF 方法代替线性或非线性回归方法，以此建立晴空条件下 MODIS LST 与 AMSR2 不同通道亮温之间的 RF 模型。根据 Zhang 等（2020）的研究，晴空条件下基于热红外 LST 和被动微波亮温的 RF 映射模型可以应用于全天候条件下。

下面以 MODIS 像元 H（1km）和一个包含 H 的空间分辨率的 AMSR2 像元 L（0.1°）为例阐述全天候 LST 反演过程。对于某一年的第 k 天，在该天之前的前一个年尺度周期中，H 的 MODIS LST 和 AMSR2 亮温时间序列之间的关系可以表示为

$$\boldsymbol{T}_{\text{s-H}}(\boldsymbol{t}_{\text{clr}})=\boldsymbol{RF}_{\text{H}}[\boldsymbol{BT}_{\text{L}}(\boldsymbol{t}_{\text{clr}}),\boldsymbol{CF}_{\text{L}}(\boldsymbol{t}_{\text{clr}}),\boldsymbol{AL}_{\text{H}}(\boldsymbol{t}_{\text{clr}})]$$

$$\boldsymbol{BT}_{\text{L}}(\boldsymbol{t}_{\text{clr}})=\begin{bmatrix} BT_{10\text{H}}(t_{\text{clr-1}})BT_{10\text{H}}(t_{\text{clr}-2})\cdots BT_{10\text{H}}(t_{\text{clr}-n}) \\ BT_{10\text{V}}(t_{\text{clr}-1})BT_{10\text{V}}(t_{\text{clr}-2})\cdots BT_{10\text{V}}(t_{\text{clr}-n}) \\ \cdots \\ BT_{89\text{V}}(t_{\text{clr}-1})BT_{89\text{V}}(t_{\text{clr}-2})\cdots BT_{89\text{V}}(t_{\text{clr}-n}) \end{bmatrix} \tag{4-3}$$

式中，$\boldsymbol{T}_{\text{s-H}}$是 H 对应的 MODIS LST 时间序列；$\boldsymbol{t}_{\text{clr}}$是 H 的所有晴空 DOY 的时间序列；$\boldsymbol{BT}_{\text{L}}$是 L 经填补后得到的空间无缝被动微波亮温时间序列；$\boldsymbol{CF}_{\text{L}}$为 H 的云量时间序列；$\boldsymbol{AL}_{\text{H}}$为 H 的地表反照率时间序列；$l$是上一个年度周期内的 DOY 天数；$\boldsymbol{RF}_{\text{H}}$为针对 H 构建的唯一 RF 映射；作为缩放因子，$\boldsymbol{RF}_{\text{H}}$包含从 0.1°被动微波像元到 1km LST 像元的空间缩放信息，是实现降尺度的关键，实际起到了降尺度因子的作用。

式(4-3)中的$t_{k\text{-}1}$和当前年尺度的t_k属于相邻年尺度的时间序列中对应位置的时序。因此，它们可以直接应用于第k天的全天候 LST 估算。然后，将式（4-3）构建的 RF 映射模型$\boldsymbol{RF}_{\text{H}}$推广到相邻年尺度时间序列上（即图 4-2 所示的第二年）。当预测时段内的某一天与前一年对应时刻之间的时间组成长度为一年的重构周期，将周期内的被动微波亮温时间序列作为输入数据代入模型$\boldsymbol{RF}_{\text{H}}$，得到重构周期内$t_k$时刻的全天候 LST 初始估计值：

$$\boldsymbol{T}_{\text{s-H}}(k)=\boldsymbol{RF}_{\text{H}}[\boldsymbol{BT}_{\text{L}}(k),\boldsymbol{CF}_{\text{L}}(k),\boldsymbol{AL}_{\text{H}}(k)] \tag{4-4}$$

式中，$\boldsymbol{T}_{\text{s-H}}(k)$为$t_k$时刻的近实时全天候 LST 初始估计值。需要说明的是，对于晴空条件，NRT-AW 方法重新估算了 LST，而并非在生成的全天候 LST 中直接使用 MODIS 提供的晴空 LST，目的是后续便于验证 NRT-AW 方法在晴空条件下的性能。

考虑到 MODIS LST 是目前应用最为广泛的卫星热红外遥感 LST 产品，为减小系统偏差，NRT-AW 方法需将反演的近实时全天候 LST“系统性”地校正到 MODIS LST 的水平。校正后的近实时全天候 LST 为（Chen J et al.，2011；Leander and Buishand，2007；Long et al.，2020）

$$\begin{aligned} &\boldsymbol{T}_1=\boldsymbol{T}_{\text{s-H}}-\{u[\boldsymbol{T}_{\text{s-H}}(\boldsymbol{t}_{\text{clr}})]-u[\boldsymbol{T}_{\text{s-M}}(\boldsymbol{t}_{\text{clr}})]\} \\ &\boldsymbol{T}_2=\boldsymbol{T}_1-u(\boldsymbol{T}_1) \\ &\boldsymbol{T}_{\text{s-NRT}}=u(\boldsymbol{T}_1)+\boldsymbol{T}_2(t_k)\frac{\sigma[\boldsymbol{T}_{\text{s-M}}(\boldsymbol{t}_{\text{clr}})]}{\sigma[\boldsymbol{T}_2(\boldsymbol{t}_{\text{clr}})]} \end{aligned} \tag{4-5}$$

式中，$\boldsymbol{T}_{\text{s-NRT}}$为目标时刻最终得到的近实时全天候 LST；$\boldsymbol{T}_{\text{s-M}}$为晴空条件下 1km 的 MODIS LST 时间序列；$u()$为求均值函数；$\sigma()$为求标准差函数。

4.2.3　NRT-AW 方法实现

NRT-AW 方法的实现流程如图 4-3 所示。

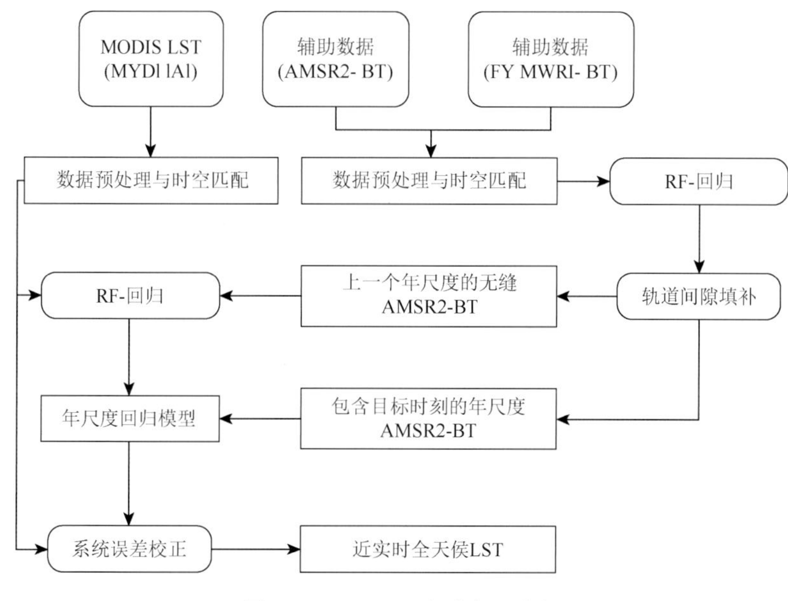

图 4-3　NRT-AW 方法实现流程

1. 数据预处理与时空匹配

（1）对 MYD11A1 进行批量的格式转换、投影变换、拼接和裁剪工作，得到包含研究区的 MODIS LST 数据集；对于 MYD11A1 数据，使用质量控制（quality control，QC）图层，剔除低质量像元。

（2）对 AMSR2 BT 数据进行批量的格式转换、定义投影以及裁剪（剔除与 MODIS 观测时间差大于 5min 的像元），然后分别读取 AMSR2 亮温和 MODIS LST 的经纬度信息并保存为数值矩阵，并在此基础上进行空间匹配，生成对应位置关系的查找表。对 MWRI 亮温与 AMSR2 亮温逐日进行空间位置的匹配，同时剔除观测时间差超过 5min 的像元。

（3）分别将 5km 的 MODIS 云量产品（MOD06_L2）和 500m 的逐日归一化积雪指数产品 MOD10A1 重采样到 1km 分辨率，以匹配 MODIS LST 数据的空间分辨率。16 天合成、1km 分辨率的 NDVI 数据则进行时间插值（三次样条插值），以匹配 MODIS LST 逐日的时间分辨率。

（4）使用时间滤波器方法填补 MOD10A1 产品因云覆盖导致的数据缺失部分。

2. 逐日 AMSR2 亮温轨道间隙区域缺失数据填补

（1）根据式（4-1），对目标时段某一天的 MWRI 和 AMSR2 亮温建立轨道间隙区域外的基于 RF 的回归关系。

（2）根据式（4-1）的回归结果，利用式（4-2）估算轨道间隙区域内的 AMSR2 亮温值。

（3）根据提前设定的回归树数量，将轨道间隙区域外的原始 AMSR2 亮温作为验证集，利用式（4-2）估算 AMSR2 亮温值；将其与验证集比较，选择精度最好的回归树的结果作为最终的轨道间隙区域填补结果。

3. 近实时全天候 LST 反演

（1）对于目标时段的第 *n* 天，在其前一年或多年具备完整历史周期的 AMSR2 亮温与 MODIS LST 之间建立 RF 回归关系[式（4-3）]，以获取足够的 LST 周期变化的时间规律信息。

（2）对于目标时段的第 *n* 天，取前一年的对应时刻与其组成重构周期，将该周期内的空间无缝 AMSR2 亮温代入式（4-4）中，得到该周期内的全天候 LST 反演值。

（3）在重构周期内，获取已发布的 MODIS LST 组成时间序列，将结合式（4-4）得到的初始反演值，代入式（4-5）中，得到与 MODIS LST 一致的、目标时段第 *n* 天的全天候 LST。

4.2.4　NRT-AW 方法评价方案

本章采用以下结果评价方案，以度量所提出的 NRT-AW 方法的效果及其反演得到的全天候 LST 的精度。首先，将重构的无缝 AMSR2 亮温与原始 AMSR2 亮温进行比较，评价轨道间隙填补方法的可靠性。其次，在晴空条件下，将 NRT-AW 方法在晴空条件下反演的 2014 年和 2020 年的 LST 与对应的 MODIS LST 进行交叉比较。需要说明的是，利用 NRT-AW 同步反演了 2020 年第 1～275 天的全天候 LST，以展示该方法近实时获取 LST 的能力。在交叉比较中，所选的定量评价指标包括平均偏差 MBD、均方根偏差 RMSD 和决定系数 R^2。最后，利用 NRT-AW 方法反演了 2014 年全天候条件下的 LST，并基于实测 LST 进行了精度检验。在精度检验中，所选的定量评价指标包括平均误差 MBE、均方根误差 RMSE 和 R^2。

4.3　结 果 分 析

4.3.1　AMSR2 亮温轨道间隙填补

以 2020 年第 273 天的 AMSR2 亮温图像为例，图 4-4 展示了研究区原始和填补后的 AMSR2 亮温（10GHz 和 89GHz 水平极化通道）。图 4-4 表明，本章所提出的 NRT-AW 方法不仅较好地完全重构了轨道间隙内的亮温缺失值，而且重构的亮温在空间分布和幅值上与 AMSR2 的原始亮温保持了高度的一致性。同时，在重构的 AMSR2 亮温影像中，轨道间隙的边缘在空间上连续、过渡自然，没有出现马赛克状的斑块现象。

表 4-4 列出了 2014 年（DOY1～DOY365）和 2020 年（DOY1～DOY275）所有 AMSR2 重构亮温和原始亮温之间的定量比较结果。MBE 为 0.03～0.25K，RMSE 为 1.02～1.58K，R^2 为 0.96～0.99，虽然夜间结果略好，但与白天结果没有显著差异。这些统计指标表明间隙填补后的亮温与原始亮温高度一致，进一步体现了轨道间隙填补方法的良好性能。此外，表 4-4 也反映了重构的 89.0GHz 通道的亮温精度略低于其他频率通道，其原因在于该通道受大气和地表状况的影响最大。总体上，NRT-AW 方法的间隙填补模块具有很高的可靠性。

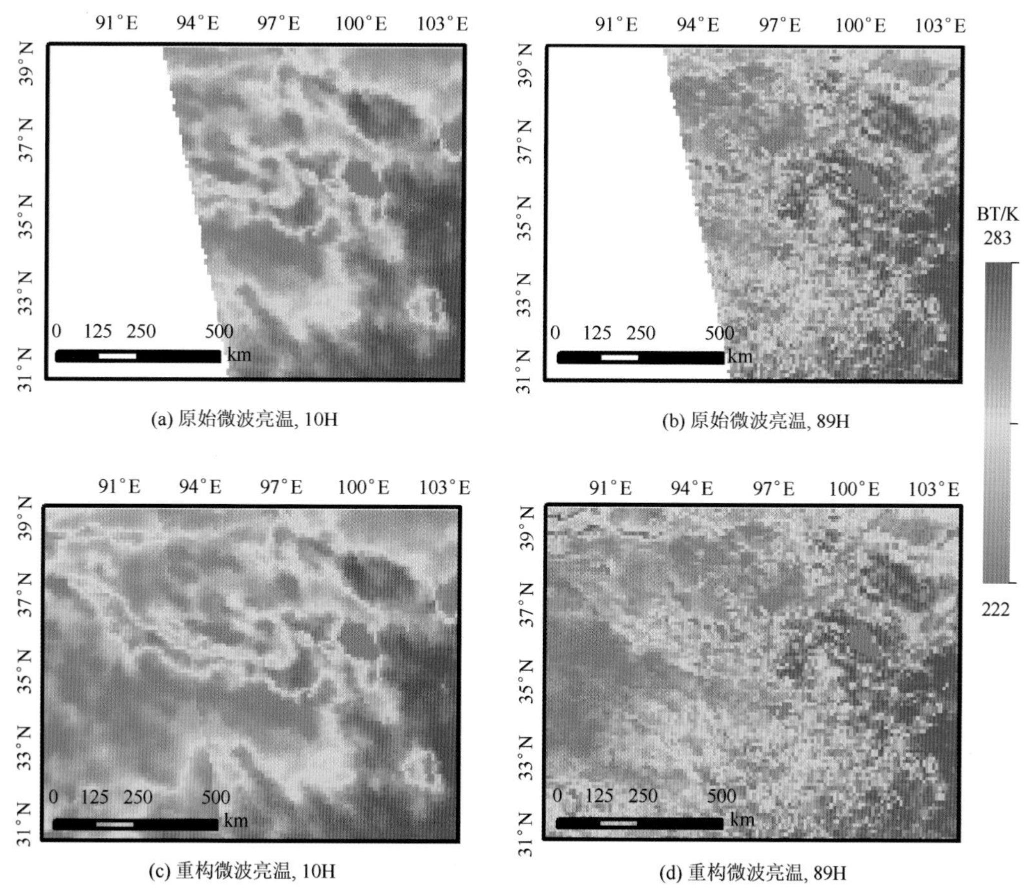

(a) 原始微波亮温, 10H

(b) 原始微波亮温, 89H

(c) 重构微波亮温, 10H

(d) 重构微波亮温, 89H

图 4-4　AMSR2 亮温填补结果对比（2020 年第 273 天）

表 4-4　2014 年和 2020 年填补后 BT 与原始 AMSR2 BT 的定量比较结果

频率/GHz	极化方式	MBE/K		RMSE/K		R^2	
		白天	夜间	白天	夜间	白天	夜间
10.7	H	0.10	0.08	1.14	1.02	0.99	0.99
	V	0.05	0.03	1.20	1.05	0.99	0.99
18.7	H	0.10	0.07	1.23	1.12	0.99	0.98
	V	0.12	0.12	1.20	1.15	0.98	0.99
23.8	H	0.08	0.06	1.25	1.22	0.99	0.98
	V	0.12	0.09	1.23	1.19	0.98	0.98
36.5	H	0.13	0.10	1.24	1.29	0.98	0.98
	V	0.11	0.09	1.21	1.23	0.97	0.98
89.0	H	0.17	0.15	1.58	1.42	0.97	0.97
	V	0.25	0.17	1.47	1.45	0.96	0.97

4.3.2　基于 MODIS 地表温度的交叉比较

表 4-5 列出了 2014 年（DOY1～DOY365）和 2020 年（DOY1～DOY275）晴空条件下所有 NRT-AW 反演的 LST 与 MODIS LST 的定量比较结果。从表 4-5 可知，NRT-AW 反演结果与 MODIS LST 之间略有偏差，白天的 MBD 为 0.12～0.17K，RMSD 为 2.53～2.61K；夜间的 MBD 为–0.07～0.06K，RMSD 为 1.97K；白天、夜间的 R^2 均高于 0.94。上述结果表明 NRT-AW 反演值与 MODIS LST 之间保持了高度的一致性，进而说明晴空条件下构造的 RF 映射准确地描述了 AMSR2 亮温和 MODIS LST 时间序列之间的关系。

表 4-5　在 2014 年和 2020 年晴空条件下 NRT LST 与 MODIS LST 的定量比较结果

年份	MBD/K		RMSD/K		R^2	
	白天	夜间	白天	夜间	白天	夜间
2014	0.12	0.06	2.61	1.97	0.97	0.98
2020	0.17	–0.07	2.53	1.97	0.98	0.95

图 4-5 进一步给出了 2020 年 NRT-AW 反演值与 MODIS LST 交叉比较的 MBD 和偏差标准差 STD 的直方图。从图 4-5 中可以看出，MBD 的分布服从正态分布，平均值在 0

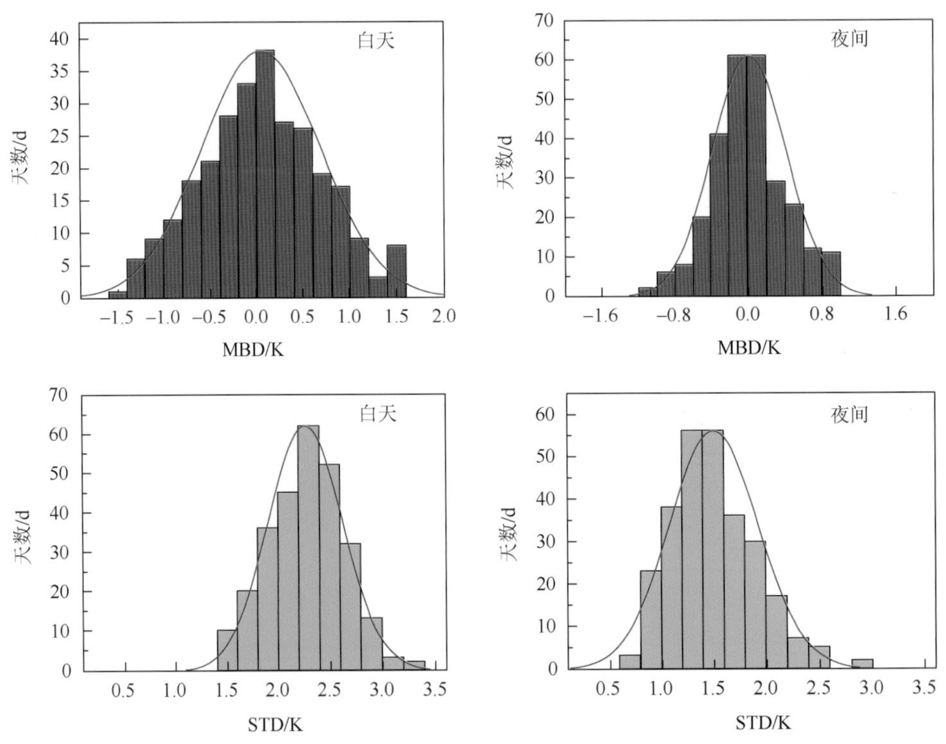

图 4-5　2020 年 NRT-AW 反演值与 MODIS LST 交叉比较的 MBD 和偏差标准差 STD 直方图

附近；白天与夜间 STD 的分布也服从正态分布，平均值分别为 2.5K 和 1.5K。图 4-6 为 2020 年不同季节两种 LST 比较的散点密度图。在不同季节下，NRT 反演值与 MODIS LST 之间都保持了高度的一致性，RMSD 不超过 2.44K。这些结果表明，在上一个年尺度周期中构建的 RF 映射可以估算出可信的近实时 LST，并且与原始 MODIS LST 的差异在可接受范围内。

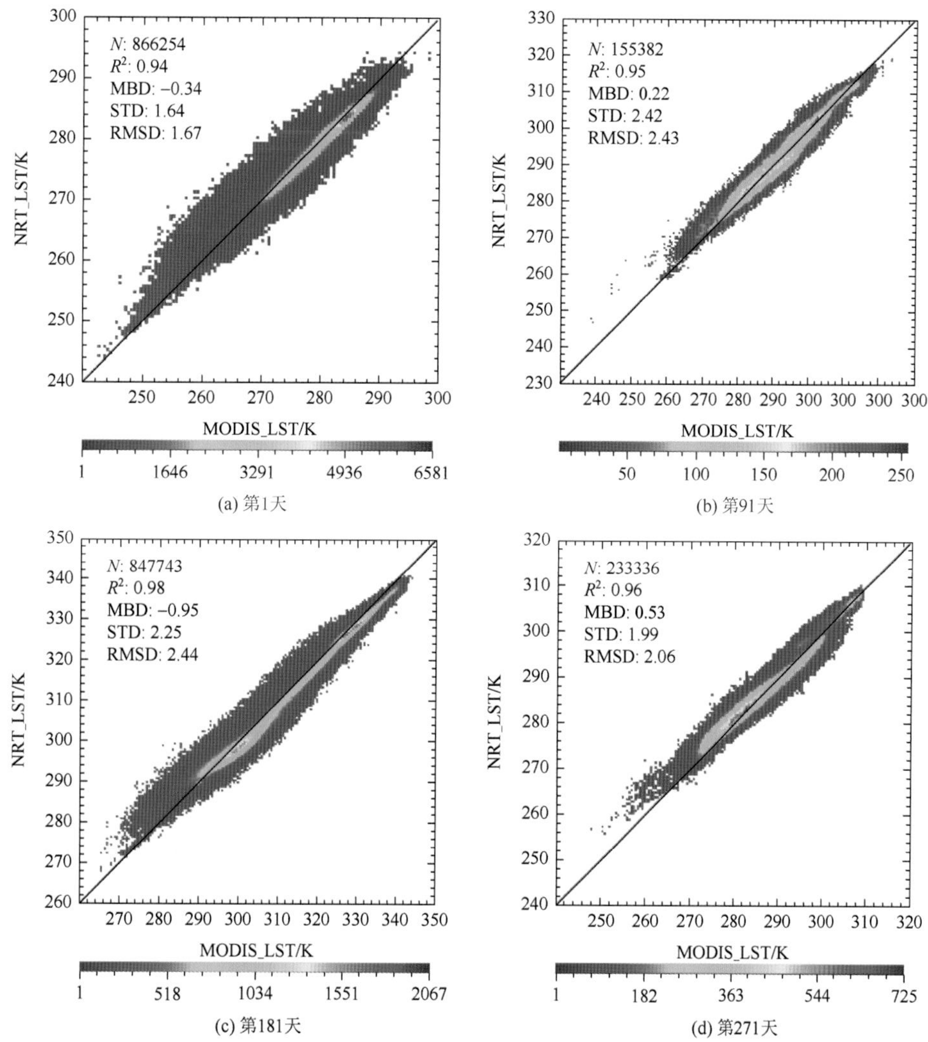

图 4-6　NRT-AW 反演值与 MODIS LST 在 2020 年第 1 天、第 91 天、第 181 天、第 271 天的散点密度图

图 4-7 展示了研究区 2014 年白天不同季节（分别以第 15 天、第 105 天、第 196 天和第 288 天为例）MODIS LST 和 NRT-AW 方法反演的全天候 LST 的空间分布。图 4-8 展示了在 2020 年第 273 天白天 MODIS LST 和 NRT-AW 反演的全天候 LST 的空间格局。NRT-AW 全天候 LST 不仅还原了因云覆盖而缺失的地表温度，而且在有效值范围和空间分布上与原始 MODIS LST 保持了高度的一致性，且在不同季节都具有较高的图像质量。此外，仔

细观察图 4-8 中三个子区域 A、B 和 C，可发现在云覆盖范围内的 MODIS 像元边界处没有斑块效应，表明 NRT-AW 方法得到的全天候 LST 具有良好的图像质量。这进一步表明该方法有效地解决了 1km 分辨率的 MODIS LST 与 0.1°分辨率的 AMSR2 亮温时间序列之间的空间不匹配对集成结果的影响。

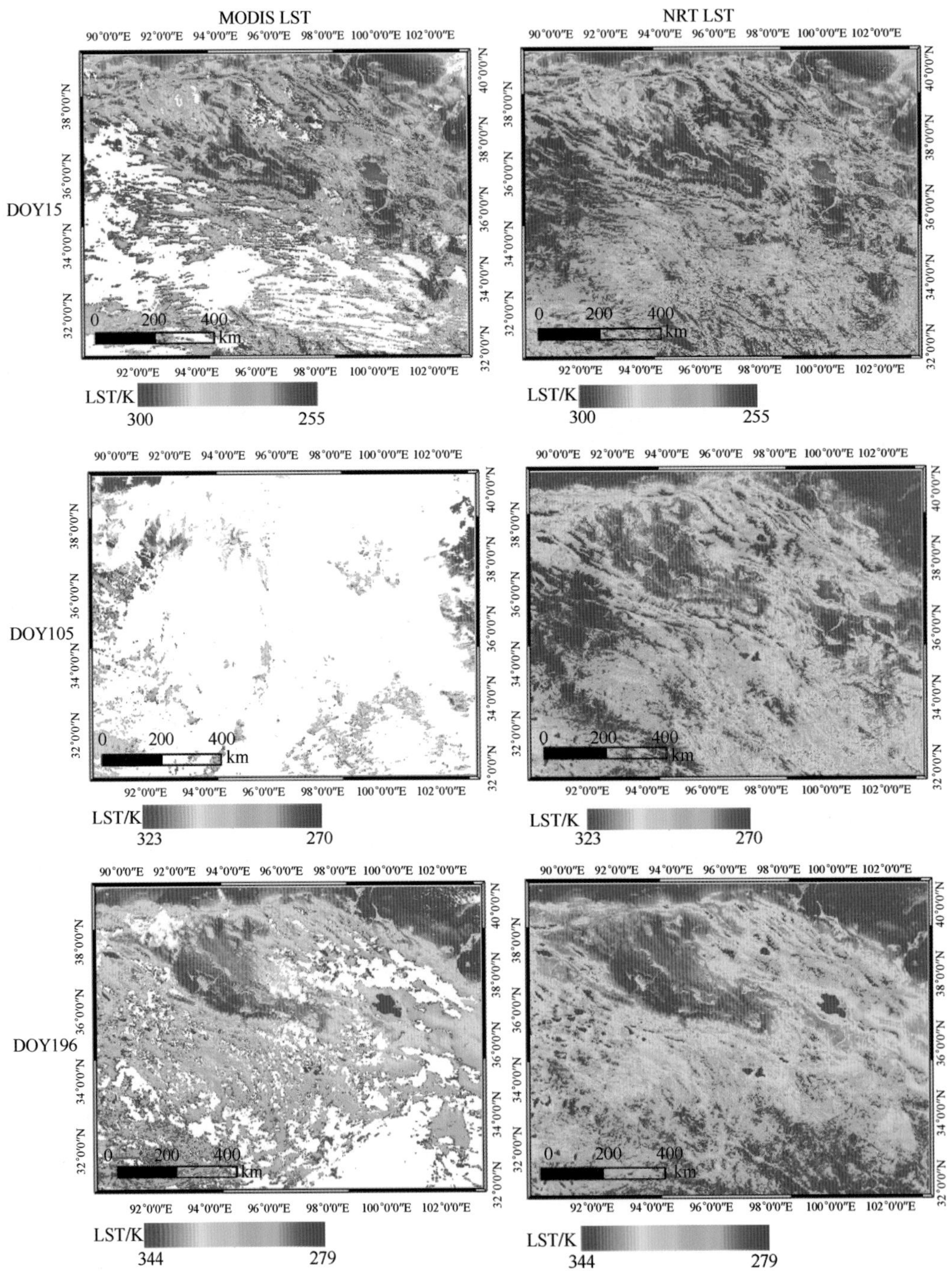

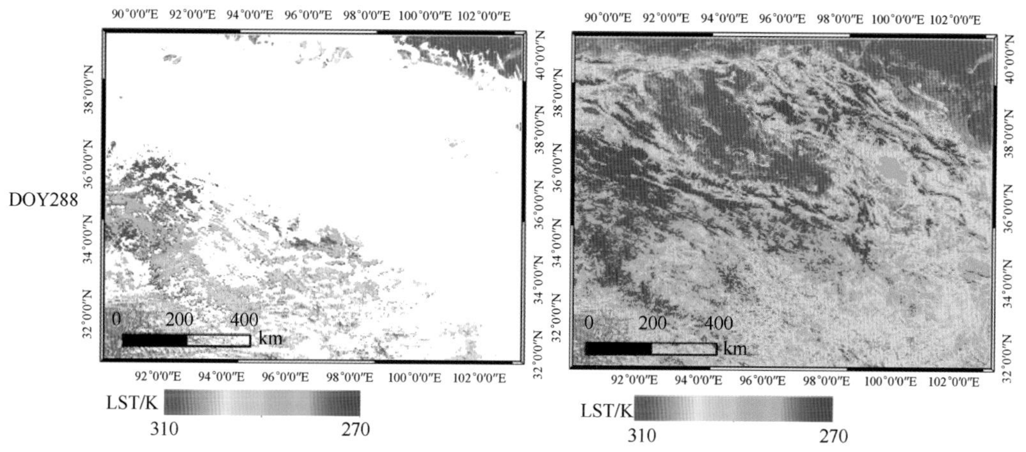

图 4-7　2014 年白天 MODIS LST 与 NRT-AW 方法反演的全天候 LST 的空间分布

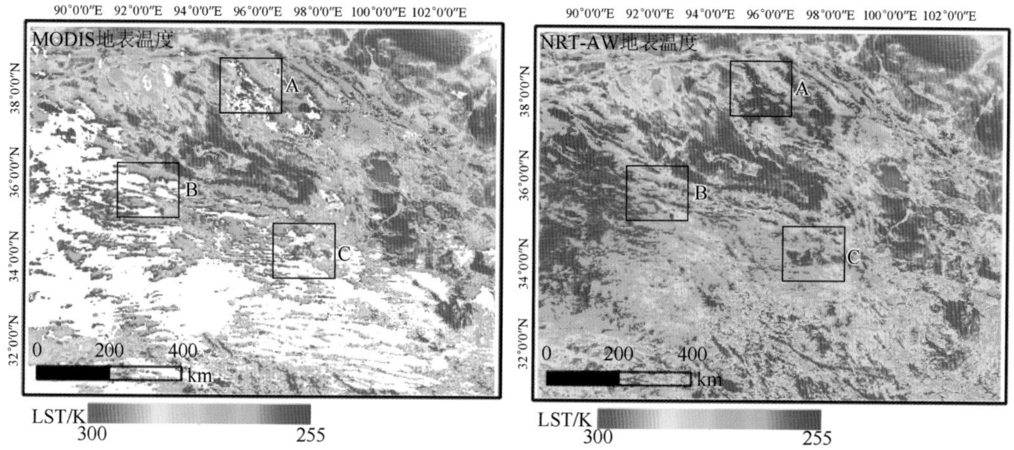

MODIS地表温度

A

B

C

90°0'0"E 92°0'0"E 94°0'0"E 96°0'0"E 98°0'0"E 100°0'0"E 102°0'0"E

32°0'0"N 34°0'0"N 36°0'0"N 38°0'0"N

0 200 400 km

LST/K 300 255

NRT-AW地表温度

A

B

C

90°0'0"E 92°0'0"E 94°0'0"E 96°0'0"E 98°0'0"E 100°0'0"E 102°0'0"E

32°0'0"N 34°0'0"N 36°0'0"N 38°0'0"N

0 200 400 km

LST/K 300 255

MODIS地表温度　　NRT-AW反演的全天候地表温度

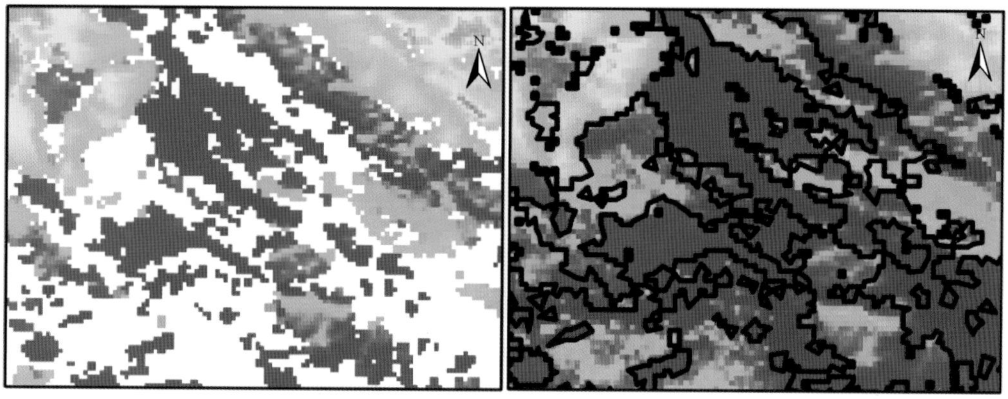

N　N

A

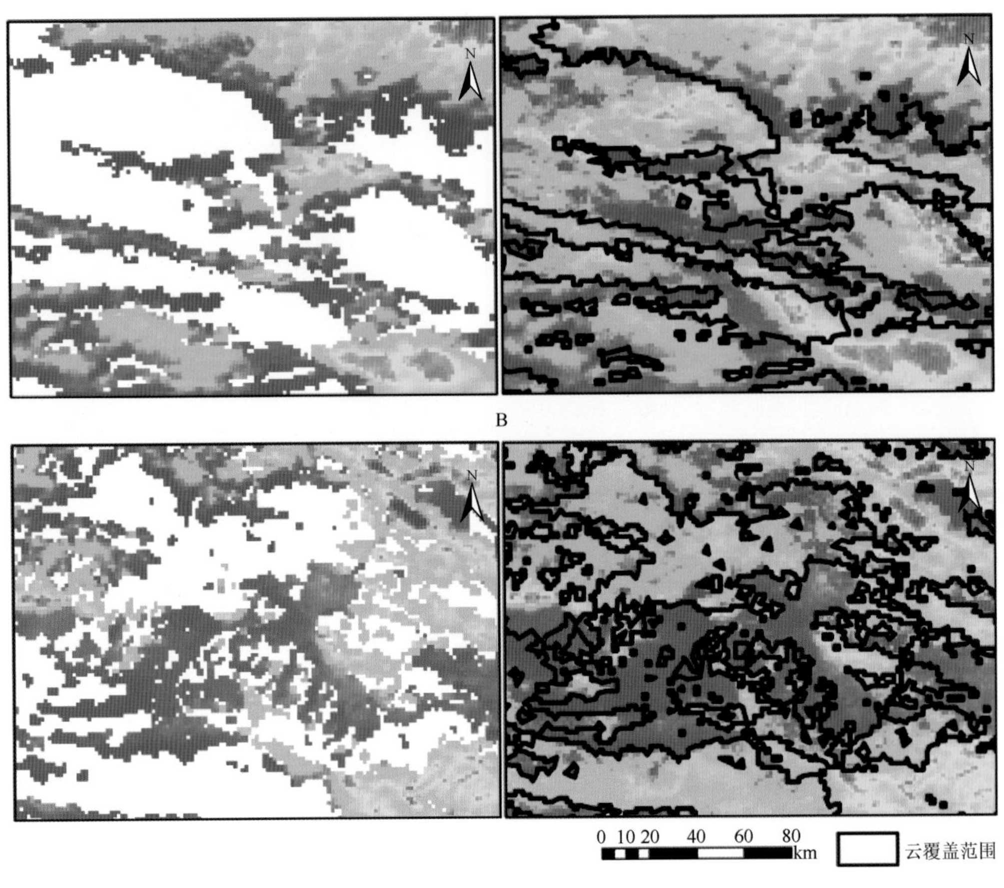

图 4-8　2020 年第 273 天白天 MODIS LST 与 NRT-AW 方法反演的全天候 LST 的空间分布对比

4.3.3　基于实测数据的直接检验

本节利用研究区内 6 个站点的实测 LST 对 NRT-AW 方法反演的全天候 LST 进行直接检验。图 4-9 列出了二者的散点图，并分别统计了晴空、非晴空和全天候条件下的检验指标。同时，本节还基于实测 LST 对 MODIS 提供的晴空条件下的 LST 进行了检验，结果如表 4-6 所示。此外，表 4-6 还给出了每个站点的年内平均土壤湿度（距地面 0.02m）和站点所在的 1km MODIS 像元内的热异质性。热异质性分析的基础是计算 2014 年站点所在 MODIS 像元范围内的所有 Landsat-8 TIRS LST 像元的平均标准差。

在所有站点中，对于白天的情况，NRT-AW 方法反演的全天候 LST 在 ARO 和 DAM 站点的精度最高，没有明显的系统误差，MBE 分别为 0.24K 和 0K，RMSE 分别为 3.08K 和 3.11K。同时，这两个站点 NRT-AW 反演值的精度与 MODIS LST 较为接近：后者的 MBE 分别为–0.03K 和–0.53K，RMSE 分别为 3.45K 和 3.55K。这表明，ARO 和 DAM 站点的 NRT-AW 方法的精度可能主要取决于 MODIS LST 的精度。对于除 ARO 和 DAM 外的其他站点，MODIS LST 和 NRT-AW 方法的反演值均表现出显著的系统性低估。在晴空条件下的 GOB 和 SSW 站，NRT-AW 反演值的低估幅度大于 MODIS LST 的低估幅度，这可能是由被动微波的热采样深度引起的：GOB 和 SSW 站点都属于沙漠覆被且具有较低的土壤湿度，热采样深度对结果准确性的影响较大（Zhou et al.，2017）。对于 HZS 站点，尽管 NRT-AW

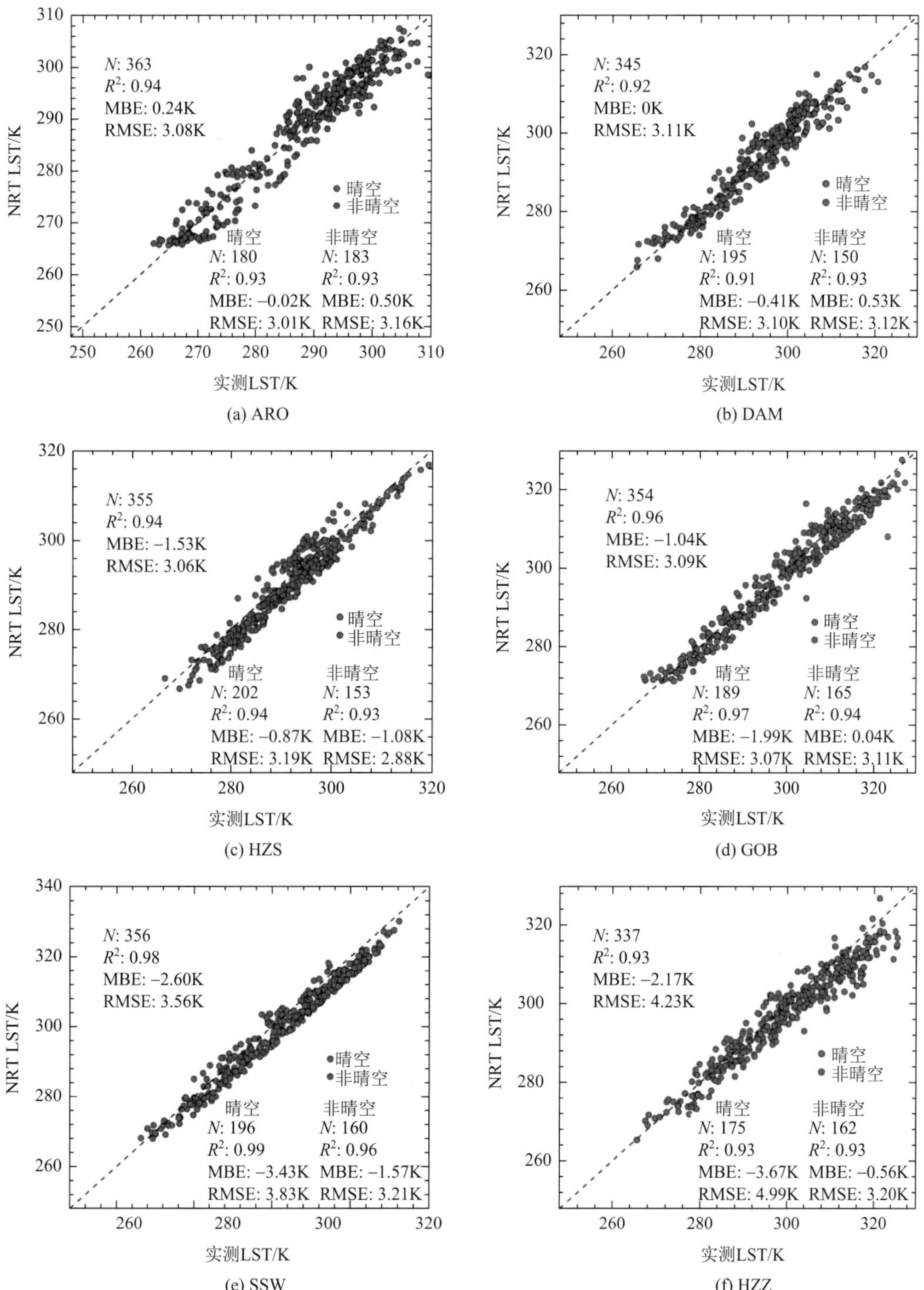

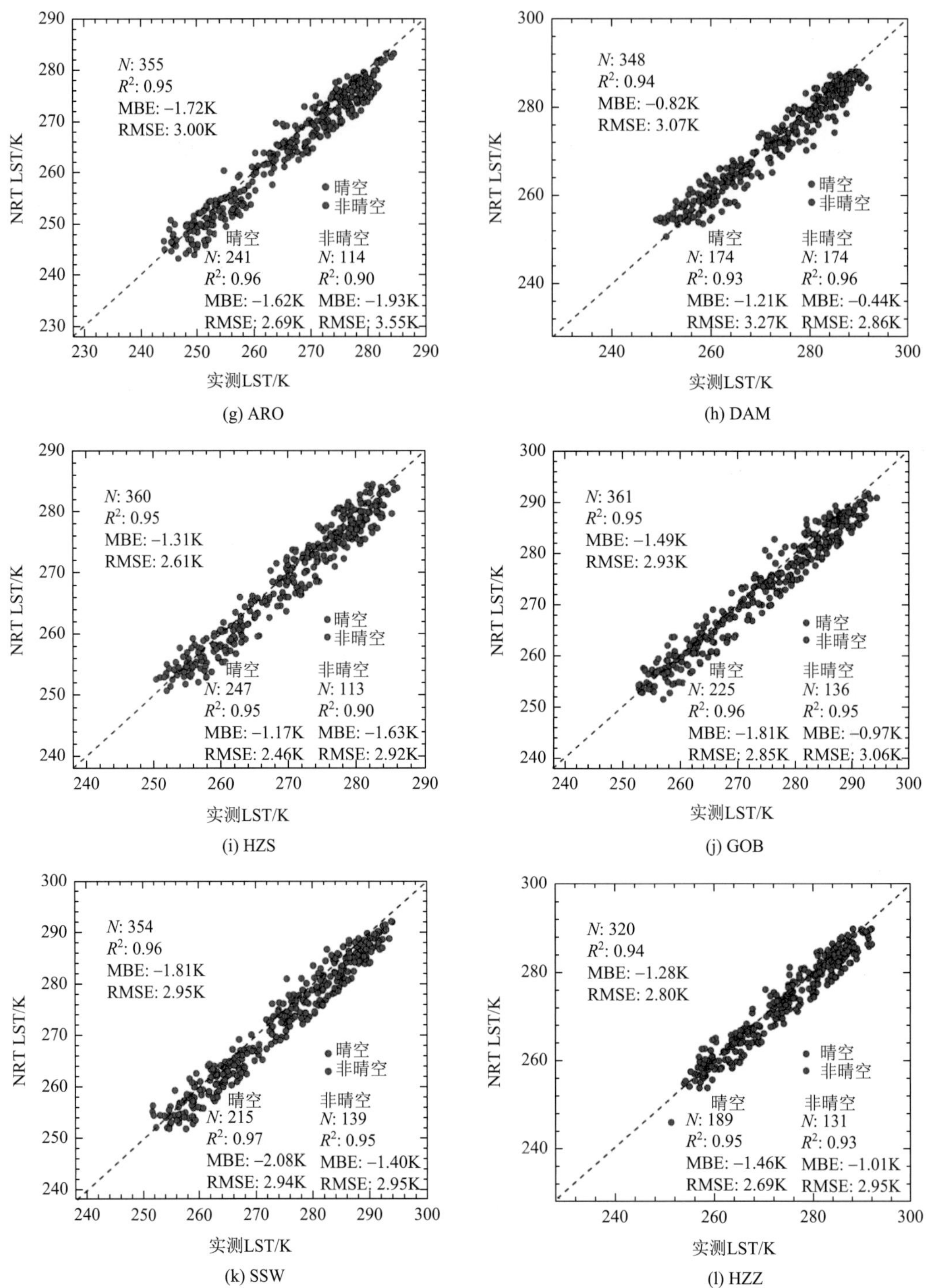

图 4-9　NRT LST 与实测 LST 的散点图

注：(a)～(f) 为白天，(g)～(l) 为夜间

表 4-6　各站点的热异质性、土壤湿度以及基于实测数据对 MODIS LST 的检验结果

站点	热异质性/K		土壤湿度/%		MBE/K		RMSE/K	
	白天	夜间	白天	夜间	白天	夜间	白天	夜间
ARO	1.05	0.77	26.19	26.34	−0.03	−1.08	3.45	4.91
DAM	1.12	0.99	16.45	15.33	−0.53	−1.31	3.55	3.59
HZS	1.21	1.01	14.20	13.8	−2.04	−1.78	3.78	4.40
GOB	1.11	0.88	5.35	4.93	−1.78	−1.18	4.30	3.84
SSW	1.13	0.94	4.57	4.22	−3.74	−2.68	5.84	4.21
HZZ	0.86	0.98	7.09	5.21	−3.71	−1.59	4.48	4.03

反演值和 MODIS LST 的 MBE 在晴空条件下接近，但 MODIS LST 的 RMSE 明显大于 NRT-AW 反演值的 RMSE。该站点精度较低的原因可能是其空间代表性比其他站点低（即较高的异质性）：较高的热异质性会增加因像元尺度不匹配导致的验证不确定性。对于 HZZ 站点，在晴空条件下，NRT-AW 反演值在该站点的精度与 MODIS LST 十分接近。

夜间的验证结果与白天相似。但是，夜间 NRT-AW 反演值和 MODIS LST 精度比白天的精度略高，这是因为夜间站点所在 MODIS 像元的热异质性较白天低。综合白天和晚上的验证结果发现，NRT-AW 反演值相较于实测 LST 普遍偏低 1～2.5K。这和 MYD11A1 产品在干旱和半干旱地区的冷偏差（低估 3～5K）现象类似（Yao et al.，2020）。此外，在本书前面章节中提及了冻土、冰雪等对于被动微波辐射的影响，但由于缺乏地面测量数据，本章并没有考虑这两类特殊地物的影响，该问题需要在未来的研究中进行解决。在验证结果中，夜间 MBE 为−1.81～−0.82K，而白天 MBE 为−2.60～0K。除了 HZZ 站点外，NRT-AW 反演值的精度验证结果波动不超过 1K，表明 NRT-AW 方法在全天候条件下的表现良好，其不确定性有限。

如前文所述，本章对 AMSR2 影像轨道间隙处的亮温进行了重构。因此，此处还统计了 NRT-AW 方法在轨道间隙内、外的反演误差，结果如表 4-7 所示。对于轨道间隙内的像元，NRT-AW 反演值的 MBE 为−2.68～0.32K，RMSE 为 2.33～3.67K。对于轨道间隙之外的像元，NRT-AW LST 的 MBE 为−2.80～0.25K，RMSE 为 2.62～3.83K。从对比分析来看，NRT-AW 方法反演值的精度在轨道间隙的内部和外部没有显著差异，这也证实了重构的 ASMR2 亮温具有良好质量，进一步体现了 NRT-AW 方法的良好性能。

表 4-7　对 NRT-AW 方法在轨道间隙内、外处反演值的检验结果

站点	像元类型	MBE/K		RMSE/K		R^2	
		白天	夜间	白天	夜间	白天	夜间
ARO	轨道间隙外	0.25	−1.79	2.99	3.0	0.94	0.96
	轨道间隙内	0.22	−1.45	3.40	3.0	0.91	0.94
DAM	轨道间隙外	0.09	−0.79	3.12	3.06	0.92	0.94
	轨道间隙内	0.32	−0.73	3.08	3.12	0.92	0.94

续表

站点	像元类型	MBE/K		RMSE/K		R^2	
		白天	夜间	白天	夜间	白天	夜间
HZS	轨道间隙外	−1.37	−1.33	3.03	2.62	0.94	0.95
	轨道间隙内	−1.14	−1.24	3.19	2.60	0.94	0.94
GOB	轨道间隙外	−1.17	−1.43	2.98	2.98	0.97	0.99
	轨道间隙内	−1.58	−1.64	3.44	2.70	0.94	1.0
SSW	轨道间隙外	−2.54	−2.36	3.48	2.86	1.0	0.96
	轨道间隙内	−2.52	−2.33	3.65	3.24	1.0	0.96
HZZ	轨道间隙外	−2.80	−1.06	3.83	2.70	1.0	1.0
	轨道间隙内	−2.68	−1.32	3.67	2.33	1.0	1.0

4.3.4 讨论

本章通过建立多通道被动微波亮温与 1km 的热红外 LST 的随机森林回归映射模型用于估算 1km 的全天候 LST。为了充分理解 NRT-AW 方法如何实现从粗分辨率的被动微波亮温中获取 1km 分辨率的地表温度，本节进一步阐述如何建立二者之间的回归关系。根据前人关于被动微波遥感 LST 反演的研究（Gao et al.，2008；Holmes et al.，2009；Zhang X D et al.，2019），以 1km 的 MODIS 像元 P 和一个包含 P 的 10km 的 AMSR2 像元 G 为例，可以为 G 建立全年晴空 LST 时间序列与单个通道的被动微波亮温时间序列之间的经验回归关系：

$$\boldsymbol{T}_{\text{s-G}}(\boldsymbol{t}_{\text{clr}}) = a + b_{36\text{V}} \bullet \boldsymbol{BT}_{36\text{V}}(\boldsymbol{t}_{\text{clr}}) \tag{4-6}$$

式中，$\boldsymbol{t}_{\text{clr}}$ 表示一年中晴空 DOY 的时间序列；$\boldsymbol{T}_{\text{s-G}}$ 代表 10km 的 AMSR2 像元 G 在晴空下的 LST 时间序列；$\boldsymbol{BT}_{36\text{V}}$ 是被动微波亮温的时间序列；a，$b_{36\text{v}}$ 为系数。

若在上式中直接用 $\boldsymbol{T}_{\text{s-P}}$ 代替 $\boldsymbol{T}_{\text{s-G}}$，则有

$$\boldsymbol{T}_{\text{s-P}}(\boldsymbol{t}_{\text{clr}}) = a_{\text{P1}} + b_{36\text{V-P1}} \bullet \boldsymbol{BT}_{36\text{V}}(\boldsymbol{t}_{\text{clr}}) + \varepsilon_{\text{P1}} \tag{4-7}$$

式中，$\boldsymbol{T}_{\text{s-P}}$ 代表 1km MODIS 像元 P 在晴空下的 LST 时间序列；$\boldsymbol{BT}_{36\text{V}}$ 是被动微波亮温的时间序列；ε_{P1} 代表因 P 与 G 之间的尺度不匹配产生的系统误差。

通过式（4-7）可以实现从单个通道被动微波亮温估算 1km 的 LST，其中回归系数 a_{P1} 和 b_{P1} 部分表征了在年内尺度上相对于所在被动微波像元而言 1km 像元 P 的唯一热属性特征，该特征与像元 G 包含的其他 1km 子像元无关。但是，由于 P 和 G 之间的尺度不匹配，导致估算结果与真实值相比仍然存在较大的残差（即 ε_{P1}）。因此，式（4-7）中的系数（即 a_{P1} 和 $b_{36\text{V-P1}}$）无法充分地解释像元 P 的 LST 和像元 G 的被动微波亮温之间的降尺度关系。式（4-7）中的残差实际包含像元 G 的其他 1km 子像元的辐射信息。如果要减少由尺度不匹配引起的残差，则必须找到像元 P 与像元 G 包含的其他 1km 子像

元无关的唯一特征。因此，在式（4-7）的基础上加入另一个通道的被动微波亮温时间序列，则有

$$\boldsymbol{T}_{\text{s-P}}(\boldsymbol{t}_{\text{clr}}) = a_{\text{P2}} + b_{\text{36V-P2}} \cdot \boldsymbol{BT}_{\text{36V}}(\boldsymbol{t}_{\text{clr}}) + b_{\text{36H-P2}} \cdot \boldsymbol{BT}_{\text{36H}}(\boldsymbol{t}_{\text{clr}}) + \varepsilon_{\text{P2}} \tag{4-8}$$

式中，a_{P2}、$b_{\text{36V-P2}}$ 和 $b_{\text{36H-P2}}$ 为系数；ε_{P2} 为 P 与 G 之间的尺度不匹配产生的系统误差。

可以看到，与式（4-7）相比，式（4-8）的回归系数（即 a_{P2}、$b_{\text{36V-P2}}$ 和 $b_{\text{36H-P2}}$）更多地包含了像元 P 相对于 G 中的其他 1km 子像元而言独特的热属性特征，因此进一步增强了像元 P 的 LST 与像元 G 的被动微波亮温之间的降尺度关系，同时也减少了因尺度不匹配而产生的残差（即 $\varepsilon_{\text{P2}} < \varepsilon_{\text{P1}}$）。这主要是因为来自不同通道的被动微波亮温时间序列是用于表征 LST 像元 P 和亮温像元 G 之间尺度关系的关联特征（即属于相同类型的物理量并且具有很强的相关性）。Dong 等（2016）在基于机器学习的超分辨率图像重建研究中指出，利用原始分辨率图像中某一像元的多维特征可以构建该像元所包含的特定超分辨率亚像元目标特征的唯一映射。以此原理解释式（4-8），即多通道微波亮温包含的多维时间特征能够对微波像元内部的特定子像元的 LST 进行唯一表达，这也是 Zhang X D 等（2019）的研究中实现被动微波 LST 空间降尺度的理论支撑。

因此，如果不断加入从其他通道的被动微波亮温时间序列以进一步加强式（4-8）中的关系，可得到

$$\begin{cases} \boldsymbol{T}_{\text{s-P}}(\boldsymbol{t}_{\text{clr}}) = \boldsymbol{b}_{\text{P3}} \cdot \boldsymbol{BT}_{fp}(\boldsymbol{t}_{\text{clr}}) + \varepsilon_{\text{P3}} & fp \in \{36\text{V}, 36\text{H}, 10\text{V}\} \\ \boldsymbol{T}_{\text{s-P}}(\boldsymbol{t}_{\text{clr}}) = \boldsymbol{b}_{\text{P4}} \cdot \boldsymbol{BT}_{fp}(\boldsymbol{t}_{\text{clr}}) + \varepsilon_{\text{P4}} & fp \in \{36\text{V}, 36\text{H}, 10\text{V}, 10\text{H}\} \\ \boldsymbol{T}_{\text{s-P}}(\boldsymbol{t}_{\text{clr}}) = \boldsymbol{b}_{\text{P5}} \cdot \boldsymbol{BT}_{fp}(\boldsymbol{t}_{\text{clr}}) + \varepsilon_{\text{P5}} & fp \in \{36\text{V}, 36\text{H}, 10\text{V}, 10\text{H}, 18\text{V}\} \\ \boldsymbol{T}_{\text{s-P}}(\boldsymbol{t}_{\text{clr}}) = \boldsymbol{b}_{\text{P6}} \cdot \boldsymbol{BT}_{fp}(\boldsymbol{t}_{\text{clr}}) + \varepsilon_{\text{P6}} & fp \in \{36\text{V}, 36\text{H}, 10\text{V}, 10\text{H}, 18\text{V}, 18\text{H}\} \\ \boldsymbol{T}_{\text{s-P}}(\boldsymbol{t}_{\text{clr}}) = \boldsymbol{b}_{\text{P7}} \cdot \boldsymbol{BT}_{fp}(\boldsymbol{t}_{\text{clr}}) + \varepsilon_{\text{P7}} & fp \in \{36\text{V}, 36\text{H}, 10\text{V}, 10\text{H}, 18\text{V}, 18\text{H}, 89\text{V}\} \\ \boldsymbol{T}_{\text{s-P}}(\boldsymbol{t}_{\text{clr}}) = \boldsymbol{b}_{\text{P8}} \cdot \boldsymbol{BT}_{fp}(\boldsymbol{t}_{\text{clr}}) + \varepsilon_{\text{P8}} & fp \in \{36\text{V}, 36\text{H}, 10\text{V}, 10\text{H}, 18\text{V}, 18\text{H}, 89\text{V}, 89\text{H}\} \end{cases} \tag{4-9}$$

图 4-10 中展示了在白天对三对随机选择的 MODIS-AMSR2 像元执行式（4-7）～式（4-9）时残差的变化。可以看到，随着不断输入来自不同通道的被动微波亮温时间序列，残差会不断减小，并且最终降低到 1.2K 左右。这意味着如果提供了足够的粗分辨率相关特征，则可以将因尺度不匹配导致的残差降低到可接受的水平。在此基础上，通过在像元 P 的 LST 时间序列和像元 G 的多通道被动微波亮温时间序列（即多特征）之间建立唯一的降尺度映射关系，其精度能够保持在可接收的范围内。

因此，对于目标像元 P 而言，在式（4-9）中回归系数向量 $\boldsymbol{b}_{\text{P8}}$ 可以表达为

$$\begin{aligned} \boldsymbol{b}_{\text{P8}} &= \boldsymbol{T}_{\text{s-P}}(\boldsymbol{t}_{\text{clr}}) \boldsymbol{BT}^{-1}{}_{fp}(\boldsymbol{t}_{\text{clr}}) \\ &= \boldsymbol{e}_{\text{P8}} \frac{\left|\boldsymbol{T}_{\text{s-P}}\right|}{\left|\dfrac{1}{M} \sum \boldsymbol{T}_{\text{s-G}}(i,j)\right|} \left|\frac{1}{M} \sum \boldsymbol{T}_{\text{s-G}}(i,j)\right| \boldsymbol{BT}^{-1}{}_{fp}(\boldsymbol{t}_{\text{clr}}) \end{aligned} \tag{4-10}$$

式中，i 和 j 为被动微波像元 G 中 1km 目标像元 P 所在的坐标位置；$\boldsymbol{e}_{\text{P8}}$ 为单位向量；M 为目标像元 P 所在被动微波像元 G 包含的 1km 子像元的总数。

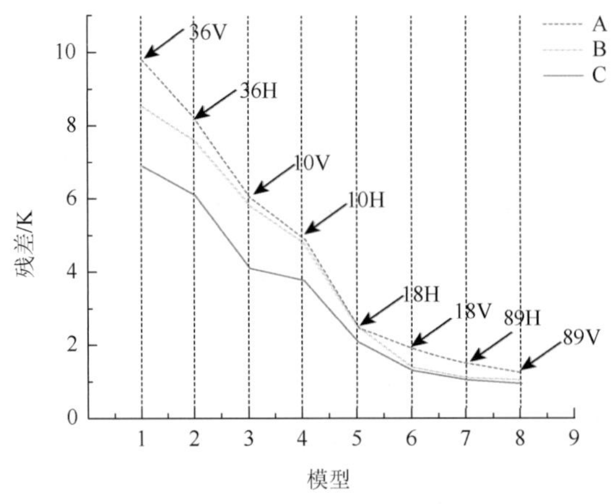

图 4-10　残差变化

注：模型 1、2 分别对应式（4-7）、式（4-8）；模型 3~8 依次对应式（4-9）中的各个模型

式（4-10）的第二项表征了在年内尺度上相对于所在被动微波像元而言，目标像元（1km）独特的热属性，在本质上构建了从被动微波像元多通道亮温到所含目标 1km 像元的唯一映射。这也是 NRT-AW 方法能够实现降尺度的根本原因。NRT-AW 在逐像元反演全天候 LST 时，在时间尺度和空间尺度上都使用了多通道粗分辨率被动微波亮温时间序列进行降尺度，而不是像传统的降尺度方法只在空间尺度上使用有限的高分辨率地表温度相关描述因子。与之类似的降尺度方法也已被 Kou 等（2016）、Shwetha 和 Kumar（2016）、Parinussa 等（2016）和 Zhang X D 等（2019）广泛使用。

4.4　本 章 小 结

本章在传统热红外-被动微波集成重建全天候地表温度方法的基础上，提出了一种新的 NRT-AW 方法，用于近实时反演全天候 LST。该方法使用 FY-3B/D MWRI 亮温实现了 GCOM-W1 AMSR2 轨道间隙内填补，然后通过构建 MODIS LST 和重构后的 AMSR2 亮温时间序列在年尺度上的映射关系来估算全天候 LST。NRT-AW 方法已在黑河上中游及周边地区进行了应用。

交叉比较结果表明，NRT-AW 反演值与 MODIS LST 保持了高度的一致性：MBD 为 0.12～0.17K，偏差的标准差 STD 不超过 1.80K。基于地面站点实测数据的直接检验结果表明，NRT-AW 反演值的 MBE 为–2.60～0K，RMSE 为 2.61～4.23K。总体上，NRT-AW 方法在全天候条件下表现良好，能够实现近实时全天候 LST 的快速反演，这在天气预报、干旱和火灾监测以及径流预测等研究中具有重要价值。虽然本章仅将 NRT-AW 方法应用于 AMSR2 和 MODIS 数据，但得益于该方法的良好普适性，其具有应用于其他热红外-被动微波遥感传感器数据集成的潜力。

第5章　再分析数据与热红外遥感集成重建全天候地表温度

再分析数据是一类基于全球大气环流或海气耦合模式，获得全球或区域尺度上大气和陆面重要气象状态变量（如辐射、风速、气温、地表温湿度等）重建值或预测值的信息载体（Rodell et al.，2004；Marshall et al.，2012；Park et al.，2017）。最初的再分析数据仅依赖数量有限且空间分布不均的地面观测来驱动陆面模型，所重建的参量往往存在较大的误差。随着各国卫星计划的发展，以卫星遥感观测和地面观测相结合所驱动的再分析数据成为主流。卫星遥感观测对于再分析数据的作用体现在两方面：首先，遥感观测（如降水和辐射）可以大幅度减小气象数值预报所提供的陆面驱动数据中的严重偏差。其次，借助遥感时空覆盖广的优势，再分析数据的时空泛化能力也得以大幅提升。目前，科学家已发布了拥有不同时空覆盖范围和分辨率的再分析数据。

相对于热红外遥感观测而言，再分析数据具有同被动微波遥感一样在非晴空条件下获得地表信息的优势。因此，科学家也已经意识到将这两种数据集成来重建全天候地表物理参量的潜能。例如 Cai 等（2013）通过集成 GLDAS 中的近地表气温和 MODIS 地表反照率、植被指数和 LST，得到了伊犁河流域全天候的近地表日均气温；Marshall 等（2012）和 Andam-Akorful 等（2015）通过加入 GLDAS 中的地表蒸散发参量，在提高 MODIS 蒸散发产品精度的同时得到了流域尺度上非晴空条件下的蒸散发数据；Su 等（2008）则通过卡尔曼滤波的方式将 MODIS 和 GLDAS 中的雪水当量数据相集成，得到了结合 MODIS 观测精度优势与 GLDAS 观测全天候优势的北美地区雪水当量数据。

然而，关于集成热红外遥感和再分析数据重建全天候 LST 的研究甚少。主要原因是再分析数据中的地表温度相关参量在复杂下垫面的不确定度较大且其空间分辨率远低于热红外遥感数据的分辨率。Long 等（2020）基于自适应时空反射率图像融合模型（enhanced spatial and temporal adaptive reflectance fusion model，ESTARFM）（Zhu et al.，2010）集成 CLDAS LST 和 MODIS LST 估算了我国华北地区 1km 全天候 LST，取得了很好表现。该研究在大幅填补了热红外遥感 LST 空间缺失的同时，也具有十分稳定的精度（2.37～3.98K）。该方法可以被稳定推广至其他区域，适用性强。虽然该方法生成的全天候 LST 被成功用于估算空间连续的地表蒸散发数据（Zhang C J et al.，2021），但目前集成热红外遥感和再分析数据重建全天候 LST 的研究尚处于初始起步阶段，集成二者重建全天候 LST 的有效方法仍然极度匮乏。

在此背景下，本章介绍了一种基于新型 LST 时间分解模型的全天候 LST 重建方法，用以实现再分析数据与热红外遥感数据的集成（reanalysis and thermal infrared remote sensing merging，RTM）（Zhang X D et al.，2021；张晓东，2020），并将该方法应用于 Aqua MODIS 数据与 GLDAS 数据，并以青藏高原及周边地区为研究区进行了测试。

5.1　研究区与数据

5.1.1　研究区

如图 5-1 所示，本章的研究区为青藏高原及周边地区，经纬度范围为 73.025°E～106.025°E、20.075°N～44.025°N。青藏高原有“世界屋脊”和“地球第三极”的之称。近年来，随着全球气候变化成为世界关注的热点话题，对区域乃至北半球气候变化极为敏感的青藏高原成为相关研究的焦点区域（Zhang et al.，2020；Yang et al.，2014；You et al.，2020）。相关研究指出，自 2000 年以来青藏高原 LST 的升温速率呈现逐年增加的趋势，这一趋势易造成区域尺度上的极端气候变化，产生一系列负面影响：如冰川融化导致的全球海平面上升，使得海岸线附近的区域发生洪涝灾害的概率增大、东亚地区降水量的过多或过少导致相应区域的旱涝灾害，造成农作物减产等（Qin et al.，2009；Elmes et al.，2017；Zhong et al.，2010）。然而，由于青藏高原及周边属多云雾地区，现有的卫星热红外遥感 LST 的观测缺失现象严重，故中高分辨率（如 1km 乃至更高）的遥感全天候 LST 已成为相关研究的迫切需求。

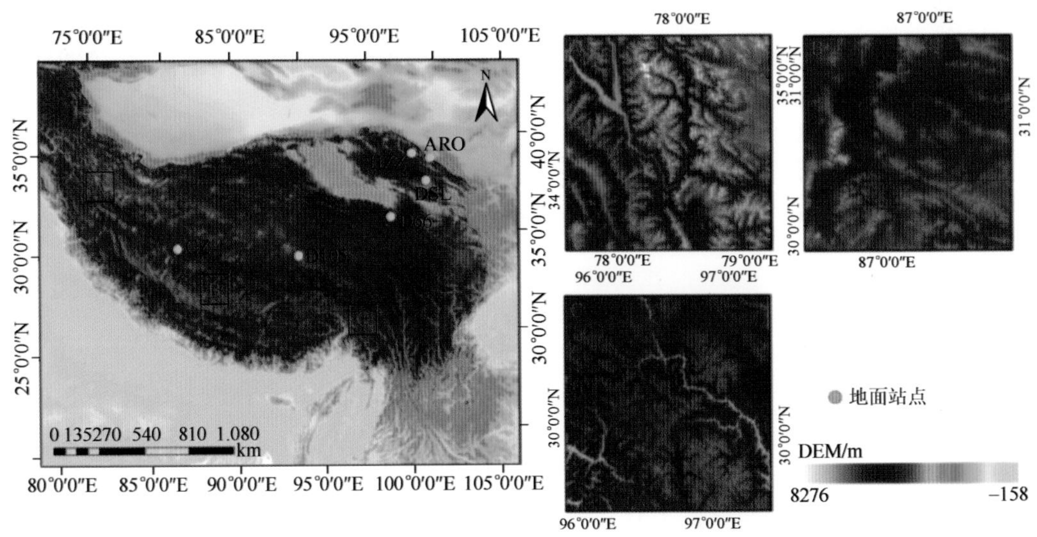

图 5-1　研究区的 DEM 以及三个子区 DEM 的 64 倍比例尺放大图

注：蓝色圆圈为所选地面站点的位置

5.1.2　遥感数据

遥感数据包括热红外遥感和辅助遥感数据。其中热红外遥感数据为第 6 版的 Aqua MODIS 逐日 1km LST/发射率产品（MYD11A1）和 Terra MODIS 逐日 1km LST/发射率产品（MOD11A1）。数据来源为美国戈达德航天中心（The Level-1 and Atmosphere Archive and Distribution System Distributed Active Archive Center，LAADS DAAC）（https://ladsweb.modaps.eosdis.nasa.gov/）。辅助遥感数据包括 16 天合成、1km 分辨率的 NDVI 数据（MYD13A2）、逐日 1km 分辨率的地表反照率数据（MCD43A3）以及 250m 分辨率的 DEM 数据。其中，前两种数据来源于美国地球科学数据网站 EARTHDATA（https://earthdata.nasa.gov/），最后一种数据来源于美国空间信息协会的数字高程数据网站（http://srtm.csi.cgiar.org/）。在所收集的上述数据中，除 MOD11A1 的时段为 2014 年外，其他所有遥感数据的时段为 2003 年和 2014 年。

5.1.3 再分析数据

本章使用的再分析数据为来自美国戈达德航天中心（http://disc.sci.gsfc.nasa.gov）的时间分辨率为 3h、空间分辨率为 0.25°的 GLDAS LST 与大气水汽数据。GLDAS 数据的相关信息在前文中已有详细描述，在此不再赘述。

5.1.4 地面站点实测数据

本章选取的地面站点为分布于青藏高原上的 D66、D105 和 GZ 站点以及分布于黑河流域的 ARO、DSL 和 HZZ 站点。其中，前 3 个地面站点的数据为来自“全球协调加强观测计划”（Coordinated Enhanced Observing Period，CEOP）中“青藏高原试验研究”（CAMP/Tibet）数据发布网站（https://archive.eol.ucar.edu/projects/ceop）的实测长波辐射数据（马耀明等，2006）。后 3 个地面站点的数据为实测长波辐射数据，由黑河流域生态-水文过程综合遥感观测联合试验（HiWATER）和黑河流域水文气象网提供，站点位于黑河流域上游和中游，数据下载自国家青藏高原科学数据中心（http://card.westgis.ac.cn/）（Li X et al.，2013；Liu S M　et al.，2018，2011；Che et al.，2019）。站点的详细信息如表 5-1 所示。各站点实测的长波辐射数据来源于架设在站点内的四分量长波辐射计 CNR1 或 CNR4，参照前文的方法，将实测长波辐射转换为实测 LST。前期研究发现，在研究年份内，所有站点所在 MODIS 像元内包含的所有 120-m Landsat-7 ETM＋像元 LST 的标准差不超过 1.95K。因此，以地面实测 LST 验证所在 1km 的 MODIS 像元 LST 是合理的。

表 5-1　地面站点信息

站点	年份	位置/(°E，°N)	地表类型	仪器与架设高度/m	视场直径/m	数据间隔/min
D66	2003	93.7812，35.3221	高寒草地	CNR1，2.43	18.14	10
D105		91.9452，33.0625	高寒草地	CNR1，1.34	10.0	10
GZ		84.0637，32.3124	裸地	CNR1，1.49	11.12	10
ARO	2014	100.4106，37.9801	高寒草甸	CNR4，6.0	44.78	10
DSL		98.9463，38.8490	沼泽草甸	CNR4，6.0	44.78	10
HZZ		100.3215，38.7736	沙漠	CNR4，2.50	18.66	10

需要说明的是，获得长波辐射数据后，需根据“三倍标准差”方法去除由瞬时环境因素干扰（如鸟类遮蔽、未检测到的云、云阴影等）造成的异常值（Yang et al.，2020；Ma et al.，2020）。然后选取距 MODIS 过境时刻最近的辐射数据作为输入参数，再根据式（2-1）得到实测 LST。

5.2 研 究 方 法

5.2.1 新型地表温度时间分解模型

Zhang X D 等（2019）提出了一种 LST 时间成分分解（temporal component decomposition，TCD）模型，集成卫星热红外与被动微波遥感，实现了全天候 LST 的重建。在一年的时间维度上，全天候的 LST 时间序列可以分解为 3 个时间分量：年内变化分量（ATC）、日内变化分量（ΔDTC）和天气变化分量（WTC）。其中，ATC 和 ΔDTC 分别表征了在全天候天气背景意义下（即晴空和非晴空）由于地球公转和自传导致的 LST 的稳态变化，WTC 代表了由天气因素（包括传感器瞬时观测时间前刻局地天气背景的变化、即时降水和其他天气突变情形）导致的 LST 叠加在 ATC 和 ΔDTC 之上的变化。

若将 TCD 模型中的天气背景改为完全无云的理想晴空条件，即假定全年均为理想晴空，则针对白天/夜间理想晴空条件下 LST 的时间分解模型可表示为

$$T_{\text{s-clr}}(t_{\text{d}}, t_{\text{avg}}, t_{\text{ins}}) = T_{\text{ATC}}(t_{\text{d}}, t_{\text{ins}}) + \Delta T_{\text{DTC}}(t_{\text{d}}, t_{\text{avg}}, t_{\text{ins}}) + T_{\text{WTC}}(t_{\text{d}}, t_{\text{ins}}) \tag{5-1}$$

式中，$T_{\text{s-clr}}$ 为理想晴空条件下的 LST；t_{d} 为 DOY；t_{ins} 为传感器瞬时观测时间，t_{avg} 为传感器瞬时观测时间，单位为 h；T_{ATC} 为年内变化分量 ATC；ΔT_{DTC} 为日内变化分量 ΔDTC；T_{WTC} 为天气变化分量 WTC。

相对于 ATC，后两个分量在时间维度上的变化频率更高，故可将两者之和称为 LST 的高频分量（high-frequency component，HFC），相对地可将 ATC 称为低频分量（low-frequency component，LFC）。故上式重新表示为

$$T_{\text{s-clr}}(t_{\text{d}}, t_{\text{avg}}, t_{\text{ins}}) = \text{LFC}(t_{\text{d}}, t_{\text{avg}}) + \text{HFC}(t_{\text{d}}, t_{\text{avg}}, t_{\text{ins}}) \tag{5-2}$$

根据式（5-2），非晴空条件下的 LST 时间序列可表示为

$$T_{\text{s-cld}}(t_{\text{d}}, t_{\text{avg}}, t_{\text{ins}}) = \text{LFC}(t_{\text{d}}, t_{\text{avg}}) + \text{HFC}(t_{\text{d}}, t_{\text{avg}}, t_{\text{ins}}) + \text{HFC}_{\text{cld}}(t_{\text{d}}, t_{\text{ins}}) \tag{5-3}$$

式中，HFC_{cld} 为表示在某天实际的非晴空天气背景下，相对于“假设改天为完全晴空的天气背景时”的 LFC 和 HFC。

由于大气（主要是云）的影响导致 LST 变化，故 HFC_{cld} 本质上为相对于晴空条件下 LST 的大气修正项，亦为一高频变量。为区别于 HFC，将 HFC_{cld} 称为非晴空高频时间分量。图 5-2 给出了该新型 LST 时间分解模型的示意图。

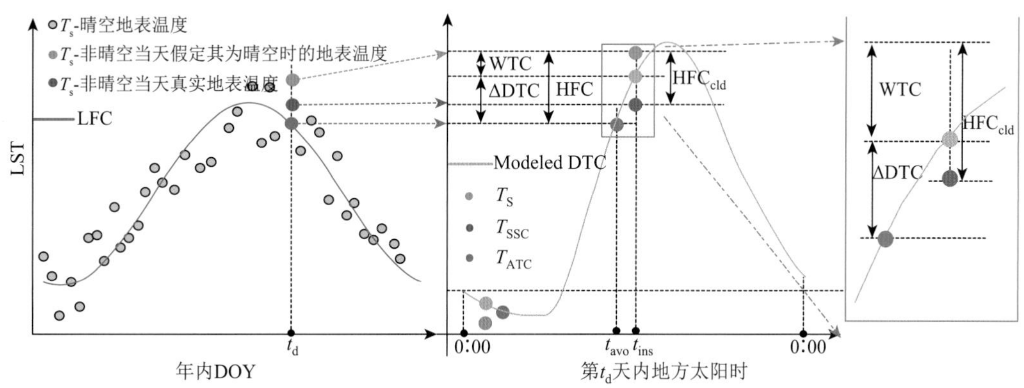

图 5-2　新型 LST 时间分解模型示意图

5.2.2　低频时间分量的参数化

根据前人的研究（Weng and Fu，2014；Bechtel，2015），LFC 的表达式为

$$\mathrm{LFC}(t_d, t_{avg}) = T_{avg} + A\cos(\omega t_d + \varphi) \tag{5-4}$$

式中，T_{avg} 为 LFC 的年内均值；A 为 LFC 的振幅；ω 为年角频率，数值上等于 2π/365 或 2π/366；φ 为年初始相位。

5.2.3　晴空高频时间分量的参数化

1. 研究对象

为清楚阐明 HFC 的参数化过程，给出该过程所涉及的研究对象示意图，如图 5-3 所示。研究对象包括 1km 的目标 MODIS 像元 M、M 所在的 0.25° GLDAS 格点 G（此后称为目标格点）以及以 M 为中心的非固定搜索窗口 W1。在 W1 中的绿色 MODIS 像元统称

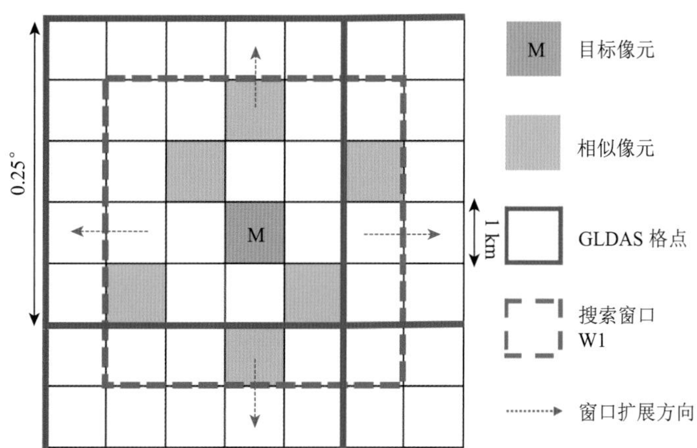

图 5-3　HFC 的参数化示意过程

注：由于空间所限，未展示一个 GLDAS 格点内所有的 MODIS 像元

为 M 的相似像元族 S。S 需满足以下条件：S 和 M 的 MODIS 地表温度时间序列的相关系数 R 大于 0.8。W1 的初始边长设置为 25km，若 W1 窗口内的相似像元个数少于阈值（本章中设为 20 个），则 W1 的大小可扩展至找到足够的参考像元为止。

2. 参数化过程

若年内第 t_d 天为晴空，则目标像元 M 的相似像元的 HFC 可由 MODIS LST 通过下式得

$$\mathrm{HFC}_{s_n}(t_d,t_{ins}) = T_{m-S_n}(t_d,t_{ins}) - \mathrm{LFC}_{m-S_n}(t_d,t_{avg}) \tag{5-5}$$

其中，$S_n \in \mathrm{S} \subseteq \mathrm{W1}$，$S_n$ 为 M 的第 n 个相似像元；T_m 和 LFC_m 分别为 S_n 的 MODIS LST 和所得的 LFC。

根据 HFC 的物理意义，其可用多种描述因子以非解析映射（如机器学习）的方式表达，HFC 的描述因子包括但不仅限于空间位置（以经纬度表征）、DEM、NDVI、坡度、地表反照率、太阳高度角、MODIS 观测角、MODIS 瞬时观测时间 t_{ins} 和年内平均观测时间 t_{avg} 的差异和大气水汽含量。除大气水汽含量需从 GLDAS 获取外，其他空间可获得描述因子的分辨率均等于或高于 MODIS 像元的分辨率。而考虑到大气水汽在有限空间内的梯度很小，则可使用 GLDAS 原始大气水汽含量数据重采样到 1km 分辨率的数据。因此，在 W1 内的相似像元族的 HFC 可表示为

$$\mathrm{HFC_S}(t_d,t_{ins}) = \boldsymbol{RF}(\mathrm{lat_S},\mathrm{lon_S},\mathrm{DEM_S},\mathrm{NDVI_S},\mathrm{slp_S},\alpha_\mathrm{S},\theta_{\mathrm{s\text{-}S}},\theta_{\mathrm{m\text{-}S}},\Delta t_\mathrm{S},v_\mathrm{S}) + \varepsilon \tag{5-6}$$

式中，lat、lon、DEM、NDVI、slp、α、θ_s、θ_m、Δt 以及 v 分别为纬度、经度、DEM、NDVI、坡度、地表反照率、太阳高度角、MODIS 观测角、MODIS 瞬时观测时间 t_{ins} 和年内平均观测时间 t_{avg} 的差异以及大气水汽含量。

RF 为本书研究选取的随机森林映射。若认为该式中的描述因子契合且足够，则逼近误差 ε 可限制在可忽略的水平。此时，目标像元 M 的 HFC 为

$$\begin{aligned}\mathrm{HFC_M}(t_d,t_{ins}) = \boldsymbol{RF}[&\mathrm{lat_M},\mathrm{lon_M},\mathrm{DEM_M},\mathrm{NDVI_M}(t_d),\\ &\mathrm{slp_M}(t_d),\alpha_\mathrm{M}(t_d),\theta_{\mathrm{s\text{-}M}}(t_d),\theta_{\mathrm{m\text{-}M}}(t_d),\Delta t_\mathrm{M}(t_d),v_\mathrm{M}(t_d)]\end{aligned} \tag{5-7}$$

3. 晴空条件下地表温度的生成

由 5.2.1 节、5.2.2 节可知，当第 t_d 天为晴空时，M 的 LST 为

$$T_{s-M}(t_d,t_{ins}) = \mathrm{LFC_M}(t_d,t_{avg-M}) + \mathrm{HFC_M}(t_d,t_{ins}) \tag{5-8}$$

5.2.4 非晴空高频时间分量的参数化

在对 $\mathrm{HFC_{cld}}$ 进行参数化之前，首先通过 NDVI 阈值法（Sobrino et al.，2004）将研究区分为四大类地表覆盖类型：裸地、稀疏植被、浓密植被和水体。

1. 研究对象

$\mathrm{HFC_{cld}}$ 参数化涉及的研究对象如图 5-4 所示。因受大气影响，第 t_d 天的目标 MODIS

像元 M 的天气背景为非晴空。在 M 所在的目标 GLDAS 格点 G 内，共有 l（$1 \leqslant l \leqslant 4$）种地表覆盖类型，其中包含 h 个晴空 MODIS 像元、p 个地表为裸地的非晴空 MODIS 像元、q 个地表为稀疏植被的非晴空 MODIS 像元、u 个地表为浓密植被的非晴空 MODIS 像元以及 v 个地表为水体的非晴空 MODIS 像元。标记 G 内所有非晴空像元所属的地表类型数目为 l'（$1 \leqslant l' \leqslant l$）。W2 为以 M 为中心的又一非固定尺寸的搜索窗口，初始大小为 2×2 GLDAS 格点的面积。在 W2 内，若某一 GLDAS 格点内非晴空 MODIS 像元的地物类型仅属一种，则将此格点称为 M 的参考格点。在某一参考格点内，所有非晴空的 MODIS 像元统称为 M 的参考像元组，并以 R 表示。所有参考像元组的地物类型数目为 l''，若 l'' 小于 l'，则 W2 的大小应拓展到找到足够的参考像元组为止。为保证精度，W2 的大小不应超过 6×6 GLDAS 格点的面积。

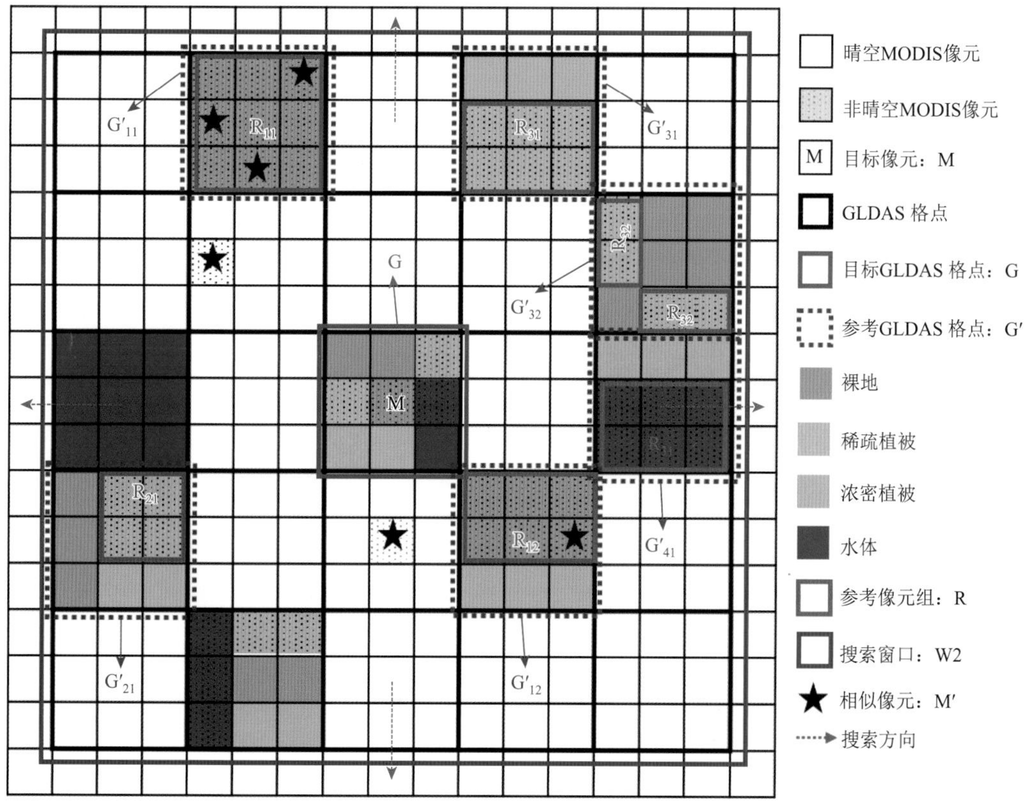

图 5-4　HFC_{cld} 的参数化过程示意图

注：由于空间所限，未展示一个 GLDAS 格点内所有的 MODIS 像元。在此图中，目标像元 M 属裸地类型，故其参考 GLDAS 格点为 G'11、G'12、G'21 、G'31 和 G'41；其参考像元组为 R11、R12、R21、R31 和 R41

2. GLDAS 地表温度的偏差纠正

由于 GLDAS LST 与 MODIS LST 之间可能存在系统偏差，需对 GLDAS 地表温度进行偏差纠正，根据前人的研究（Leander and Buishand，2007；Chen J et al.，2011； Long et al.，2020），通过 MODIS LST 对 GLDAS LST 进行偏差纠正：

$$\begin{cases} T_{G1} = T_{G0}(t_{clr}) - \mu[T_{G0}(t_{clr})] + \mu[T_{m\text{-}G}(t_{clr})] \\ T_G = \mu(T_{G1}) + [T_{G1} - \mu(T_{G1})] \cdot \sigma[T_{m\text{-}G}(t_{clr})] / \sigma[(T_{G1} - \mu(T_{G1})] \end{cases} \tag{5-9}$$

式中，T_{G0}为目标GLDAS格点G的原始LST时间序列；t_{clr}为年内该格点内80%以上MODIS像元为晴空时的DOY；$T_{m\text{-}G}$为将MODIS LST升尺度到G以后的LST；μ和σ分别为取均值和取标准差函数；T_G为最终纠正到MODIS LST水平上的格点G的GLDAS LST。需要注意的是，为确保有足够多的MODIS LST样本对GLDAS LS进行纠正，可使用2003～2014年的MODIS LST。

3. 参数化过程

对目标GLDAS格点G，将在其第t_d天的LST通过G内所有MODIS像元的LST进行加权表达为

$$T_G(t_d, t_{ins}) = \frac{\sum_{i=1}^{h} T_{m\text{-}i}(t_d, t_{ins}) + \sum_{j=1}^{p+q+u+v} T_{cld\text{-}j}(t_d, t_{ins})}{h+p+q+u+v} \tag{5-10}$$

式中，T_G为经偏差纠正后的GLDAS地表温度；$T_{m\text{-}i}$为G内第i个晴空MODIS像元；$T_{cld\text{-}j}$为G内第j个非晴空MODIS像元。

因此，G内所有非晴空MODIS像元的LST之和为

$$\sum_{j=1}^{p+q+u+v} T_{cld\text{-}j}(t_d, t_{ins}) = (h+p+q+u+v) \cdot T_G(t_d, t_{ins}) - \sum_{i=1}^{h} T_{m\text{-}i}(t_d, t_{ins}) \tag{5-11}$$

根据式（5-3），G内所有非晴空MODIS像元非晴空高频时间分量HFC_{cld}之和为

$$\begin{aligned} Z_G(t_d, t_{ins}) &= \sum_{j=1}^{p+q+u+v} HFC_{cld\text{-}j}(t_d, t_{ins}) \\ &= (h+p+q+u+v) \cdot T_G(t_d, t_{ins}) - \sum_{i=1}^{h} T_{m\text{-}i}(t_d, t_{ins}) \\ &\quad - \sum_{j=1}^{p+q+u+v} LFC_j(t_d, t_{ins}) - \sum_{j=1}^{p+q+u+v} HFC_j(t_d, t_{ins}) \end{aligned} \tag{5-12}$$

类似地，可得目标MODIS像元M所有参考像元组R的所有非晴空MODIS像元的非晴空高频时间分量HFC_{cld}之和，则对像元M的第i个且属第j（1≤j≤4）类地物覆盖类型像元组R_{ij}中所有非晴空MODIS像元，其非晴空高频时间分量HFC_{cld}的平均值为

$$\overline{Z_{R_{ij}}}(t_d, t_{ins}) = \frac{\sum_{n=1}^{z} HFC_{cld\text{-}R_{ij}\text{-}n}(t_d, t_{ins})}{z} \tag{5-13}$$

式中，$HFC_{cld\text{-}R_{ij}\text{-}n}$为$R_{ij}$中第$n$个非晴空MODIS像元的非晴空高频时间分量$HFC_{cld}$；$z$为$R_{ij}$中非晴空MODIS像元的数目。

由于HFC_{cld}与地物热惯量密切相关，基于前期试验结果，在搜索窗口W2内有如下结论成立：在有限空间邻域内，存在不同地物类型的像元对A-B和C-D，其中每组像元对的地物类型相同，则

$$HFC_{cld\text{-}A} / HFC_{cld\text{-}C} = HFC_{cld\text{-}B} / HFC_{cld\text{-}D} \tag{5-14}$$

因此，若目标 MODIS 像元 M 属于第 k（$1 \leqslant k \leqslant l'$）种地物覆盖类型，基于对 ΔDTC 进行空间降尺度的类似思想（Zhang X D et al.，2019），将 M 的非晴空高频时间分量 HFC_{cld} 表达为

$$HFC_{cld\text{-}M}(t_d, t_{ins}) = Z_G \cdot (w_M / w) \tag{5-15}$$

式中，w_M 为“属第 k 类地物的参考像元组的 HFC_{cld} 之和”相对于 M 的有效权重；其与多种空间因子有关，w_M 的表达式为

$$\begin{cases} w_M = \sum_i [\overline{Z_{R_{ik}}(t_d, t_{ins})} \cdot Q_{R_{ik}} \cdot a_k] / l_k & \text{(a)} \\ Q_x = (1/D_x) / \sum_x D_x & \text{(b)} \\ D_x = (1 - C_{NDVI-x}) \cdot d_x & \text{(c)} \\ d_x = 1 + \sqrt{(\Delta X_x)^2 + (\Delta Y_x)^2} / (\text{wid}/2) & \text{(d)} \\ a_k = b / (p + q + u + v), b \in \{p, q, u, v\} & \text{(e)} \end{cases} \tag{5-16}$$

式中，a_k 为目标 GLDAS 格点 G 中属第 k 种地物类型的所有非晴空 MODIS 像元占 G 的面积比；l_k 为目标 GLDAS 格点 G 中属第 k 种地物类型的所有非晴空 MODIS 像元的个数；$C_{NDVI\text{-}x}$ 为 M 的某一参考像元组 R_x 的 NDVI 年内时间序列与 M 的 NDVI 年内时间序列的相关系数；d_x 为 R_x 的几何重心与 M 之间的欧氏距离（本章中单位欧氏距离定义为 1km)；wid 为搜索窗口 W2 的边长。

类似地，式（5-15）中 w 为“M 的所有参考像元组的 HFC_{cld} 之和”相对于 M 的有效权重，其表达式为

$$w = \sum_j \sum_i [\overline{Z_{R_{ij}}(t_d, t_{ins})} \cdot Q_{R_{ij}} \cdot a_j] \tag{5-17}$$

如果在搜索窗口 W2 的最大可伸展尺寸内找不到足够的参考像元组，则可以借鉴 TCD 方法中的滑动窗口卷积算法（Zhang X D et al.，2019），目标像元 M 的非晴空高频时间分量 HFC_{cld} 可用其相似像元的 HFC_{cld} 逼近，即

$$HFC_{cld\text{-}M}(t_d, t_{ins}) = \sum_n HFC_{cld\text{-}S_n}(t_d, t_{ins}) \cdot w_{S_n} \tag{5-18}$$

式中，w_{S_n} 为第 n 个相似像元 HFC_{cld} 对 M 的贡献率，且表达为

$$\begin{cases} w_{S_n} = D_{S_n} \cdot H_{S_n} \cdot N_{S_n} / \left(\sum_n D_{S_n} \cdot H_{S_n} \cdot N_{S_n} \right) \\ H_{S_n} = \left| DEM_{S_n} - DEM_M \right| \\ N_{S_n} = \left| NDVI_{S_n} - NDVI_M \right| \end{cases} \tag{5-19}$$

式中，H_{S_n} 和 N_{S_n} 分别为第 n 个相似像元与 M 之间的 DEM 和 NDVI 之差。

4. 非晴空条件下地表温度的生成

根据前文的推导，当第 t_d 天为非晴空时，M 的 LST 为

$$T_{s-M}(t_d, t_{ins}) = LFC_M(t_d, t_{avg-M}) + HFC_M(t_d, t_{ins}) + HFC_{cld\text{-}M}(t_d, t_{ins}) \tag{5-20}$$

5.2.5　RTM 方法实现

RTM 方法实现包括以下阶段：①数据预处理及时空匹配；②低频时间分量 LFC 的确定；③晴空高频时间分量的确定；④非晴空高频时间分量的确定；⑤全天候地表温度的生成。方法实现流程如图 5-5 所示，具体步骤如下。需要注意的是，RTM 方法是对白天和夜间分别实现的。

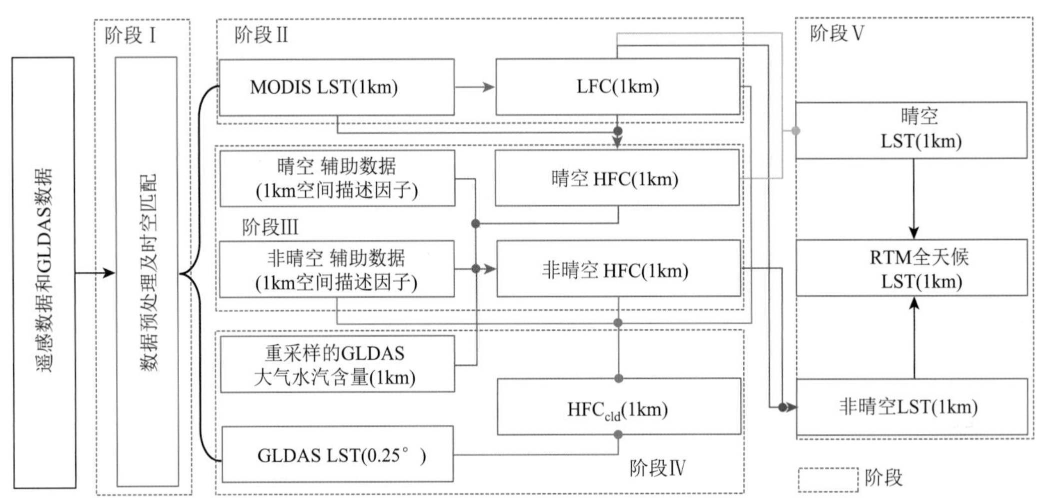

图 5-5　RTM 方法的实现流程（以 MODIS-GLDAS 集成为例）

1. 数据预处理及时空匹配

通过以下标准筛选用于训练模型和验证模型的 MODIS LST：①质量控制符为“good”；②观测角度小于 60°。根据 MODIS 的重访周期，确定非晴空 MODIS 像元的瞬时观测时间；通过三次样条函数，将 GLDAS LST 和大气水汽插值到 MODIS 的观测时间以实现三者的时间匹配；将 GLDAS 大气水汽重采样至 1km 使其在空间分辨率上与 MODIS LST 匹配；将 DEM 和地表反照率重采样到 1km 使其在空间分辨率上与 MODIS LST 匹配。将 NDVI 通过三次样条函数插值到逐日分辨率使其在时间分辨率上与 MODIS LST 匹配。然后，基于统计时间滤波算法（Liu et al.，2013），对缺失的地表反照率进行填补；将所有数据进行空间位置配准。

2. 低频时间分量的确定

对目标 MODIS 像元 M，基于 MODIS LST 时间序列，根据式（5-4），拟合得到其低频时间分量 LFC。

3. 晴空高频时间分量的确定

根据式（5-4）～式（5-6）确定 M 的所有晴空相似像元的 HFC；通过随机森林回归

构建得到的 HFC 及相应描述因子的映射；根据式(5-7)确定 M 的晴空高频时间分量 HFC。

4. 非晴空高频时间分量的确定

根据式（5-9），对目标 GLDAS 格点的 LST 进行偏差纠正；根据式（5-4）～式（5-6）及式（5-12），确定 G 内所有非晴空 MODIS 像元的非晴空高频时间分量 HFC_{cld} 之和；根据式（5-13）及式（5-15）～式（5-19），确定 M 的非晴空高频分量 HFC_{cld}。

5. 全天候地表温度的生成

根据式（5-8），确定晴空条件下 M 的 LST；根据式（5-20），确定非晴空条件下 M 的 LST；重复上述步骤，得到研究区所有 MODIS 像元的全天候 LST。

5.2.6　RTM 方法评价方案

首先，将本章提出的 RTM 方法应用于 2003 年和 2014 年 Aqua MODIS LST 和 GLDAS LST 的集成中，生成相应的逐日 1km 全天候 LST。其次，将 RTM LST 与同步的 1km 的 MODIS LST 和 AATSR LST 进行交叉比较，以评价 RTM 方法在晴空条件(即 LFC 和 HFC 参数化）下的适用性。随后，再通过站点实测 LST 数据直接检验 RTM LST 的精度，以评价 RTM 方法在全天候情况下的适用性。此外，将 RTM 全天候 LST 与基于 TCD 方法的全天候 LST（MODIS 与 AMSR-E 集成）进行对比，以比较再分析数据和被动微波遥感数据在与热红外遥感数据集成重建全天候 LST 时的性能异同。

5.3　结 果 分 析

5.3.1　RTM 方法应用前后的地表温度

图 5-6 和图 5-7 展示了将图 5-1 整个研究区放大 49 倍后，以 2003 年第 1 天和第 181 天白天为例的原始 GLDAS LST、MODIS LST 以及 RTM LST 在三个子区域 A、B 和 C（面积约为 $165\times165km^2$）的空间分布。与 MODIS LST 相比，尽管 GLDAS LST 无空间缺失，但其较低的空间分辨率令其丢失了大量 LST 的空间分布信息。此外，可发现二者之间存在较大的偏差，尤其在图 5-6 中的区域 C 和图 5-7 中的区域 A 和 B，此差异更加显著。这也是必须对 GLDAS LST 进行偏差纠正的重要原因。

对 MODIS LST 而言，受大气影响，其在第 1 天的区域 A 和 C 中几乎没有观测值，在第 181 天的区域 C 中也有近一半的观测缺失。相较之下，RTM LST 不仅在空间上完全无缝，且与 MODIS LST 保持了高度的幅值和空间分布的一致性。此外，即使在 GLDAS 相邻格点的交界处，RTM LST 图像中也并无斑块或马赛克现象的存在。图像良好的空间连续性表明了 RTM 方法有效克服了集成 MODIS 和 GLDAS 数据中的分辨率不匹配问题，原因是：首先，RTM 方法基于 LST 的时间分解模型，其中 LFC 和 HFC 分量可直接通过高分辨率的 MODIS 和辅助遥感数据确定，仅需对 HFC_{cld} 进行空间降尺度，降低了直接对 GLDAS LST 进行降尺度造成的降尺度空间不充分的概率。其次，RTM 为逐像元执行的方法，充分考虑了邻近像元间 LST 的关系，亦有助于减小空间降尺度中的误差。

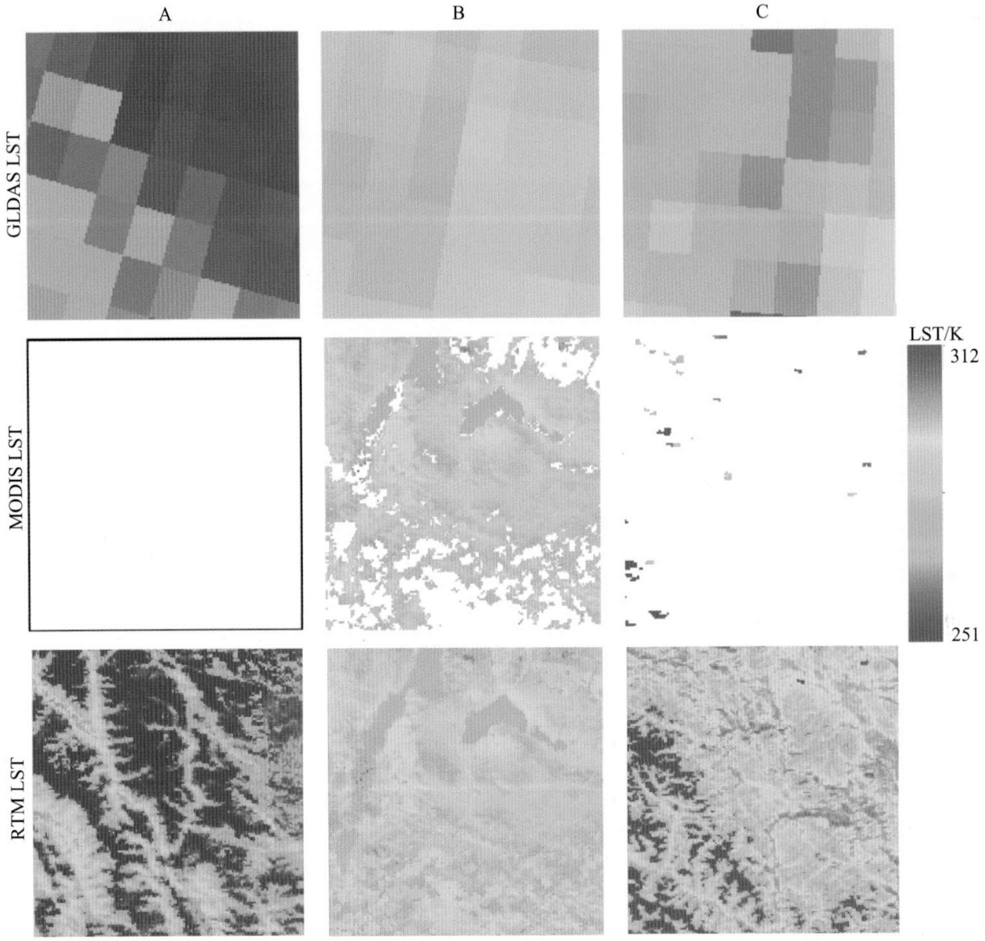

图 5-6　2003 年第 1 天白天原始 GLDAS LST、MODIS LST 以及 RTM LST 在子区域 A、B 和 C 的空间分布

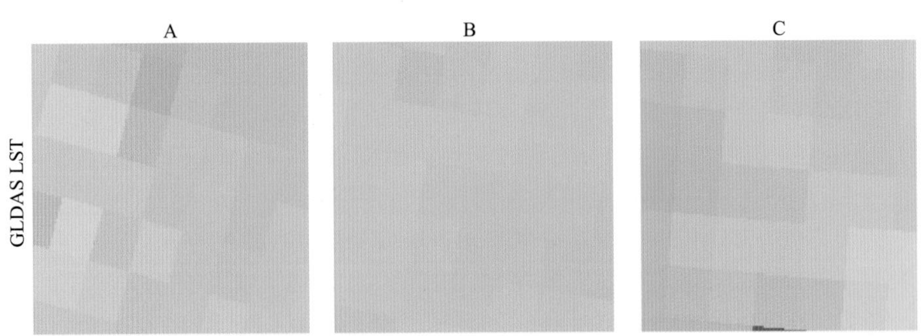

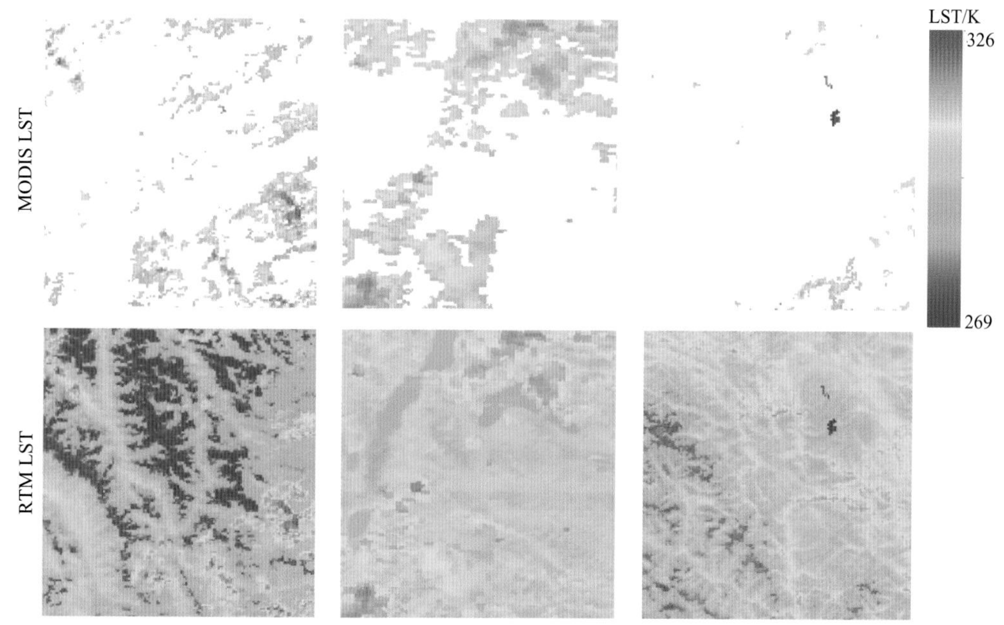

图 5-7　2003 年第 181 天白天原始 GLDAS LST、MODIS LST 以及 RTM LST 在子区域 A、B 和 C 的空间分布

图 5-8 展示了 2003 年和 2014 年 MODIS LST 和 RTM LST 的有效像元（即具有有效观测值的像元）比例在年内的变化。对 MODIS LST 而言，其有效像元比例在 15%～75%范围内波动且具有显著的季节性差异。如第 160～240 天的有效像元比例仅约为其他时期的一半，这是因为夏季的地-气交互强度更大，大气对热红外遥感观测的影响（如云雾覆盖）更频繁。同理可解释白天的有效像元少于夜间的现象。相较而言，RTM LST 的有效像元数不受时间的影响，其约有 1%的观测值缺失，这是因为在确定 HFC_{cld} 的过程中（见 5.2.4）未能在搜索窗口 W2 内找到目标 MODIS 像元的任何参考像元组，同时也未能找到任何的相似像元。然而高达 98%～99%的有效像元比例仍表明了 RTM 方法在重建非晴空 LST 中的有效性。

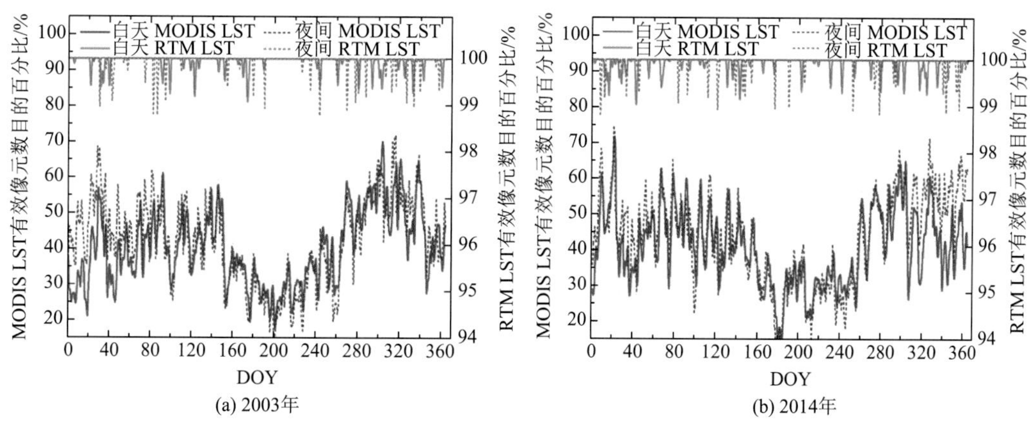

图 5-8　2003 年和 2014 年 MODIS LST 和 RTM LST 的有效像元（即具有有效观测值的像元）比例在年内的变化

5.3.2　基于 MODIS 和 AATSR 地表温度的交叉比较

图 5-9（a）和图 5-9（b）展示了 2003 年 RTM LST 与 MODIS LST 的比较散点图。以 MODIS LST 为参考值时，白天和夜间 RTM LST 的 MBD 分别为–0.28K 和–0.29K，相应的偏差标准差 STD 分别为 1.25K 和 1.36K，表明了两者高度的一致性。实际上，由于 LFC 是直接由 MODIS LST 得到的，故 STD 的值代表了 RTM 重建的晴空高频时间分量 HFC 与 MODIS LST 的 HFC 之间的差异。STD 的幅值证明了式（5-6）所构建的随机森林映射的估计误差 ε 是有限的。图 5-9（c）和图 5-9（d）展示了 2003 年 RTM LST 与 AATSR LST 的比较散点图。以 AATSR LST 为参考值时，白天和夜间 RTM LST 的 MBD 分别为–0.41K 和–0.18K，相应的 STD 分别为 1.63K 和 1.29K，亦表明了两者高度的一致性。上述结果表明了 RTM 方法在晴空条件下的有效性。

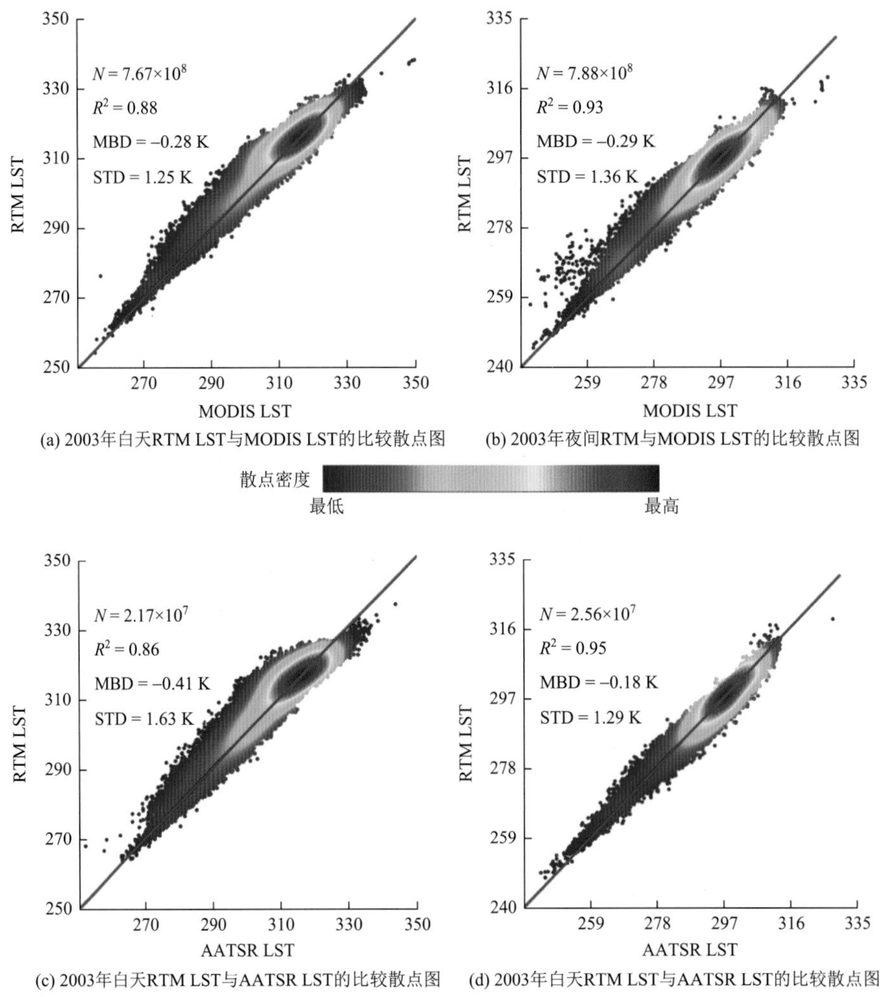

(a) 2003年白天RTM LST与MODIS LST的比较散点图　(b) 2003年夜间RTM与MODIS LST的比较散点图

(c) 2003年白天RTM LST与AATSR LST的比较散点图　(d) 2003年白天RTM LST与AATSR LST的比较散点图

图 5-9　基于 MODIS 和 AATSR LST 的交叉比较（N 为样本量）

5.3.3　基于实测数据的直接检验

表 5-2 给出了晴空条件下基于实测 LST 验证的 RTM 精度。考虑到青藏高原和黑河流域中的地表实测数据的来源不同且两个区域的下垫面差异较大，故此处对不同站点的情况进行分析时，ARO、DSL 和 HZZ 为一组，D66、D105 和 GZ 为一组。

表 5-2　基于实测 LST 检验的晴空条件下 RTM LST 和 RTM HFC 的精度

站点	样本量/个		RTM LST						HFC 的 RMSE/K	
			MBE/K		RMSE/K		R^2			
	白天	夜间	白天	夜间	白天	夜间	白天	夜间	白天	夜间
ARO	144	149	0.39	0.37	2.93	2.78	0.90	0.91	2.04	2.01
DSL	150	142	−0.22	−0.26	2.12	2.34	0.89	0.93	1.26	1.07
HZZ	157	161	−0.45	−0.25	3.31	3.11	0.89	0.90	2.34	2.15
D66	125	168	0.96	0.72	3.43	3.22	0.91	0.92	2.55	2.42
D105	108	143	1.24	1.15	3.98	3.67	0.89	0.87	2.32	2.25
GZ	132	140	−0.05	0.12	2.72	2.65	0.90	0.89	1.91	2.16

以白天情况为例，对于 ARO、DSL 和 HZZ 站点，RTM LST 和实测 LST 之间的系统偏差较小，MBE 为−0.45～0.39K。在这 3 个站点中，RTM LST 的精度在 DSL 站最高，其 RMSE 为 2.12K；而在 HZZ 站的精度最低，其 RMSE 为 3.31K。结合表 5-2 和表 5-3 中数据可得，RMSE 与地面站点所在 MODIS 像元的空间热异质性（以 MODIS 像元内所有 120m Landsat-7 ETM + LST 的 STD 年内平均值表征）存在显著的正相关关系：DSL 站所在像元的空间热异质性最低，使得在验证过程中由于站点-像元空间不匹配造成的验证误差较低。结合表中数据亦可发现站点的空间热异质性与站点所在下垫面的表层土壤湿度显著相关：土壤表层湿度越高，空间热异质性越低。同理，由于夜间的土壤表层湿度高于白天，站点的空间热异质性更低，故夜间 RTM LST 的 RMSE 更小。

表 5-3　站点年内平均土壤体积湿度（地下 0.02m 深）、站点所在 MODIS 像元的空间热异质性以及积雪覆盖天数

站点	年内平均土壤体积湿度/%		空间热异质性/K		积雪覆盖天数/d	
	白天	夜间	白天	夜间	白天	夜间
ARO	12.4	15.7	1.64	1.15	8	7
DSL	15.4	22.5	1.22	0.87	7	9
HZZ	3.5	6.2	1.87	1.48	10	6
D66	17.6	20.9	1.57	1.23	25	21
D105	25.1	30.7	1.97	1.79	52	49
GZ	7.8	9.7	0.79	0.36	11	13

而对 D66、D105 以及 GZ 站，情况则有所不同：降雪天数成为影响 RTM LST 的主要因素。与降雪天数最少的 GZ 站相比，RTM LST 在其他两个站点高估实测 LST 的程度更加明显，可能的原因是 MYD11A1 LST 产品未能判别站点所在像元的降雪情况而造成地表发射率低估（杨以坤等，2019）。而在 GZ 站点，由于降雪天数最少且站点所在像元的空间异质性最低，故该站点 RTM LST 的 RMSE 最低，精度最高。

为进一步检验 RTM 方法的性能，从晴空实测 LST 实际序列中提取出其 LFC 分量，以对 RTM LST 中的 LFC 分量进行验证。如图 5-10 所示，在 6 个站点，白天/夜间的 RTM LFC 与实测 LFC 均具有高度的一致性，其 R^2 为 0.93～0.97/0.93～0.98（图中未展示）；MBE 为−0.42～0.25K/−0.35～0.19K（图中未展示）；RMSE 为 1.03～2.28K/1.05～2.05K。

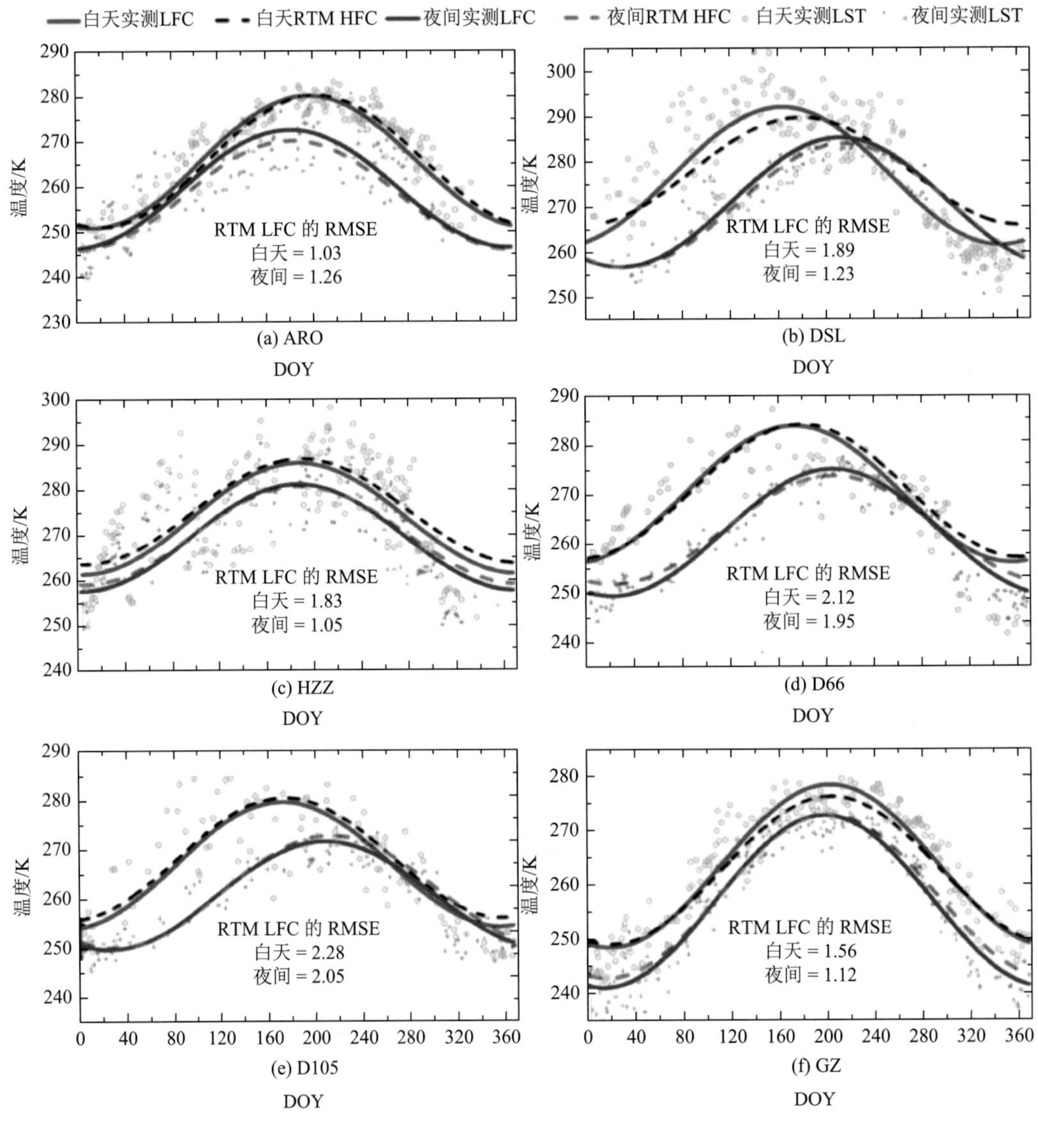

图 5-10　晴空条件下的站点实测 LFC 与 RTM LFC 的年内变化

根据式（5-8），亦可用晴空实测 LST 中的 HFC 分量以验证 RTM LST 中的 HFC 分量的精度。白天/夜间 RTM HFC 的 MBE 为–0.27～0.09K/–0.15～0.12K；RMSE 为 1.26～2.55K/1.07～2.42K（表 5-2）。上述结果表明，RTM 方法中重建的 LFC 和 HFC 分量均与实测值高度吻合，证明了 RTM 方法在晴空条件下的适用性。

当关注非晴空条件下不同站点 RTM LST 的精度时，其情况与晴空条件下并无显著区别。如图 5-11 所示，白天/夜间 RTM LST 的 MBE 为–0.55～1.42K/–0.46～1.27K；RMSE 为 2.24～3.87K/2.03～3.62K。与晴空条件不同的是，因缺乏站点的 HFC 描述因子（如站点尺度的坡度、NDVI、地表反照率和大气水汽含量等），无法从实测 LST 中得到 HFC_{cld}。但仍可确定非晴空条件下 HFC 和 HFC_{cld} 之和的精度，结合图 5-10 和图 5-11 的数据，可推得所有站点白天/夜间 HFC 和 HFC_{cld} 之和的最大 RMSE 为 2.72K/2.89K。RMSE 的幅值证明了 RTM 方法在非晴空条件下仍有较好的适用性。此外，上述结果表明，使用样条函数对 GLDAS 插值到 MODIS 的观测时间的过程对 RTM LST 精度的影响在可接受的水平上。

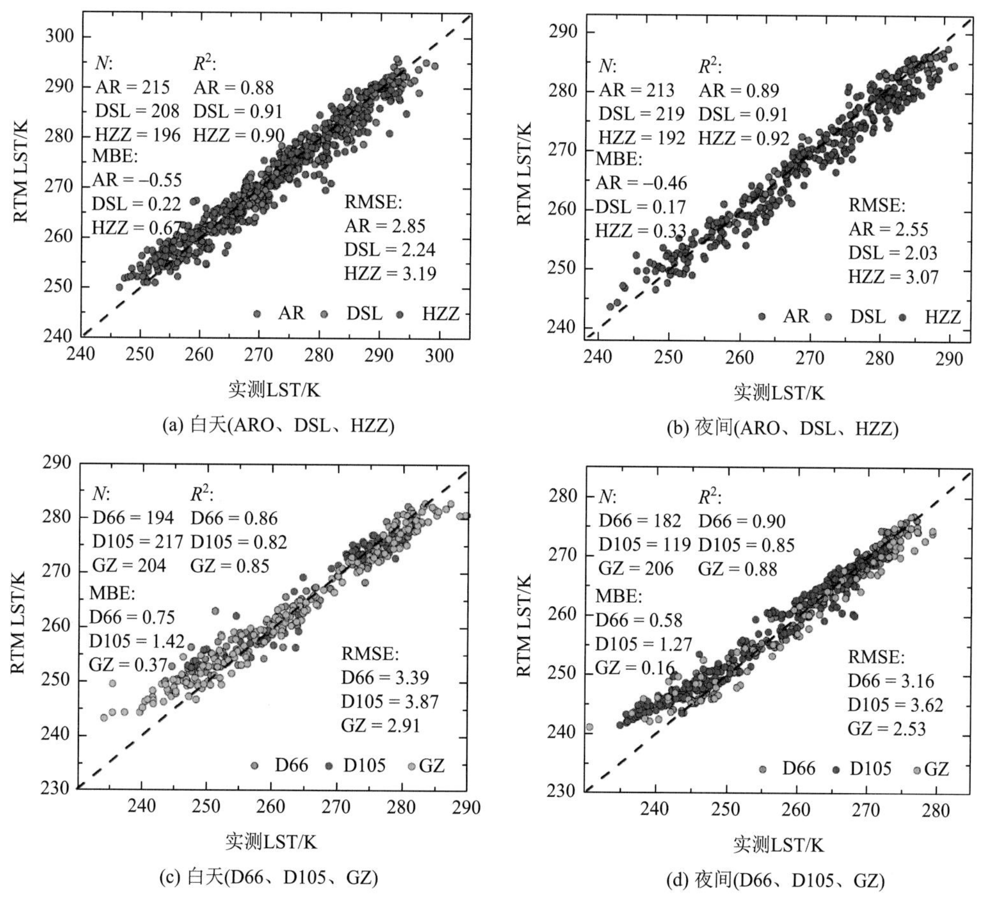

(a) 白天(ARO、DSL、HZZ)　(b) 夜间(ARO、DSL、HZZ)

(c) 白天(D66、D105、GZ)　(d) 夜间(D66、D105、GZ)

图 5-11　非晴空条件下实测 LST 与 RTM LST 的散点图（N 为样本量）

5.3.4 RTM 地表温度与 TCD 地表温度的比较

图 5-12 展示了以 2003 年第 90 天白天为例的 MODIS LST、MODIS-AMSR-E 集成的 TCD 全天候 LST 以及 MODIS-GLDAS 集成的 RTM 全天候 LST 的空间分布，作为参考，当天的 AMSR-E 6 GHz 垂直极化通道的亮温也在图中给予展示。

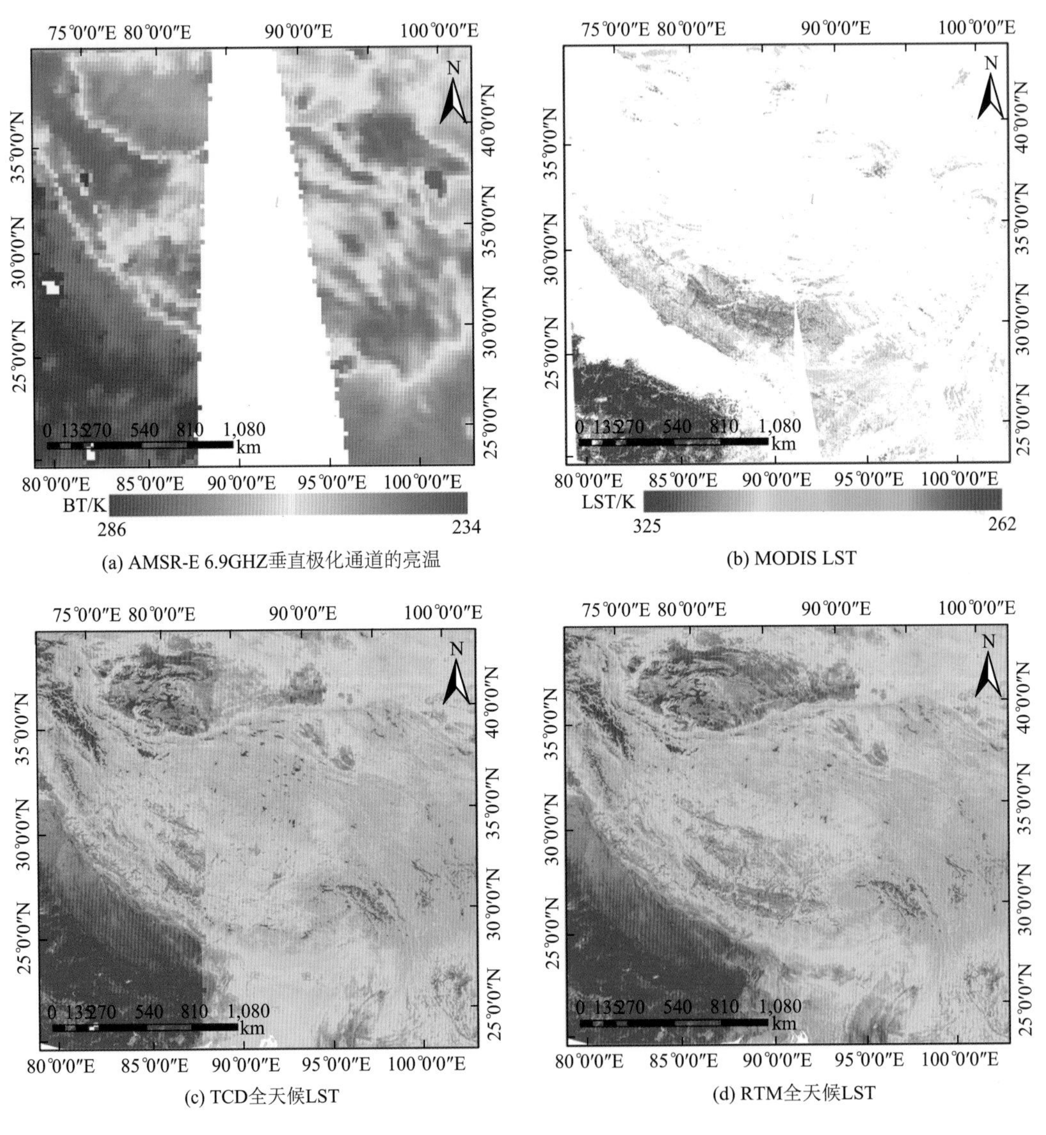

(a) AMSR-E 6.9GHZ垂直极化通道的亮温

(b) MODIS LST

(c) TCD全天候LST

(d) RTM全天候LST

图 5-12　2003 年第 90 天白天

与 MODIS LST 相比，两种全天候 LST 均在空间维度上表现出了空间无缝（即无缺失值）的特性，且在大部分区域内，两种全天候 LST 的空间分布和幅值均与 MODIS LST

高度一致。然而，在 AMSR-E 轨道间隙亮温缺失的区域内，TCD LST 产生了显著的系统性低估。这是因为：尽管 TCD LST 的重建中，纵然通过滑动窗口卷积方法能够填补轨道间隙亮温缺失导致的 LST 缺失，但该方法的执行顺序是从轨道间隙的边缘像元开始以不断迭代的方式逐渐向间隙中心预测 LST 的缺失值，方法的精度极大地依赖于初次填补得到的轨道间隙边缘处像元的 LST 的精度，若初次填补的 LST 精度产生了显著的低估，则间隙内填补的 LST 均会产生低估。相比之下，得益于 GLDAS 数据本身的空间完整性，RTM LST 中并无明显的空间不连续现象。

这一现象可进一步通过 TCD、RTM 全天候 LST 与 MODIS LST 以及实测 LST 的定量比较得到解释。如图 5-13 和表 5-4 所示，在 2003 年，对于 AMSR-E 轨道间隙外的区域，RTM LST 和 TCD LST 的精度相当；在 AMSR-E 轨道间隙内，TCD LST 与 MODIS 的差异（STD）在白天和晚上分别可达 4.23K 和 3.54K，约为 RTM LST 的两至三倍。如表 5-5 所示，实测 LST 验证结果也表明：当站点处于 AMSR-E 的轨道间隙内时，TCD LST 的精度显著降低；而 RTM LST 的精度则不受影响。上述结果表明，RTM LST 与 TCD LST 在 AMSR-E 轨道间隙外的质量接近，而在轨道间隙内前者的质量更加可靠。

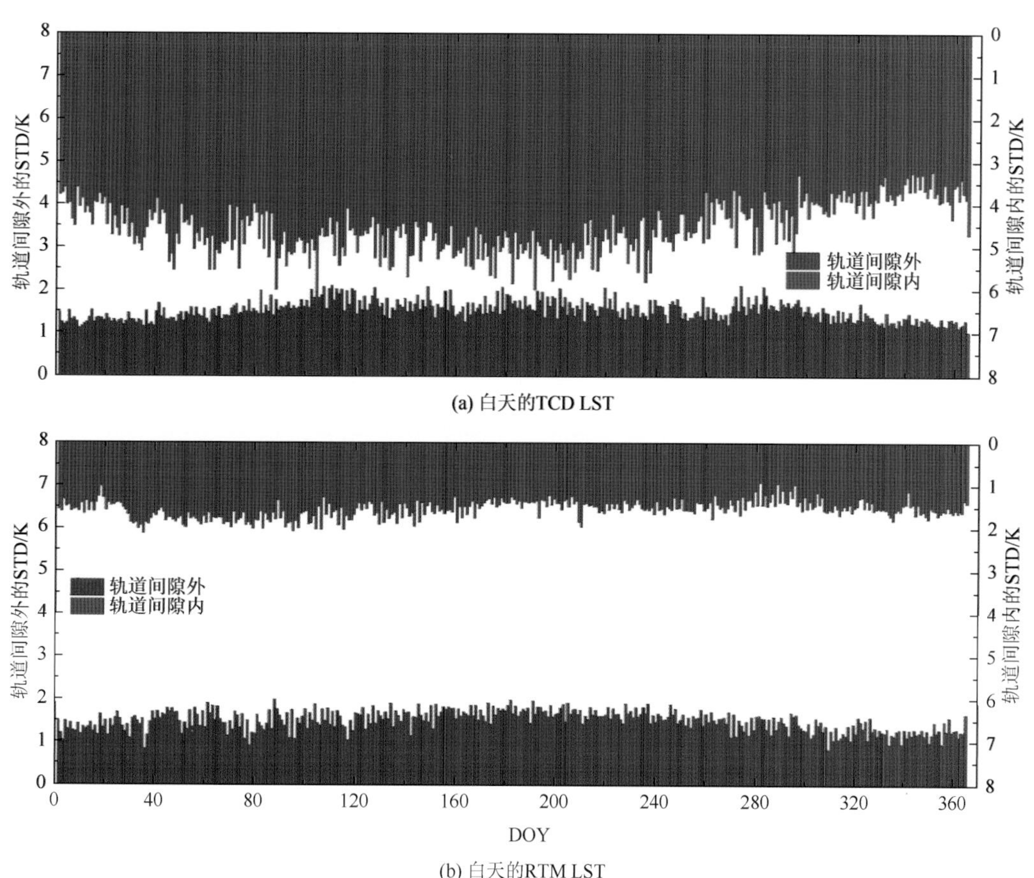

图 5-13　2003 年白天与 MODIS LST 比较时 AMSR-E 轨道间隙内外 TCD LST 与 RTM LST 的 STD 的年内变化

表 5-4　与 MODIS LST 相比时 AMSR-E 轨道间隙内外 TCD LST 和 RTM LST 的偏差指标（2003 年）　　（单位：K）

全天候 LST	轨道间隙外				轨道间隙内			
	MBD		STD		MBD		STD	
	白天	夜间	白天	夜间	白天	夜间	白天	夜间
TCD	–0.59	–0.27	1.57	1.36	–3.22	–3.05	4.23	3.54
RTM	–0.54	–0.31	1.46	1.42	–0.67	0.42	1.53	1.37

表 5-5　以 2003 年的实测 LST 验证时 AMSR-E 轨道间隙内外 TCD LST 和 RTM LST 的精度指标　　（单位：K）

全天候 LST	站点	时间	AMSR-E 轨道间隙外		AMSR-E 轨道间隙内	
			MBE	RMSE	MBE	RMSE
TCD	D66	白天	0.47	3.56	–3.73	4.64
		夜间	0.34	3.13	–4.36	6.31
	D105	白天	1.24	3.72	–4.52	6.75
		夜间	1.29	3.09	–2.17	3.91
	GZ	白天	–0.55	3.12	–3.14	4.25
		夜间	–0.46	2.87	–4.07	5.62
RTM	D66	白天	0.71	3.36	0.62	3.29
		夜间	0.36	3.21	0.47	3.08
	D105	白天	1.26	3.85	1.21	3.67
		夜间	1.12	3.66	1.17	3.51
	GZ	白天	–0.25	2.94	–0.35	3.03
		夜间	0.24	2.76	0.11	2.87

5.3.5　RTM 方法的潜在应用

RTM 方法的基础是 LST 的时间分解理论（Zhan et al.，2014），其本质上也蕴含了“温度之间的两种相关性”：首先，在时间维度上，LST 与其时间分量 LFC、HFC 和 HFC_{cld} 本质相关，成为该方法的基本架构；其次，在有限空间邻域内，相邻像元的 LST 的高频分量 HFC/HFC_{cld} 之间高度相关，这一相关性可在这两个分量的重建中充分体现。此外，这两种相关性亦有望应用于与 LST 具有相似性质（时间可分解性）的重要地球物理参数（如海表温度和地表发射率）的全天候观测值的重建应用中。因此，与 TCD 方法类似，RTM 方法也是一种从时空双维度同时入手的多源数据集成方法。

RTM 方法的机理决定了其具有良好的可移植性和泛化能力。例如，可将 RTM 应用于欧洲航天局的高时间分辨率的极轨-静止热红外遥感 LST 数据（如 MSG SEVIRI-Aqua

MODIS 的 15min 分辨率为 0.05°的热红外 LST 产品，http://data.globtemperature.info/）和再分析数据的集成中，得到逐时/3h 的 0.05°全天候 LST 数据，从而更好地促进全天候 LST 在相关领域中的应用。

5.4 本 章 小 结

基于目前从再分析数据和热红外遥感重建中高分辨率（1km 及以上）全天候 LST 的相关研究匮乏的背景，本章基于一种新型 LST 时间分解模型，提出了集成再分析数据和卫星热红外遥感数据、进而实现 1km 分辨率全天候 LST 重建的新方法——RTM，并将该方法应用于 MODIS 与 GLDAS 数据。研究结果表明：RTM 全天候 LST 不仅与热红外 LST 一样具有高度的一致性，同时在通过地面实测 LST 的验证中也表现出良好的精度，证明了 RTM 方法在全天候条件下均具有良好的适用性和高度的可靠性。与基于 TCD 方法集成的 MODIS-AMSR 全天候 LST 相比，得益于再分析数据高度的空间完整性，RTM 全天候 LST 有效避免了由于被动微波遥感轨道间隙微波亮温缺失造成的数据空间不连续和精度受限的问题。RTM 方法良好的可移植性和普适性使其有望应用于其他热红外遥感数据与再分析数据的集成中，生成区域乃至全球尺度的全天候 LST，从而促进 LST 在相关领域的研究和应用。

第 6 章　中国陆域全天候地表温度数据集生成与检验

集成卫星热红外和被动微波遥感的方法能够反演或重建得到全天候 LST。但是由于该方式存在数据源时间跨度较短、不同卫星被动微波传感器定标精度不一致等问题，在满足较长时间序列、较高时空分辨率全天候 LST 数据集的生成时存在一些局限。相对于热红外遥感观测而言，再分析数据在晴空和非晴空条件下均能获得地表的背景场信息。因此，不同领域的学者也已经意识到融合这两种数据各自的优势以估算全天候地表参数的潜在可能。然而，当前采用该思路生成并发布的大范围全天候 LST 数据集还较少。

在上述背景下，本章基于第五章描述的 RTM 方法，生成了中国陆域及周边逐日 1km 全天候地表温度数据集。该数据集的时间分辨率为逐日 2 次，空间分辨率为 1km，时间跨度为 2000～2020 年；空间范围包括我国陆域的主要区域（包含港澳台地区，暂不包含我国南海诸岛）及周边区域（72°E～135°E，19°N～55°N）。该数据集的缩写名为 TRIMS LST（thermal and reanalysis integrating moderate-resolution spatial-seamless LST）。本章还开展了该数据集的直接检验和交叉比较等评价（唐文彬，2021），以期为灾害、环境、生态、气候变化等领域的研究与应用提供较高质量的基础数据。

6.1　研究区与数据

6.1.1　研究区

本章的研究区为我国主要陆地区域及周边区域（72°E～135°E，19°N～55°N；包含港澳台地区，暂不包含我国南海诸岛），该研究区跨越多个气候带，地势西高东低，地形起伏较大，地貌类型复杂多样（廖要明，2019；Zhao and Duan，2020）。我国复杂的气候类型和多变的地形起伏，通过传统方式获取 LST 较为困难。受制于复杂的地表类型和地形起伏影响，地面站点测量的 LST 在空间分布和代表性上存在劣势。卫星热红外遥感 LST 在中低纬度地区（如青藏高原和华南地区）因天气影响（主要是云层覆盖）缺少有效观测值，因此，设法获取遥感全天候 LST 是解决以上问题的有效途径。

6.1.2　研究数据

本章所采用的卫星热红外遥感 LST 产品为第 6 版的 MODIS 逐日 1km LST 产品 MYD11A1，下载自美国戈达德航天中心（The Level-1 and Atmosphere Archive Distribution System，https://ladsweb.modaps.eosdis.nasa.gov/）。辅助遥感数据包括 16 天合成的 NDVI 产品（MOD12A2，1km）、逐日地表反照率产品（MCD43A3，1km）、90m SRTM（shuttle radar topography mission）数字高程模型（DEM）。辅助数据中，NDVI 与地表反照率产品下载自美国地球科学数据网站（EARTHDATA，https://earthdata. nasa.gov/），DEM 数据下载自美国空间信息协会的数字高程数据网站（http://srtm. csi.cgiar.org）。本章所采用的再分析数据为 GLDAS NOAH 0.25°3h 分辨率全球陆面同化数据（Rodell et al.，2004），下载自 GES DISC（Goddard Earth Sciences Data and Information Services Center）。

本章使用的地面站点共计 15 个，具体如表 6-1 所示。其中，黑河流域共 9 个站点（ARO、DAM、GOB、HZS、SSW、HZZ、YKO、JYL 和 DSL），其观测数据下载自国家青藏高原科学数据中心（http://data.tpdc.ac.cn/zh-hans/），由“黑河流域生态-水文过程综合遥感观测联合试验（HiWATER）”和黑河流域水文气象网提供（Liu et al.，2011；Li et al.，2013；Liu et al.，2018；Che et al.，2019）。其余区域共 6 个站点（CBS、TYU、DXI、MYU、DHS、QYZ）。CBS 站点辐射数据来源于中国通量网（http://www.chinaflux.org/）（Zhang and Han，2016；Pastorello et al.，2020）；TYU 站的辐射数据来源于“全球协调加强观测计划”（CEOP）数据发布网站（https://archive.eol.ucar.edu/projects/ceop）中的亚澳季风项目（Asia-Australia monsoon project，CAMP）（Dong，2003）；DXI 站和 MYU 的辐射数据由海河试验提供（Liu et al.，2013），下载自国家青藏高原科学数据中心。DHS 和 QYZ 的实测长波辐射数据集均来自全球通量网（http://www.fluxnet.org）（Pastorello et al.，2020），由中国生态系统研究网络（Chinese ecosystem research network，CERN）提供。计算实测 LST 的长波辐射数据由架设在站点内的四分量长波辐射计 CNR1、CNR4 或 CG4 测量得到。

表 6-1　用于检验中国陆域全天候地表温度数据集的地面站点信息

站名	经纬度/(°E，°N)	高程/m	地表类型	时间段/年	观测仪器
阿柔（ARO）	100.46，38.05	3033	高寒草地	2014	CNR4
大满（DAM）	100.37，38.86	1556	农田	2014	CNR1
戈壁（GOB）	100.31，38.92	1567	戈壁	2014	CNR1
黄藏寺（HZS）	100.19，38.23	3529	农田	2014	CNR1
神沙窝（SSW）	100.49，38.79	1555	沙漠	2014	CNR1
花寨子（HZZ）	100.32，38.77	1735	荒漠	2014	CNR1
垭口（YKO）	100.24，38.01	4148	高寒草甸	2015	CNR1
景阳岭（JYL）	101.12，37.84	3750	高寒草甸	2015	CNR1
大沙龙（DSL）	98.94，38.84	3739	沼泽草甸	2015	CNR4
长白山（CBS）	128.10，42.40	736	混交林	2003～2005	CNR1
大兴（DXI）	116.43，39.62	20	农田	2008～2010	CNR1
鼎湖山（DHS）	112.53，23.17	300	常绿阔叶林	2003～2005	CNR1
密云（MYU）	117.32，40.63	350	农田	2008～2010	CNR1
千烟洲（QYZ）	115.06，26.74	75	常绿针叶林	2003～2005	CNR1
通榆（TYU）	122.87，44.42	184	农田	2002～2004	CG4

6.2 研 究 方 法

TRIMS LST 采用第 5 章所述的 RTM 方法作为源算法。由于 Aqua MODIS LST 在 2002 年第 185 天（7 月 4 日）开始才有数据，因此本章尝试在 RTM 方法的基础上，通过模型外推的方式得到 2000 年第 1 天至 2002 年第 184 天逐日 2 次 1km 空间分辨率的全天候 LST 数据。

以白天 1km 目标 MODIS 像元 M 与包含 M 的 0.25°GLDAS 像元 G 为例，根据式(5-1)，全天候条件下的 LST 时间序列可分解为 LFC、HFC 和 HFC_{cld}。LFC 属于年内变化分量，是一个周期循环变化的低频分量，可从长时序热红外遥感 LST 时间序列中获取，在此基础上可根据时序估算得到相较于当前时段之前或未来某一时间的 LFC 分量。像元 M 的 LFC 分量表达式如式（5-1）所示。该式中各参数可从 2002 年第 185 天至 2004 年第 184 天的 Aqua MODIS 数据中拟合得到，其中 t_{avg} 使用该时段 Aqua MODIS 的平均观测时间代替。

对于 HFC 的求取，RTM 方法使用多种描述因子以非解析映射（如机器学习）的方式表达，外推过程中选择空间位置（以经纬度表征）、DEM、NDVI、坡度和大气水汽含量作为描述因子：

$$\mathrm{HFC_M}(t_\mathrm{d},t_\mathrm{ins})=\mathbf{RF}_\mathrm{M}[\mathrm{lat_M},\mathrm{lon_M},\mathrm{DEM_M},\mathrm{NDVI_M}(t_\mathrm{d}),\mathrm{slp_M}(t_\mathrm{d}),\alpha_\mathrm{M}(t_\mathrm{d}),\theta_\mathrm{s\text{-}M}(t_\mathrm{d}),\theta_\mathrm{m\text{-}M}(t_\mathrm{d}),v_\mathrm{M}(t_\mathrm{d})] \tag{6-1}$$

式中，t_{ins} 为传感器瞬时观测时间，这里以 2002 年第 185 天至 2004 年第 184 天的 Aqua MODIS 平均观测时间代替（下同），故该式中无式（5-7）中的 Δt_M；lat_M、lon_M、DEM_M、$NDVI_M$、slp_M 以及 v_M 分别为纬度、经度、DEM、NDVI、坡度，以及大气水汽含量。RF_M 为基于 2002 年第 185 天至 2004 年第 184 天的 Aqua MODIS 数据及其对应描述因子建立的随机森林映射模型。

对于 HFC_{cld} 的求取，先要对 GLDAS LST 进行偏差纠正，方法如式（5-9）所示。HFC_{cld} 本质上为相对于晴空条件下 LST 的大气修正项，在 RTM 方法中该分量从 GLDAS LST 中获取。根据第 5 章中式（5-4）～式（5-19）求取 HFC_{cld} 的方法流程，目标时段晴空 MODIS 像元及其对应的 GLDAS LST 是必要的输入数据，外推过程中由于缺少 Aqua MODIS 数据，因此无法直接实现对 HFC_{cld} 的求取。

综合参考 Zhang 等（2019）提出 TCD 方法、Zhang X D 等（2021）与本书第五章的 RTM 方法以及 Tang 等（2021）的研究，高分辨的 LST 可通过粗分辨率的多维时间特征量（如多通道被动微波亮温）线性/非线性组合方式进行表达，且在相邻时间周期内得到的映射关系相似。本章从 GLDAS 数据中选择包括长波净辐射、下行长波辐射、土壤湿度、土壤温度、植被冠层含水量、雪水当量、风速，以及气温作为 LST 相关的多维时间特征量，基于 RF 方法建立如下表达式：

$$\begin{aligned}T_\mathrm{s\text{-}M}(t_\mathrm{d},t_\mathrm{ins})=\mathbf{RF}_\mathrm{M\text{-}G}[&\mathrm{Lnet_{M\text{-}G}}(t_\mathrm{d},t_\mathrm{ins}),Al_\mathrm{M\text{-}G}(t_\mathrm{d},t_\mathrm{ins}),\mathrm{SWE_{M\text{-}G}}(t_\mathrm{d},t_\mathrm{ins}),ST_\mathrm{M\text{-}G}(t_\mathrm{d},t_\mathrm{ins}),\\&SM_\mathrm{M\text{-}G}(t_\mathrm{d},t_\mathrm{ins}),C_\mathrm{M\text{-}G}(t_\mathrm{d},t_\mathrm{ins}),W_\mathrm{M\text{-}G}(t_\mathrm{d},t_\mathrm{ins}),T_\mathrm{M\text{-}G}(t_\mathrm{d},t_\mathrm{ins}),\mathrm{LWd_{M\text{-}G}}(t_\mathrm{d},t_\mathrm{ins})]\end{aligned} \tag{6-2}$$

式中，$Lnet_{M\text{-}G}$、$Al_{M\text{-}G}$、$SWE_{M\text{-}G}$、$ST_{M\text{-}G}$、$SM_{M\text{-}G}$、$C_{M\text{-}G}$、$W_{M\text{-}G}$、$T_{M\text{-}G}$ 以及 $LWd_{M\text{-}G}$ 分别为

长波净辐射、辐照度、雪水当量、土壤温度、土壤湿度、植被冠层含水量、风速、气温以及下行长波辐射；$RF_{M\text{-}G}$ 为基于 2002 年第 185 天至 2004 年第 184 天的 Aqua MODIS 数据及其对应 GLDAS 数据建立的随机森林映射模型。

因此，1km HFC_{cld} 的初始值可以表示为

$$HFC_{cld\text{-}M}(t_d, t_{ins}) = T_{s\text{-}M}(t_d, t_{ins}) - LFC_M(t_d, t_{avg}) - HFC_M(t_d, t_{ins}) \tag{6-3}$$

式中，$T_{s\text{-}M}$ 是全天候条件下目标像元 M 的 LST 时间序列；$HFC_{cld\text{-}M}$ 为目标像元 M 的 HFC_{cld} 初始值。

将此处的 HFC_{cld} 称为初始值是因为式（6-2）直接建立了粗分辨率再分析数据和高分辨率 LST 之间的映射。该式所得 LST 和式（6-3）所得 HFC_{cld} 仍包含由于降尺度不充分包含的系统误差，因而由式（6-2）所得 LST 并不能直接使用。参考 Zhang X D 等（2019）、Wu 等（2015）和 Chen 等（2011）的研究，本章使用滑动窗口卷积的方法来消除 HFC_{cld} 中所包含的系统偏差。

滑动窗口卷积方法的示意图如图 6-1 所示，为充分消除这一误差，滑动窗口应略大于一个 GLDAS 像元，在本章中，滑动窗口大小设置为 26km×26km。

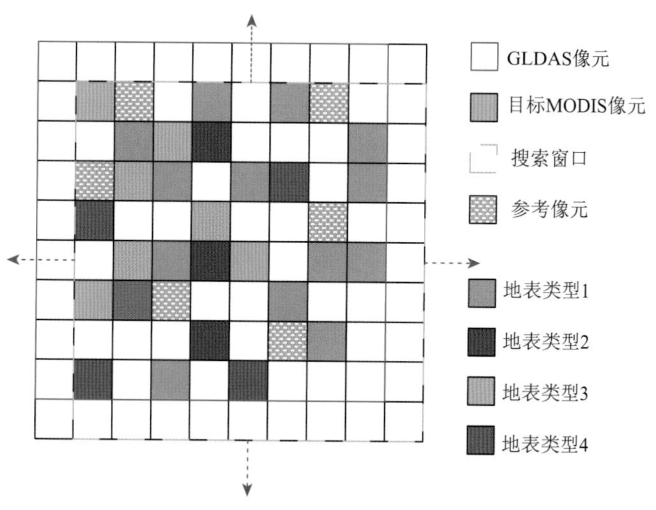

图 6-1　HFC_{cld} 卷积优化示意图

结合 Zhang X D 等（2019，2021）的研究，目标 1km 像元 M 优化后的 HFC_{cld}（即消除系统误差后的 HFC_{cld}）可通过结合地学因子（如地表类型、空间距离和地形等）对周围参考像元的 HFC_{cld} 进行卷积后得到。参考像元需要满足以下条件：①与目标像元在同一滑动窗口内；②与目标像元具有同一地表覆盖类型。因此，目标像元本身也是它的一个参考像元。经优化后所得目标像元的 HFC_{cld} 可表示为

$$HFC_{cld\text{-}M}(t_d, t_{ins}) = \sum_n HFC_{cld\text{-}S_n}(t_d, t_{ins}) \cdot w_{S_n} \tag{6-4}$$

式中，n 为参考像元数量；$HFC_{cld\text{-}s}$ 表示参考像元的 HFC_{cld} 分量；w_{S_n} 为第 n 个相似像元 HFC_{cld} 对 M 的贡献率，可以表达为

$$\begin{cases} w_{\mathrm{S}_n} = D_{\mathrm{S}_n} \cdot H_{\mathrm{S}_n} \cdot N_{\mathrm{S}_n} \Big/ \left(\sum_n D_{\mathrm{S}_n} \cdot H_{\mathrm{S}_n} \cdot N_{\mathrm{S}_n}\right) \\ D_{\mathrm{S}_n} = (1/d_{\mathrm{S}_n}) \Big/ \sum_n 1/d_{\mathrm{S}_n} \\ d_{\mathrm{S}_n} = \sqrt{(x_{\mathrm{S}_n} - x_{\mathrm{M}})^2 + (y_{\mathrm{S}_n} - y_{\mathrm{M}})^2} \\ H_{\mathrm{S}_n} = \left|\mathrm{DEM}_{\mathrm{S}_n} - \mathrm{DEM}_{\mathrm{M}}\right| \\ N_{\mathrm{S}_n} = \left|\mathrm{NDVI}_{\mathrm{S}_n} - \mathrm{NDVI}_{\mathrm{M}}\right| \end{cases} \tag{6-5}$$

式中，d_{S_n}、H_{S_n} 和 N_{S_n} 分别为第 n 个相似像元与 M 之间在空间距离、DEM 和 NDVI 的差异。

本章采取以下结果验证方案。首先，将 TRIMS LST 与 MODIS LST 产品进行交叉比较。其次，在全天候条件下基于表 6-1 中所列的 15 个地面站点的实测 LST 进行直接检验，以评价其在晴空条件下的精度与适用性。最后，将 TRIMS LST 与其他全天候 LST 产品进行对比分析。在对不同遥感 LST 数据产品进行比较时，剔除了观测时间差大于 5min 的样本（Freitas et al.，2010；Göttsche et al.，2016）。在交叉比较与对比分析中，采用的定量指标为 MBD、STD（偏差的标准差）和 R^2；在直接检验中，采用的指标为 MBE、RMSE、STD（误差的标准差）和 R^2。

6.3　结果与分析

6.3.1　TRIMS LST 示例

图 6-2 展示了 2018 年我国陆域（包含港澳台，不包含我国南海诸岛）及周边地区第 1 天、第 91 天、第 181 天和第 271 天 GLDAS LST（空间分辨率：25km）、Aqua MODIS LST（空间分辨率：1km）和 TRIMS LST（空间分辨率：1km）的空间分布格局。图 6-3 展示了 2018 年青藏高原及周边区域第 1 天、第 91 天、第 181 天和第 271 天白天和夜间的 TRIMS LST（空间分辨率：1km）的空间分布格局。从图 6-2 中可以明显看出，在所展示的 4 天中的 MODIS LST 都存在大量缺失值，有效像元数量严重不足，这一现象在青藏高原和南方地区尤为明显，因此，云覆盖对 MODIS LST 的时空连续性造成了很大的影响。因此，进一步获取时空连续的全天候 LST 数据是十分有必要的。

在一年的不同季节，TRIMS LST、GLDAS LST 与 MODIS LST 都具有相似的空间格局。在第 1 天，高温区域集中在我国南方地区、新疆塔里木盆地等地，低温区域主要分布在我国东北、内蒙古和青藏高原等地。第 181 天的情况出现了变化，高温区域主要分布在新疆以及河西走廊等西北干旱地区，主要原因可能是该地区地表覆被主要是沙漠和戈壁，夏季吸收强烈的太阳辐射升温较快，而南方地区由于植被覆盖率相对较高加之云覆盖范围较大导致 LST 的升温幅度低于西北干旱地区。因为 TRIMS LST 在时空维度上数据的完备性，从图 6-3 可以清晰地看出青藏高原及周边地区 LST 在不同季节白天和夜间的变化规律。总体来看，青藏高原作为世界第三极，尽管大部分区

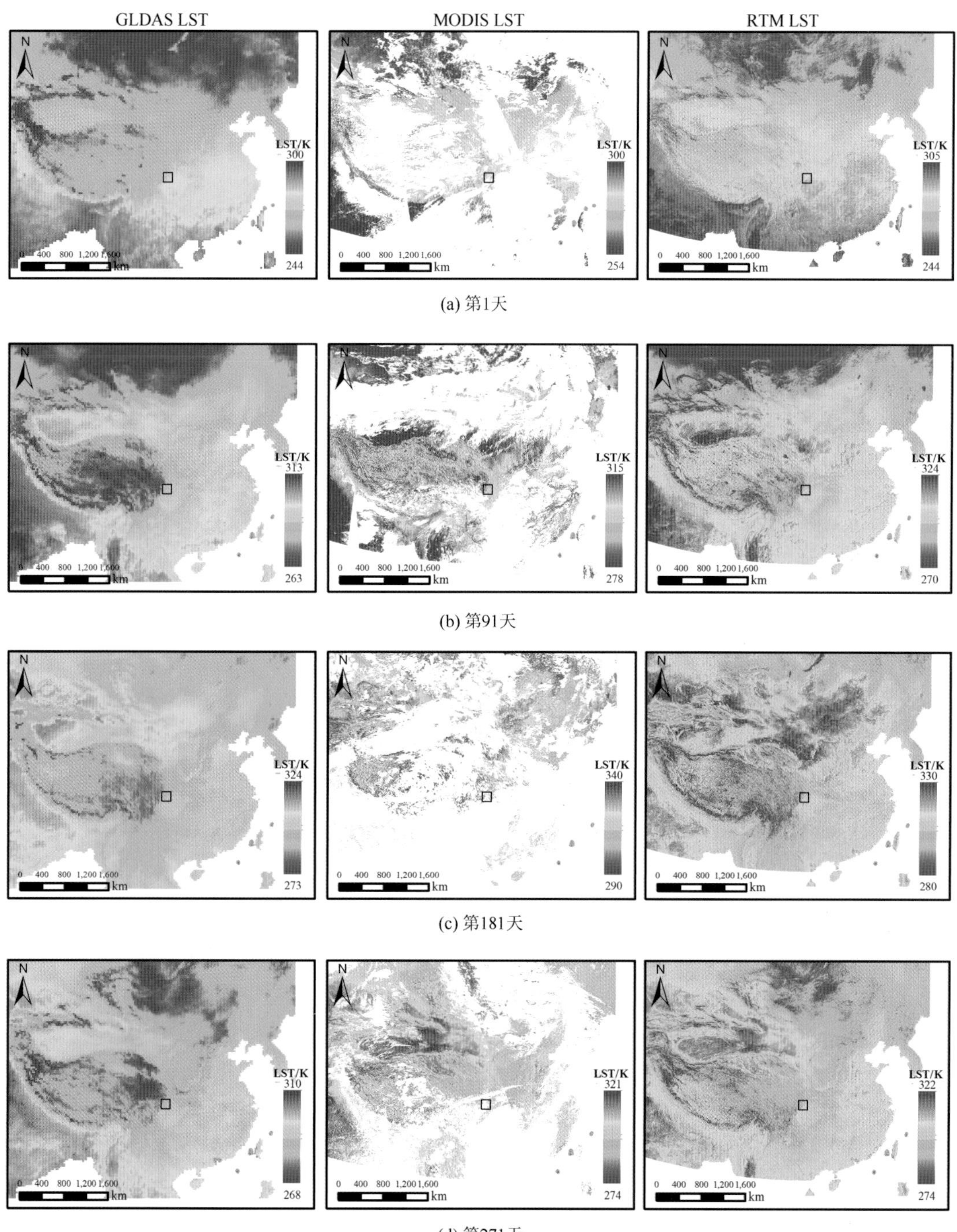

(a) 第1天

(b) 第91天

(c) 第181天

(d) 第271天

图 6-2　2018 年白天 GLDAS LST、MODIS LST 和 TRIMS LST 的空间分布

域属于中低纬度地区，但一年四季的 LST 都显著低于同纬度其他地区，主要原因是受海拔和地形影响，导致该地区始终属于低值区域。青藏高原一年四季白天和夜间 LST 的空间分布存在较大差异，除 2018 年第 1 天之外，其他季节 LST 的日间变化都比较

明显。夜间 LST 的空间分布趋势在上述 4 个日期都比较相似，而白天 LST 的变化幅度则更为显著。

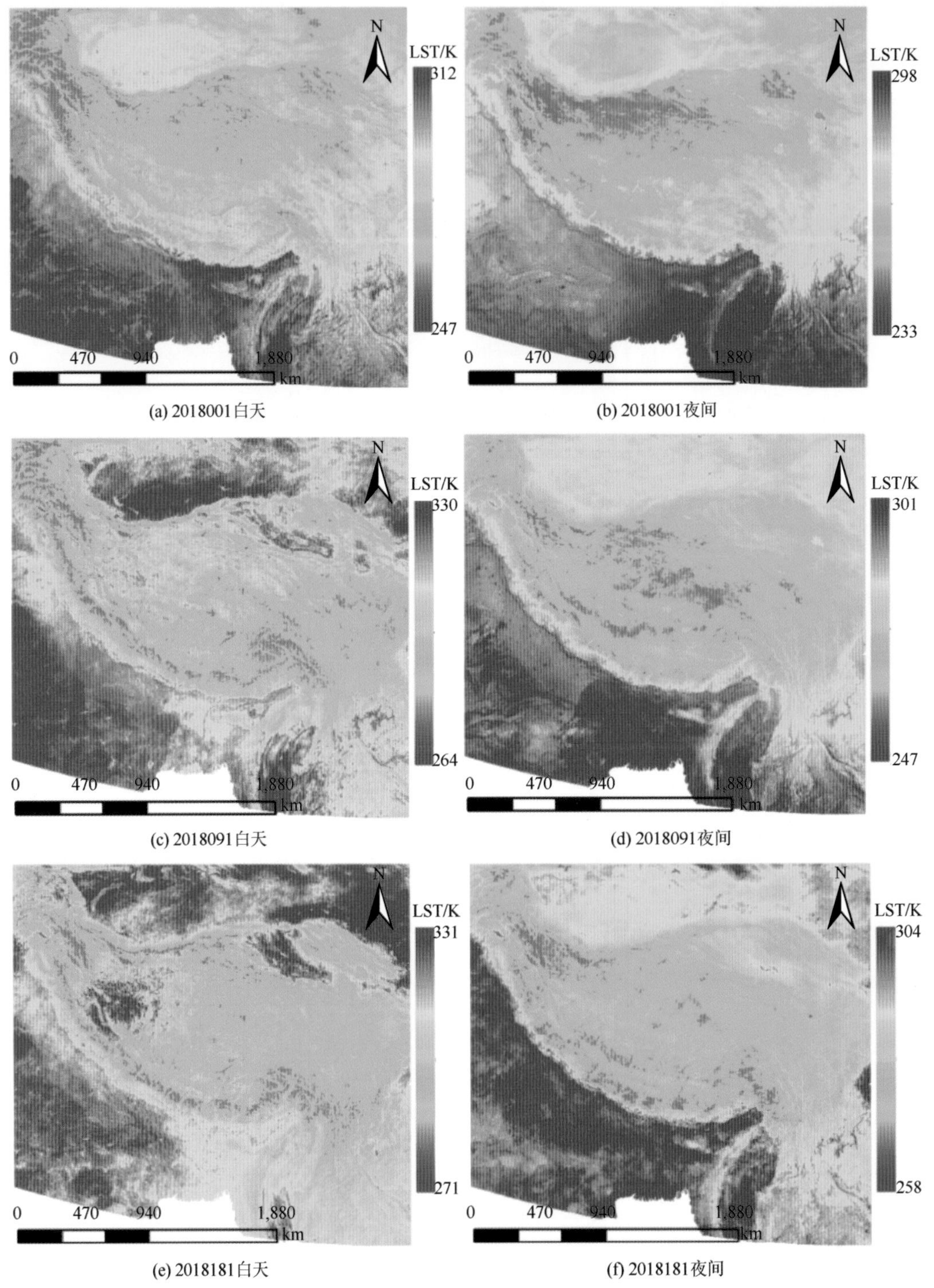

(a) 2018001白天　(b) 2018001夜间

(c) 2018091白天　(d) 2018091夜间

(e) 2018181白天　(f) 2018181夜间

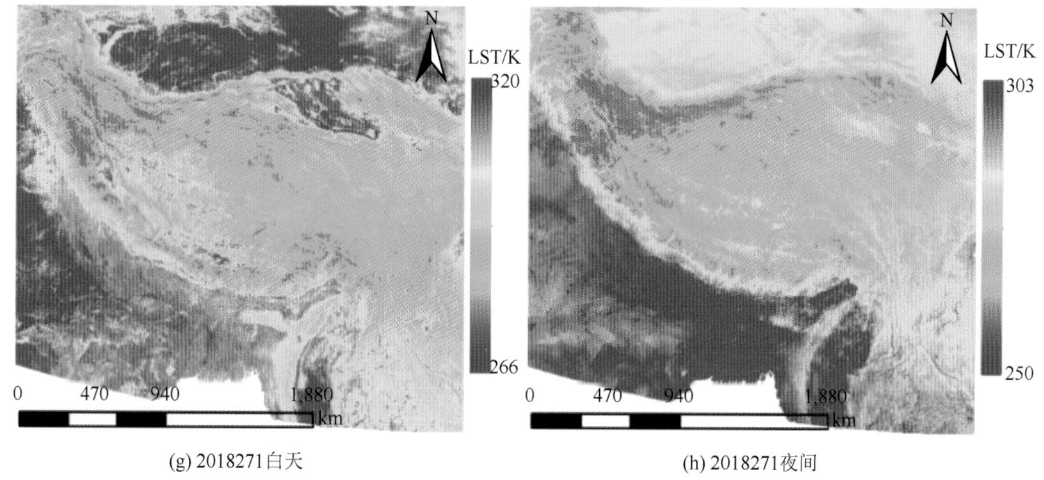

(g) 2018271白天　　(h) 2018271夜间

图 6-3　2018 年白天和夜间青藏高原及周边地区 TRIMS LST 的空间分布

GLDAS LST 相对于 MODIS LST 和 TRIMS LST，在一年四季中均出现了一定程度的低估，这种情况在除第 1 天外的其他时间非常显著。以第 181 天为例，从图 6-3 中可以看出，在青藏高原地区，青藏高原东部的大范围地区 LST 普遍低于 278K，而 GLDAS LST 在该地区相比 MODIS LST 系统性偏低 3～5K。MODIS LST 在青藏高原南、北两地的范围相近，而高原南部的 GLDAS LST 明显低于高原北部。在东北地区，尤其是大兴安岭地区，GLDAS LST 也出现了显著的低估，而 TRIMS LST 与 MODIS LST 的空间分布格局则更为接近。GLDAS LST 和 MODIS LST 之间的差异可归因于气象强迫场的不确定性和陆面模型参数化的不完善，这可能导致 LST 出现较大的偏差（Salama et al.，2012）。

从图 6-2 和图 6-3 可以看出，在一年四季中，TRIMS LST 不仅与 MODIS LST 在有效值范围和空间分布上非常接近，而且在我国青藏高原地区和南方地区这样受云覆盖影响较大、LST 有效值严重不足的区域仍保证了在时空维度上温度数据的完整性，有效填补了 MODIS LST 的缺失值。此外，TRIMS LST 图像无显著的斑块效应，且在白天和夜间的图像质量稳定。

图 6-4 展示了 2018 年第 1 天、第 91 天、第 181 天和第 271 天白天的 GLDAS LST、MODIS LST 以及 TRIMS LST 在图 6-2 中方框所对应子区域的空间分布。与 MODIS LST 相比，尽管 GLDAS LST 没有出现缺失值，但因为空间分辨率较低，包含的 LST 空间信息不足。此外，可发现二者之间存在较大的偏差，尤其在图 6-2 中的第 91 天和第 271 天更加显著。这也是必须对 GLDAS LST 进行偏差纠正的重要原因。

对 MODIS LST 而言，在所选的 4 天中均出现了大面积的缺失，在第 181 天有近一半的观测缺失。相较之下，TRIMS LST 不仅在空间上完全无缝，而且与 MODIS LST 在幅值和空间分布上保持了高度的一致性。此外，即使在 GLDAS 相邻像元的交界处，TRIMS LST 也没有出现斑块现象。LST 图像良好的空间连续性表明了 RTM 方法有效克服了 MODIS 和 GLDAS 数据尺度不匹配的问题，原因是：首先，RTM 方法基于 LST 的时间分解模型，其中 LFC 和 HFC 分量可直接通过高分辨率的 MODIS 和辅助遥感数据确定，仅需对 HFC_{cld} 进行空间降尺度，降低了直接对 GLDAS LST 进行降尺度但降尺度不充分的概率；其次，RTM 为逐像元执行的方法，充分考虑了邻近像元间 LST 的关系，亦有助于降低空间降尺度中的误差。

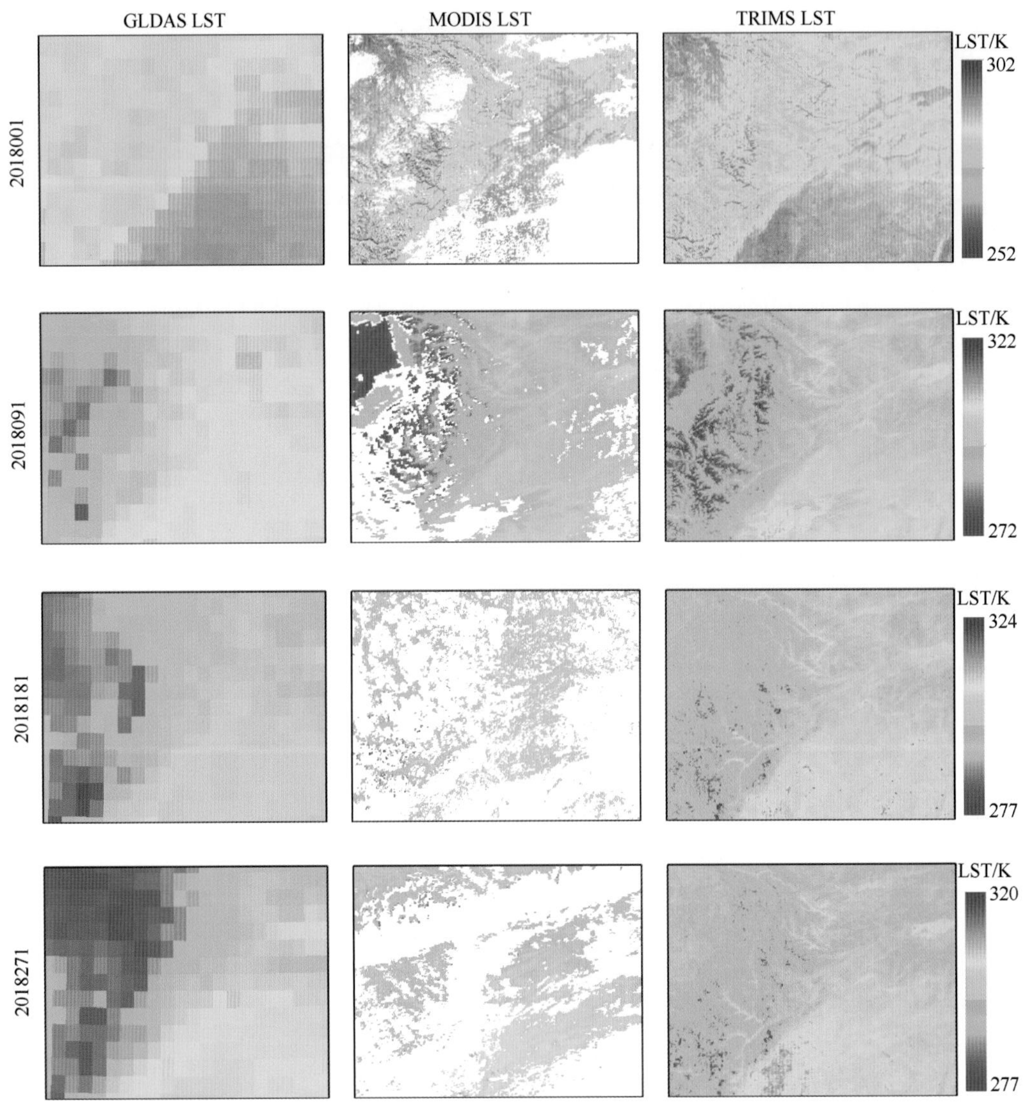

图 6-4　2018 年第 1 天白天原始 GLDAS LST、MODIS LST 以及 TRIMS LST 在子区域的空间分布

6.3.2　基于 MODIS 地表温度的交叉比较

对于生成的长时间序列数据集来说，需要与 MODIS LST 在更长的时间尺度上进行交叉比较。因此，在 TRIMS LST 图像的范围内随机生成 5000 个感兴趣点，提取了 2002～

2020 年共 6755 天的 MODIS LST 与 TRIMS LST 值，仅保留晴空条件下样本。提取过程中白天和夜间分别提取，然后逐日计算 MBD 与 STD（图 6-5、图 6-6）。MBD 在白天和夜间的统计频数（天数）基本符合正态分布，STD 的也是类似的结果，表明长时间序列的 TRIMS LST 数据集在日尺度上的精度保持在稳定范围内。观察图 6-5 和图 6-6 可以发现，MBD 和 STD 在各个年份之间没有明显的差异，动态分布随机性较大。白天 MBD 为 −1.60～2.25K，夜间 MBD 为−1.5～1.8K，STD 的结果也类似，表明 TRIMS LST 与 MODIS LST 在夜间的一致性更高，其原因可能是夜间 LST 的空间变化幅度更小。在 RTM 方法中，由于低频时间分量 LFC 是直接由 MODIS LST 得到的，故 STD 的值代表了 RTM 方法估算的晴空高频时间分量 HFC 与 MODIS LSTHFC 之间的差异。而 STD 的幅值证明了 RTM 所构建的随机森林映射的估计误差是有限的。总体上，RTM 方法在 MODIS 传感器上的精度在可接受范围内，以上结果充分体现了 RTM 方法在晴空的有效性以及在大区域尺度上的适用性。

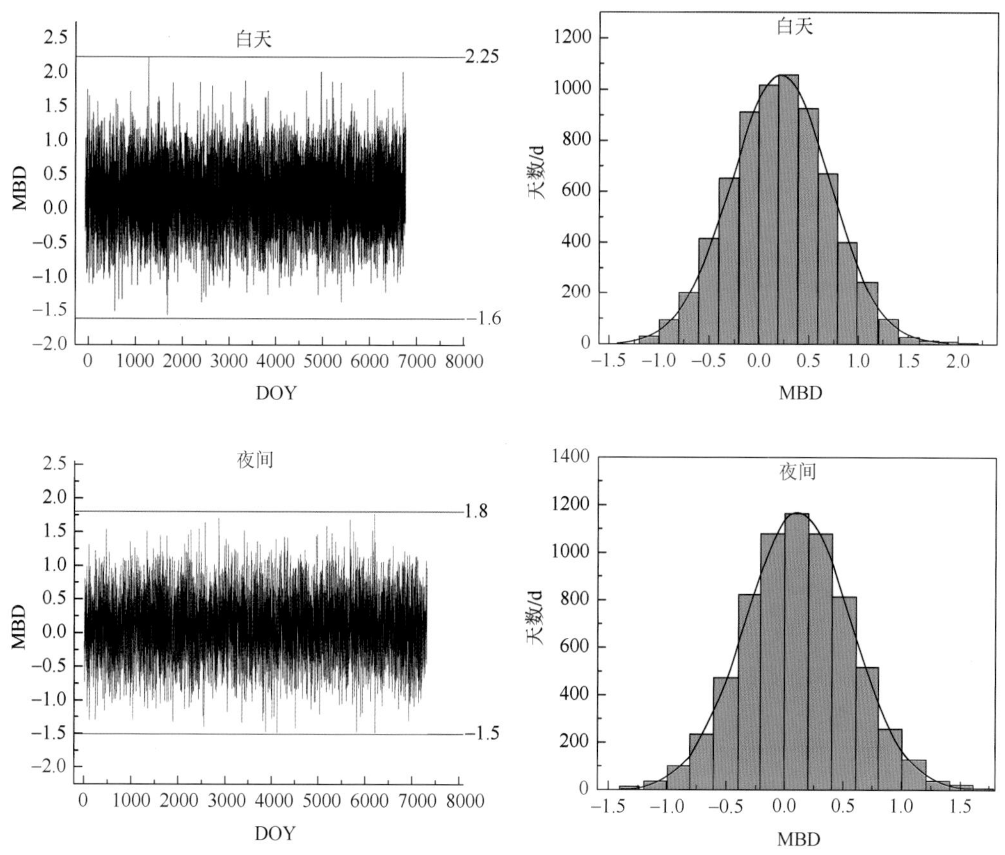

图 6-5　随机点的 TRIMS LST 与 MODIS LST 对比中的逐日 MBD（左）与直方图（右）

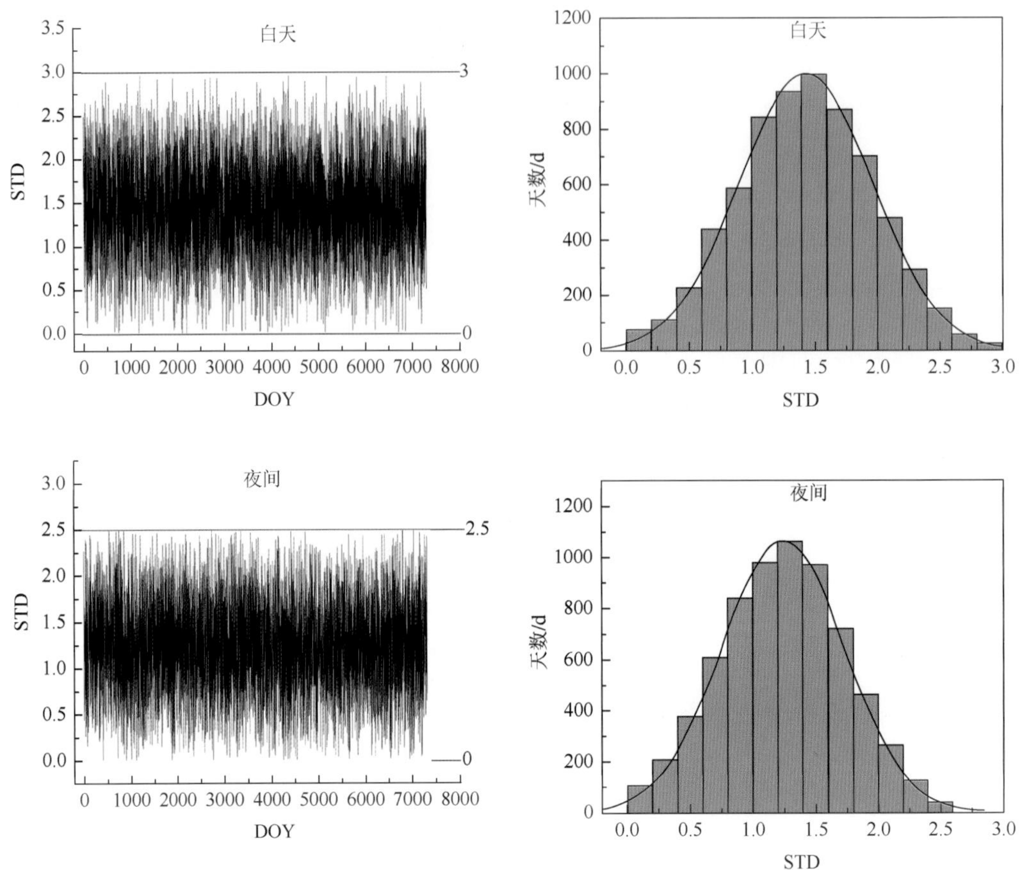

图 6-6　随机点的 TRIMS LST 与 MODIS LST 对比中的逐日 STD（左）与直方图（右）

6.3.3　基于实测数据的直接检验

基于所选的 15 个站点实测 LST 对 TRIMS LST 的直接检验结果如表 6-2 所示。为对比，同时列出了对 MODIS LST 的检验结果。为便于分析，表 6-3 中还给出了黑河站点的年内平均土壤湿度（2cm 深度）和热异质性（STD）。2cm 处的土壤湿度最接近表层 LST，更有助于分析土壤湿度对 LST 的影响。在所选取的黑河流域 9 个站点中，TRIMS LST 的精度在 DSL 站点最高，MBE 为–0.12K，RMSE 为 1.39K；在 SSW 的精度最低，MBE 为–1.14K，RMSE 为 3.71K。结合表 6-3 的结果发现，TRIMS LST 的精度与土壤湿度呈负相关关系，因为土壤湿度是反映地表热异质性的重要指标。DSL 站点的年内平均土壤湿度为 22.5%，而 SSW 站点的土壤湿度为 4.60%，低于其他站点。这一结果表明，各站点之间 TRIMS LST 精度的差异主要取决于其地表热异质性。此外，在晴空和非晴空条件下，TRIMS LST 的精度没有明显差异，表明 RTM 方法在全天候条件下具有良好的适用性。

表 6-2 夜间条件下基于实测 LST 的 TRIMS LST 与 MODIS LST 直接检验结果

站点	天空状态	样本量/个	TRIMS LST			MODIS LST		
			MBE/K	RMSE/K	R^2	MBE/K	RMSE/K	R^2
ARO	全天候	342	−0.23	2.25	0.92	—	—	—
	晴空	202	−0.29	2.23	0.93	−0.27	2.32	0.93
	非晴空	140	−0.15	2.27	0.91	—	—	—
DAM	全天候	345	−0.19	1.97	0.91	—	—	—
	晴空	192	−0.25	2.05	0.92	−0.28	2.02	0.92
	非晴空	153	−0.12	1.90	0.89	—	—	—
DSL	全天候	335	−0.12	1.39	0.95	—	—	—
	晴空	169	−0.13	1.45	0.97	−0.05	1.35	0.98
	非晴空	166	−0.11	1.23	0.92	—	—	—
HZZ	全天候	362	−0.17	2.69	0.90	—	—	—
	晴空	191	−0.18	2.67	0.92	−0.12	2.59	0.92
	非晴空	171	−0.16	2.72	0.88	—	—	—
GOB	全天候	295	−0.82	3.15	0.93	—	—	—
	晴空	148	−0.76	3.22	0.94	−0.69	3.20	0.94
	非晴空	147	−0.91	3.07	0.93	—	—	—
SSW	全天候	223	−1.14	3.71	0.90	—	—	—
	晴空	82	−0.91	3.68	0.91	−0.81	3.57	0.90
	非晴空	141	−1.38	3.72	0.88	—	—	—
YKO	全天候	224	−0.15	2.83	0.92	—	—	—
	晴空	118	−0.18	2.95	0.93	−0.13	2.81	0.93
	非晴空	106	−0.11	2.76	0.90	—	—	—
HZS	全天候	242	−0.59	3.09	0.88	—	—	—
	晴空	83	−0.69	2.99	0.89	−0.62	2.96	0.90
	非晴空	159	−0.50	3.12	0.88	—	—	—
JYL	全天候	284	−0.16	2.14	0.94	—	—	—
	晴空	165	−0.18	2.21	0.91	−0.12	2.24	0.93
	非晴空	119	−0.14	2.02	0.96	—	—	—
CBS	全天候	511	0.21	2.25	0.95	—	—	—
	晴空	240	0.22	2.23	0.92	0.20	3.27	0.94
	非晴空	271	0.21	2.27	0.94	—	—	—

续表

站点	天空状态	样本量/个	TRIMS LST			MODIS LST		
			MBE/K	RMSE/K	R^2	MBE/K	RMSE/K	R^2
DXI	全天候	581	0.85	3.21	0.97	—	—	—
	晴空	332	0.89	3.76	0.96	0.89	3.77	0.96
	非晴空	249	0.83	3.75	0.98	—	—	—
DHS	全天候	524	0.83	2.61	0.93	—	—	—
	晴空	318	1.01	2.65	0.94	0.96	2.62	0.95
	非晴空	206	0.65	2.66	0.92	—	—	—
MYU	全天候	569	−1.40	2.95	0.98	—	—	—
	晴空	329	−1.30	2.69	0.99	−1.40	2.80	0.95
	非晴空	240	−1.50	3.19	0.96	—	—	—
QYZ	全天候	549	−0.74	2.52	0.93	—	—	—
	晴空	276	−0.87	2.34	0.94	−0.90	2.50	0.94
	非晴空	273	−0.61	2.91	0.92	—	—	—
TYU	全天候	519	0.85	2.91	0.96	—	—	—
	晴空	290	0.83	2.85	0.94	0.86	2.96	0.94
	非晴空	229	0.87	2.99	0.96	—	—	—

表 6-3　黑河站点年内平均土体积壤湿度和所在 MODIS 像元的空间热异质性

站点	年内平均土壤体积湿度/%	热异质性/K
ARO	15.7	1.15
DAM	18.9	0.99
DSL	22.5	0.36
HZZ	6.2	1.48
GOB	5.35	1.23
SSW	4.60	1.79
YKO	18.5	0.45
HZS	14.20	1.01
JYL	19.6	0.50

在所有黑河站点的结果中，MODIS LST 和 TRIMS LST 的精度接近，MBE/RMSE 相差不超过 0.10K/0.14K，体现了 RTM 方法良好的鲁棒性。9 个站点中 TRIMS LST 在晴空条件下的 MBE 与 MODIS LST 相差较小，其中在 ARO 和 DAM 站点两者最为接近。SSW 站的 MBE 相差最大，达到 0.1K，原因主要与站点所在像元的热异质性有关。DSL 站点的 MBE 相差也较大，为 0.08K。TRIMS LST 的晴空温度为低频 LFC 分量和高频晴空分量之

和，而 DSL 站点所在像元的空间热异质性最低，造成晴空 TRIMS LST 与 MODIS LST 差异的主要原因可能是 MODIS LST 自身的误差。白天 TRIMS LST 与实测 LST 进行验证时的结果类似，但 TRIMS LST 的系统性低估了一些，这可能是由于白天地表的空间热异质性一般比夜间时要高。

在黑河流域外的 6 个站点中，TRIMS LST 与 MODIS LST 高度一致，但略有差异。在 DXI 和 TYU 站点，晴空条件下 TRIMS LST 的精度与 MODIS 最为接近，MBE/RMSE 相差不超过 0.03K/0.11K。TRIMS LST 的精度与 MODIS 在 MYU 相差最大，达到 0.1K。图 6-7 展示了 MODIS LST、TRIMS LST 和实测 LST 在 CBS 站点的时间序列，其他站点结果类似，故这里不再列出。总体来看，所有温度在白天的时间序列比夜间更加分散，TRIMS LST 与 MODIS LST 的时间序列高度吻合，且在非晴空条件下也有值并与实测 LST 十分接近，因此 TRIMS LST 可以反映更加完整且准确的 LST 时空变化信息。

在黑河流域外 6 个站点中，TRIMS LST 在 CBS 的精度最高，MBE 为 0.21K，RMSE 为 2.25K，而在 MYU 的精度最低，MBE 为−1.40K，RMSE 为 2.95K。根据下垫面类型，上述 6 个站点可以分为农田组和森林组。总体来看，TRIMS LST 的精度在下垫面为森林的站点好于下垫面为农田的站点，这应该与土壤湿度变化和下垫面类型的年内变化幅度有关。通常来说，农田受人类活动影响较大，其地表覆被变化有显著的周期特点。而森林站点的地表覆被在一年中基本可以保持稳定，类似 DHS 和 QYZ 这样的下垫面为常绿林的，实测 LST 的年内变化幅度较小，侧面反映地表异质性的变化也较小，因此 TRIMS LST 与实测 LST 的吻合性较好。MYU 站实测 LST 年内变化的 STD 最高，为 13.66K；CBS 站点实测 LST 年内变化的 STD 最低，为 8.53，与验证结果相对应。这表明各站点之间 TRIMS LST 精度的差异主要受 MODIS LST 产品精度和其地表热异质性在年内变化幅度的影响。

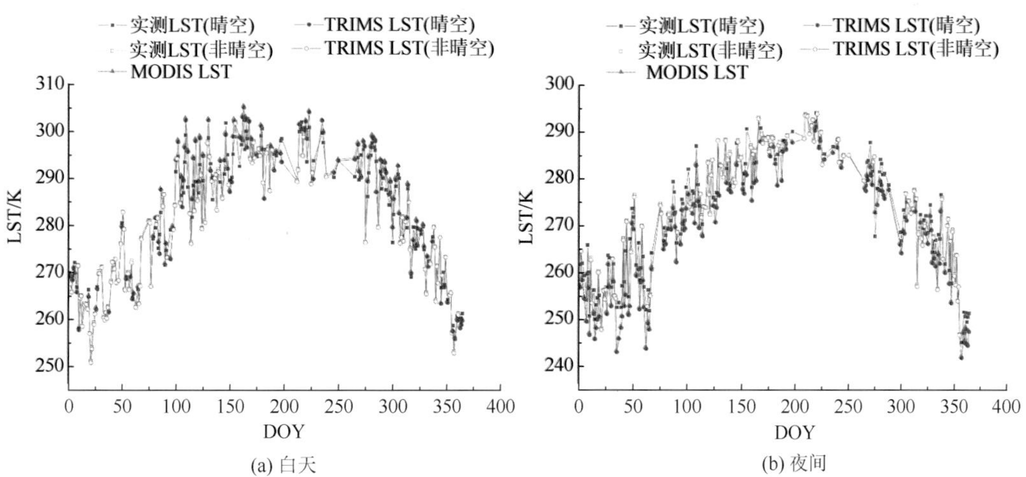

图 6-7　2004 年白天和夜间条件下 TRIMS LST、MODIS LST 与实测 LST（站点：CBS）

6.3.4　TRIMS LST 与其他全天候遥感地表温度数据集的对比

第 5 章已经在研究区范围内——青藏高原及周边地区，充分比较了 TCD 和 RTM 方法生成的全天候 LST。总体来说，通过 RTM 方法生成的 TRIMS LST 的图像质量更高，表现出更好的空间连续性。同时，TCD LST 与 MODIS LST 之间的偏差随着被动微波影像轨道间隙区域的增大而迅速增加，表明二者之间的一致性对轨道间隙区域填补区域的空间百分比高度正向敏感。相反，TRIMS LST 在生成过程中有效地避免了被动微波影像轨道间隙带来的干扰，在年尺度上保持了精度的稳定，基于地面站点验证的结果也证明了这一点。

目前有少数公开发布的全天候 LST 数据产品。本章选择覆盖我国主要陆域的全天候 LST 产品 LSTC 与 TRIMS LST 进行比较分析。LSTC 产品为 Zhao 等（2020）在国家青藏高原科学数据中心、国家生态科学数据中心（http://www.cnern.org.cn/）和 zenodo 数据平台（https://doi.org/10.5281/zenodo.3528024）发布的 2003～2017 年中国地区月尺度 LST 产品，空间分辨率为 5.6km。由于篇幅所限，此处仅展示 2017 年 1 月根据 TRIMS LST 计算得到的月平均 LST 及共 8 个子区域（A～H 区域）的 LSTC 与 TRIMS LST，具体如图 6-8 和图 6-9 所示。总体上，TRIMS LST 与 LSTC 的具有相似的空间分布和幅值范围。

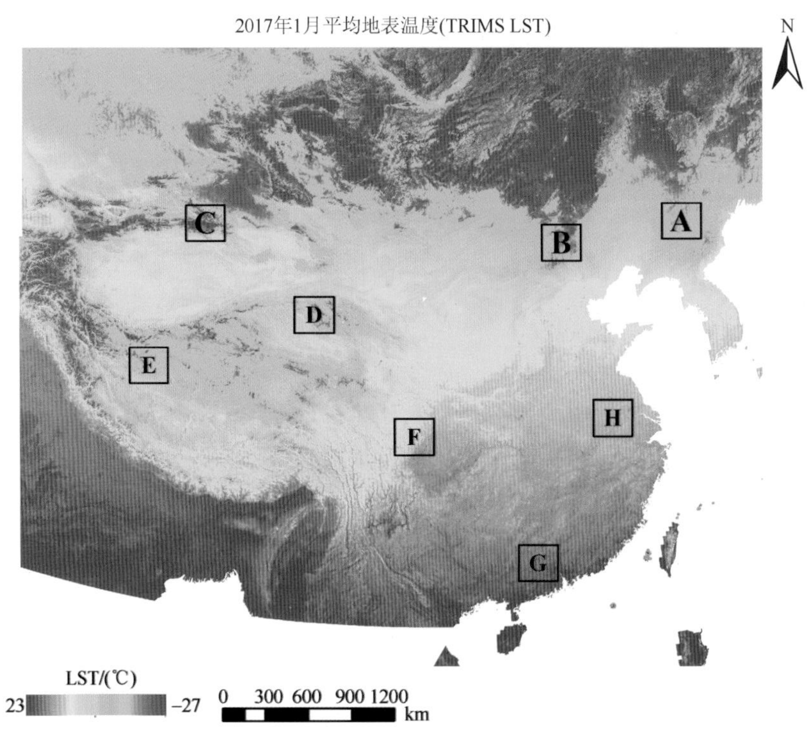

图 6-8　根据 TRIMS LST 计算得到的 2017 年 1 月平均 LST

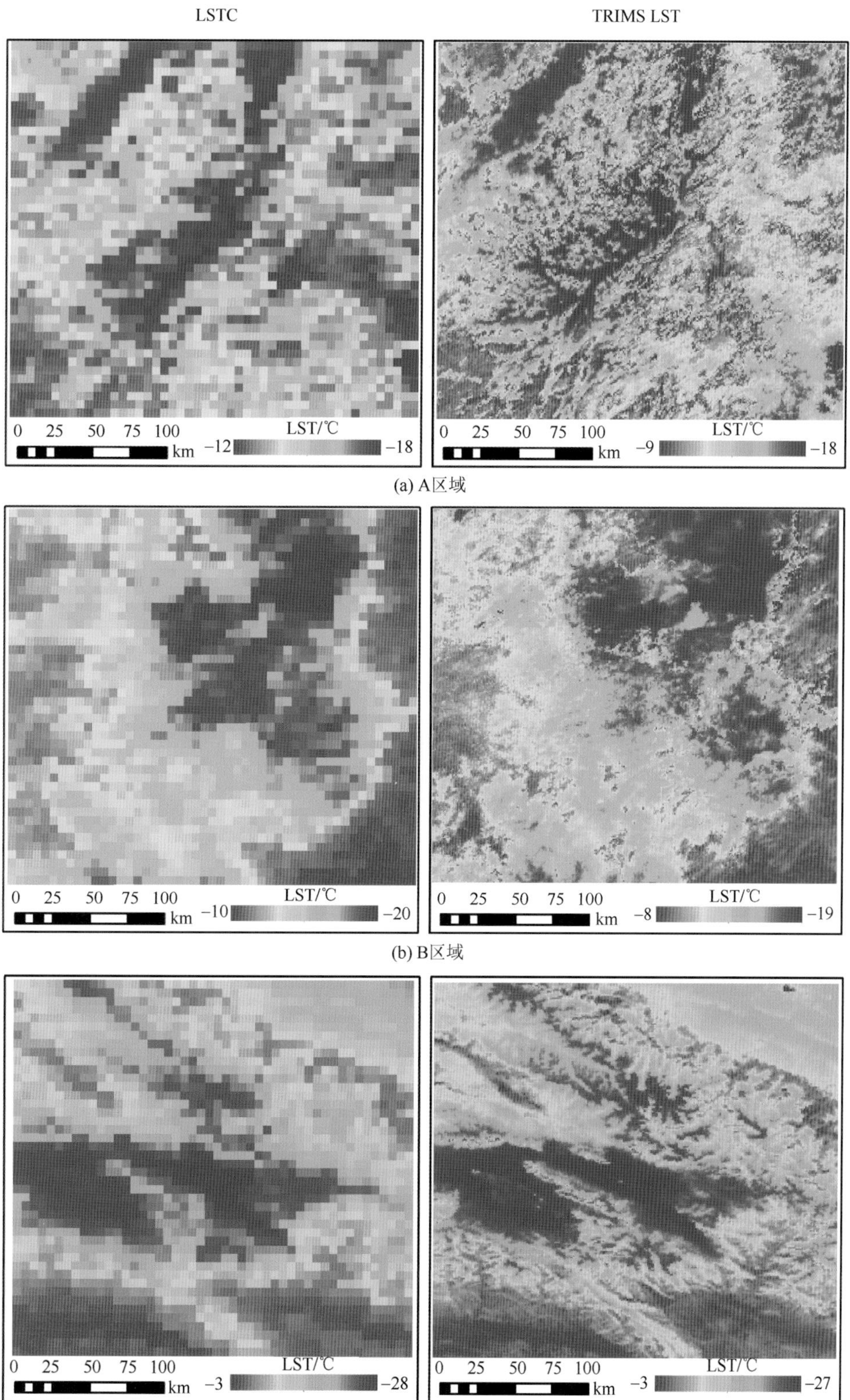

(a) A区域

(b) B区域

(c) C区域

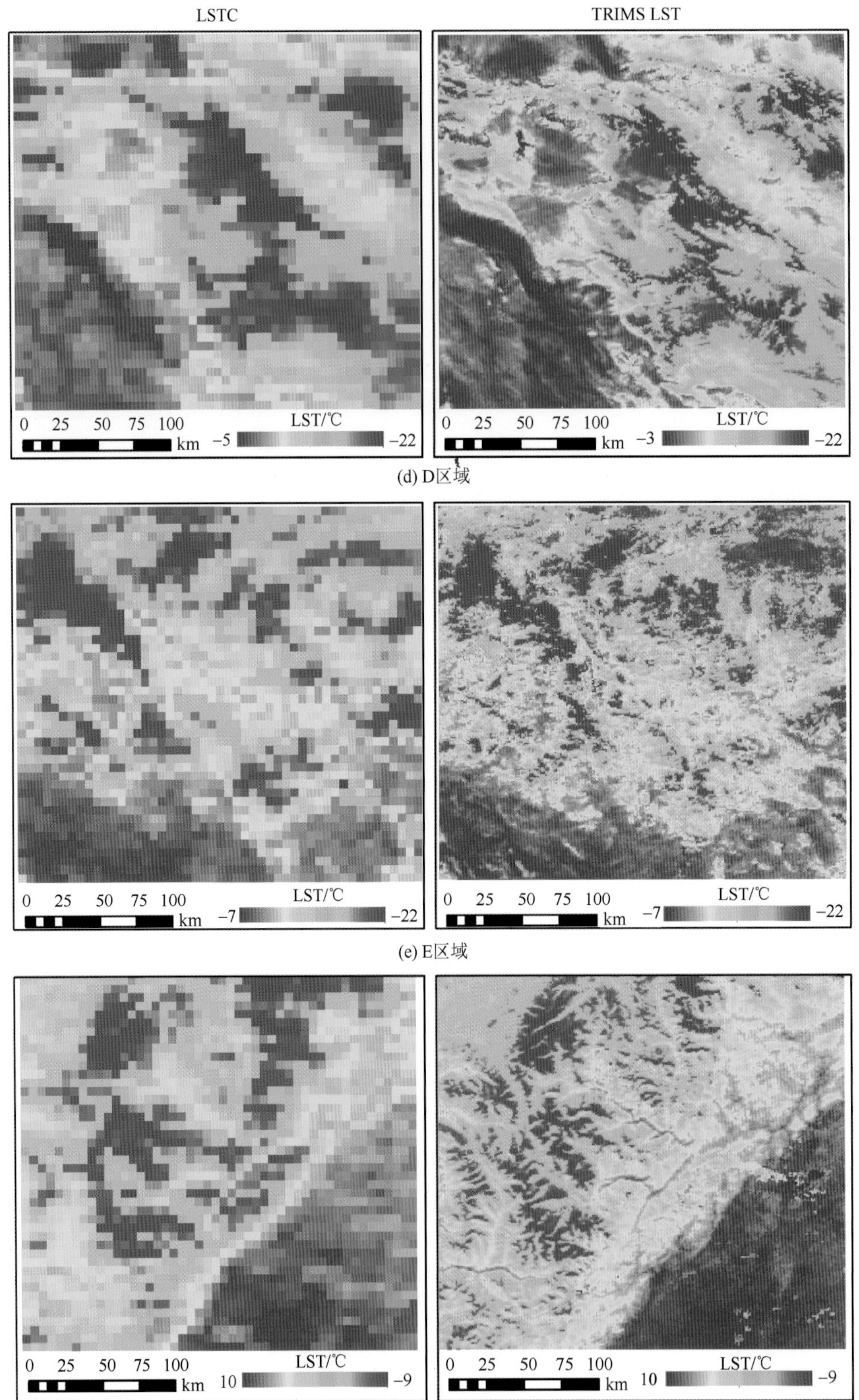

(d) D区域

(e) E区域

(f) F区域

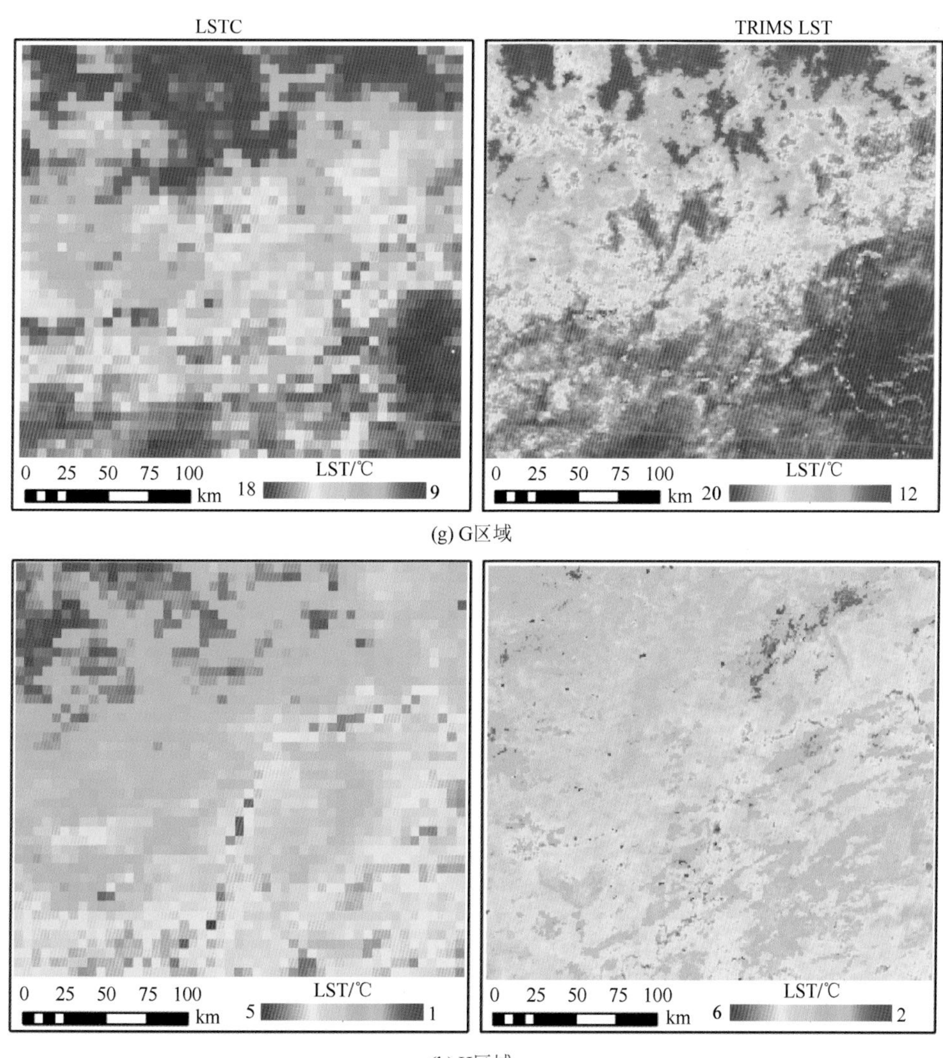

图 6-9 2017 年 1 月平均 TRIMS LST 与 LSTC 的空间分布（子区域）

6.4 本章小结

本章基于 RTM 方法，生成了中国陆域及周边逐日 1km 全天候地表温度数据集。通过与 MODIS LST、实测 LST 和其他全天候 LST 产品的充分比较和验证，证明 RTM 方法的普适性和鲁棒性。对所生成的全天候 LST 数据集 TRIMS LST 的分析结果表明，其空间缺失值较少、图像质量高，经过实测 LST 检验后的精度良好（1.39～3.71K），晴空与非晴空条件下的精度没有明显差异。TRIMS LST 与其他热红外-被动微波数据集成的全天候 LST 产品相比，降低了热采样深度对结果的影响，避免了由于被动微波遥感轨道间隙造成的数据空间不连续和精度受限的问题，与现有中国陆域全天候 LST 产品相比，在空间分布和幅值上高度一致。

第 7 章　青藏高原冰川地区全天候地表温度的降尺度

近年来随着全球变暖，青藏高原东南部的藏东南地区发生冰川泥石流愈发频繁（高杨等，2017；邬光剑等，2019）。冰川泥石流的形成过程十分复杂，除了受到降水、冰湖溃决等因素的影响外，还主要受到由温度变化生成的冰川融水影响（铁永波和李宗亮，2010）。LST 对冰川融水的影响较大（郄宇凡，2020；Yalcin and Polat，2020；Brabyn and Stichbury，2020），因此 LST 对于藏东南地区冰川泥石流的监测与预警十分重要。

相较于站点测量的 LST，卫星遥感能够获取大范围“面状”的 LST，可以在大区域尺度上进行应用。遥感 LST 主要通过卫星热红外遥感数据反演获得（祝善友等，2006；李召良等，2016），但受限于物理机制，卫星热红外遥感只能获得晴空条件下的 LST。藏东南地区常年云雾缭绕的气候极大地限制了遥感 LST 在该地区的应用（邓明枫等，2017）。近年来，融合多源遥感数据的中分辨率全天候 LST 生成研究不断发展。例如，Duan 等（2017）、Zhang 等（2019）分别提出了融合卫星热红外与被动微波遥感生成 1km 分辨率全天候 LST 的方法；Long 等（2020）、Zhang X D 等（2021）则建立了融合再分析数据和热红外遥感数据重建 1km 分辨率全天候 LST 的方法。通过这些方法制备的中分辨率遥感 LST 产品具有全天候、长时间序列、空间无缝等特点，实现了云下重建。本书前文对部分方法和数据产品进行了详细的描述。

藏东南地区发生冰川泥石流的山沟面积通常为 5～20km^2，现有的 1km 分辨率全天候 LST 产品的空间分辨率无法满足藏东南地区小区域范围内冰川泥石流灾害精细化研究的需求，急需高时空分辨率的遥感 LST 产品。对中分辨率全天候 LST 产品进行空间降尺度是解决这一问题的有效途径。LST 的空间降尺度是指通过融合高空间分辨率影像信息及其他与 LST 相关的因素，使得低空间分辨率的 LST 获得高空间分辨率信息，从而具备更多的空间细节（Stathopoulou and Cartalis，2009；Zhan et al.，2013）。LST 的空间降尺度可分为温度分解（temperature unmixing，TUM）与热锐化（thermal sharpening，TSP）两类（Zhan et al.，2013）。温度分解方法通过多时间、多空间、多光谱或多角度观测来分解低空间分辨率像元内的 LST；热锐化方法则依据“关系尺度不变”假设，将 LST 与影响因子在低空间分辨率的统计关系应用于高空间分辨率；该方法操作方便且精度可靠，应用十分广泛（全金玲等，2013）。

基于热锐化的空间降尺度方法众多（Zhan et al.，2013）。例如，Kustas 等（2003）提出了使用 NDVI 作为 LST 影响因子的线性回归降尺度模型方法（DisTrad），在地表覆盖（land cover，LC）类型较为简单的植被地区取得了较好的效果。TsHARP 降尺度方法是对 DisTrad 方法的扩展，以植被指数为影响因子，使用多项式、指数等模型进行降尺度关系的拟合（Agam et al.，2007）。在 DisTrad 方法的基础上，Bindhu 等（2013）提出了 NL-DisTrad 方法，在建立 NDVI 与 LST 的相关关系后，使用人工神经网络模型对低分辨率下的残差进行建模，将拟合的残差添加到降尺度 LST 中。对于地形复杂、混合像元较多的地区，LST 与各种影响因子之间的关系十分复杂（肖尧等，2021），使用较多影响因子的降尺度方法表现更好。Dominguez 等（2011）提出了结合 NDVI 与地表反照率的二元多项式拟合 HTUS 降尺度方法。Hutengs 和 Vohland（2016）提出了以 DEM、地表覆盖、地表反射率等作为 LST 影响因子的随机森林（RF）降尺度方法。汪子豪等（2018）结合多种光谱指数，通过神经网络方法实现对 LST 的降尺度。上述多因子降尺度研究的结果表明其精度优于单因子方法。

现有的降尺度方法需要将相同或相近时刻的高时间、空间分辨率影像进行融合，并且要求原始影像的云雾影响较小，因此大多是针对特定的时间与地区进行的降尺度。目前针对长时间序列全天候 LST 空间降尺度的研究较少。为此，本章通过分析全天候 LST 与高程、地表覆盖类型、植被指数、积雪指数、地表反射率等 LST 影响因子的关系，构建中分辨率全天候 LST 的空间降尺度模型（黄志明 等，2021；黄志明，2021）；对比模型中使用的多种线性、机器学习算法的精度表现，将全天候 LST 产品的空间分辨率由 1km 提升至 250m，以期为藏东南地区冰川泥石流等灾害的研究提供可靠的高分辨率遥感全天候 LST 数据。

7.1　研究区与数据

7.1.1　研究区

研究区为图 7-1 所示的藏东南地区，地理范围为 91.4°E～97.4°E，28.8°N～32.1°N。研究区山脉纵横，平均海拔 4200m，地表覆盖类型多样，山沟底部植被茂密，山顶则常为冰川积雪，在中分辨率影像上混合像元众多。研究区内常年多云多雨，冰川泥石流灾害频发，对当地道路维护与人民生命财产安全造成巨大隐患（张佳佳等，2018）。

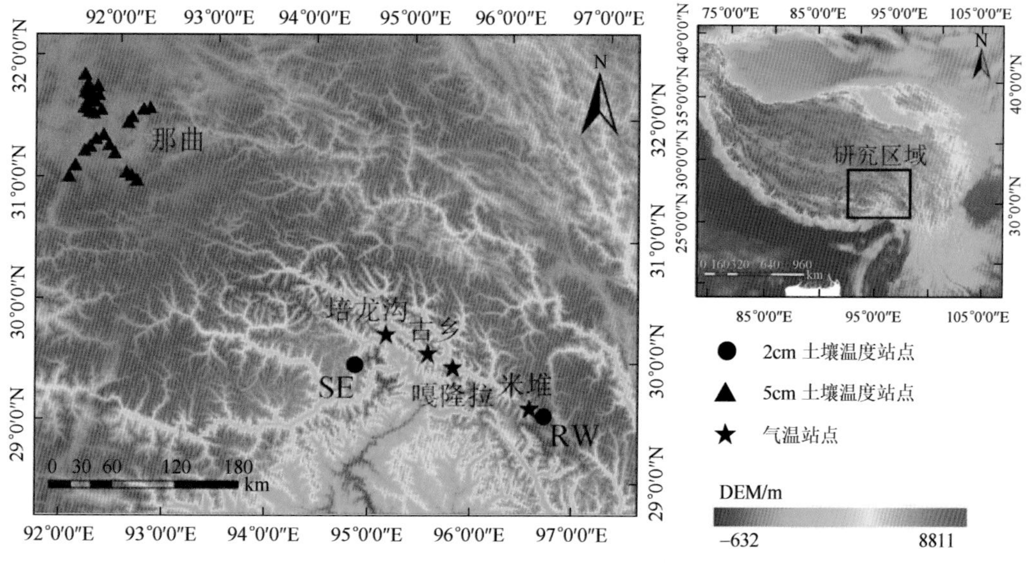

图 7-1　研究区区位、高程与所选站点分布

图 7-2 为根据 MODIS LST 产品所统计得到的 2011 年研究区全年晴空天数占比。统计表明，研究区中部山谷密集地区与南部地区全年晴空天数占比仅为 10%～30%，研究区其他区域全年晴空天数占比均低于 70%，表明研究区大部分区域长时间被云雾覆盖，因此目前常用的热红外遥感数据及反演得到的 LST 难以应用于该区域。

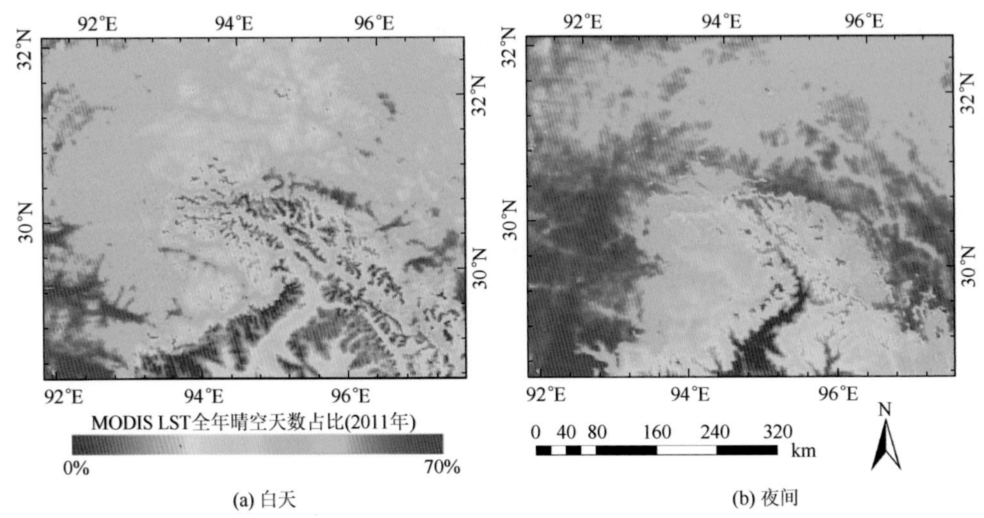

图 7-2　研究区 2011 全年晴空天数占比统计

7.1.2　全天候地表温度

本章所采用的全天候 LST 数据来源于第六章所介绍的“中国陆域及周边逐日 1km 全天候地表温度数据集”（TRIMS LST）的中国西部子集。该数据子集也已在国家青藏高原科学数据中心发布，数据名为“中国西部逐日 1km 空间分辨率全天候地表温度数据集 V2（TRIMS LST-TP）”。由于 TRIMS LST-TP 与 TRIMS LST 的源算法与制备过程完全一致，故后文中亦简称为 TRIMS LST。所选用全天候 LST 数据的时间跨度为 2003～2019 年；在降尺度方法精度评价时使用 2011 年与 2018 年的全天候 LST 数据。相关内容亦可见第五章与第六章。

7.1.3　其他地表参数产品

本章使用 MODIS 地表产品（MOD13、MYD10）以及高程与地表覆盖数据获取 LST 影响因子。MODIS 地表产品的时间跨度为 2003～2019 年。采用 MOD13 系列产品中提供的 1km、250m 增强型植被指数（enhanced vegetation index，EVI）及红、蓝、近红外波段的地表反射率作为 LST 影响因子。MYD10 系列产品提供了 500m 归一化差分积雪指数（normalized difference snow index，NDSI），用以表征研究区内的积雪覆盖情况，使用最近邻法重采样到 250m，求均值升尺度至 1km。MODIS 地表产品从 EARTHDATA（https://search.earthdata.nasa.gov/）下载得到。

本章所采用的高程数据空间分辨率为 30m，通过像元聚合方法升尺度至 1km、250m，下载自地理空间数据云网站（http://www.gscloud.cn/）。地表覆盖类型数据空间分辨率为 10m 与 30m，下载自清华大学（http://data.ess.tsinghua.edu.cn）（Gong et al.，2019）与 Globeland30 网站（http://www.globallandcover.com/）（Chen et al.，2014）。由于地表覆盖类型数据是离散的，需将其转换为连续值以满足模型输入要求，故采用地表覆盖类型比例（land cover type percent，LCTP）来替代：方法是计算在低分辨率像元区域内，对应的高空间分辨率不同地表覆盖类型像元数占总像元数的比例。由此，可将一幅数值离散的地表覆盖类型数据转换为多幅数值连续的地表覆盖类型比例数据。

7.1.4　地面站点实测数据

由于研究区内缺乏较高质量的 LST 实测数据，本章使用 2cm、5cm 实测土壤温度数据与近地面气温数据作为结果评价数据。土壤温度数据下载自国家青藏高原科学数据中心（http://data.tpdc.ac.cn/），气温数据下载自国家冰川冻土沙漠科学数据中心（http://www.ncdc.ac.cn/）。2cm 土壤温度数据包括 SE 和 RW 两个站点（Yang et al.，2013）；5cm 土壤温度为那曲地区 80km^2 内的 30 个站点数据（Yang and Su，2019；Su et al.，2013；Dente et al.，2012；Van Der Velde et al.，2012；Su et al.，2011）；土壤温度数据的观测时间为 2011 年。近地面气温观测数据来自 2018 年的培龙沟、古乡沟、嘎隆拉、米堆 4 个站点（陈宁生等，2019a，2019b，2019c，2019d），该数据将用于降尺度后冰川表面温度的趋势分析。上述地面站点分布如图 7-1 所示，相关信息如表 7-1 所示。

表 7-1　地面观测站点信息

站点	经度/(°)	纬度/(°)	海拔/m	时间段	观测地物类型	数据类型
SE	94.7383	29.7625	3326	2011/01/01～2012/12/31	裸地	2cm 土壤温度
RW	96.6478	29.4811	3923	2011/01/01～2012/12/31	水体	2cm 土壤温度
那曲	91.7～92.4	31.0～31.9	4302～5618	2010/01/01～2016/12/31	草地	5cm 土壤温度
培龙沟	95.0125	30.0411	2056	2010/01/01～2019/12/31	裸地	日均气温
古乡沟	95.4422	29.9181	2850	2010/01/01～2019/12/31	林地	日均气温
嘎隆拉	95.7064	29.8231	3200	2010/01/01～2019/12/31	林地	日均气温
米堆	96.4997	29.5378	3610	2010/01/01～2019/12/31	林地	日均气温

7.2　研究方法

7.2.1　降尺度理论基础

与基于热锐化的空间降尺度方法流程相似，在原始的低空间分辨率下训练影响因子与 LST 的回归模型 f（Zhan et al.，2013）：

$$\overline{\mathrm{LST}_{\mathrm{low}}} = f(\mathrm{GEO}_{\mathrm{low}}, M_{\mathrm{low}}, \mathrm{LCTP}_{\mathrm{low}}) \tag{7-1}$$

式中，下标 low 代表原始空间分辨率（低分辨率）；GEO、M、LCTP 为代表 LST 影响因子的集合，其中 GEO 代表高程、坡度、坡向等地形影响因子；M 代表地表物理参数影响因子（植被指数、相关波段的地表反射率、积雪指数）；LCTP 代表地表覆盖类型比例；$\overline{\mathrm{LST}_{\mathrm{low}}}$ 是指由训练完成的模型拟合得到的原始分辨率 LST。

残差为 LST 未被模型 f 所表达的部分：

$$\Delta\mathrm{LST}_{\mathrm{low}} = \mathrm{LST}_{\mathrm{low}} - \overline{\mathrm{LST}_{\mathrm{low}}} \tag{7-2}$$

式中，$\Delta\mathrm{LST}_{\mathrm{low}}$ 为残差，需在降尺度模型中予以考虑；$\mathrm{LST}_{\mathrm{low}}$ 为原始 LST。

依据“关系尺度不变”假设，将原始分辨率下训练所得的模型 f 应用于目标分辨率（高分辨率），得到预测目标分辨率的 LST（$\overline{\mathrm{LST}_{\mathrm{high}}}$）：

$$\overline{\mathrm{LST}_{\mathrm{high}}} = f(\mathrm{GEO}_{\mathrm{high}}, M_{\mathrm{high}}, \mathrm{LCTP}_{\mathrm{high}}) \tag{7-3}$$

式中，下标 high 代表目标空间分辨率。

最终，降尺度得到的（$\mathrm{LST}_{\mathrm{high}}$）为

$$\mathrm{LST}_{\mathrm{high}} = \overline{\mathrm{LST}_{\mathrm{high}}} + \Delta\mathrm{LST}_{\mathrm{high}} \tag{7-4}$$

式中，目标分辨率的残差 $\Delta\mathrm{LST}_{\mathrm{high}}$ 由 $\Delta\mathrm{LST}_{\mathrm{low}}$ 通过最近邻等插值方法获得。

7.2.2　降尺度算法选择

式（7-1）中所列的模型 f 是 LST 降尺度的核心问题之一。本章选择多元线性回归、RF、梯度提升决策树（gradient boosting decision tree，GBDT）进行比较，然后确定最优算法进行研究区全天候 LST 的降尺度。如前文所述，RF 常被应用于 LST 降尺度研究中。RF 是将众多决策树集成的一种算法（图 7-3），对于任意的输入数据，每棵决策树都会产生一个结果，次数最多的结果被选定为最终输出。

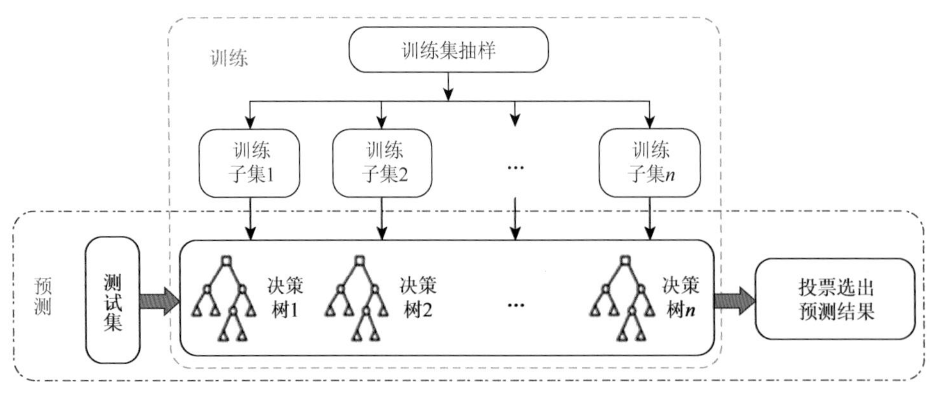

图 7-3　RF 算法原理示意图

GBDT 是一种迭代的决策树算法（Friedman，2001）。如图 7-4 所示，该算法由多棵回归树构成，每棵新的回归树对前一棵回归树的误差进行拟合，依次迭代直至精度达到要求。算法会对每棵回归树的结果都赋予对应的权重，最终结果是所有回归树结果的结合。在 GBDT 中，LightGBM 算法是一种快速且可处理大规模数据的算法（Ke et al.，2017）。该算法使用基于梯度的单边采样与互斥特征捆绑方法解决了传统的 GBDT 算法在效率和可扩展性上不能满足大样本与高维度的需求问题。对于 RF 与 LightGBM 方法中的超参数，通过一定步长遍历所有可能的超参数以确定最优值。

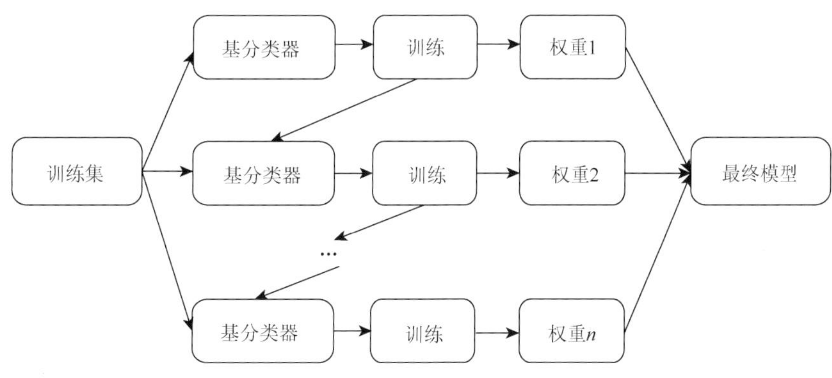

图 7-4　梯度提升决策树算法原理示意图

7.2.3　移动窗口降尺度

LST 与影响因子之间并不总是保持平稳的关系（Duan and Li，2016），尤其是对于具有复杂地形的藏东南冰川地区，对整个研究区构建降尺度模型可能会导致较多的不确定性。针对该问题，本章结合移动窗口方法将整个研究区切分为若干局部区域分别构建降尺度模型。如式（7-5）所示，本章采用大小为 $w \times w$ 的移动窗口，步长为 1，每个窗口使用全年的数据构建模型。由于每个窗口的数据量较少且 LightGBM 方法的训练速度较快，因此当移动窗口的移动步长为 1 时降尺度模型依然具有较高的效率。将每个像元在不同的窗口模型的降尺度地表温度 $\mathrm{LST}_{\mathrm{high},i,j}$ 取均值即获得降尺度最终结果 $\mathrm{LST}_{\mathrm{result}}$：

$$\mathrm{LST}_{\mathrm{result}} = \mathrm{mean}\left(\sum_{i=1}^{m}\sum_{j=1}^{n}\mathrm{LST}_{\mathrm{high},i,j}\right) \tag{7-5}$$

式中，m 与 n 代表包含该像元的移动窗口在行与列方向上的个数，当像元与研究区边缘的距离大于移动窗口的宽度 w 时，m、n 与 w 相等；i 与 j 分别代表包含该像元的移动窗口在行与列方向上的位置。

本章所采用的降尺度流程如图 7-5 所示，分为 2 个阶段。第 1 阶段：在 1km 分辨率下分别训练 3 种方法的模型，预测地面站点处的 250m 的 LST。第 2 阶段：通过地面站点实测数据与图像质量指数评价，对比 3 种降尺度方法的精度与图像质量，获得能有效应用于研究区的全天候 LST 降尺度方法。

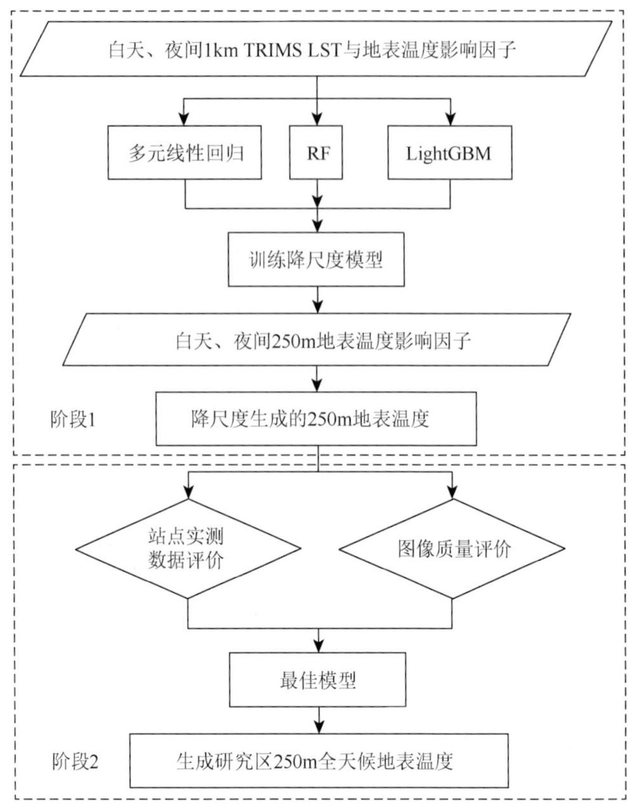

图 7-5　所采用的 LST 降尺度流程

7.2.4　评价指标

本章对降尺度 LST 的精度评价标准是 MBE、RMSE 与 R^2。MBE 反映模型的系统性误差，RMSE 与 R^2 分别反映降尺度 LST 与实测值之间的精度与吻合程度。除精度评价外，本章还进行了降尺度所得的 LST 的图像质量评价。图像质量指数能够对降尺度 LST 的空间格局与幅值进行评价。所选指标包括 Q 指数（Wang and Bovik，2002）与图像质量指数（simple yet flexible index，SIFI）（Gao et al.，2017），其计算方式分别如下：

$$Q=\frac{4\delta_{\mathrm{OD}}\mathrm{LST_O}\mathrm{LST_D}}{(\delta_{\mathrm{O}}^2+\delta_{\mathrm{D}}^2)[(\overline{\mathrm{LST_O}})^2+(\overline{\mathrm{LST_D}})^2]} \tag{7-6}$$

$$\mathrm{SIFI}=\frac{\mathrm{RMSE}(\mathrm{LST_D},\mathrm{LST_R})}{\mathrm{RMSE}(\mathrm{LST_D},\mathrm{LST_O})}=\frac{\sqrt{\mathrm{E}[(\mathrm{LST_D}-\mathrm{LST_R})^2]}}{\sqrt{\mathrm{E}[(\mathrm{LST_D}-\mathrm{LST_O})^2]}} \tag{7-7}$$

式中，$\mathrm{LST_O}$ 代表空间分辨率为 1km 的全天候 LST（TRIMS LST）；$\mathrm{LST_D}$ 代表降尺度结果；$\mathrm{LST_R}$ 代表参考的目标分辨率影像，由 TRIMS LST 通过最近邻插值获取；$\overline{\mathrm{LST_O}}$ 与 $\overline{\mathrm{LST_D}}$、$\delta_{\mathrm{O}}^2$ 与 δ_{D}^2、δ_{OD} 分别代表降尺度前后 LST 的均值、方差、协方差；RMSE（）代表求两幅影像间的 RMSE；E（）代表期望。

Q 指数与 SIFI 可以使用移动窗口进行分块计算以评估不同尺度下降尺度影像与原始影像在数值与空间分布上的相似性：

$$Q_{\text{result}} = \text{mean}\left(\sum_{i=1}^{m}\sum_{j=1}^{n} Q_{ij}\right) \tag{7-8}$$

$$\text{SIFI}_{\text{result}} = \text{mean}\left(\sum_{i=1}^{m}\sum_{j=1}^{n} \text{SIFI}_{ij}\right) \tag{7-9}$$

式中，Q_{ij} 与 SIFI_{ij} 分别代表每个窗口处的 Q 指数与 SIFI 指数；m 与 n 分别代表研究区被划分为 m 行、n 列个窗口；i 与 j 代表当前窗口所处的位置。

上述两种图像质量评价指标中，Q 指数越接近 1，表明降尺度影像与原始影像在空间分布上具有越高的一致性，越接近 0 则表示差异越大；SIFI 指数则相反，SIFI 指数越接近 0，表明降尺度影像与原影像在空间分布上的一致性越高，反之亦然。两种指数均使用移动窗口进行计算。

7.3　结 果 分 析

7.3.1　影响因子分析

使用相关分析以量化 LST 与各影响因子之间是否显著相关以及相关程度。表 7-2 展示了白天与夜间 LST 与影响因子的相关系数，结果表明所有的影响因子都与 LST 显著相关（$P<0.01$）。由表 7-2 可知，EVI 与 LST 呈现正相关且相关性较高，相关系数为 0.5 左右，这是因为研究区海拔越低，植被越茂密。研究区内不同地区的地表覆盖类型空间变化较大，因此地表反射率与 LST 的相关性较高，相关系数为–0.3 左右。高程与 LST 呈负相关关系，相关系数为–0.5 左右。NDSI 与 LST 的相关系数为–0.18，表明研究区内冰雪对 LST 的影响不可忽略。虽然研究区内 LST 与影响因子在夜间的相关系数普遍大于白天，但植被指数、地表反射率、高程与 LST 在夜间仍具有较强的相关性。

表 7-2　LST 与影响因子的相关系数

影响因子	相关系数	
	白天	夜间
植被指数（EVI）	0.49	0.50
红光波段反射率（red reflectance）	–0.35	–0.29
蓝光波段反射率（blue reflectance）	–0.35	–0.27
近红外波段反射率（NIR reflectance）	–0.23	–0.14
积雪指数（NDSI）	–0.18	–0.18
高程（DEM）	–0.56	–0.49
坡度（aspect）	0.03	0.07
坡向（slope）	0.05	0.11

由表 7-3 可知，地表覆盖类型比例与 LST 的相关系数在−0.37～0.34。研究区内裸地与冰雪占比越多的像元高程越高，因此裸地、冰雪与 LST 呈负相关。研究区地形的高差大，地表类型受海拔影响较大；海拔越低的区域，温度越高，气候更适合植物生长，植被越茂密；因此农田、森林、草地、灌木与 LST 呈正相关关系。城市不透水面与 LST 呈正相关关系。水体与湿地的地形较为平坦，与 LST 的相关性较弱。

表 7-3　LST 与地表覆盖类型比例的相关系数

地表覆盖类型比例	相关系数	
	白天	夜间
裸地（bareland）	−0.37	−0.24
农田（cropland）	0.21	0.10
森林（forest）	0.34	0.27
草地（grassland）	0.16	0.01
灌木（shrubland）	0.07	0.05
冰雪（snow ice）	−0.31	−0.19
水体（water）	0.06	0.04
湿地（wetland）	0.01	0.03
不透水面层（impervious surface）	0.20	0.06

本章所选的影响因子均与 LST 显著相关（P<0.01）。因此，本章使用全部的影响因子训练降尺度模型，以避免单一的影响因子无法充分解释 LST 变化的情况。

7.3.2　降尺度窗口尺寸

本章通过移动窗口方法克服不同区域间 LST 与影响因子之间关系的变化，因此最优降尺度窗口尺寸的选择是十分关键的。将不同窗口尺寸下 250m 降尺度 LST 影像升尺度至 1km，与 TRIMS LST 进行对比，以两者之间的 RMSE 为评价指标。图 7-6 展示的是不同降尺度窗口尺寸下的 RMSE。由结果可知，对于所选择的 3 种方法和白天、夜间两种情况，RMSE 在降尺度窗口尺寸为 20km×20km 最低。因此，选取 20km×20km 的移动窗口进行全天候 LST 的降尺度。

7.3.3　降尺度结果分析

1. 基于实测土壤温度的结果评价

在使用实测土壤温度进行结果评价之前，需要先通过三倍标准差方法剔除受到短期干扰的数据（Göttsche et al.，2016；Yang et al.，2020；Ma et al.，2020）。表 7-4 展示的是基于 2cm 实测土壤温度的多元线性回归、RF、LightGBM 降尺度得到的 250m 分辨率的 LST 以及原始 TRIMS LST 的评价结果。由表 7-4 可知，3 种降尺度方法中多元线性回归方法的精度最低，其 RMSE 较原始 TRIMS LST 高约 1.54～1.97K，降尺度后 LST

的精度明显下降，表明该方法不适合研究区 LST 的降尺度。RF、LightGBM 方法的精度接近，RMSE 均低于 2.4K；LightGBM 方法的 RMSE 较 RF 方法低 0.07～0.08K。两种方法的 RMSE 相较于 TRIMS LST 在白天与夜间分别减小 0.04K/0.12K、0.25K/0.32K，表明使用 RF、LightGBM 方法降尺度后 LST 的精度有所提升，且夜间精度的提升幅度高于白天。

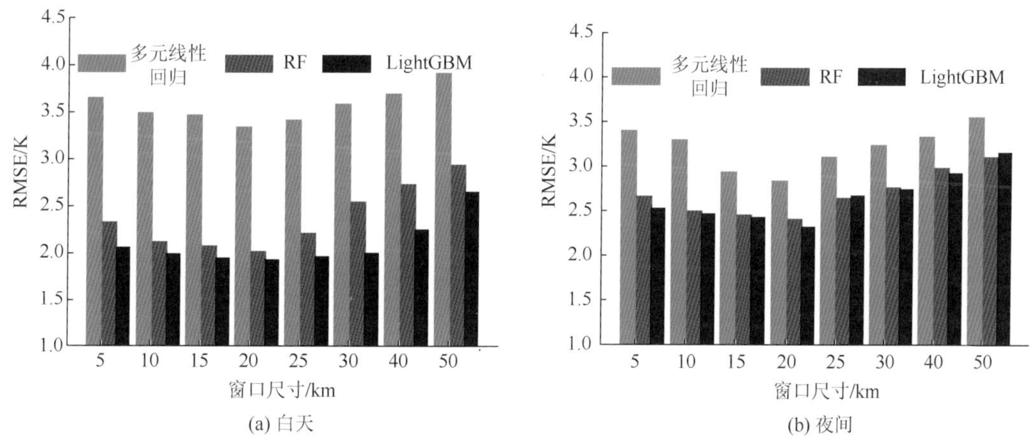

图 7-6　不同降尺度窗口尺寸对应的 RMSE

表 7-4　基于 2cm 土壤温度的 250m LST 评价结果

方法	白天			夜间		
	MBE/K	RMSE/K	R^2	MBE/K	RMSE/K	R^2
多元线性回归	−0.71	3.91	0.66	−0.92	4.44	0.50
RF	−0.24	2.33	0.73	0.82	2.22	0.87
LightGBM	−0.01	2.25	0.75	0.74	2.15	0.89
TRIMS LST	1.09	2.37	0.77	0.63	2.47	0.89

由于 2cm 土壤温度站点较少，采用那曲地区 30 个站点的 5cm 土壤温度数据对得到的 250m 的 LST 进行进一步评价。5cm 土壤温度不能直接用于 LST 的评价，为此建立 5cm 土壤温度与晴空 MODIS LST 之间的线性关系，将 5cm 土壤温度校正至 0cm（Kou et al., 2016）。图 7-7 展示的是在所选 30 个站点处白天、夜间 5cm 土壤温度与晴空 MODIS LST 的散点图。白天 MODIS LST 整体上高于 5cm 土壤温度，夜间 MODIS LST 整体上低于 5cm 土壤温度。5cm 土壤温度与晴空 MODIS LST 的 R^2 达到 0.8 左右，表明两者之间具有较强的相关性，通过线性关系对 5cm 土壤温度进行校正能够剔除大部分系统性偏差。

图 7-8 展示的是 TRIMS LST、降尺度所得 250m 分辨率的 LST 与校正后的 5cm 土壤温度站点散点图。250m 分辨率的 LST 与校正后的 5cm 土壤温度的 RMSE 较 TRIMS LST 在白天与夜间分别降低 0.67K、0.28K，R^2 在白天与夜间分别提升 0.12、0.06，表明降尺度 LST 具有较好的精度。

(a) 白天　　(b) 夜间

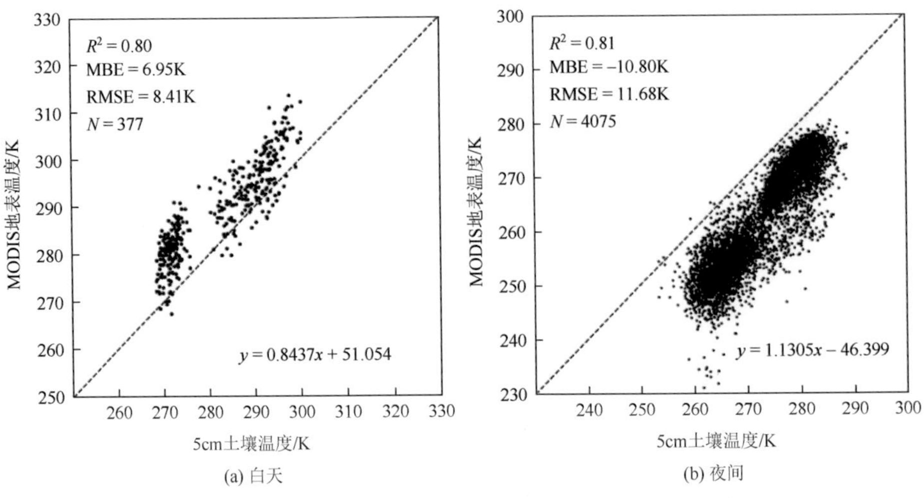

图 7-7　晴空 MODIS LST 与 5cm 土壤温度的散点图

(a) TRIMS LST　　(b) TRIMS LST

(c) 降尺度地表温度　　(d) 降尺度地表温度

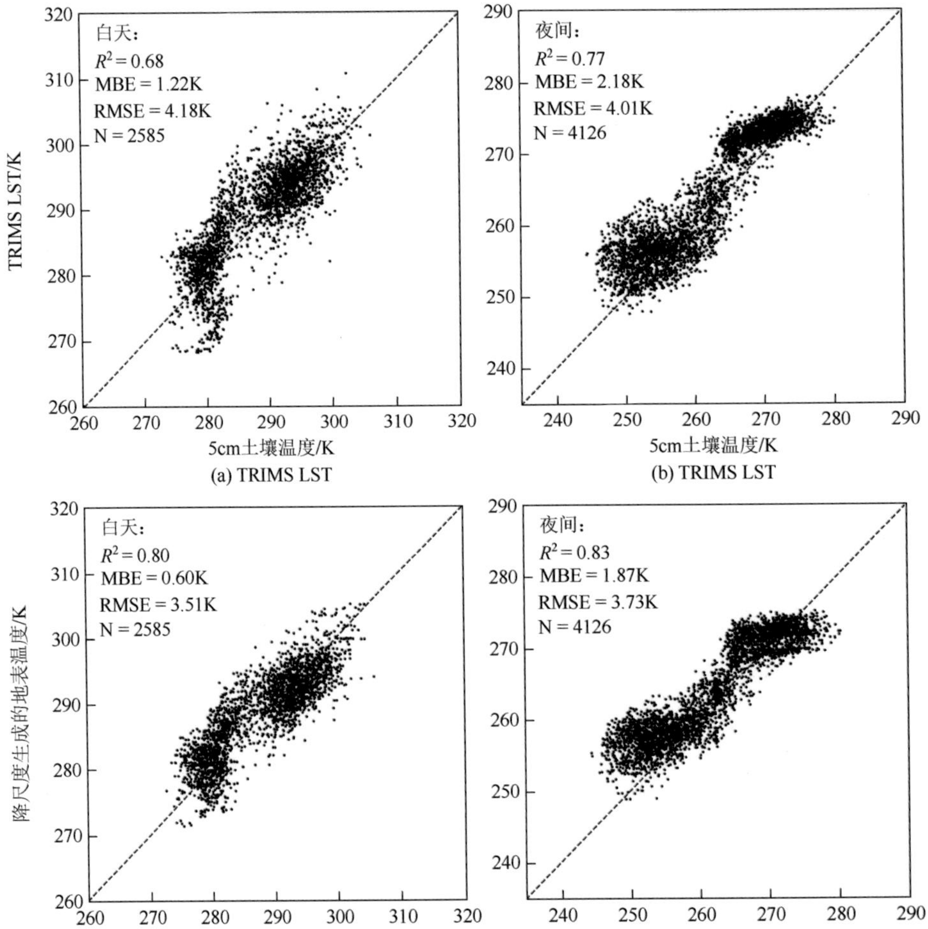

图 7-8　TRIMS LST、降尺度 LST 与校正后的 5cm 土壤温度站点散点图（250m 分辨率）

2. 基于实测近地面气温的结果评价

采用实测近地表气温从两个角度对降尺度得到的 250m 分辨率的 LST 进行定性评价。首先，直接将站点处的日均气温与 LST 对比，分析二者的变化趋势。其次，根据高程和站点所在区域的气温直减率，将站点处的日均气温推算为站点附近冰川处的气温，所采用的气温直减率来源于江净超等（2016）。图 7-9 展示了 4 个气温站点及其附近的冰川分布情况，以及推算的冰川处气温所对应的位置。

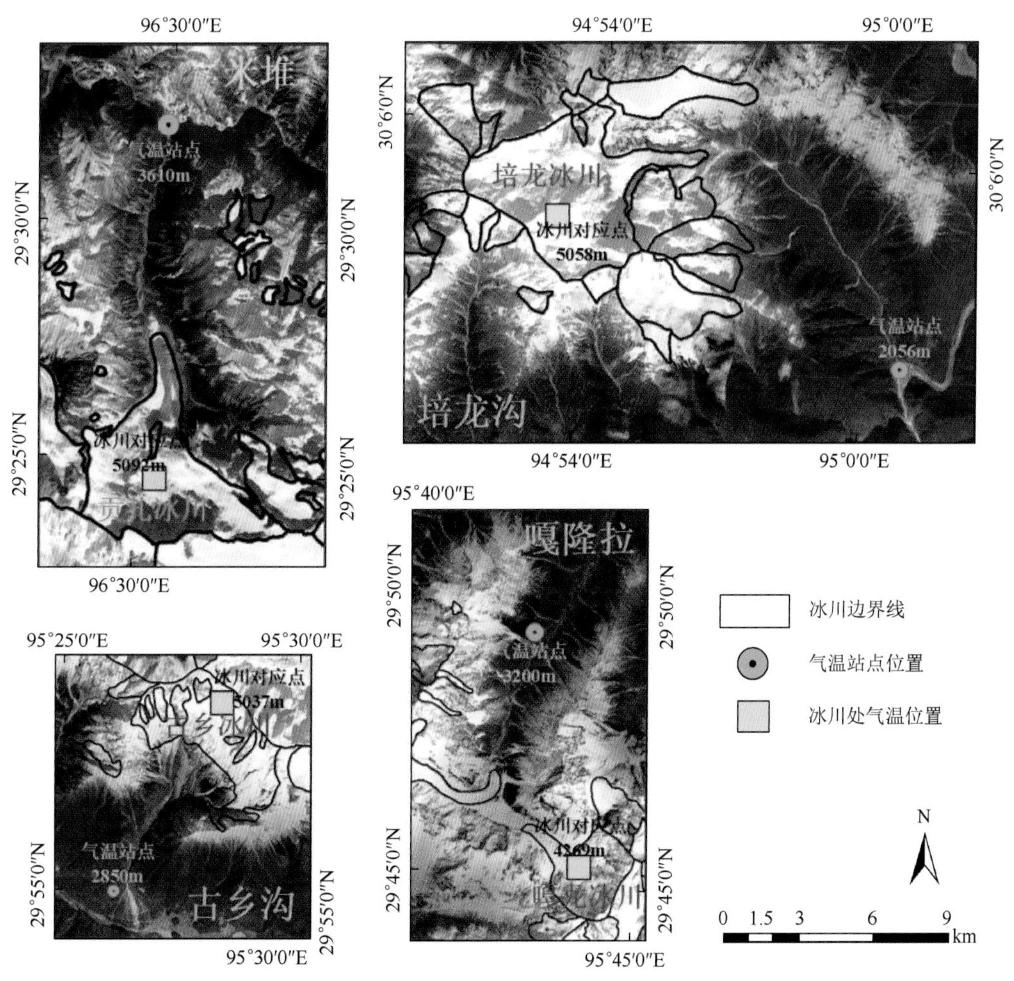

图 7-9　气温站点周边冰川分布及推算的冰川处气温所对应的位置

4 个气温站点处的日均气温与 250m 分辨率的 LST 趋势对比如图 7-10 所示。由图可知，白天 LST 略高于日均近地面气温，夜间 LST 低于日均近地面气温。LST 与日均近地面气温在白天具有较高的相关性，表明白天降尺度 LST 与日均气温在趋势变化上保持良好的一致性。250m 分辨率的 LST 与日均气温的相关系数略高于 TRIMS LST。与白天相比，夜间相关性略低。

图 7-11 展示的是站点附近冰川区域的近地表气温与 LST 的趋势对比图。由图可知，LST 在冰川处的变化幅度较站点处平缓；白天与夜间的降尺度 LST 在冰川区域均与日均气温具有较好的相关性，且高于站点处的相关性，表明降尺度 LST 在冰川区域也具有较好的可靠性。

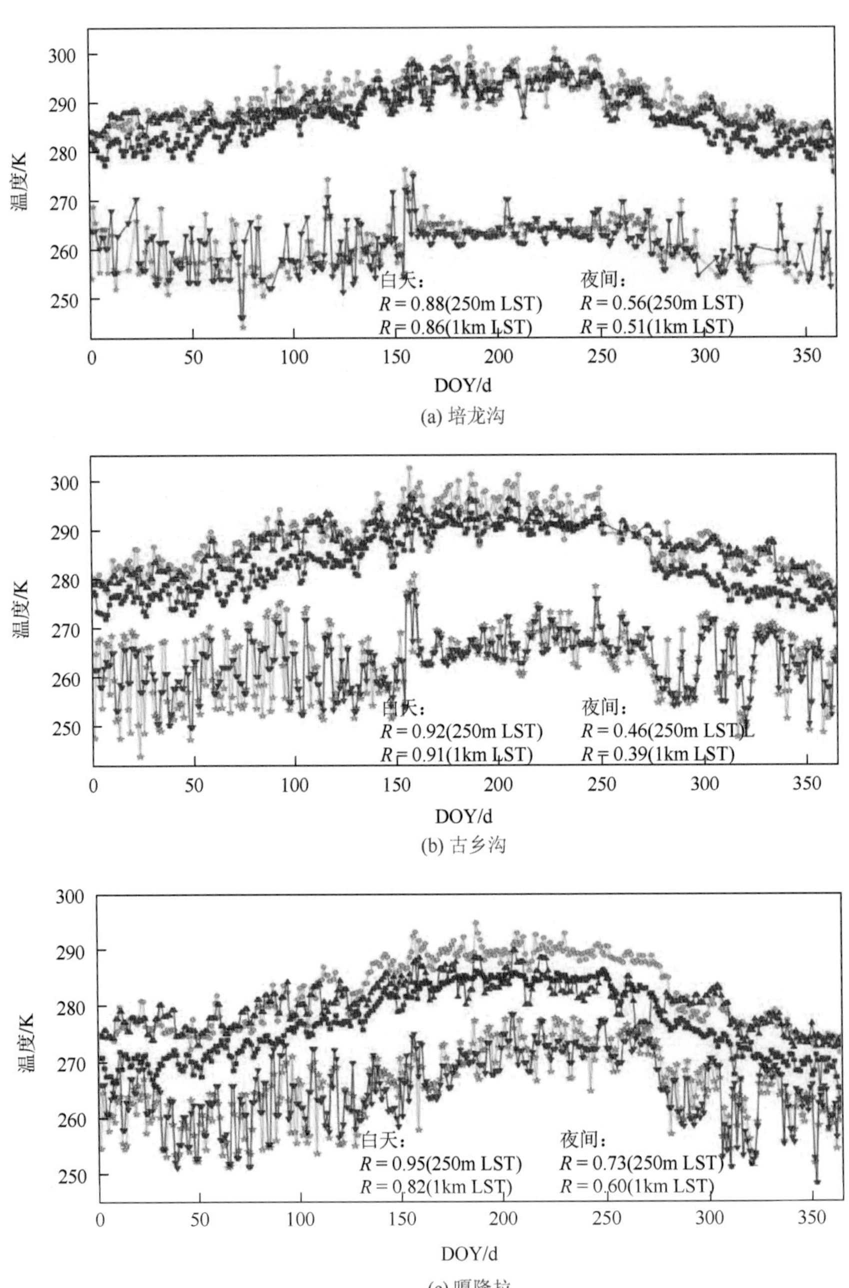

(a) 培龙沟

(b) 古乡沟

(c) 嘎隆拉

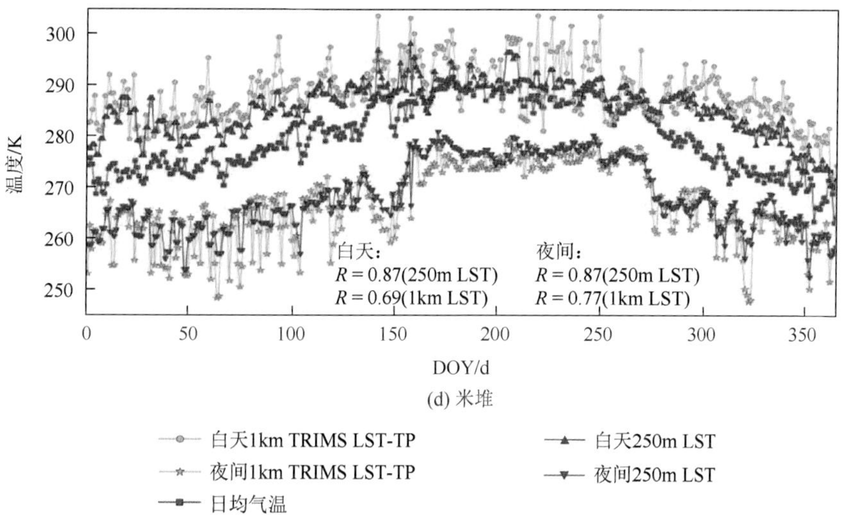

(d) 米堆

图 7-10　站点处的 LST 与气温变化趋势

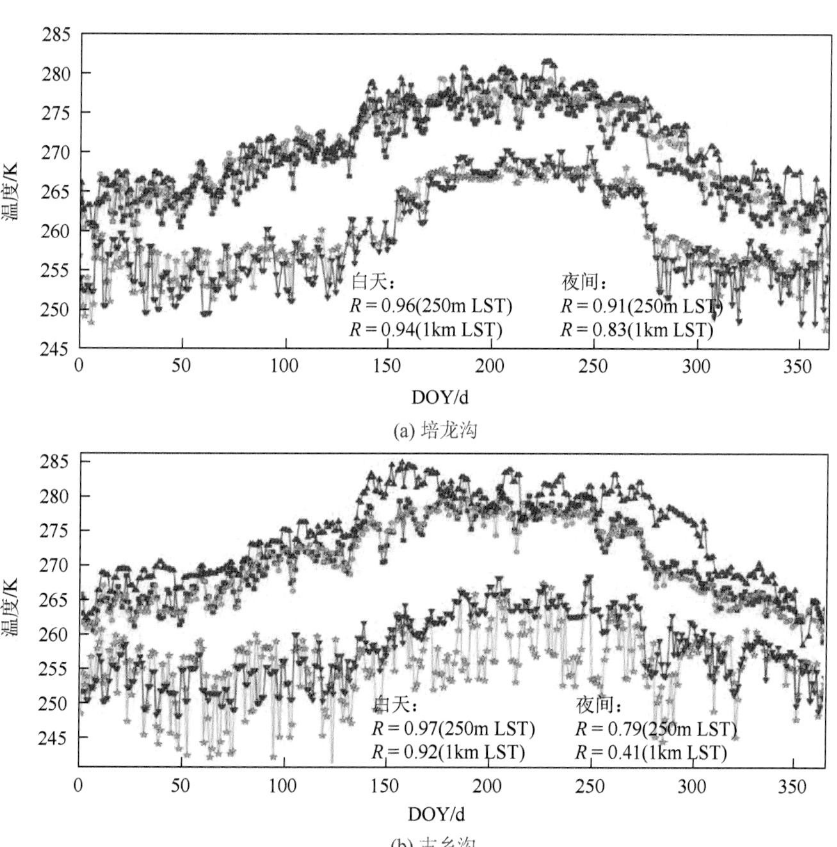

(a) 培龙沟

(b) 古乡沟

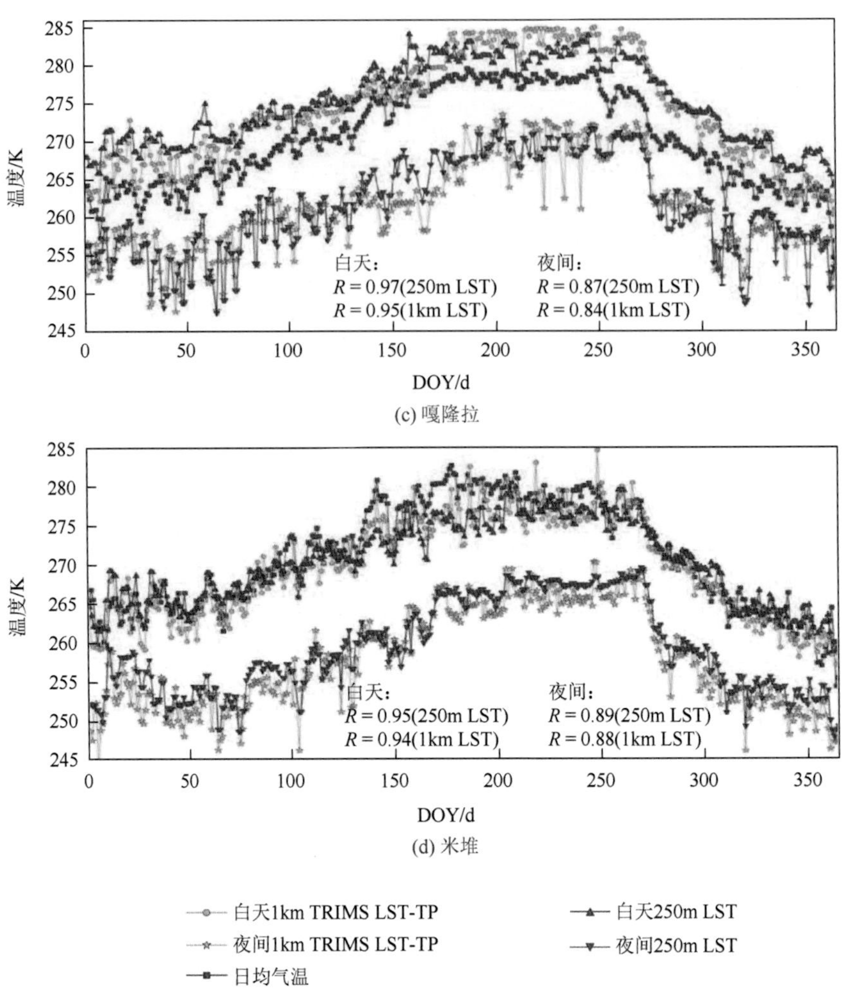

(c) 嘎隆拉

(d) 米堆

图 7-11 冰川处的 LST 与推算的气温变化趋势

7.3.4 图像质量评价

图 7-12 展示的是基于 RF、LightGBM 降尺度方法生成的 250m LST 在不同计算窗口下的 Q 指数与 SIFI 指数。对比的影像是重采样到 250m 的 TRIMS LST，使用最近邻法以使得对比的影像在幅值与空间分布上与原始 TRIMS LST 保持一致。由图可知，白天与夜间基于 LightGBM 降尺度方法获得的 LST 的 Q 指数均大于 RF 方法，SIFI 指数均小于 RF 方法，表明基于 LightGBM 降尺度方法生成的 250m LST 的图像质量优于 RF 方法。对基于 LightGBM 方法生成的 LST 的图像质量指数分析可知，Q 指数在较小的计算窗口时（如 3km×3km）小于 0.6，说明降尺度 LST 在空间上获得了大量的细节信息。当计算窗口较大时（如 30km×30km），Q 指数超过 0.8，说明降尺度影像在空间格局和幅值上与 TRIMS LST 保持了高度的一致性。不论多大的计算窗口，SIFI 指数始终小于 0.4，表明降尺度影像在具有较高图像质量的同时没有过度锐化。

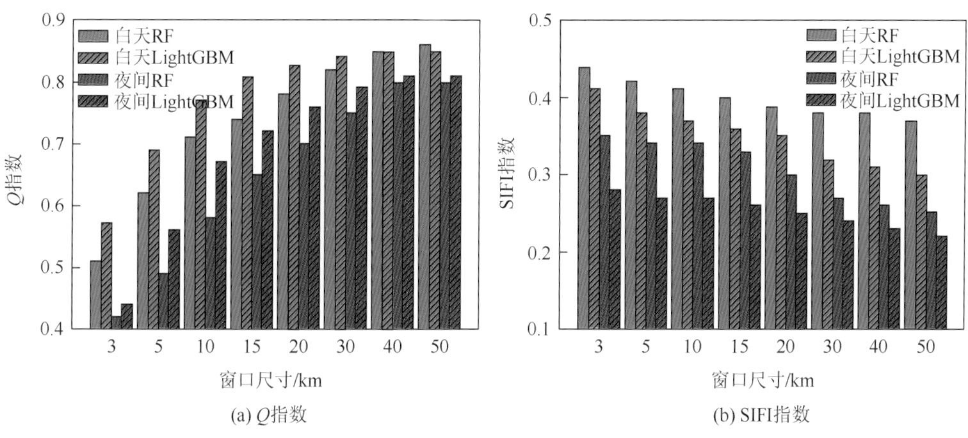

(a) Q指数　(b) SIFI指数

图 7-12　降尺度 LST 的 Q 与 SIFI 指数

图 7-13 展示的是研究区多种 LST 的对比图。图 7-13（a）展示的 MODIS LST 因云

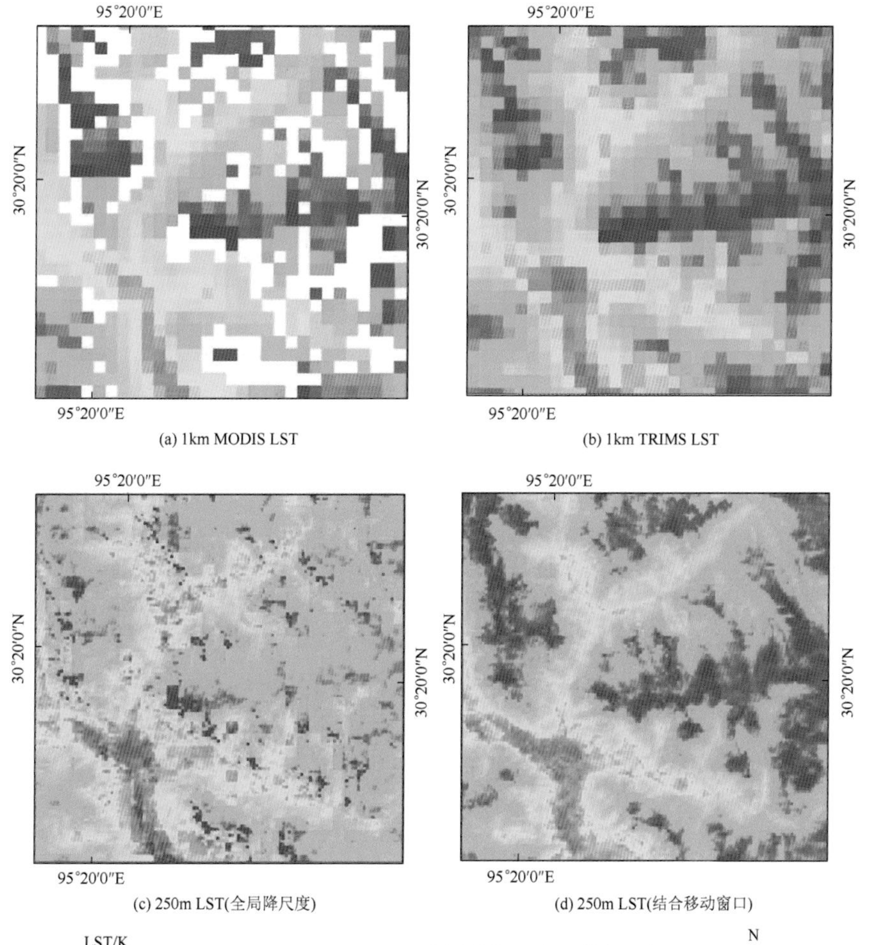

(a) 1km MODIS LST　(b) 1km TRIMS LST

(c) 250m LST(全局降尺度)　(d) 250m LST(结合移动窗口)

图 7-13　LST 对比（2011 年 1 月 2 日白天）

雾覆盖导致大量的缺失值；图 7-13（b）展示的 TRIMS LST 克服了这一缺点，但其空间分辨率较低，难以满足冰川泥石流灾害防控等精细化研究的需求。图 7-13（c）展示的是没有结合移动窗口的降尺度方法生成的 250m LST，该 LST 具有大量的异常值。图 7-13（d）展示的是结合移动窗口的基于 LightGBM 方法降尺度获得的 250m LST，该 LST 在提高空间分辨率的同时继承了 TRIMS LST 不受云雾影响、全天候等优点，且具备较好的图像质量。

7.4 本章小结

较高空间分辨率的全天候 LST 数据对于藏东南冰川泥石流灾害精细化监测与预警具有重要意义。基于最新发布的 1km 空间分辨率的全天候 LST 产品（TRIMS LST-TP），本章进行了基于多元线性回归、RF、LightGBM 算法的 LST 降尺度方法对比。地面站点实测数据与图像质量指数的评价结果表明，基于 LightGBM 算法的降尺度方法效果最优。基于实测土壤温度的评价结果表明，基于 LightGBM 降尺度方法生成得到的 250m LST 在白天的 RMSE、MBE 分别为 2.25K 与−0.01K，夜间的 RMSE、MBE 分别为 2.15K 与 0.74K；其 RMSE 相较于原始 1km TRIMS LST 降低约 0.25K。气温站点的评价结果表明 250m LST 在冰川处也具有良好的可靠性。基于 Q 指数与 SIFI 指数的图像质量评价结果表明，250m LST 在获得了大量的细节信息的同时，与 TRIMS LST 在空间格局和幅值上保持了高度的一致性。本章生成的 250m LST 为藏东南冰川地区冰川泥石流等灾害分析提供较为可靠的高分辨率遥感 LST 数据。本章所建立的全天候 LST 的降尺度方法对于其他区域具有一定的推广性；由于所采用的 TRIMS LST 产品具有较大的覆盖范围，因此有望生成其他区域的 250m LST 数据，以更好地服务于灾害、环境、水文和生态等应用研究。

本章采用的部分 LST 影响因子（如 NDVI）的空间分辨率最高只有 250m，故现阶段仅生成获得 250m NDVI LST。改进并采用更高空间分辨率的影响因子，将全天候 LST 降尺度至百米级或者更高的空间分辨率是下一步研究的重点。

第 8 章　基于全天候地表温度的青藏高原近地表气温估算

与 LST 类似，近地表气温（near surface air temperature，NSAT）也是重要的共性地学参数之一。NSAT 的常规观测手段是地面站点观测，对应的数据是作为点样本收集的。对于较大范围的区域而言，基于站点观测的 NSAT 数据存在观测网络稀疏、站点分布不均匀等问题，难以反映区域尺度的气温变化。同时，在不同的地表下垫面和地形下，单个气象站观测的 NSAT 数据能代表的范围也有很大的差别。为了弥补这一缺陷，学术界发展了许多空间插值方法用于估算 NSAT 的空间分布，如反距离加权插值法、全局插值、克里格插值法、基于大气环流模式的方法等（Courault and Monestiez.，1999；Shtiliyanova et al.，2017）。尽管通过空间插值和气候模式得到的 NSAT 数据已经被广泛应用，但是由于空间分辨率的问题，此类产品的应用仍然存在限制。一方面，空间插值很难被运用到地面站点稀少的地区。一些研究表明，在观测站点稀疏、高程变化较大的山地地区（如青藏高原）对 NSAT 空间插值可能会产生较大的不确定性，插值结果的精度高度依赖于站点网络密度和参数的时空变异性尺度（Benali et al.，2012）。另一方面，基于气候模式得到 NSAT 数据虽然在宏观尺度上有良好的表现，但是空间分辨率较为粗糙，因此很难运用到局地区域（Ding et al.，2018）。所以，在青藏高原地区利用地面站点的数据来估算 NSAT 的空间分布仍然面临巨大的挑战。卫星遥感技术可以在全球范围内提供一定时空分辨率的 LST 数据，且 LST 与 NSAT 具有良好的相关性，因此利用遥感反演的 LST 进一步估算 NSAT，成为估算 NSAT 的主要手段之一，其实现方法主要有线性回归法、神经网络方法、基于指数的方法、地表能量平衡法、大气温度廓线外推法和机器学习方法。线性回归法是现在使用广泛的 NSAT 估算方法，如 Pepin 等（2019）利用后向逐步回归方法建立起了地-气温差与 MODIS LST 之间的统计模型，估算出青藏高原三个山脉地区（念青唐古拉山脉、喜马拉雅山脉、祁连山脉）的 NSAT。Jang 等（2004）利用神经网络方法结合 AVHRR 数据对加拿大魁北克南部的 NSAT 进行了估算，结果显示对季节气温数据集而言，年积日对估算 NSAT 精度的贡献要比海拔和太阳天顶角的贡献大得多。神经网络算法的优点是可以处理一些难以显式建模的问题，能够表达 LST 与 NSAT 的非线性关系，但是无法用明确的数学模型表达训练出的网络模型。基于指数的方法中最常用的是温度-植被指数法（temperature-vegetation index，TVX）。TVX 的应用前提存在局限性，在植被覆盖较少或无植被地区不适用。但是，TVX 具有只依赖遥感 LST 和 NDVI 数据的优势，故其在适用条件地区得到了广泛应用。例如，Stisen 等（2007）利用 TVX 方法结合 MSG SEVIRI 数据估算了日 NSAT，结果显示塞内加尔河流域内，使用塞内加尔和马里的 12 个气象站对该模型进行空间验证的 RMSE 为 2.96K。地表能量平衡法主要基于地表能量平衡理论，相对于多元线性回归方法，利用该方法结合 LST 估算 NSAT 的研究较少。Pape and Löffler.（2004）建立了一个描述潜热和感热通量以及地表热通量的地表能量平衡模型，在时间分辨率为 1h 的条件下模拟了山地区域 NSAT 的变化。地表能量平衡法的优点在于物理意义明确，模型具有较好的移植性，但是模型的输入参数较多，类似空气动力学阻抗和表面粗糙度等部分参数难以从遥感数据中获得。因此，该方法的使用受到很大的限制。大气温度廓线外推法是建立在 NSAT 在同一垂直面连续变化的假设之上，其优点是不需要地面辅助数据就可以估算得到晴空条件下的区域气温，但计算的精度相对于其他方法有待提高。机器学习方法是当前使用较多的方法之一，包括随机森林、决策树算法以及支持向量机等方法，如 Marzban 等（2015）利用三层前馈神经网络的算法（Levenberg-Marquardt Algorithm，LMA），确定了柏林地区在白天和夜间的 LST 和 NSAT 之间的最佳非线性关系。

总的来说，NSAT 反映了地表和大气底层间的能量和水循环，是气候变化分析、气象学、水文学和环境研究等应用中十分重要的参数。然而，由于物理机制的限制，基于卫星热红外遥感获取的 LST 在非晴空条件下无法克服云雾覆盖的影响并获取有效的 LST，虽然通过静止气象卫星的高频观测或者多卫星组网，热红外遥感可以最大限度地提高 LST 的获取时空范围，但在多云雾地区仍然存在局限（张晓东，2020）。在此背景下，本章基于重建得到的全天候 LST，利用机器学习等方法开展了青藏高原全天候 1km 日均 NSAT 研究。

8.1 研究数据

8.1.1 遥感数据

本章利用了多种卫星遥感数据集，详细信息如表 8-1 所示。第 1 种数据集是 MOD11A1 LST 数据集，本章主要用到了两个时刻的数据（地方太阳时 10:30 和 22:30 左右）。第 2 种数据集是 MYD21A1 LST 产品。MYD21A1 LST 与 MOD11A1 LST 是由不同计算方法得到的两种 LST 产品。本章主要对该 MYD21A1 LST 数据集两个时刻（地方太阳时 01:30 和 13:30 左右）的数据展开分析。第 3 种数据集是第六章详细阐述的 TRIMS LST。第 4 种数据集是 MODIS NDVI 产品 MYD13A2，该数据集利用绿色植被在不同波段的光谱反射特征计算得到，时间分辨率为 16d，空间分辨率 1km，可通过地球观测系统数据和信息系统（earth observing system data and information system，EOSDIS）下载得到。此外，MODIS 地表覆盖类型产品 MCD12Q1 也被本章用于探讨地表覆盖类型与 LST 的关系。在 MCD12Q1 产品中，采用的是 IGBP 分类方案的地表覆盖分类结果。

表 8-1　本章使用的遥感数据信息

数据集	来源	时间分辨率	空间分辨率
MOD11A1 LST	https://search.earthdata.nasa.gov/	逐日	1km
MYD21A1 LST	https://search.earthdata.nasa.gov/	逐日	1km
TRIMS LST	http://47.94.44.92：81/	逐日	1km
MODIS NDVI	https://search.earthdata.nasa.gov/	16d	1km
MCD12Q1	https://search.earthdata.nasa.gov/	逐年	500m

8.1.2　地面站点实测数据

本章使用了 2 类地面站点数据（图 8-1）。第 1 类是 NSAT、降水、风速、日照时数逐日气象站点实测数据，该数据来自中国气象数据网（http://data.cma.cn/），根据青藏高原的边界范围进行筛选，共选择了 104 个气象站点。其中，70%以上的站点位于海拔 4000m 以下，主要分布在青藏高原的东部和南部地区。NSAT 数据的时间范围为 2003～2018 年，时间分辨率为逐日，由距地面 2m 的观测仪器测量得到，采用一天中 4 个观测时刻（北京时间 02:00、08:00、14:00 和 20:00）的数值平均得到日均温。

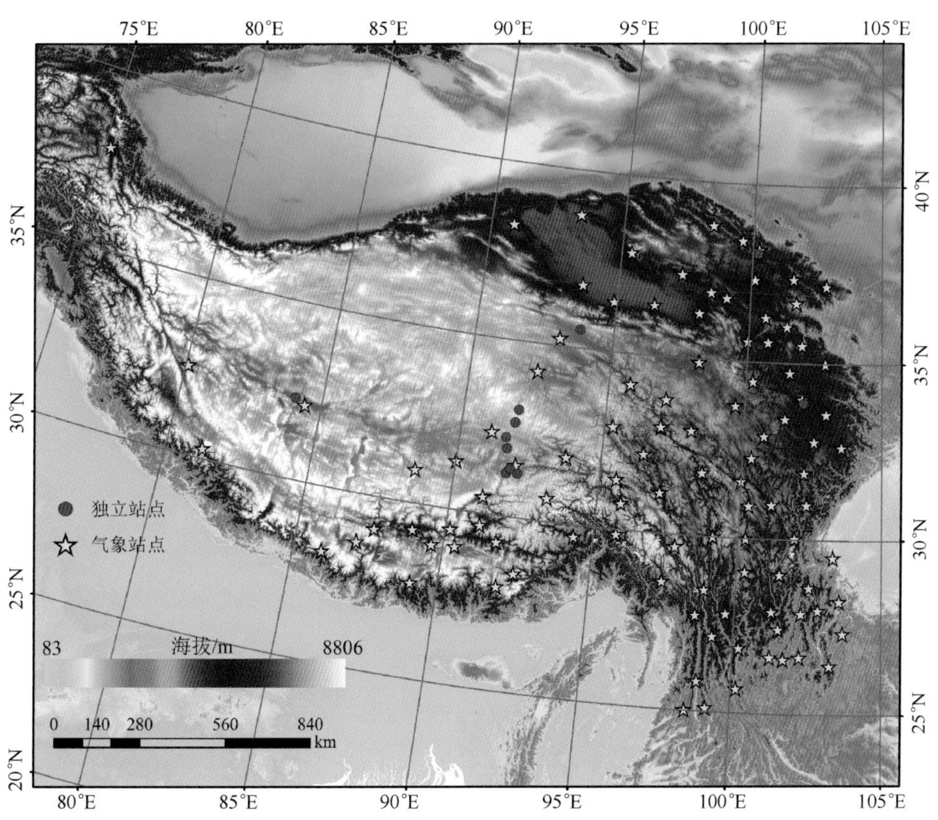

图 8-1　青藏高原 DEM 与本章研究用到的气象站点和独立站点

第 2 类数据是青藏高原的独立观测试验站点，独立站点仅用来检验 NSAT 产品的精度，因此未输入到本章后续建立的 NSAT 估算模型中进行训练。本章共使用了 10 个独立站点数据进行检验，其详细信息如表 8-2 所示。在 10 个独立站点中，MQ 站点实测数据来自中国科学院西北生态环境与资源研究所（Wen et al.，2012），BG 站点实测数据来自黑河遥感试验（Li et al.，2009，2013），其他站点数据均来自“全球协调加强观测计划”中“青藏高原试验研究”（马耀明 等，2006）。

表 8-2　研究区独立观测试验站点信息

站点编号	观测时间间隔/min	时间段	海拔/m	下垫面类型
ANNI	60	2003.01.01～2004.08.14	4480.0	裸地
BJ	60	2003.01.01～2004.08.30	4509.2	裸地
D66	60	2003.01.01～2004.12.30	4585.1	裸地
D105	60	2003.01.01～2004.11.30	5038.6	裸地
D110	60	2003.01.01～2003.9.30	4585.1	草地
MS3478	60	2003.0101～2004.12.31	4619.5	草地
MS3608	60	2003.01.01～2004.12.31	4588.9	裸地
MQ	30	2010.01.01～2010.12.31	3471.0	草地
NQ	30	2010.01.01～2010.12.31	4509.0	草地
BG	10	2009.01.01～2009.12.31	3474.0	裸地

8.1.3　其他数据

高程数据集是来自美国航天飞机雷达地形测绘任务（shuttle radar topography mission，SRTM）的 DEM 产品，该数据目前由美国地质勘探局（United States Geological Survey，USGS）免费发布，可从空间信息联盟或 USGS FTP 站点下载（http://srtm.csi.cgiar.org/）。原始 SRTM 数据经过许多处理步骤，为全球提供无缝且完整的高程数据，以 3″（约 90m 分辨率）的 DEM 形式提供。

8.2　研 究 方 法

8.2.1　近地表气温估算方法

本章采用了随机森林、极端随机森林、梯度提升、XGBoost、支持向量机（高斯核）、多元线性回归共 6 种方法对青藏高原日平均 NSAT 进行估算，其中前 5 种方法属于机器学习方法，适用于非线性结构预测，多元线性回归属于线性结构。为了确定效果最好的模型，这里将线性和非线性结构的模型都进行实验。

RF 的原理在前文中已有介绍。本章将其引入，用于从 LST 估算日平均 NSAT。建模过程如图 8-2 所示，具体步骤如下：①通过自助法重采样技术，从原始训练样本 N 中有放回地重复随机抽取 k 个样本生成新的训练样本集合；②自助样本集每个样本建立一棵分类回归树，生成 k 个决策树，训练决策树模型的节点时，在节点上所有的样本特征中随机挑选 m 个样本特征，继而在这些随机选择的部分样本特征中选择一个最优的特征来做决策树的左右子树划分；③通过组合 k 棵决策树组成 RF，对每棵决策树预测结果后取均值（回归）得到最终预测结果。

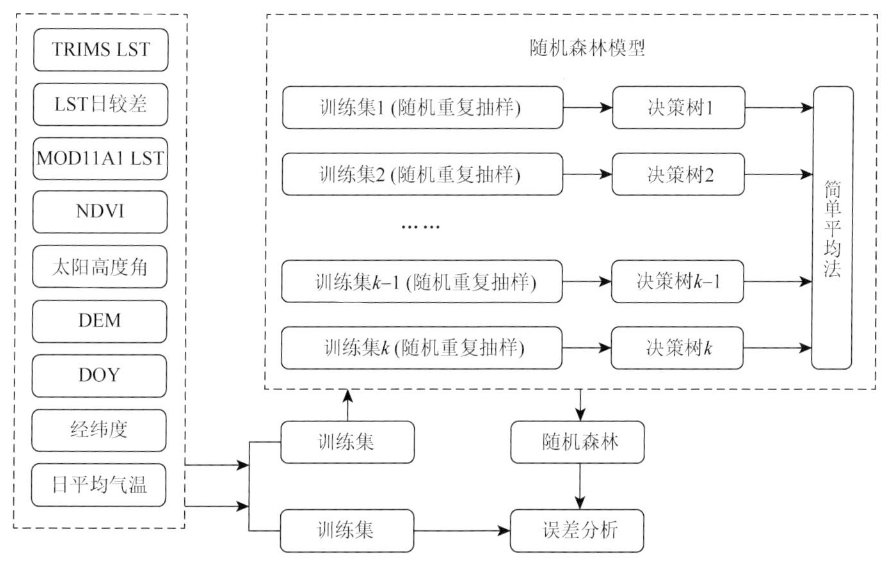

图 8-2　随机森林建模流程图

极端随机树（extremely randomized trees，ET）由 Geurts 等（2006）提出。与 RF 算法相似，ET 也是多棵决策树集成的机器学习技术。ET 的随机包括特征随机、参数随机、模型随机和分裂随机，它的每棵决策树通过使用所有的训练样本得到，并且完全随机地选择分叉值，从而实现对决策树的分叉。由于 RF 是在一个随机子集内得到最优分叉属性，所以 ET 的随机性比 RF 更强。对于某棵决策树来说，它的最优分叉属性是随机选择的，所以用它的预测结果往往不够准确，但当多棵决策树组合在一起时，就可以达到较好的预测效果。

ET 具体的实现流程：

（1）输入样本数据，在 ET 的分类模型中，每个基分类器均使用全部的样本进行训练；

（2）基于 CART（classification and regression trees，分类回归树）算法生成基分类器，每个节点分裂时随机从所有特征中随机选择 m 个特征，对每个节点选择最优分叉属性进行节点分裂，对分裂产生的数据子集迭代执行步骤（2），直至生成一棵决策树；

（3）重复步骤（1）和（2）迭代 K 次，生成 K 棵决策树以及 ET；

（4）对测试样本利用步骤（3）生成的 ET 进行预测，对所有基分类器的预测结果进行统计产生最终的预测结果。

由 Friedman（2001）提出的梯度提升算法，其核心就在于每棵树是从先前所有树的残差中来学习。梯度提升决策树（gradient boosting decision tree，GBDT）基于梯度提升算法，是一种迭代的决策树算法，它既可以回归也可以调整后进行分类。在分类性能上，它可以与 RF 分类媲美甚至超越 RF。GBDT 与 RF 的区别是：GBDT 将所有树串联起来，每棵树学习的目标是之前 n–1 棵树的结论和的残差，而 RF 中每棵树都是单独训练的。因此，GBDT 的单棵树是没有任何意义的。此外，与 RF 相比，GBDT 过于追求降低误差（偏差），易产生过拟合。

GBDT 通过构建多个弱分类器，经过多次迭代组合而成一个强分类器。每一次迭代是为了改进上一次结果，减少上一次的残差，并且在残差减少的梯度（方向）上建立一个新的组合模型，其原理如图 8-3 所示。本章选取 GBDT 进行回归预测，可选的损失函数有四种：均方差损失函数、绝对损失函数、Huber 函数、分位数函数，研究选取均方差损失函数：

$$L(y,F)=(y-F)^2/2 \tag{8-1}$$

式中，L 为均方差损失函数；y 为真实值；F 为预测值。

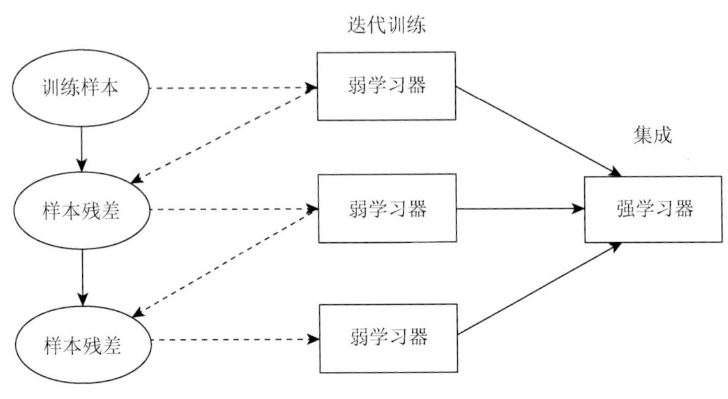

图 8-3　GBDT 原理示意图

XGBoost（exterme gradient Boosting，极限梯度提升）算法由 Chen 和 Guestrin（2016）提出，它由 GBDT 发展而来，以梯度提升为框架。XGBoost 与 GBDT 的主要区别包括目标函数、优化方法、缺失值处理、防止过拟合等方面。给定一个数据集，XGBoost 的预测输出可以表示为

$$y_i=\sum_{k=1}^{K}f_k(x_i) \tag{8-2}$$

式中，f_k 代表回归树；K 为回归树的总数；x_i 为输入数据。

支持向量机（support vector machines，SVM）是 Vapnik（1963）提出的一类用于二元分类的广义分类器。SVM 在 20 世纪 90 年代得到了迅速的完善和发展。当 SVM 用于回归时，也称为支持向量回归。它的基本模型是定义在特征空间上的间隔最大的线性分类器，在考虑渐进性能的同时追求在有限信息条件下的最优结果，解决的是一个凸二次规划问题。SVM 算法的基本思想是通过一个非线性的映射 φ 将数据 x 映射到高维空间 F（核空间），并在空间 F 进行构造函数线性回归，从而实现对原空间的非线性算法，如下式所示：

$$\begin{gathered}f(x)=[w\Phi(x)]+b\\ w.R^n\rightarrow F,w\in F\end{gathered} \tag{8-3}$$

式中，b 为阈值。

通过式（8-3），低维输入空间的非线性回归就映射到了高维特征空间。在 SVM 的算法中引入了核函数的概念。3 种最常用的核函数分别为线性核函数、多项式核函数和高斯核函数。本书采用的是高斯核函数。一元线性回归是通过一个自变量解释因变量的变化。

但在现实的研究实验中，一个因变量的变化往往与几个重要的自变量相关，因此需要多个自变量来解释因变量的变化。NSAT 作为地-气能量交换过程中一个重要变量，它的变化往往与多个外界因素相关，因此研究选取多元线性回归（multivariable linear regression，MLR）方法对 NSAT 进行了回归预测。多元线性回归的计算公式为

$$Y = \beta_0 + \beta_1 X_1 + \beta_2 X_2 + \cdots + \beta_k X_k + \mu \tag{8-4}$$

式中，Y 是日平均 NSAT；$X_j(j = 1, 2, \cdots, k)$ 为 TRIMS、MOD11A1、DEM、DOY、NDVI、太阳高度角、LST 日较差等与 NSAT 相关的变量；$\beta_j\ (j = 0, 1, 2, \cdots, k)$是 $k + 1$ 个未知参数；μ 为随机误差项。

8.2.2 近地表气温估算模型训练

模型的输入变量包括 TRIMS LST、MODIS LST（由于 TRIMS LST 数据的时刻接近 MYD 系列数据，这里选择 MOD11A1 LST 作为补充时刻的 LST 数据）这两种 LST 数据以及辅助变量，包括：NDVI、太阳高度角、经度、纬度、海拔及 DOY。首先，由输入变量及目标变量（站点日平均地表气温数据）组成数据集，在建模时将数据集随机打乱分为两部分，其中的 75%用于模型训练的训练数据集，25%用于模型验证的测试数据集。其次，基于数据集提出了 15 种数据组合进行训练，每个数据组合中 LST 数据的情况如表 8-3 所示，除 LST 数据外所有数据组合中均输入了相同的辅助变量。最后对所有的数据组合均采用 RF、ET、GBDT、XGBoost、SVM 和 MLR 这 6 种模型进行训练和验证。

表 8-3　15 种数据组合方式

数据组合	LST 数据集
C1	TRIMS LST_Day
C2	TRIMS LST_Night
C3	MOD11A1 LST _Day
C4	MOD11A1 LST _Night
C5	TRIMS LST_Day，MOD11A1 LST _Day
C6	TRIMS LST_Day，MOD11A1 LST _Night
C7	TRIMS LST_Night，MOD11A1 LST _Day
C8	TRIMS LST_Night，MOD11A1 LST _Night
C9	TRIMS LST_Day，TRIMS LST_Night
C10	MOD11A1 LST _Day，MOD11A1 LST_Night
C11	TRIMS LST_Day，TRIMS LST_Night，MOD11A1 LST_Day
C12	TRIMS LST_Day，TRIMS LST_Night，MOD11A1 LST_Night
C13	TRIMS LST_Day，MOD11A1 LST _Day，MOD11A1 LST_Night
C14	TRIMS LST_Night，MOD11A1 LST_Day，MOD11A1 LST_Night
C15	TRIMS LST_Day，TRIMS LST_Night，MOD11A1 LST_Day，MOD11A1 LST_Night

8.2.3 模型评价方案

采用留一法（Leave one station out，LOSO）（Meyer et al.，2017）评估遥感 LST 估算 NSAT 的可推广性。该方法是根据站点将数据划分为训练集合测试集，每次保留 1 个站点的数据作为验证数据，其他所有站点的数据作为训练数据，这是一种被广泛采用的验证方法。在 104 个站点上以此类推，最终将多个站点上 RMSE 的平均值作为验证结果。此外，由于青藏高原地形起伏变化较大，平均海拔较高，气象站点普遍位于低海拔地区，本章还采用了分层检验方法（Zhang et al.，2016）以开展模型的评价。以海拔 4000m 为界将数据根据 DEM 进行分层，4000m 以下的数据作为训练数据集，4000m 以上的数据作为验证数据集，同样地对 6 种模型在 15 种数据组合上进行检验。评价模型的指标包括 MBE、RMSE 和 R^2。

8.3 结果分析

8.3.1 模型检验

LOSO 交叉验证结果及 DEM 分层检验结果如图 8-4 所示。总体看来，MLR 模型在各个数据组合里的交叉验证结果中精度均最低，且在所有模型预测效果都较低的数据组合中，MLR 与其他模型的差距会更大（C3 比最优精度的 RMSE 高 0.67K），而在所有模型预测较好的数据组合中，这种差距较小（C14 比最优精度数据组合的 RMSE 高 0.2K）。此外，RF 模型与 SVM 模型在大部分数据组合里精度相近，且模型表现都较好。

由 DEM 分层检验结果可知，SVM 模型利用低海拔站点数据预测高海拔 NSAT 数据的拓展性最差。除 SVM 外其他模型在 C5、C8、C14、C15 这几种数据组合情况下的精度差距不大。在大部分数据组合中，GBDT 模型对高海拔数据的可拓展性最好，其次是 MLR 模型，ET 模型和 RF 模型的表现相近。无论是 LOSO 交叉检验还是 DEM 分层检验，C3 数据组合在各个模型的表现均最差，而 C14 和 C15 数据组合在各模型中的表现均最好。

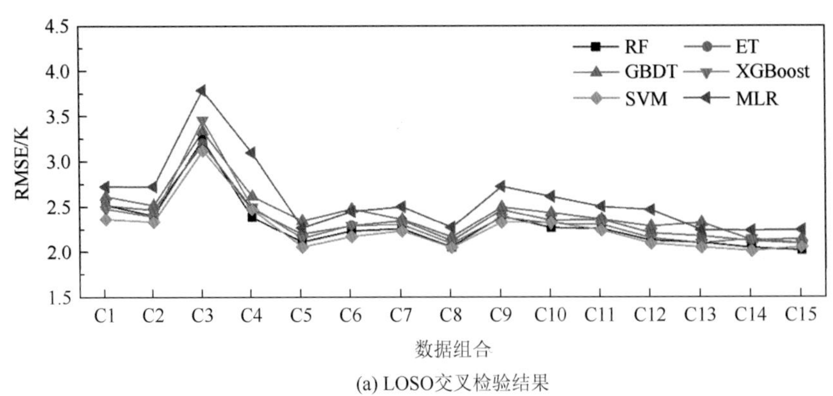

(a) LOSO交叉检验结果

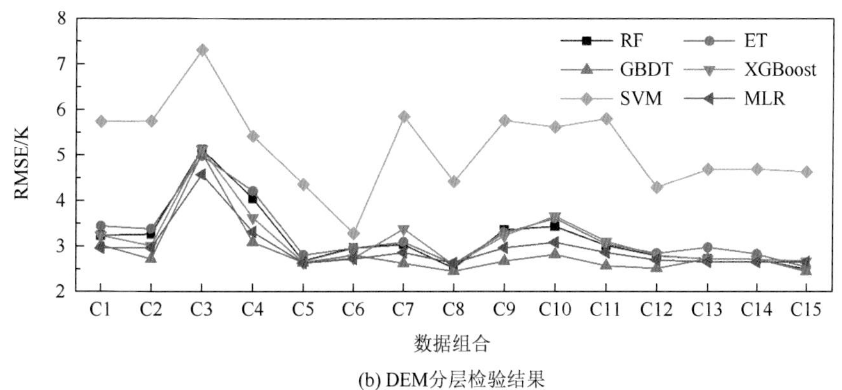

(b) DEM分层检验结果

图 8-4　LOSO 交叉检验与 DEM 分层检验结果

8.3.2　模型评价

根据 LOSO 交叉验证的结果得到各个模型在不同数据组合下的具体表现，并将 15 种数据组合在每个模型里的表现进行排序，如图 8-5 所示。表现越好的数据组合在图中的排序越靠前。总体而言，GBDT、SVM、MLR 模型在 C14 数据组合中的表现最好，其余模型均在 C15 数据组合中表现最好。由此可见，利用 4 个时刻的 LST 数据可以提升 RF、ET、XGBoost、MLR 模型的预测精度；所有模型在只包含 2 个夜间时刻 LST 的数据组合 C8 比包含 2 个夜间时刻和 1 个夜间时刻 LST 的 C12 数据组合表现更好，这可能因为夜间 LST 对日均 NSAT 的描述能力更强，而白天 LST 对日均 NSAT 的描述能力较弱且带有一定的噪声，最终影响了模型的精度。虽然大部分情况下，输入越多 LST 的数据组合的预测效果越好，但这并不是绝对的。例如，C1～C4 只包含单个时刻的 LST 数据，但在 RF 和 MLR 两种模型中，单个时刻的夜间 LST 数据组合（C2 或 C4）比包含 TRIMS 白天和夜间两个 LST 的数据组合 C9 预测结果更好，这为日均 NSAT 的预测提供了依据。

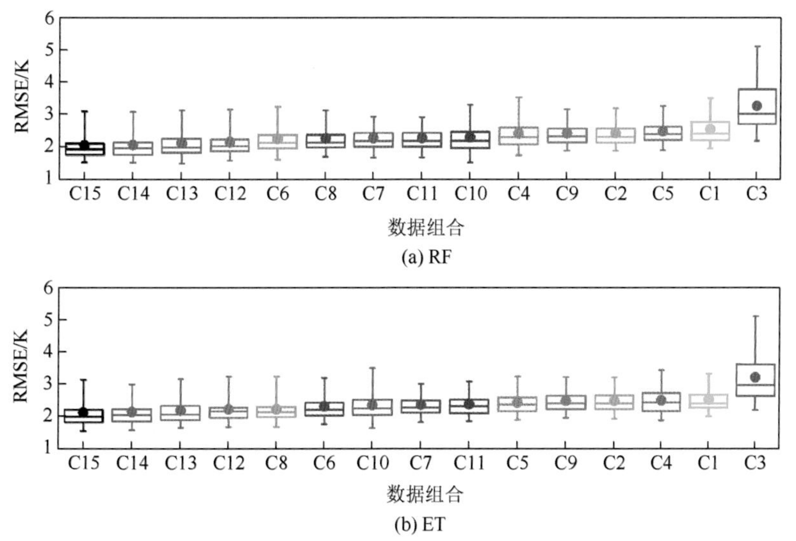

(a) RF

(b) ET

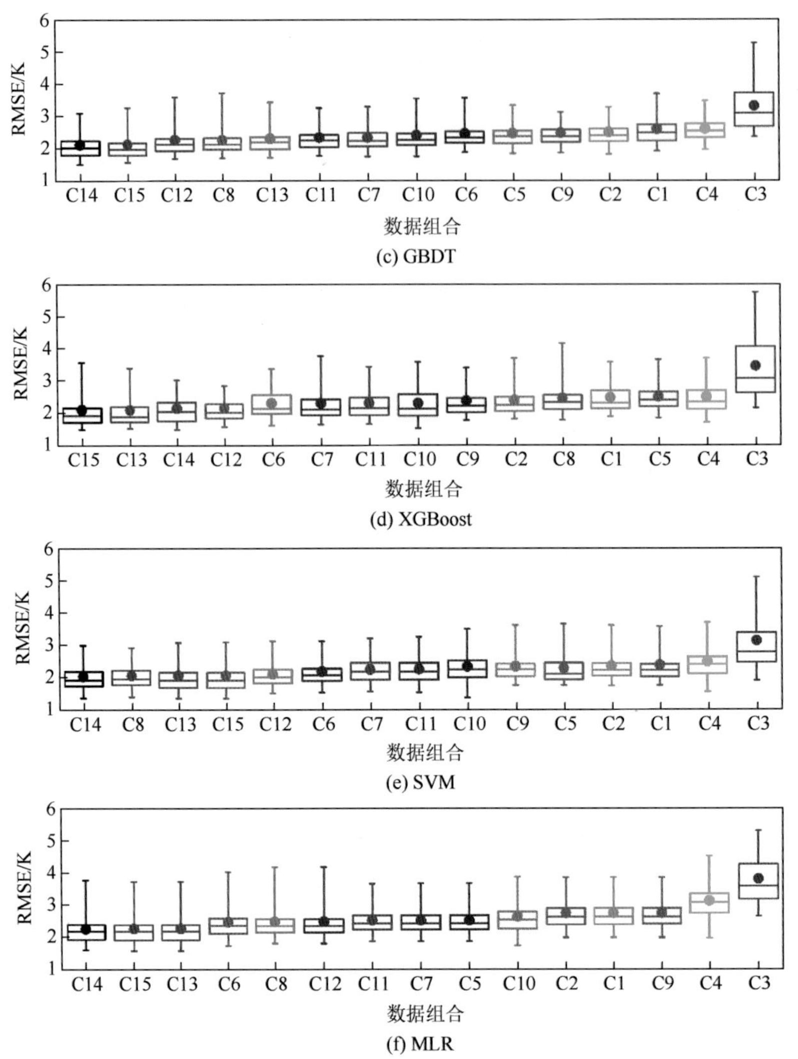

(c) GBDT

(d) XGBoost

(e) SVM

(f) MLR

图 8-5　6 种模型在不同数据组合下的表现

此外，在生成日均 NSAT 时不能单纯地利用所有可利用数据进行预测，其原因在于这 15 种数据组合中部分数据组合属于包含关系。例如，C12 中包含 C8，但是 C8 在各个模型的预测结果均优于 C12，因此在 C12 数据组合情况下应转而选择表现更优的 C8 数据组合进行预测，其他数据组合同理。各个模型在 C8、C13、C14、C15 中的预测效果较好，在 C6、C10、C7、C11、C12 中的预测效果其次，由于 C1～C4 包含温度信息最少，所以预测效果最差，C5 虽然包含两个温度信息，但由于日间 LST 对 NSAT 的解释率较小，所以 C5 数据组合各模型的表现也较差。

为了找到不同数据组合里的最优精度和模型，这里比较了 15 种数据组合情况下各个模型的表现，如图 8-6 所示。每种数据组合里表现最佳的模型在图 8-6 中被标为红色，表现最好的模型和精度将被选出代表该数据组合的最优模型和精度，最终将得到 15 种数据组合的最佳模型和最优精度。需要说明的是，由于 SVM 在 DEM 分层检验的表现效果最差，所以如果某个数据组合里 SVM 的表现最好，则将跳过 SVM 模型选择排序第二的模型。此外，在只有 TRIMS 数据的 C1、C2、C9 以及 C13 数据组合里 XGBoost 的表现最优，在 C3 和 C5 数据组合下 ET 的表现最优，其他的数据组合下 RF 的表现最优。线性模型 MLR 在 14 种数据组合（除 C6）中的精度均低于其他模型。根据图 8-6 选出每个数据组合的最佳模型，按精度高低进行排序得到图 8-7，在后续的日均 NSAT 预测中，将以图 8-7 为依据进行模型和数据组合的选择。

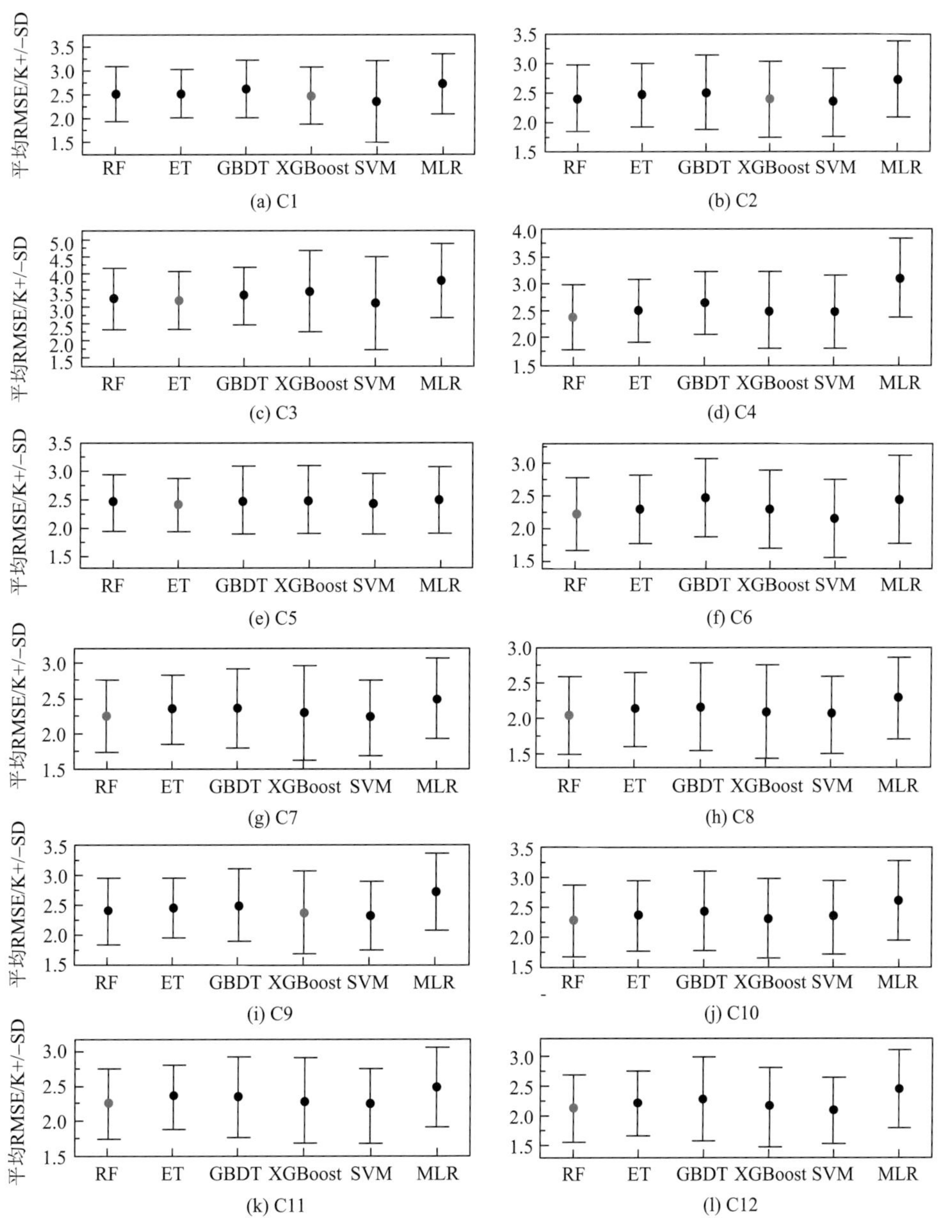

(a) C1　(b) C2　(c) C3　(d) C4　(e) C5　(f) C6　(g) C7　(h) C8　(i) C9　(j) C10　(k) C11　(l) C12

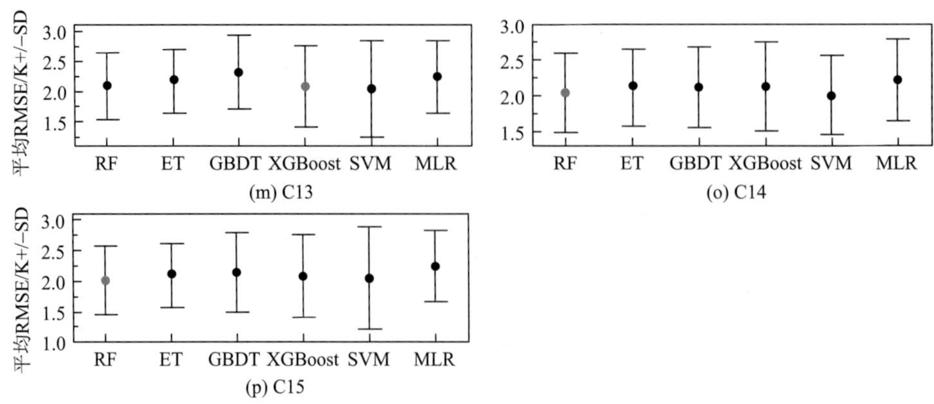

图 8-6　15 种数据组合下的不同模型的表现

注：红点代表最终选定的模型，其对应的 Y 轴数值代表为 LOSO 多次交叉验证的平均 RMSE 值。

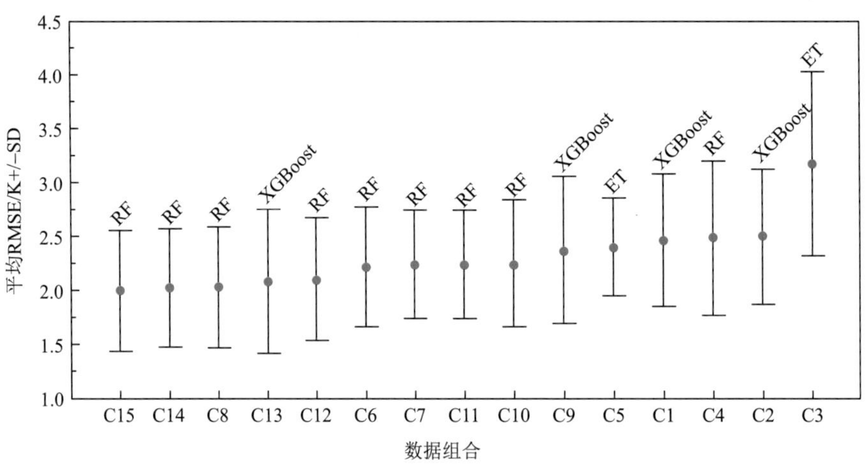

图 8-7　15 种数据组合最佳模型排序图

最终，基于 DOY、DEM、太阳高度角、经度、纬度、TRIMS 白天 LST、TRIMS LST 夜间、LST 温度差（根据白天与夜间的 TRIMS LST 计算得到）、MOD11A1 LST 白天、MOD11A1 LST 夜间和 NDVI 数据生成空间分辨率为 1km 的全天候日均 NSAT 数据。由于输入数据中 MOD11A1 LST 数据存在缺失情况，所以在生产数据时会面临 4 种情况（基于所有辅助数据及 TRIMS LST 均被采用）：C9（未采用 MOD11A1 LST）、C11（仅采用 MOD11A1 LST 日间数据）、C12（仅采用 MOD11A1 LST 夜间数据）以及 C15（MOD11A1 LST 两个时刻数据均采用）。按照以下规则生成 NSAT 数据：

（1）C9 包含 C1 和 C2 组合，若没有 MOD11A1 LST 2 个时刻的数据时将选择 XGBoost 模型（C9）进行预测，该模型 LOSO 的平均 RMSE 为 2.37K；

（2）C11 包含 C1、C2、C3、C5、C6、C9 组合，若没有 MOD11A1 LST 夜间数据时将选择 RF 模型（C11）进行预测，该模型 LOSO 的平均 RMSE 为 2.25K；

（3）C12 包含 C1、C2、C4、C7、C8、C9 组合，若没有 MOD11A1 LST 日间数据时

将选择 RF 模型（C12）进行预测，该模型 LOSO 的平均 RMSE 为 2.11K。

（4）C15 包括 C1～C14 所有数据组合，若所有时刻均有数据时选择 RF 模型（C15）进行预测，该模型 LOSO 的平均 RMSE 为 2.01K。

最终对 4 种不同的数据组合通过随机分割数据集（75%的数据为训练集，25%数据集为测试集）对 4 个预测模型 XGBoost（C9）、RF（C11）、RF（C8）、RF（C15）进行训练，模型训练的结果如图 8-8 所示。总体而言，4 个模型的预测气温与站点的实测气温的相关系数均在 0.95 之上，且 MBE 接近 0，RMSE 范围为 1.75～1.89K。结合 LOSO 交叉检验结果与 DEM 分层检验结果来看 4 个模型的拓展性均较好，精度在合理范围内，其中 RF（C15）表现最好，RF（C8）模型其次，XGBoost（C9）和 RF（C11）精度接近。

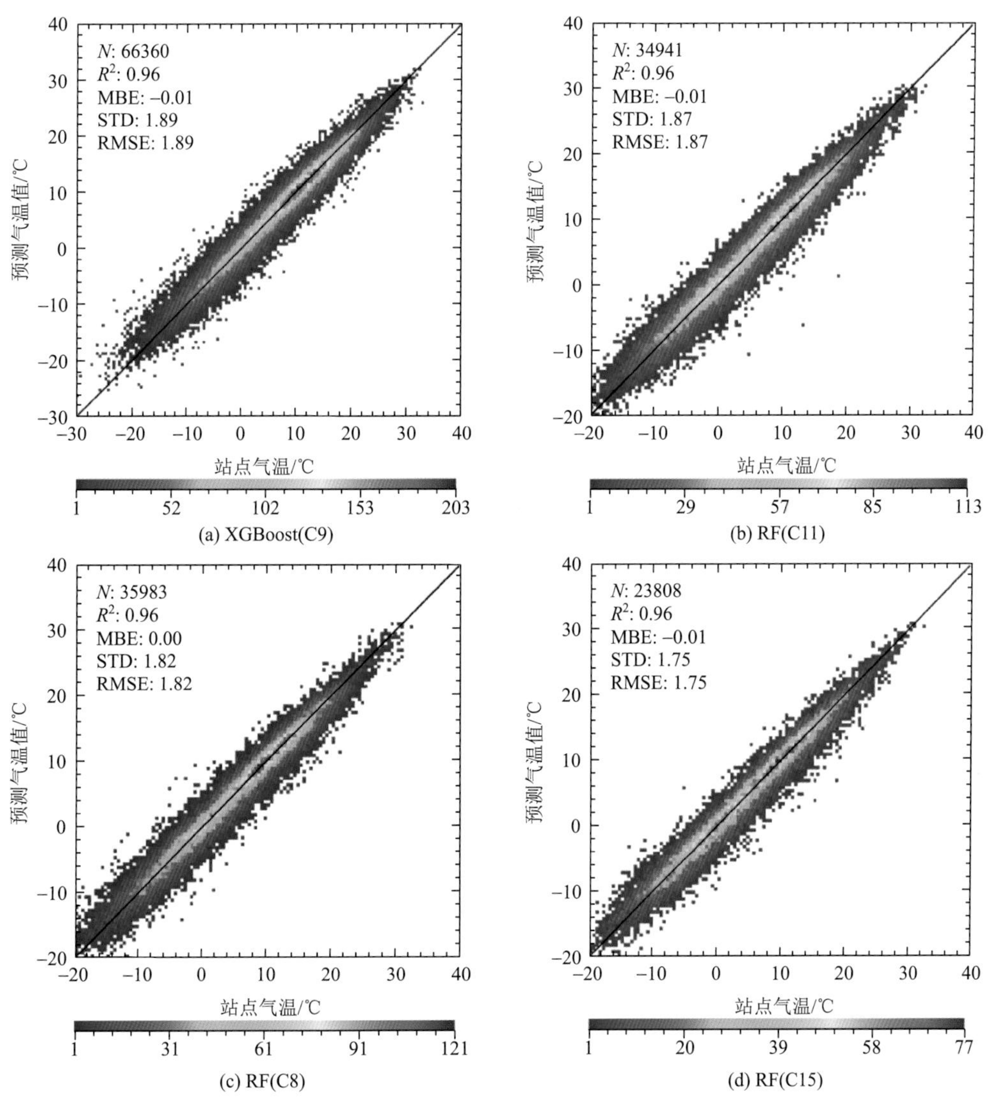

图 8-8 站点实测气温与 4 个模型预测气温的散点密度图

8.3.3　全天候近地表气温检验

根据 8.3.2 节所确定的模型，生成了 2003～2018 年青藏高原全天候逐日 1km 日均 NSAT 数据集（All-weather NSAT 数据集，简称 AW_NSAT），并将其与 Zhang 等（2016）生产的青藏高原逐日晴空日均 NSAT 数据集（简称 ZHB_NSAT，包含 2003～2010 年日均 NSAT 数据）进行对比，以检验产品的可靠性。

首先，分别选取 AW_NSAT 和 ZHB_NSAT 产品 2005 年第 90 日、第 180 日、第 270 日和第 360 日共 4 天的日均 NSAT 以及由日均 NSAT 合成的 2005 年 3 月、6 月、9 月、12 月的月均 NSAT 在空间上进行展示，分别如图 8-9 和图 8-10 所示。总的来说，在两个时间尺

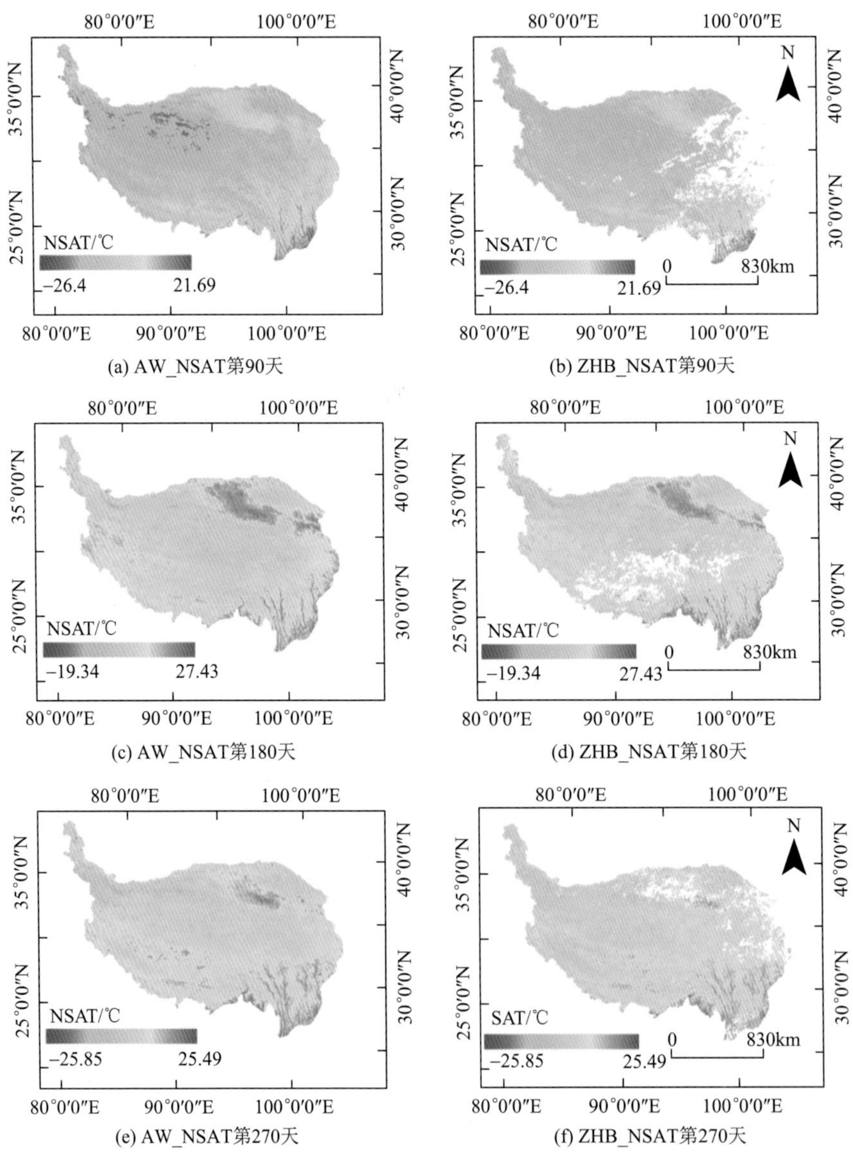

(a) AW_NSAT第90天　(b) ZHB_NSAT第90天
(c) AW_NSAT第180天　(d) ZHB_NSAT第180天
(e) AW_NSAT第270天　(f) ZHB_NSAT第270天

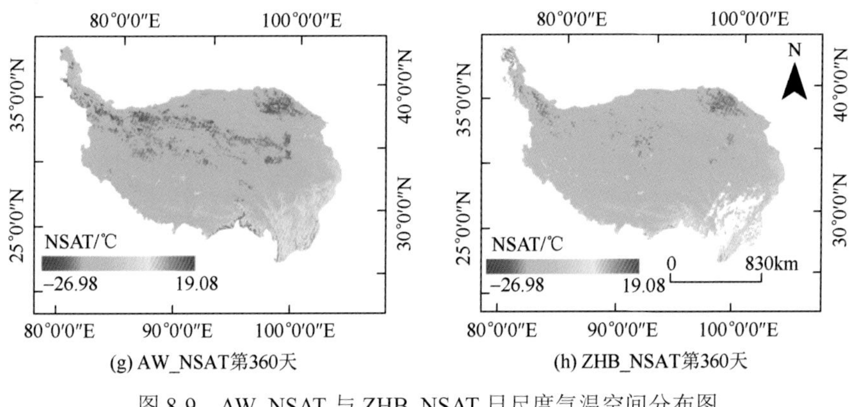

(g) AW_NSAT第360天　　(h) ZHB_NSAT第360天

图 8-9　AW_NSAT 与 ZHB_NSAT 日尺度气温空间分布图

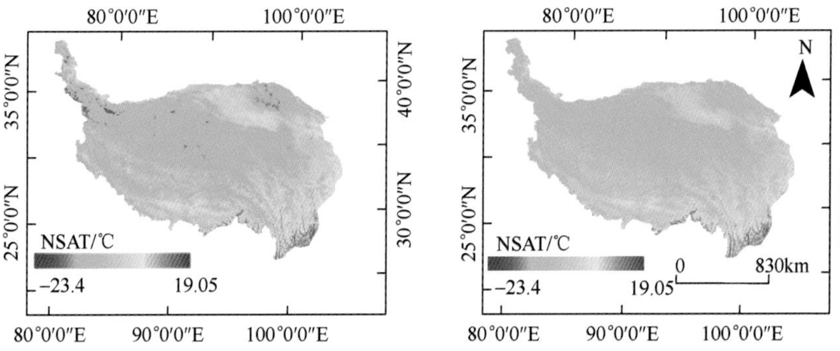

(a) AW_NSAT 3月　　(b) ZHB_NSAT 3月

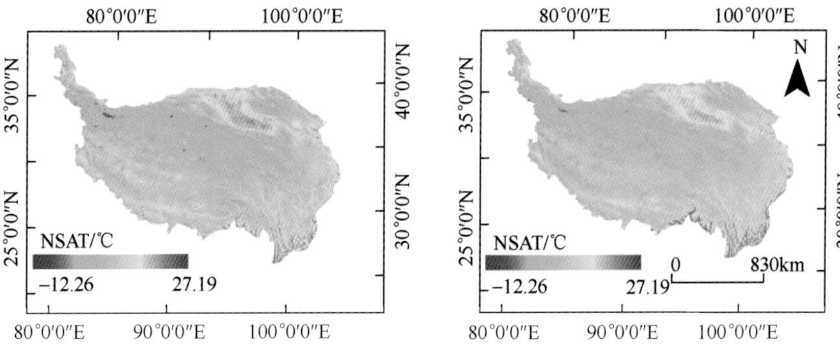

(c) AW_NSAT 6月　　(d) ZHB_NSAT 6月

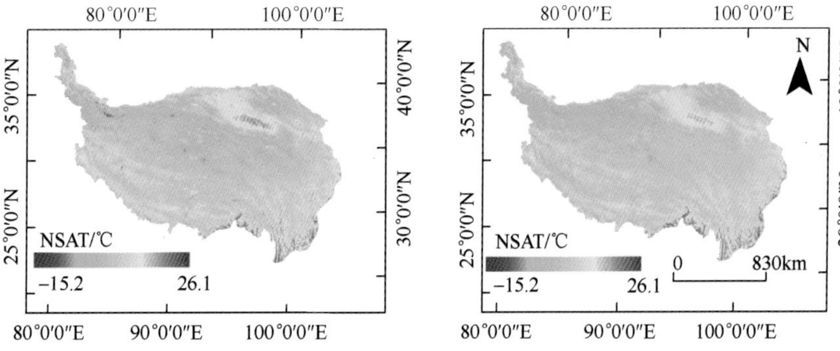

(e) AW_NSAT 9月　　(f) ZHB_NSAT 9月

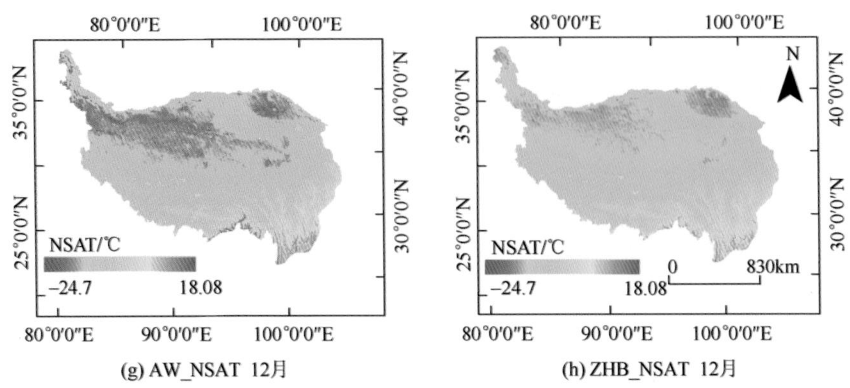

(g) AW_NSAT 12月　　(h) ZHB_NSAT 12月

图 8-10　AW_NSAT 与 ZHB_NSAT 月尺度气温空间分布图

度上两种数据集展现了非常相似的空间特征和时间特征：青藏高原东南部及柴达木盆地的 NSAT 较高，而高海拔地区如青藏高原的西部和中部 NSAT 较低；4 个时间段的 NSAT 变化相同，空间分布合理。此外，图 8-9 还显示 AW_NSAT 具有空间无缝的优势。

其次，利用 ANNI、BJ、D66、D105、D110、MS3478、MS3608、MQ、NQ、BG 共 10 个独立站点的站点实测 NSAT 数据对 AW_NSAT 和 ZHB_NSAT 两种产品进行了站点尺度的检验。由于 ZHB_NSAT 只涵盖了晴空条件，所以在这里只考虑晴空条件下的检验，检验结果如图 8-11 所示。

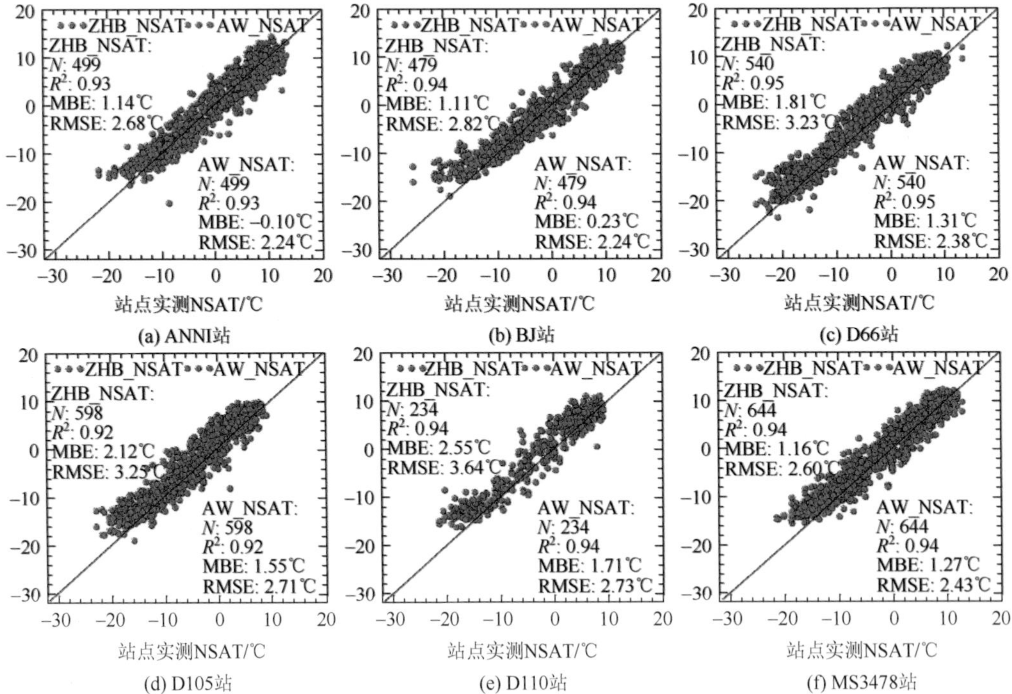

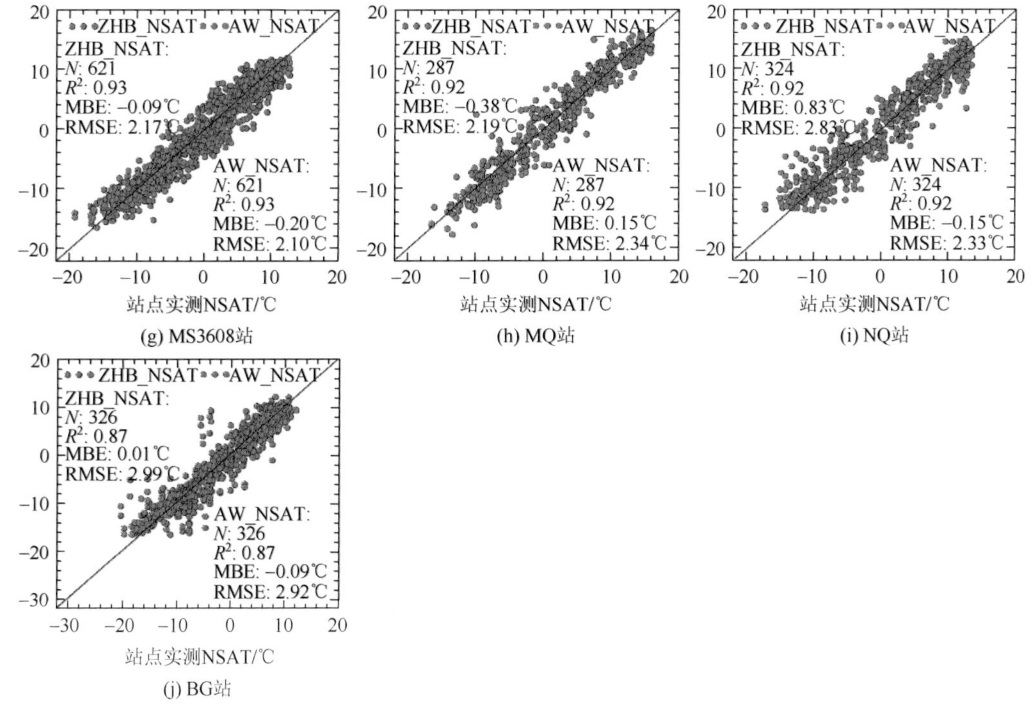

图 8-11　基于站点实测气温的 ZHB_NSAT 与 AW_NSAT 检验结果

所选的 2 种 NSAT 产品与站点实测数据的吻合程度总体较好，除 BG 站点的 R^2 为 0.87 外，2 种 NSAT 产品在其他 9 个站点的 R^2 均在 0.9 之上，其中 D66 站的 R^2 最高，达到 0.95。从 MBE 来看：AW_NSAT 在大部分站点小于 ZHB_NSAT；在 D110 站点两种产品的 MBE 最大，即 ZHB_NSAT 为 2.55℃，AW_NSAT 为 1.71℃；在 BG 站点上两种产品的 MBE 最接近 0：ZHB_NSAT 为 0.01℃，AW_NSAT 为−0.09℃。从 RMSE 来看，在 9 个站点上 AW_NSAT 的 RMSE 小于 ZHB_NSAT，ZHB_NSAT 在 D110 站 RMSE 最大为 3.64℃，AW_NSAT 在 BG 站的 RMSE 最大为 2.92℃；在 BG 站和 MS3608 站上两种产品的 RMSE 较为接近（相差在 0.1℃之内），且两种产品最好的精度都出现在 MS3068 站，ZHB_NSAT 的 RMSE 为 2.17℃，AW_NSAT 的 RMSE 为 2.10℃。整体来看，在晴空条件下 2 种产品在站点上的表现较为接近，都展现了合理的精度，且 AW_NSAT 的表现相对较好，在大部分情况下表现出更小的 RMSE 和 MBE。

由于 AW_NSAT 数据是全天候数据，因此对其在全天候和非晴空条件下同样进行了实测站点检验，AW_NSAT 在 3 种天气情况下的站点检验结果如表 8-4 所示。总体看来，在增加了非晴空和全天候的情况下，AW_NSAT 仍然表现出较好的精度，除 MQ 站外的其他站点在全天候下的精度均高于 ZHB_NSAT 在晴空条件下的精度，且在大部分站点具有更低的 MBE。非晴空条件下，AW_NSAT 在 8 个站点上的 RMSE 比晴空条件下的 ZHB_NSAT 更低，尤其在 D110 站，非晴空下 AW_NSAT 比晴空下 ZHB_NSAT 的 RMSE 低了 2.18℃，且非晴空下 AW_NSAT 比晴空条件下 AW_NSAT 的 RMSE 低了 1.27℃，同时非晴空的表现也在大部分站点也比晴空 ZHB_NSAT 的 MBE 更低，而在

BJ 站和 D105 站点，非晴空 AW_NSAT 的表现相比晴空条件下明显较差，RMSE 高出了 0.55℃和 0.22℃；在 D110 和 MS3478 站点，非晴空 AW_NSAT 的表现相比晴空条件下明显更好，RMSE 较小且 MBE 接近于 0，这可能是由于估算 AW_NSAT 的模型中 LST 占主要贡献部分，且非晴空条件下 AW_NSAT 的估算过程里只使用了 TRIMS LST，而晴空条件下添加了 MODIS LST，因此，MODSI LST 数据的偏差造成了 AW_NSAT 在 D110 和 MS3478 站点的不佳表现，从而影响了气温的预测结果。除 ANNI、BJ、D110、MS3478 和 NQ 非晴空的 MBE 与晴空的差距较大（大于 1℃）之外，其他站点非晴空与晴空都 MBE 非常接近。此外，AW_NSAT 在 BJ 和 MS3478 站点非晴空与晴空天气情况下 MBE 的偏差方向相反，此外 8 个站点的偏差方向相同。在全天候情况下，AW_NSAT 在各站点的 RMSE 与晴空条件下非常接近，RMSE 的差距都在 0.1℃左右，且全天候与晴空下 MBE 的正负方向相同。总体来说，在 3 种天气情况下，AW_NSAT 都表现了良好的精度。

表 8-4　3 种天气情况下 AW_NSAT 与 ZHB_NSAT 在实测站点的检验结果

站点编号	天气情况	样本量	AW_NSAT			ZHB_NSAT		
			MBE/℃	RMSE/℃	R^2	MBE/℃	RMSE/℃	R^2
ANNI	全天候	591	−0.26	2.22	0.93	—	—	—
	晴空	499	−0.1	2.24	0.93	1.14	2.68	0.93
	非晴空	92	−1.13	2.11	0.93	—	—	—
BJ	全天候	564	0.05	2.33	0.94	—	—	—
	晴空	479	0.23	2.24	0.94	1.11	2.82	0.94
	非晴空	85	−1.01	2.79	0.94	—	—	—
D66	全天候	592	1.26	2.39	0.95	—	—	—
	晴空	540	1.31	2.38	0.95	1.81	3.23	0.95
	非晴空	52	0.69	2.5	0.95	—	—	—
D105	全天候	671	1.53	2.74	0.92	—	—	—
	晴空	598	1.55	2.71	0.92	2.12	3.25	0.92
	非晴空	73	1.43	2.93	0.92	—	—	—
D110	全天候	273	1.51	2.59	0.94	—	—	—
	晴空	234	1.71	2.73	0.94	2.55	3.64	0.94
	非晴空	39	0.3	1.46	0.94	—	—	—
MS3478	全天候	731	1.11	2.35	0.94	—	—	—
	晴空	644	1.27	2.43	0.94	1.16	2.6	0.94
	非晴空	87	−0.12	1.7	0.94	—	—	—
MS3608	全天候	731	−0.32	2.08	0.93	—	—	—
	晴空	621	−0.2	2.1	0.93	−0.09	2.17	0.93
	非晴空	110	−0.99	1.94	0.93	—	—	—

续表

站点编号	天气情况	样本量	AW_NSAT			ZHB_NSAT		
			MBE/℃	RMSE/℃	R^2	MBE/℃	RMSE/℃	R^2
MQ	全天候	341	0.17	2.34	0.92	—	—	—
	晴空	287	0.15	2.34	0.92	−0.38	2.19	0.92
	非晴空	54	0.3	2.3	0.92	—	—	—
NQ	全天候	364	−0.3	2.36	0.92	—	—	—
	晴空	324	−0.15	2.33	0.92	0.83	2.83	0.92
	非晴空	40	−1.53	2.62	0.92	—	—	—
BG	全天候	364	−0.06	2.93	0.87	—	—	—
	晴空	326	−0.09	2.92	0.87	0.01	2.99	0.83
	非晴空	38	0.17	3.01	0.87	—	—	—

经过站点实测数据的检验，AW_NSAT 与 ZHB_NSAT 在青藏高原的表现均较为可靠，RMSE 在合理范围内，MBE 在多数站点趋近于 0，没有明显的系统偏差。此外，AW_NSAT 的空间格局无缝且连续，在全天候条件下仍然具有良好的精度，可为青藏高原地区的气候变化和能量交换提供可靠的分析数据，为水文模型、生态模型、环境模型等多种模型提供气候驱动因子。

8.4 本 章 小 结

本章以遥感获得的全天候 LST 数据为基础，综合考虑地形要素、地表覆盖类型、太阳入射能量、地理位置等因素，比较了线性和非线性共 6 种预测方法在青藏高原预测 NSAT 的可靠性。通过 DEM 分层检验和 LOSO 交叉检验结果，分别在 15 种数据组合下选出最优的模型并进行排序得到 15 个模型的排序表，根据排序表对模型进行动态组合并估算生成了青藏高原 2003～2018 年逐日 1km 全天候 NSAT 数据集 AW_NSAT。同时，利用独立站点实测数据对 AW_NSAT 数据与现有其他 NSAT 数据集进行精度检验和评估，分析其可靠性。

验证结果表明，AW_NSAT 在青藏高原具有良好的精度，在全天候和非晴空下均具有较好的表现。对于基于卫星热红外遥感 LST 产品生成的其他 NSAT 数据集存在的时空不连续、缺失值等问题，AW_NSAT 数据则表现出空间无缝、连续的空间特征，提供了更加全面的信息。这对青藏高原全天候条件下 NSAT 与相关因子的关系探究，对于深入了解青藏高原 NSAT 的变化分析及生态环境保护、水资源利用、地质灾害预防、地-气能量交换和基础设施建设等方面都具有重要的意义。

第 9 章　基于全天候地表温度的城市热岛效应研究

随着城市化进程的加快，自然地表不断被不透水表面所取代。截至 2018 年，全球城市总面积增至 802233km^2，从 1992 年占陆地总面积的 0.23%增加到 0.54%（Li et al.，2020）。全球城市边界内的不透水表面所占比例从 1990 年的 53%增加到了 60%，这表明过去几十年城市发展十分快速（Li et al.，2020）。土地利用和地表覆盖的变化以及城市冠层结构的变化通常会导致城市的地表辐射、热特性和湿度等发生相当大的变化（Wang et al.，2007）。这些影响导致城市地区温度往往高于周边郊区和农村地区（Crosson et al.，2012），该现象被称为城市热岛（urban heat island，UHI）效应。较高温度的城市环境不仅会改变区域气候，增加能源消耗和环境污染，而且会显著影响人类的健康和福祉（Patz et al.，2005；Grimm et al.，2008；Chen and Wang，2010；陈云浩等，2014； Santamouris et al.，2015）。因此，城市热岛的准确量化和长期监测不仅有助于决策者制定有效的土地利用政策，而且对人类健康和区域可持续发展也有很重要的价值（Imhoff et al.，2010）。

当前地表城市热岛（surface urban heat island，SUHI）效应的研究主要基于热红外遥感反演得到的地表温度数据。近几十年来，基于 Landsat TM/ETM + /TIRS、Terra ASTER 和 Terra/Aqua MODIS 等热红外传感器获取的地表温度数据，因其空间覆盖广、长期重复观测以及获取成本相对较低等优势，为从不同时间和空间尺度探索城市热岛的变化规律及其驱动因素做出了重要贡献（黄聚聪等，2012；白杨等，2013；Clinton and Gong，2013；刘勇洪等，2014；乔治与田光进，2015；Feng and Myint，2016；Lu et al.，2019；Chang et al.，2021；刘诗喆等，2021）。然而，由于热红外遥感图像易受云层等因素的强烈影响，导致像元数据的严重缺失，从而难以获取时空连续的地表温度数据，这使得当前地表城市热岛的研究大多仅限于年际、季节和月尺度（Du et al.，2016；Fu and Wang，2016；Huang F et al.，2016；Shen et al.，2016；Yao et al.，2017），而难以从更精细化的尺度（逐日）进行分析。因此，仅利用现有的热红外遥感 LST 产品极大限制了地表城市热岛的研究。

为减少由上述问题造成的影响，大多数现有的地表城市热岛研究通过使用具有代表性的无云遥感图像或通过构建时间合成 LST 数据来弥补数据缺失的问题（Hu and Brunsell，2013）。例如，Chen 等（2019）利用 5 幅 Landsat-5 和 1 幅 Landsat-8 无云影像，根据时间轨迹对地表城市热岛强度的剧烈变化区域进行拟合分析，结果表明不透水表面对地表城市热岛强度的影响最大，其次是非绿叶植物和土壤部分。其次，将每日 LST 数据聚合到较粗时间分辨率是一种广泛使用的构建无缝 LST 的方法，尤其是 MODIS 8 天合成产品（如 MOD11A2 和 MYD11A2）使用最广泛。然而，Hu 和 Brunsell（2013）研究发现时间合成数据将导致地表城市热岛估计量的增加和空间模式的变化，尤其是在春季和夏季。

如前文所述，热红外遥感只能在晴朗的天空条件下才能很好地工作，而云的存在，通常被认为会在一定程度上降低 LST（Hu et al.，2014；Lai et al.，2021）。Ermida 等（2017）

利用基于被动微波传感器 AMSR-E 反演的 3 年 LST 数据分析发现，与全天候地表温度 LST 相比，晴空条件下的 LST 在白天和夜间分别存在约 2～8K 和–2K 的偏差。同时，已有大量研究表明，云的存在会对基于气温数据量化的冠层城市热岛有很大的抑制作用（Morris et al.，2001）。因此，基于上述结论，近年来已有大量学者提出云的存在同样会对基于地表温度量化的地表城市热岛产生影响的猜想（Hu and Brunsell，2013；Lai et al.，2021），从而使得仅利用晴空 LST 数据量化的城市热岛不能代表全天候条件，而导致“晴空偏差”。但由于缺乏数据源，目前还没有研究定量评估可能存在的“晴空偏差”。

在此背景下，本章将新发布的全天候 LST 产品 TRIMS LST 引入城市热岛的研究中，分析 TRIMS LST 应用于热岛研究的科学性和合理性，并定量分析仅使用卫星热红外遥感在晴空条件获得的 LST 产生的“晴空偏差”（Liao et al.，2021）。

9.1　研究区与数据

9.1.1　研究区

本章的研究区域包括成都和北京两个超大城市。它们位于两个不同的气候带。成都市（102°54′E～104°53′E，30°05′N～31°26′N）位于四川盆地西缘，地势自西北向东南倾斜；西部属于四川盆地边缘地带，以深山丘陵为主，海拔多为 1000～3000m；东部属于四川盆地底部平原，海拔一般在 750m 左右。成都属亚热带湿润季风气候，年降水量约 1000mm，显著特点是全年云雾覆盖较多，年平均晴天不超过 25d（Zhang and Jia，2013），其中降水主要集中在 6～8 月。北京市（115°25′E～117°30′E，39°26′N～41°03′N）地处华北平原西北端，西部、北部和东北部三面群山环抱，地势东北高西南低。北京市平原的海拔约为 20～60m，山区的海拔约为 1000～1500m。北京属半湿润半干旱的暖温带，夏季高温多雨，冬季寒冷干燥，春秋季短促。年降水量约 500mm，大部分降水发生在雨季（6～9 月）。如图 9-1 所示为本章的研究区，其中红色实线分别为成都市的三环路和北京市的五环路，本章以其作为城市和郊区的边界线。

9.1.2　研究数据

本章使用了 2 种 LST 产品来量化城市热岛，包括 2009 年和 2019 年的 MODIS LST 产品 MYD11A1 和全天候 LST 产品 TRIMS LST，数据的详细信息如表 9-1 所示。这两种地表温度产品的空间分辨率都为 1km。这两种产品的相关信息均已在前文介绍。

表 9-1　本章中使用的遥感数据

数据类型	产品	空间分辨率/m	时间分辨率	年份
全天候 LST	TRIMS LST	1000	逐日两次	2009、2019
晴空 LST	MYD11A1	1000	逐日两次	2009、2019

续表

数据类型	产品	空间分辨率/m	时间分辨率	年份
地表覆盖类型	MCD12Q1	500	逐年	2009、2019
数字高程模型	GDEM V2	30	—	2019

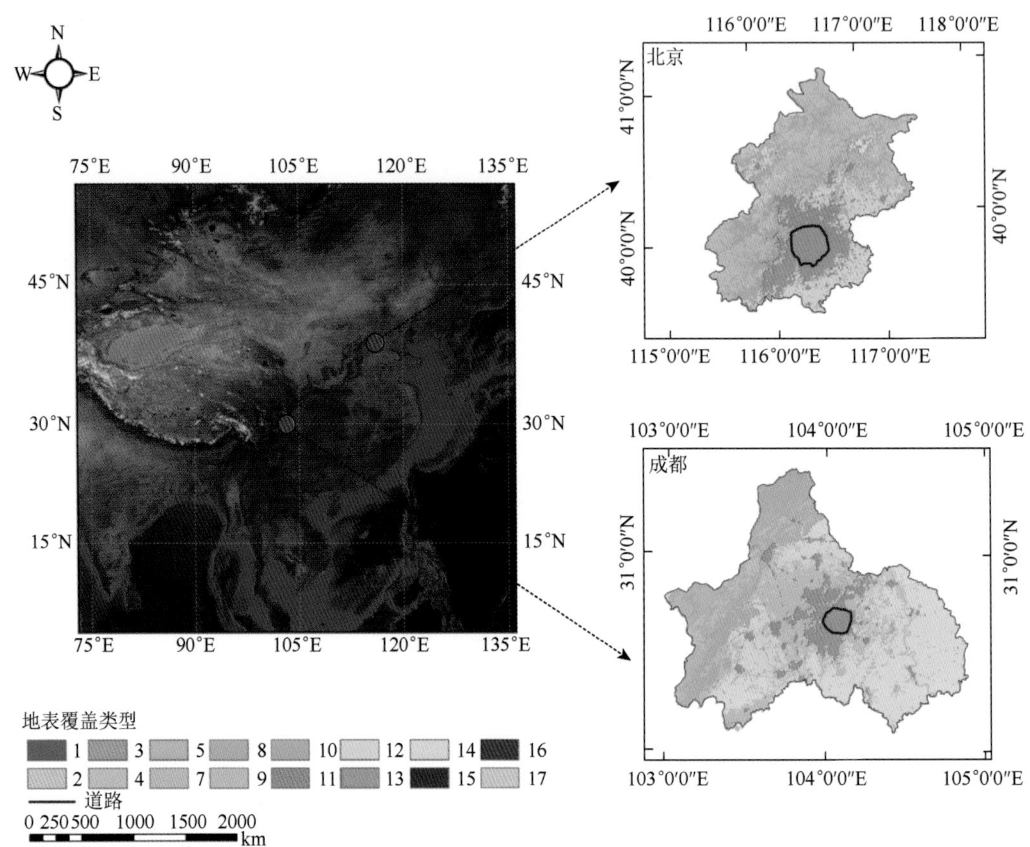

图 9-1　成都市和北京市的位置与地表覆盖

注：1. 常绿针叶林；2. 常绿阔叶林；3. 落叶针叶林；4. 落叶阔叶林；5. 混交林；7. 稀疏灌丛；8. 木本热带稀树灌丛；9. 热带草原；10. 草地；11. 永久性湿地；12. 农用地；13. 城市和建成区；14. 耕地/自然植被；15. 永久性冰雪；16. 稀疏植被；17. 水体

除了地表温度数据外，本章还使用了地表覆盖类型产品 MCD12Q1（空间分辨率为500m，时间分辨率为逐年）、ASTER 全球数字高程数据产品 GDEM V2 以及 2019 年我国道路网数据。MCD12Q1 是通过监督学习方法的决策树分类得到的，它包含 5 种不同的地表覆盖分类方案。本章采用国际地圈生物圈计划（international geosphere- biosphere programme，IGBP）的分类方案，该方案共划分了 17 个地表覆盖类型，包括 11 个自然植被类别、3 个开发和镶嵌地表类别以及 3 个非植被地表类别；STER GDEM 数据产品由 NASA 喷气推进实验室和日本经济产业省的科学团队利用 Terra 卫星上的 ASTER 传感器数据生成，空间分辨率为 30m，该数据下载自地理空间数据云网站（http://www.gscloud.cn/）。2019 年我国的路网数据来自 OpenStreetMap（OSM）官方网站（https://www.openstreetmap.org/）。

9.2 研 究 方 法

SUHI 强度是衡量 UHI 的一个重要指标。它通常被定义为城市平均温度和郊区平均温度之间的差异（Imhoff et al.，2010）：

$$\mathrm{SUHI} = \mathrm{LST_U} - \mathrm{LST_R} \tag{9-1}$$

式中，SUHI 为地表城市热岛强度，$\mathrm{LST_U}$ 和 $\mathrm{LST_R}$ 为城市和相应郊区地区的平均 LST。

城市和郊区地区的划分范围将直接影响 SUHI 强度（Schwarz et al.，2011）。本章采用以下方法来划定城市和郊区区域。根据地表覆盖类型数据和道路网数据，分别提取成都三环路内和北京五环路内的“城市和建成区”的像元，将其视为城市核心区（Hu et al.，2017; Quan et al.，2016）。Zhang 等（2004）和 Zhou D 等（2015）的研究表明，SUHI 的空间范围（即其足迹）远远大于城市建成区的面积。因此，在城市核心区外 15～30km 范围内做一个缓冲区，将其作为郊区地区。此外，为了消除海拔和不同土地覆盖类型对最终结果的影响，剔除了缓冲区内像元海拔超过城市海拔的中位数±50m 及地表覆盖类型为“城市和建成区”的像元。根据划定的城市和郊区边界，分别利用 MYD11A1 产品（以下简称 MYD-LST）和 TRIMS LST 产品（以下简称 AW-LST）计算出白天和夜间的 SUHI 强度，以供后续研究。

由于 MYD-LST 受云层影响较大，导致一些图像中城市和郊区地区的晴空像元数据较少，少量有值像元的平均结果无法正确估计整个研究区域内的 SUHI 强度（Weng and Fu，2014）。因此，为了量化基于 AW-LST 和 MYD-LST 计算的 SUHI 强度在不同天空条件下的差异，本章计算了每幅 MYD11A1 图像中城市和郊区的晴空覆盖率（clear-sky coverage ratio，CSCR）和云覆盖率（cloud coverage ratio，CCR）：

$$\mathrm{CSCR} = \frac{P_{\text{clear-sky}}}{P_{\text{all}}} \tag{9-2}$$

$$\mathrm{CCR} = 1 - \mathrm{CSCR} \tag{9-3}$$

式中，$P_{\text{clear-sky}}$ 和 P_{all} 分别为城市和郊区地区晴空像元数目和总像元数。

AW-LST 图像和 MYD-LST 图像根据 CSCR 划分为以下类别：CSCR 低于 30%的 LST 图像被划分为多云图像；CSCR 为 30%～95%的 LST 图像被划分为少云图像；CSCR 大于 95%的 LST 图像被划分为晴空图像。晴空偏差被定义为晴空和全天候条件下的 SUHI 强度之差。本书分别统计出晴空、少云、多云和全天候条件下基于 AW-LST 计算得到的 SUHI 的月平均值，从月时间尺度和昼夜尺度分析晴空偏差随时间的变化规律。

9.3 结 果 分 析

9.3.1 AW-LST 和 MYD-LST 之间的一致性比较

图 9-2 展示了 2009 年 7 月 12 日白天成都的 MYD-LST 和 AW-LST 以及 2019 年 6 月

29 日夜间北京的 MYD-LST 和 AW-LST。从图 9-2 可以明显看出，MYD-LST 无法提供云层下的数据，存在大面积的缺失，而 AW-LST 则保持了良好的完整性，这说明 AW-LST 产品具有良好的全天候特性。尽管存在云层污染，但 AW-LST 和 MYD-LST 在空间模式上仍表现出良好的一致性，这间接说明 AW-LST 在云层条件下具有良好的反演精度。

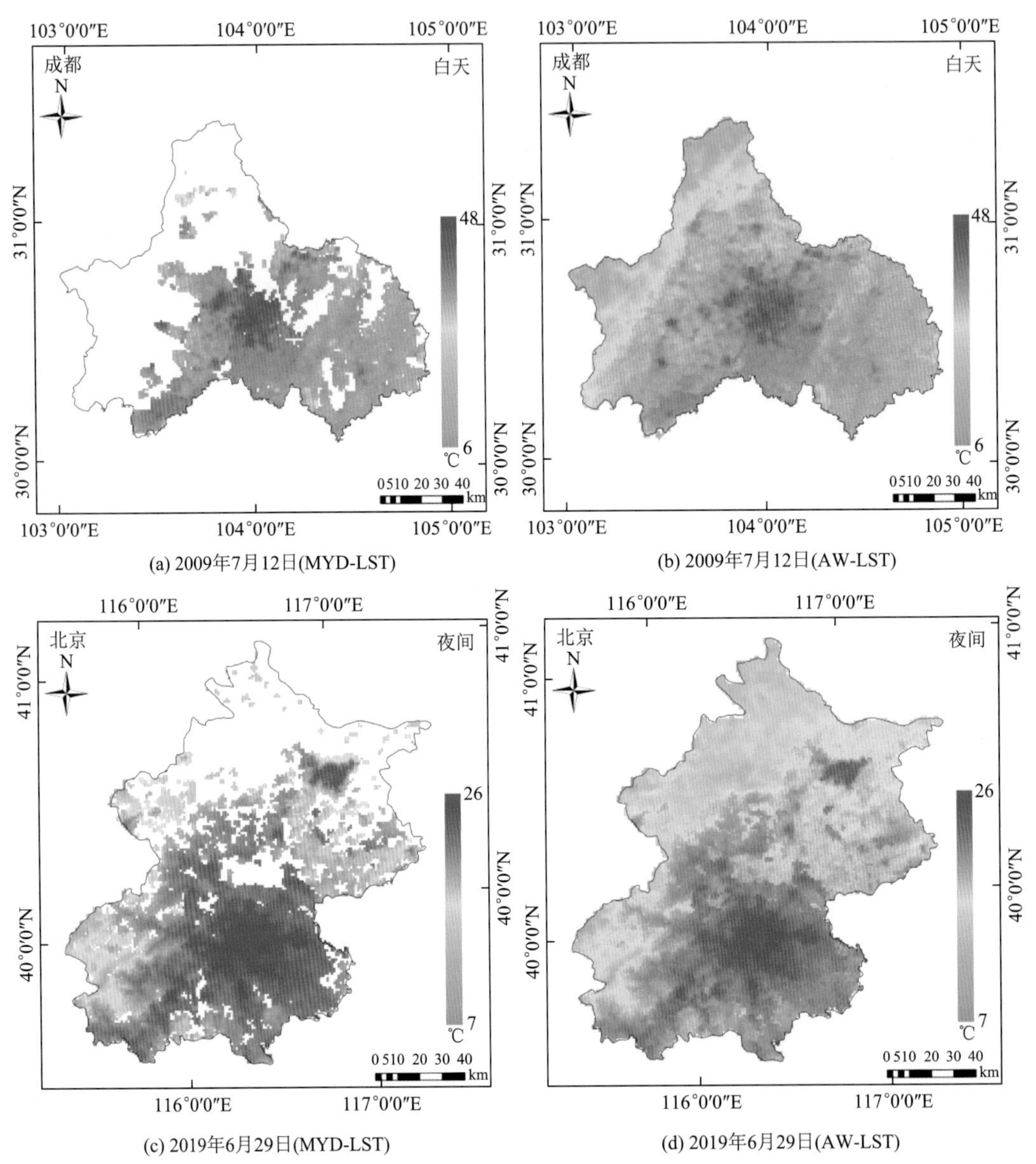

(a) 2009年7月12日(MYD-LST)　　(b) 2009年7月12日(AW-LST)

(c) 2019年6月29日(MYD-LST)　　(d) 2019年6月29日(AW-LST)

图 9-2　成都市和北京市的 MYD-LST 和 AW-LST 的空间分布

为了进一步验证 AW-LST 与 MYD-LST 的一致性，对研究区的 AW-LST 和 MYD-LST 数据进行了定量比较，结果如图 9-3 和图 9-4 所示。选取城市和郊区地区的所有晴空像元作为样本量：成都市区的样本量为 7268～9656 个，郊区地区为 105042～128559 个；北京市区的样本量为 108384～134820 个，郊区地区为 212095～283654 个，根据所有样本计算 MBD、RMSD、R^2。

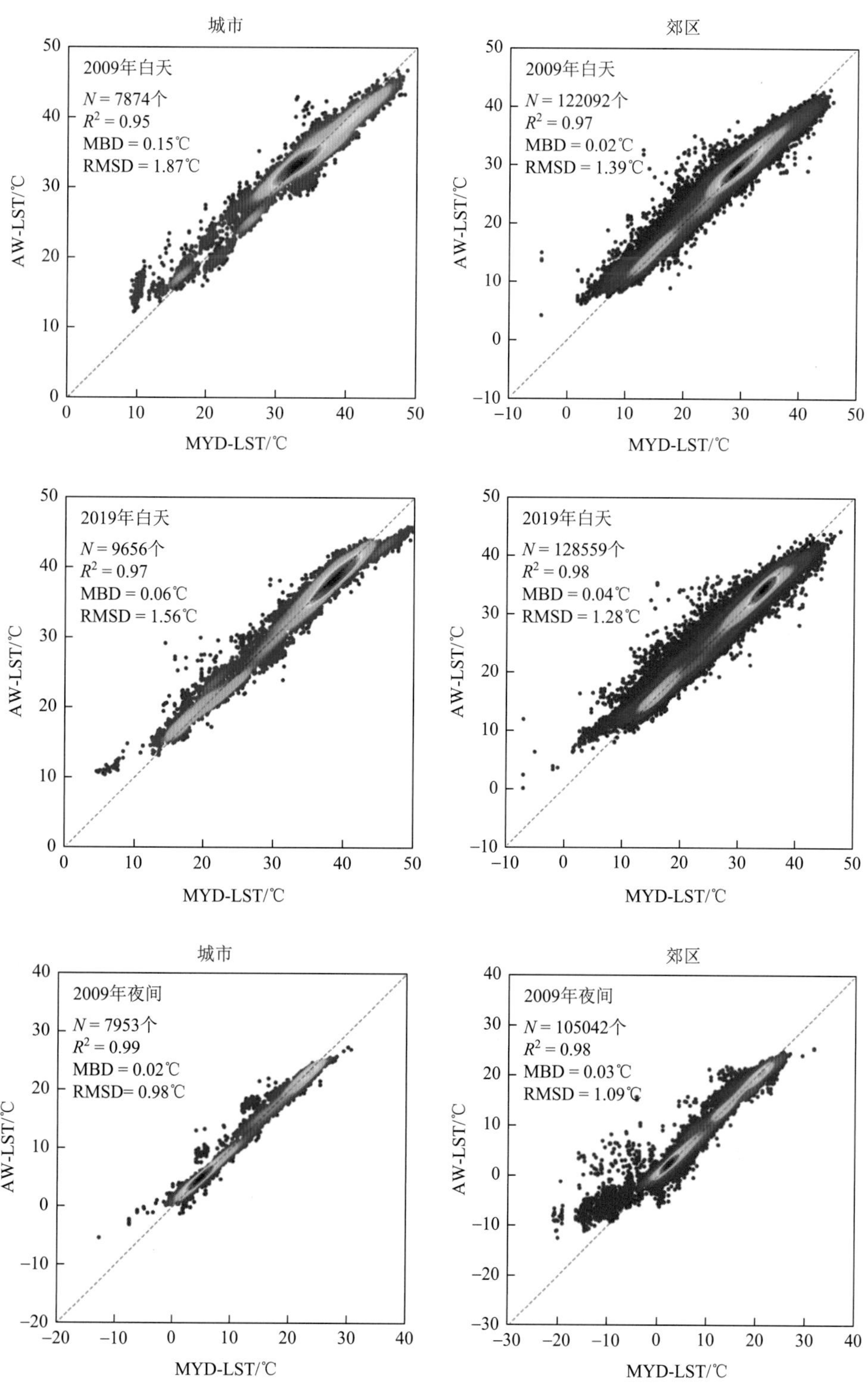

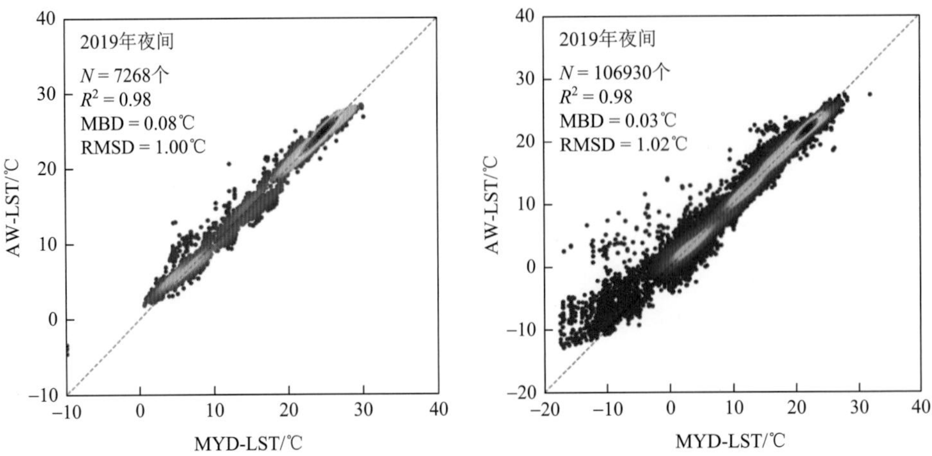

图 9-3　成都市 2009 年和 2019 年 AW-LST 和 MYD-LST 的散点密度图

注：N 为样本量，红色越深表示密度越高，蓝色越深表示密度越低

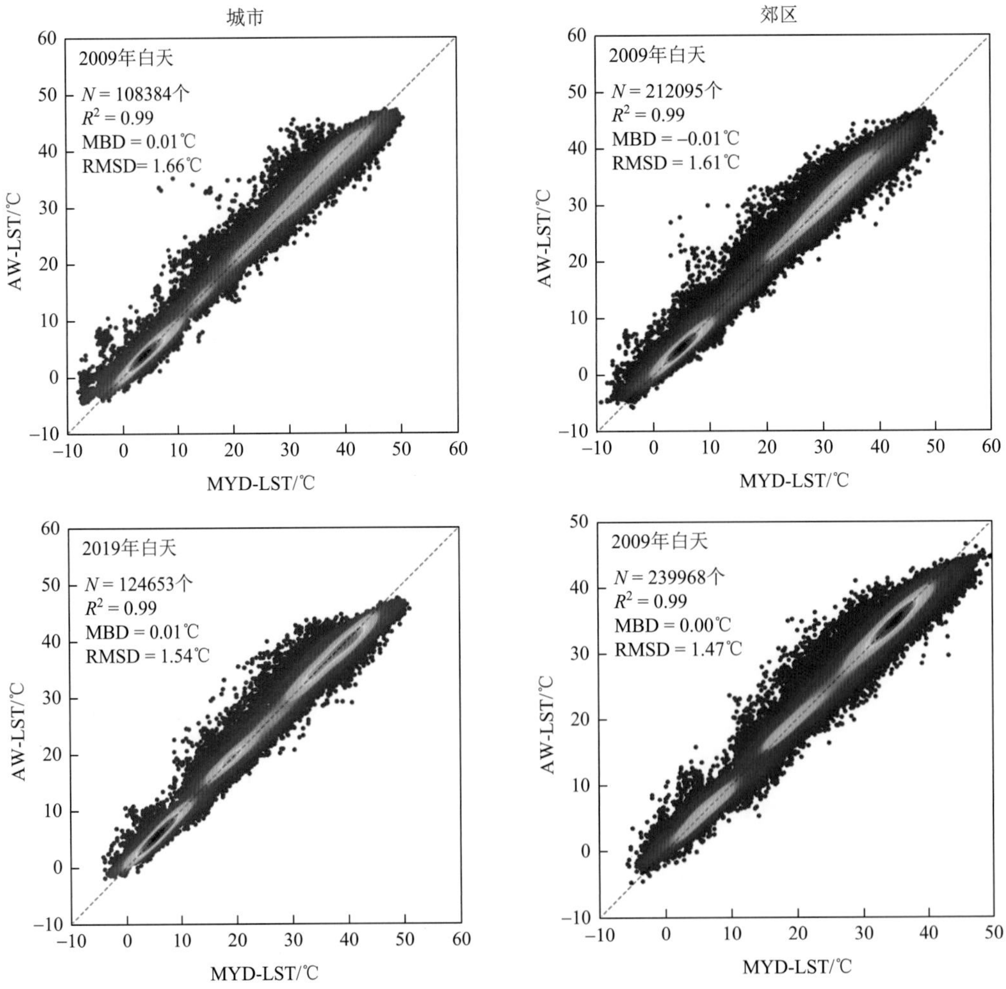

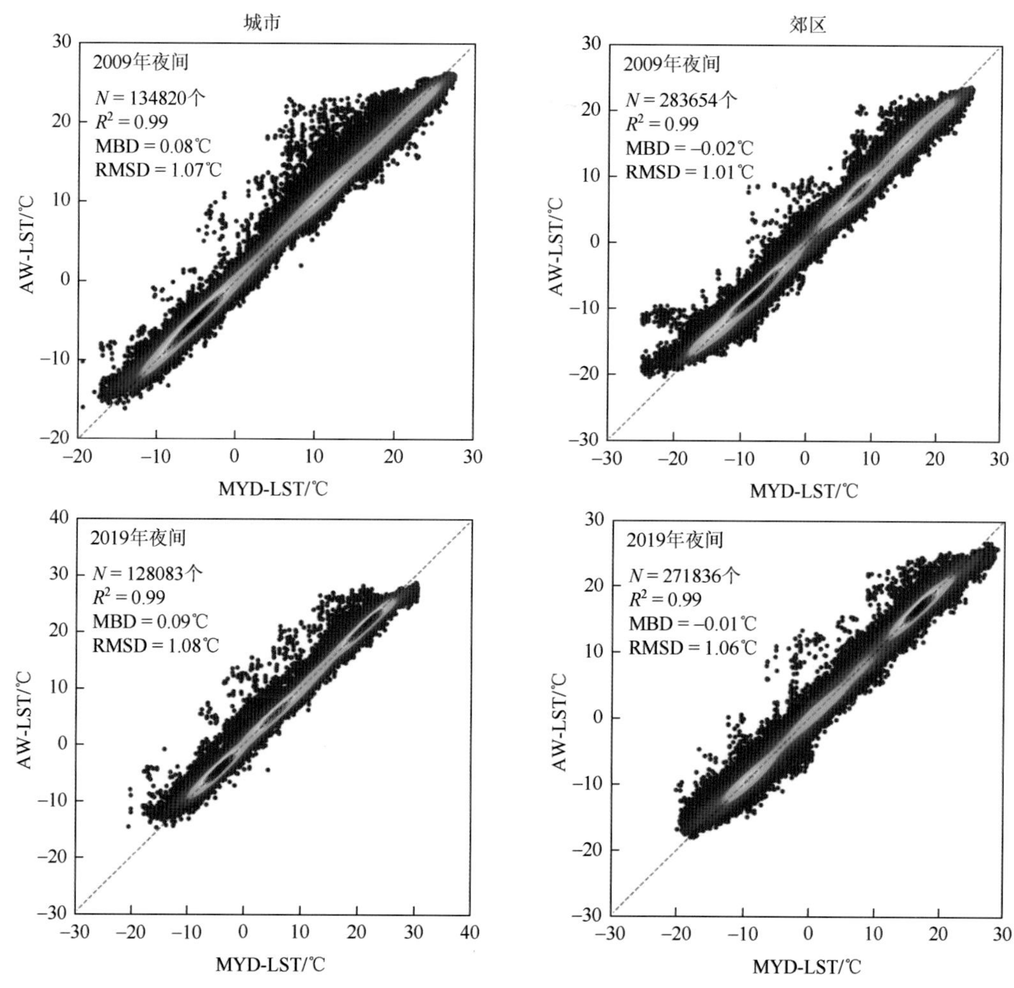

图 9-4　北京市 2009 年和 2019 年 AW-LST 和 MYD-LST 的散点密度图

注：N 为样本量，红色越深表示密度越高，蓝色越深表示密度越低

如图 9-3 和图 9-4 所示，AW-LST 与 MYD-LST 数据的吻合程度较好，R^2 为 0.95～0.99。以 MYD-LST 为参考，成都白天城区和郊区 AW-LST 的 MBD/RMSD 分别在 0.06～0.15℃/1.56～1.87℃和 0.02～0.04℃/1.28～1.39℃变化；在夜间，城市地区 AW-LST 的 MBD/RMSD 为 0.02～0.08℃/0.98～1.0℃，郊区的 MBD/RMSD 分别为 0.03℃/1.02～1.09℃。与 MYD-LST 相比，AW-LST 在成都有略微偏高。在白天，郊区的系统偏差比城市地区小，精度高；在夜间，2009 年城市和郊区地区的系统偏差和精度没有明显差异，而 2019 年郊区地区的系统偏差比城市地区小。

就北京而言，在白天情况下，城市地区 AW-LST 的 MBD/RMSD 分别为 0.01℃/1.54～1.66℃，郊区地区则为–0.01～0.00℃/1.47～1.61℃。在夜间，城市地区 AW-LST 的 MBD/RMSD 分别为 0.08～0.09℃/1.07～1.08℃，郊区的 MBD/RMSD 分别为–0.02～–0.01℃/1.01～1.06℃。结果表明，与 MYD-LST 相比，城市和郊区地区白天的 AW-LST 不存在显著的系统偏差，城市地区的 AW-LST 数据略有高估，郊区地区夜间有轻微低估。

9.3.2　不同天空条件下的 SUHI 强度

1. 基于 MYD-LST 划分的天空条件

使用 MYD-LST 计算的成都和北京的 CCR 如图 9-5 所示。北京市夜间的 CCR 低于白天，城市和郊区的 CCR 有轻微差异。无论是白天还是晚上，夏季的 CCR 都比冬季低。与北京相比，成都的 CCR 在全年都比较高。城市和郊区的 CCR 存在差异，郊区的 CCR 低于城市地区。城市和郊区 CCR 差异出现的原因可能与云的形成和地表-大气的相互作用密切相关。由于太阳辐射增强了大气边界层的不稳定性，而城市地区由于地表较热，边界层的不稳定性通常高于郊区，这使得城区的空气湍流和辐合更加显著（Hu and Brunsell, 2013）。同时，城区内部高强度的经济活动排放了大量的有害气体和气溶胶，导致了严重

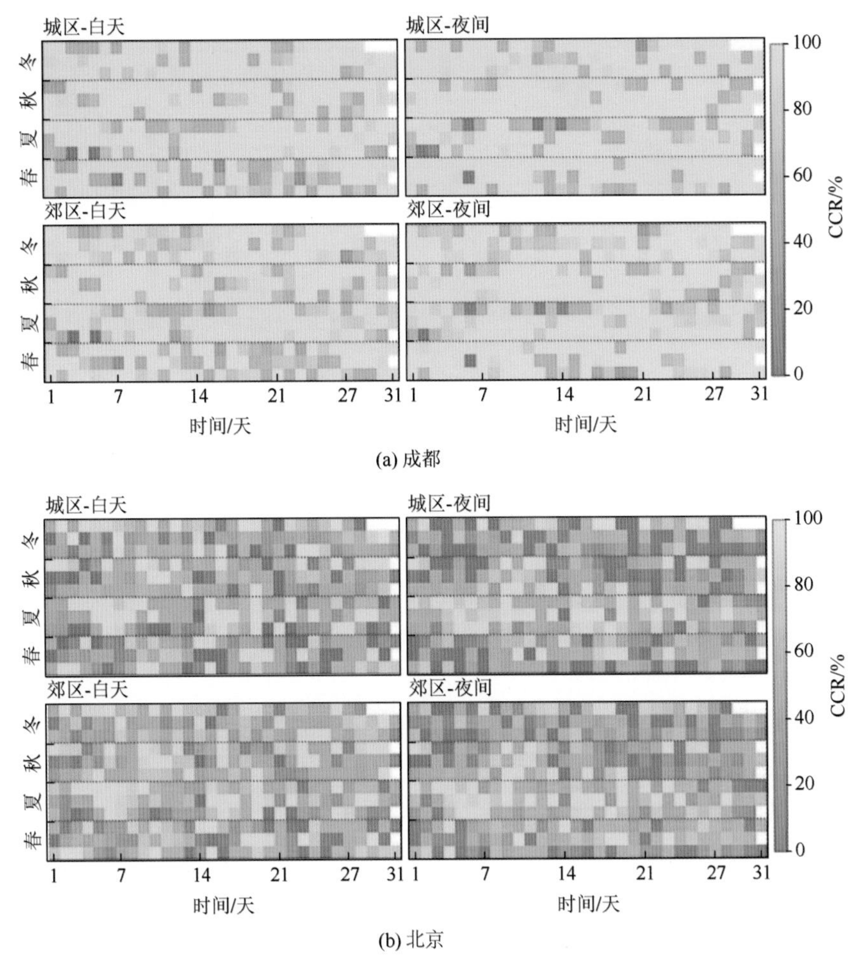

图 9-5　成都市和北京市的逐日 CCR（2009 年和 2019 年的平均结果）

注：横轴代表 1～31 天，不足 31 天的月份的空缺值用白色显示；纵坐标由下而上分别为春季（3～5 月）、夏季（6～8 月）、秋季（9～11 月）、冬季（12～2 月）

的大气污染，改变了大气的组成，为云雾的形成提供了丰富的凝结核。而引起昼夜 CCR 差异的原因可能是由于城市和郊区的降温速率差异在白天最大（Hu and Brunsell，2013），导致白天形成云的可能性增加。相反，夜间的 LST 比白天低，边界层在夜间更稳定（Quan et al.，2014）。

图 9-6 展示了根据 9.2 节给出的阈值范围对 LST 影像划分出的各天空条件下的影像数目。对于北京而言，2009 年和 2019 年 LST 图像为晴天、少云、多云的天数分别为 80～104d、79～110d、151～206d。对于成都而言，2009 年和 2019 的晴空 LST 图像只有 10～18 幅，少云 25～38 幅，多云 309～326 幅，而且夜间的晴空天数比白天多。

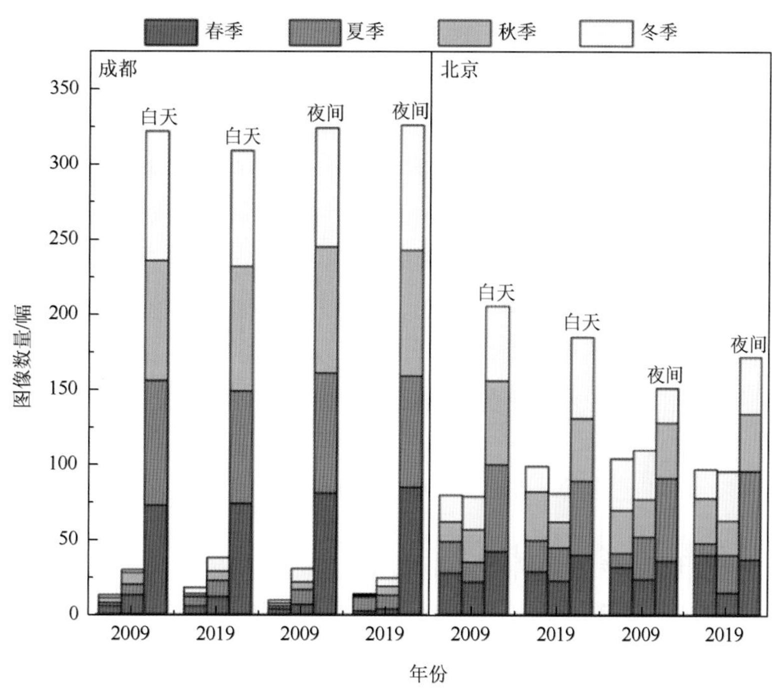

图 9-6　成都和北京不同季节的晴空、少云和多云条件下的 LST 影像统计

2. 晴空条件

图 9-7 显示了北京和成都在晴空条件下的 AW-UHI 和 MYD-UHI。由于成都晴空天数较少，SUHI 强度的季节性差异难以区分，因此，当前仅从昼夜差异的角度进行分析。以晴空条件下的 MYD-UHI 为参考，在白天，2009 年的 AW-UHI 存在明显高估，而 2019 年的 AW-UHI 存在低估。在夜间，AW-UHI 均略低于 MYD-UHI。造成 SUHI 偏差的原因可以对应于 9.3.1 节中的 AW-LST 相较于 MYD-LST 的偏差结果，由于城市热岛的计算方式是城区平均 LST 减去郊区平均 LST，因此也等于城区 LST 的偏差减去郊区 LST 的偏差。而 2009 年成都白天的 AW-LST 在城区的 MBD 为 0.15℃，在郊区为 0.02℃，城乡之间的较大差异最终导致 SUHI 也存在明显的正向偏差。

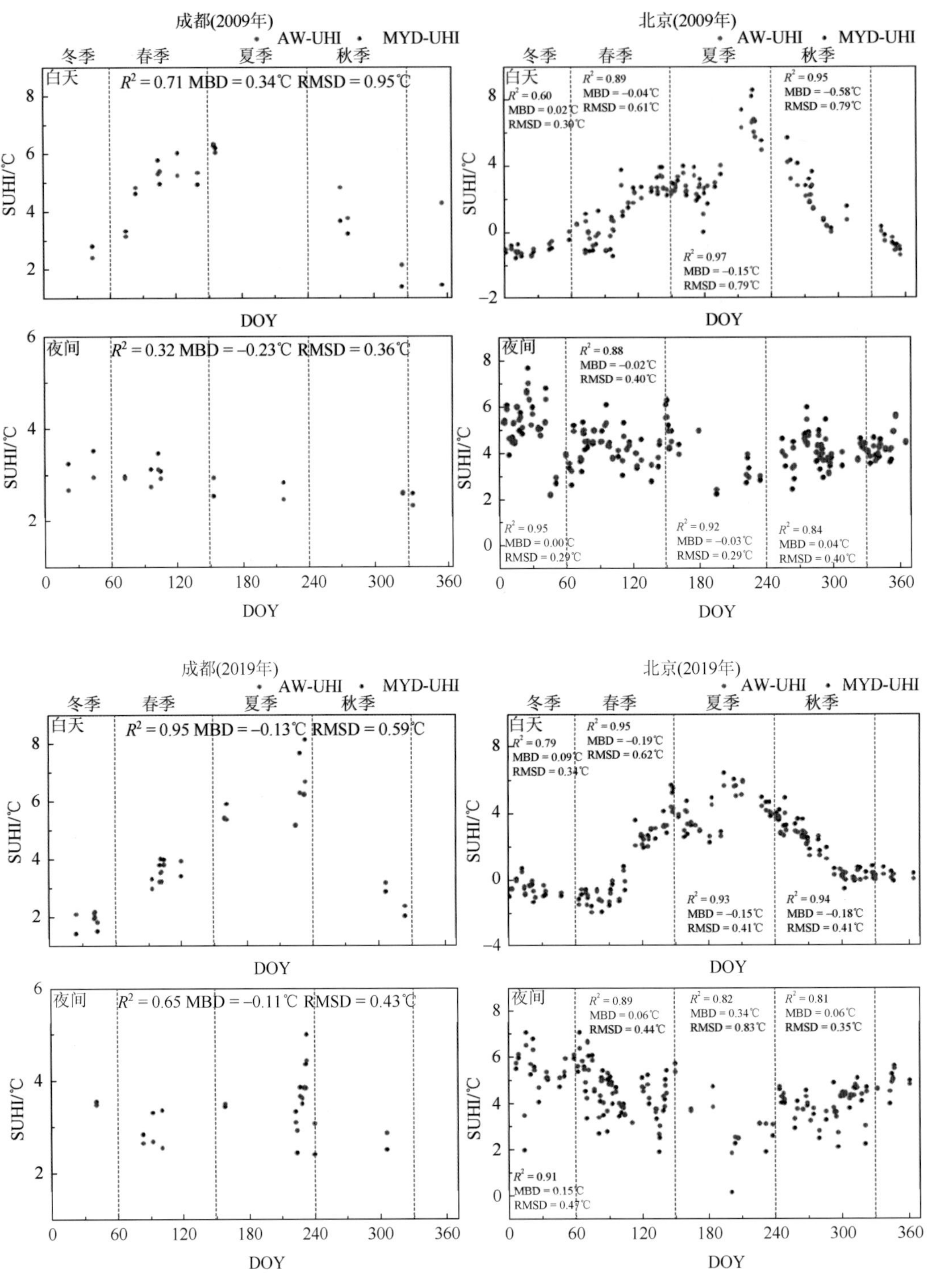

图 9-7　成都市和北京市在晴空条件下的 AW-UHI 和 MYD-UHI

虽然北京全年的晴空天数最少时只有 80d，但晴空条件下的年内变化仍表现出明显的季节性特征，并且 AW-UHI 和 MYD-UHI 的变化趋势相同。在白天，SUHI 强度在夏季较高，冬季较低；反之，夜间的 SUHI 强度在冬季较高，夏季较低。在白天，冬季的 SUHI 强度低于 0，表现为地表城市冷岛；而 8 月的 SUHI 强度则高达 7℃。夜间的 SUHI 强度变化比白天小，全年的 SUHI 强度都大于 0，冬季的 SUHI 强度接近 8℃。本书研究中观察到的 SUHI 强度的昼夜和季节性模式与以往研究报告的结果一致（Quan et al.，2014）。AW-UHI 和 MYD-UHI 的比较表明，两类 LST 数据集的总体偏差较小。在白天，除冬季外，AW-UHI 略低于 MYD-UHI，且秋季下移幅度最大。在夜间，偏移量一般比白天小，在春季和夏季，AW-UHI 略低于 MYD-UHI，而在秋季，AW-UHI 略高于 MYD-UHI。2019 年的结果表明，四个季节的 AW-UHI 都高于 MYD-UHI。总的来说，AW-UHI 和 MYD-UHI 在成都和北京表现出高度的一致性。因此，当把 AW-LST 应用于 SUHI 的研究时，它与 MODIS LST 具有相同的科学性和合理性。

3. 少云条件

如前所述，少云情况下的 CSCR 阈值为 30%～95%。由于 SUHI 强度的计算方法是统计研究区域内所有可用像元数据的平均值，因此 MODIS 晴空像元数据的缺失会在一定程度上影响 SUHI 的估算精度。由于在上述研究中已经验证了 AW-LST 应用于 SUHI 研究时其精度可与 MYD-LST 比肩，因此本节以 AW-UHI 为参考，定量评估由于缺乏像元数据而导致的 MYD-LST 对 SUHI 估算结果的影响程度。

图 9-8 显示了北京市和成都市在少云条件下的 MYD-UHI 和 AW-UHI。对于成都市来说，在白天，夏季的 SUHI 强度高于春、秋、冬季，夜间的季节变化趋势小于白天。MYD-UHI 和 AW-UHI 的对比结果表明，MYD-UHI 在少云的条件下被明显低估，尤其是 2019 年春季夜间，其偏移量达到–1.40℃。

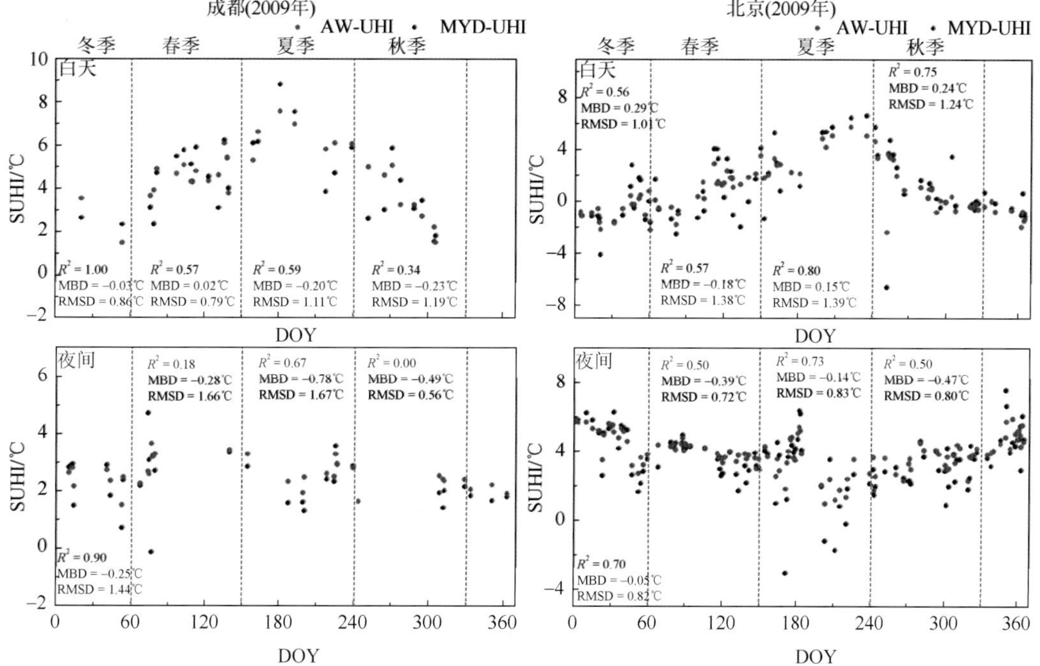

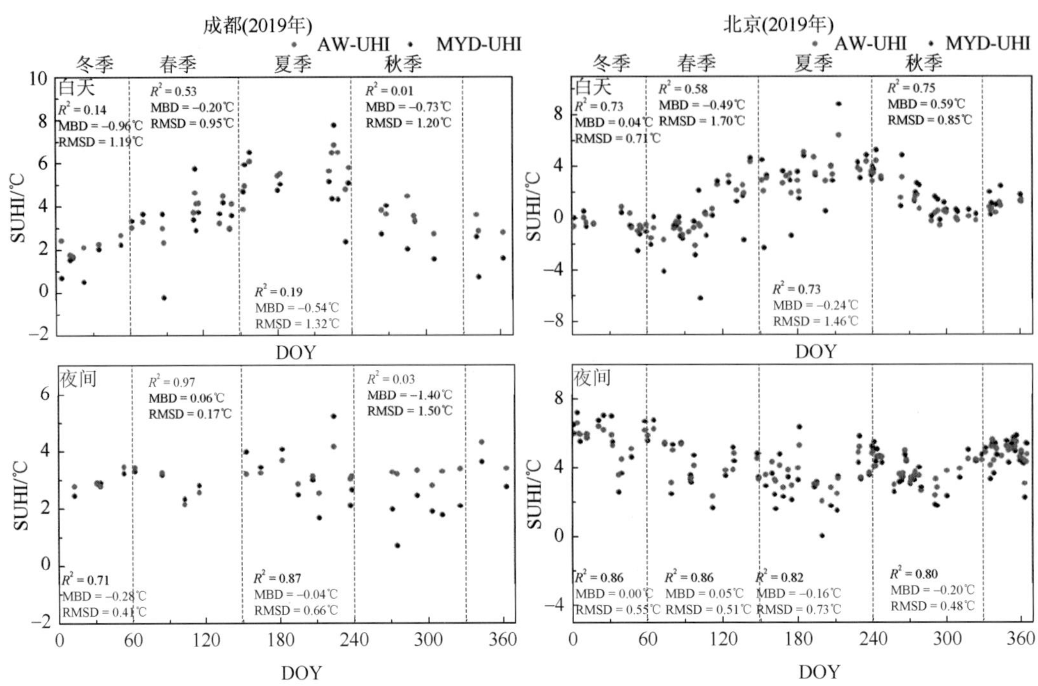

图 9-8　成都市和北京市在少云条件下的 AW-UHI 和 MYD-UHI

就北京市而言，可以看出在少云条件下的 MYD-UHI 和 AW-UHI 之间存在较大差异。AW-UHI 的年内变化呈现出与晴空条件下相同的季节性特征：在白天，AW-UHI 在夏季较高，冬季较低；在夜间，AW-UHI 在冬季较高，夏季较低。然而 MYD-UHI 的振幅偏差很大，这导致其季节性变化特征减弱。MYD-UHI 和 AW-UHI 的比较结果表明，在白天，除了 2009 年春季和 2019 年春季和夏季的 MYD-UHI 略低于 AW-UHI 以外，其余时间段的 MYD-UHI 均略高于 AW-UHI。在夜间，2019 年春季的 MYD-UHI 略高于 AW-UHI。此外，MYD-UHI 均低于 AW-UHI。

在少云条件下，MYD-UHI 偏差产生的原因与云层的异质分布有关。如果云层集中在城市的相对高温区域或郊区的相对低温区域，将导致 SUHI 强度被低估；如果云层集中在城市的相对低温区或郊区的相对高温区，则会造成 SUHI 强度的高估。以北京为例，图 9-9 展示了北京城乡的 LST 和云量的空间分布图。通过观察图中的相对高温区和相对低温区以及云层的集中分布区，可以大致得到与图 9-8 中 MYD-UHI 相较于 AW-UHI 产生的高估或低估偏差的结论。

4. 多云条件

在多云条件下，MYD-LST 中有值像元比例不到 30%，仅用极少数有效像元的平均值来表示整个研究区域的 SUHI 强度，将不可避免地使 SUHI 产生巨大误差。另外，MYD-LST 在一年中的大部分影像的 CSCR 为 0%；因此，使用 MYD-LST 产品不能获得有效的 SUHI 结果。

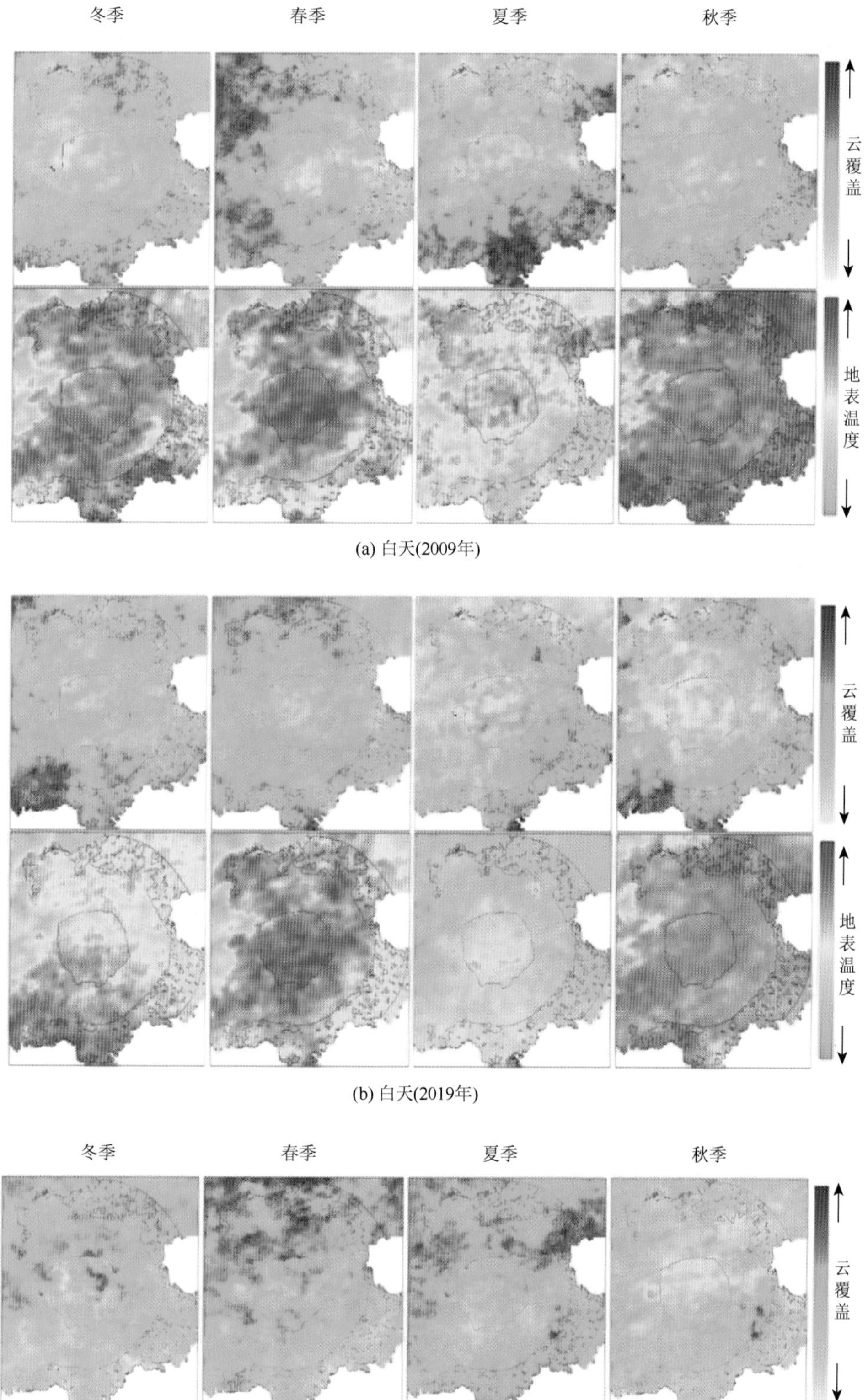
冬季
春季
夏季
秋季
云覆盖
地表温度
(a) 白天(2009年)
云覆盖
地表温度
(b) 白天(2019年)
冬季
春季
夏季
秋季
云覆盖

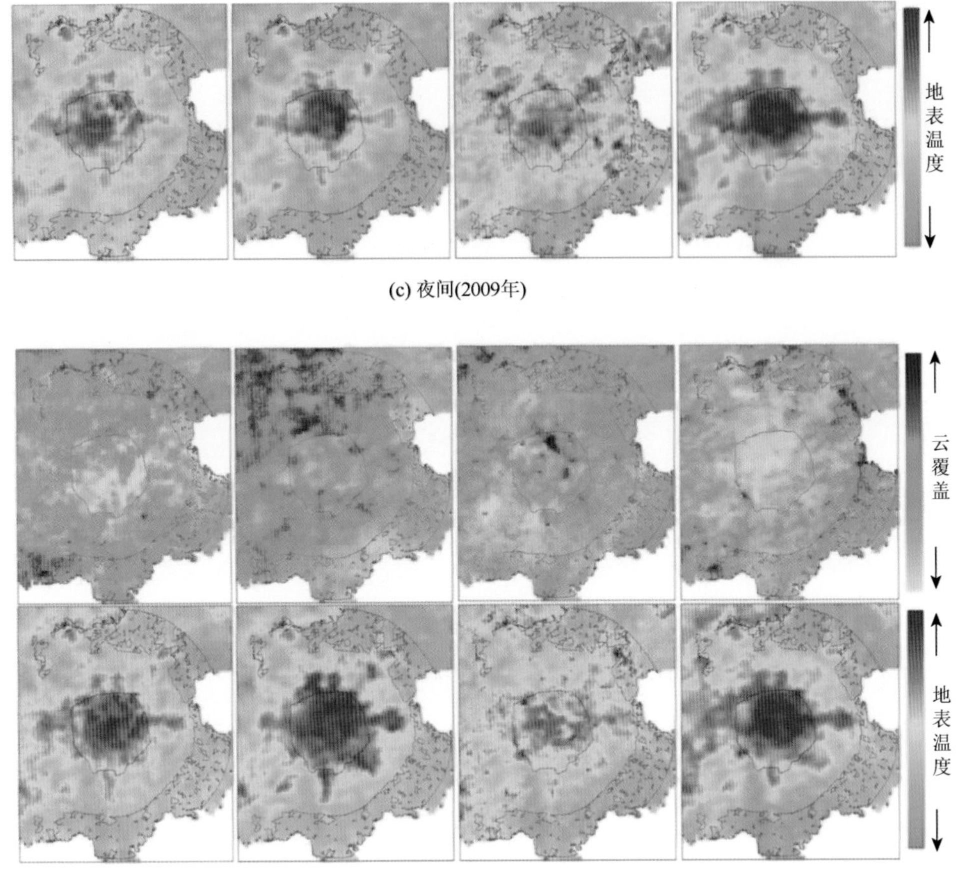

(c) 夜间(2009年)

(d) 夜间(2019年)

图 9-9　北京市城乡 LST 和云量的空间分布

注：上图是云量的分布情况，颜色越接近蓝色说明云量越多，颜色越接近黄色说明云量越少；下图是 LST 的分布情况，颜色越接近红色表示 LST 越高，颜色越接近绿色表示 LST 越低。图中的黑色实线分别代表城市和郊区的边界

图 9-10 显示了北京市和成都市在多云情况下的 AW-UHI 和 MYD-UHI。对于成都市来说，由于晴空和少云的数据量较少，无法确定 SUHI 的季节变化模式。从多云条件下的结果来看，成都市 SUHI 的季节性变化幅度在白天比在夜间更大。在白天，SUHI 在夏季最高，其次是冬季，而在两个过渡季节最低。SUHI 的振幅很大，变化范围为 1.5～7.5℃。在夜间，春、夏、秋三季的 SUHI 变化不大，冬季的 SUHI 最高，尤其是 2019 年，SUHI 达到 6℃。以 AW-UHI 为参考，MYD-UHI 在四个季节的白天和夜间都明显低于 AW-UHI，且偏差较大，MYD-UHI 的 MBD 在白天为–3.18～0.39℃，在夜间为–4.38～–0.42℃。最大偏差发生在冬季，其次是秋季。

对于北京市来说，AW-UHI 具有与晴空条件相同的季节变化特征，但由于 MYD-LST 中存在大量 CSCR 为 0%的数据，导致 MYD-UHI 存在很多缺口，使得季节变化规律不太明显。与 AW-UHI 相比，MYD-UHI 的误差在白天和夜间都非常明显。在白天，除秋季外，MYD-UHI 在三个季节都被明显低估，低估的偏差量在夏季最高，最高达–1.87℃，偏差量在冬季较低。在夜间，四个季节的 MYD-UHI 都有明显的低估，而且偏移量明显高于白天，春季偏移量最大，为–2.48℃。

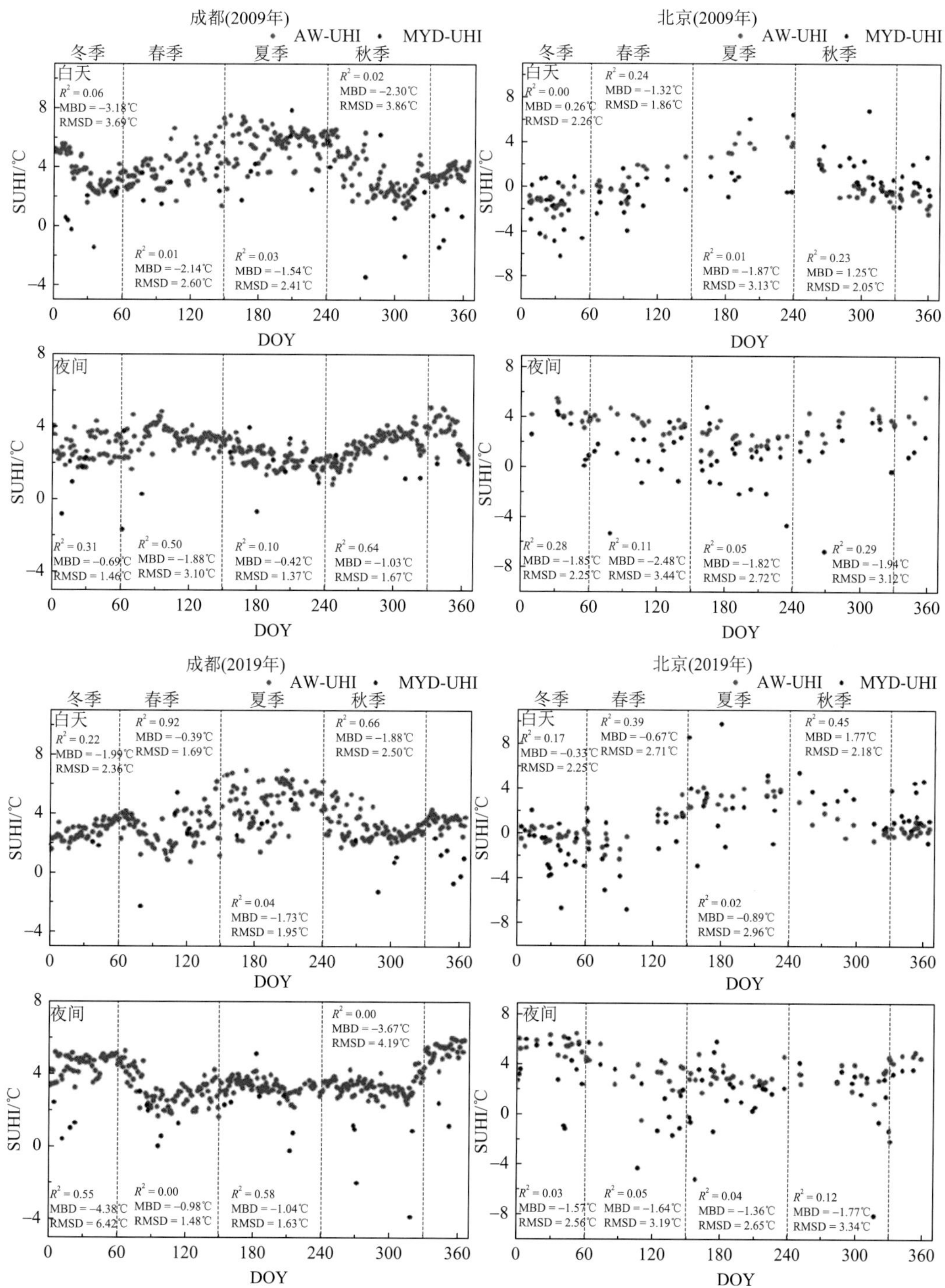

图 9-10　多云条件下成都市和北京市的 AW-UHI 和 MYD-UHI

9.3.3　SUHI 晴空偏差的时间变化

从 9.3.2 节中的 SUHI 结果可以看出，晴空、少云和多云条件下的 SUHI 存在差异。然而，目前基于热红外 LST 的 SUHI 研究仅限于晴空条件，这导致 SUHI 存在晴空偏差，并在全天候意义下不具有代表性。图 9-11 展示了月尺度下的北京市和成都市的 AW-UHI

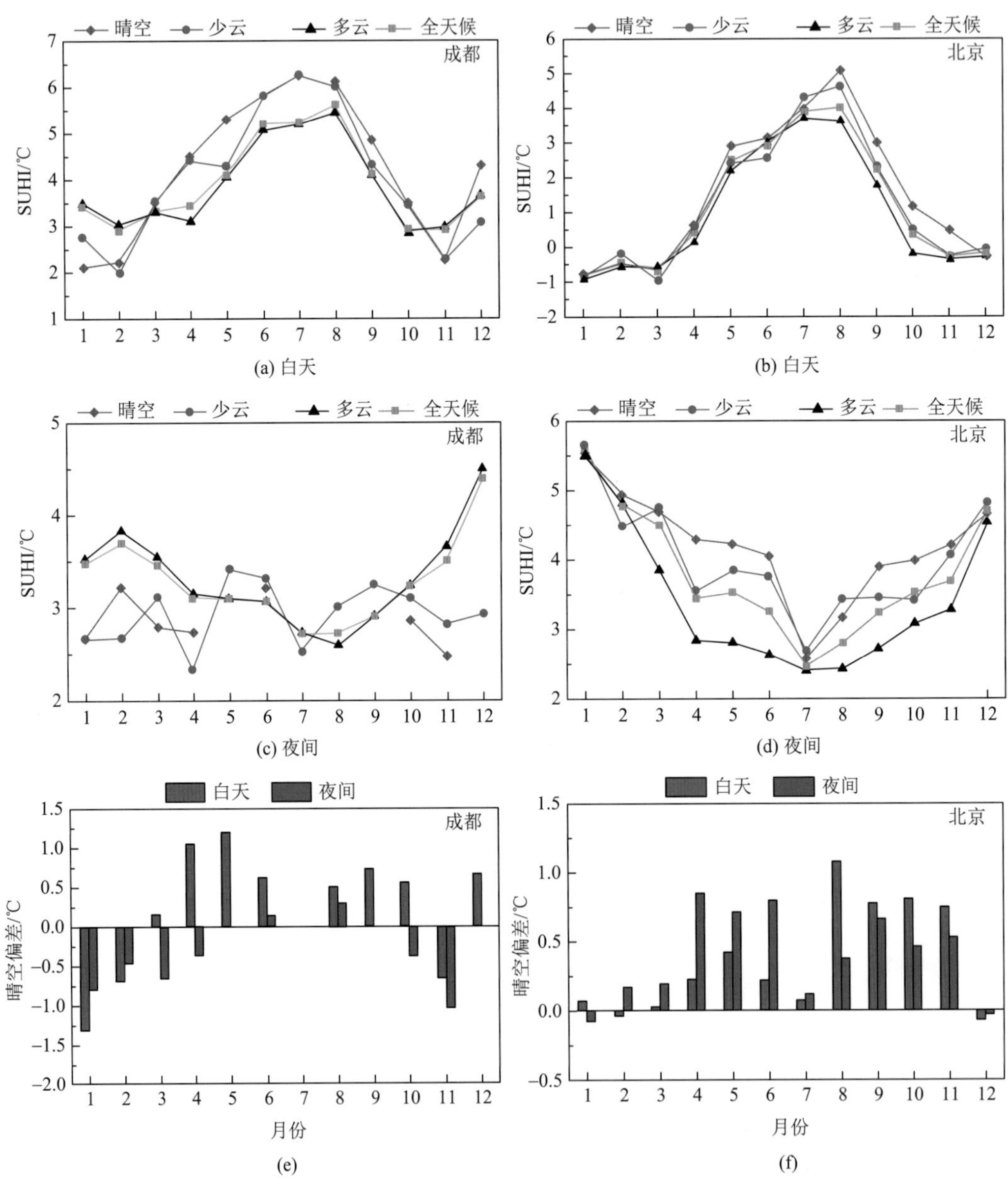

图 9-11　晴空、少云、多云和全天候条件下的 SUHI 强度及其晴空偏差

在晴空、少云、多云和全天候条件下的 SUHI 和晴空偏差的时间变化。由于成都市的云量覆盖比较大，导致某些月份没有晴空图像。在成都，全天候 SUHI 和多云 SUHI 在白天和夜间都有很高的一致性，这是因为全天候 SUHI 可以看作是晴空、少云和多云 SUHI 的加权平均值，用晴空、少云和多云的比率作为权重。因此，晴空、少云和多云的 SUHI 之间的差异以及晴空、少云和多云 SUHI 的相对频率是决定晴空偏差的主要因素。综上所述，由于成都全年多云天数的比例高达 95%，因此全天候 SUHI 更偏向于多云情况下的 SUHI。在白天，全天候 SUHI 和晴空 SUHI 在夏季都较高，在冬季较低，但全天候 SUHI 的年内变化低于晴空 SUHI。1 月、2 月和 11 月晴空偏差为负值，即全天候 SUHI 高于晴空 SUHI；春、夏、秋季的晴空偏差为正值，即全天候 SUHI 低于晴空 SUHI。在夜间，由于缺乏晴空 SUHI 数据，很难判定晴空 SUHI 的季节性变化，全天候 SUHI 在冬季最高，在过渡季节次之，夏季最低。夜间的晴空偏差大多为负值，也就是说，全天候 SUHI 一般高于晴空 SUHI。SUHI 在夜间普遍较高的原因可能是由于云层的大气逆辐射在夜间加热了地面。而且由于城市和郊区地区的土地覆盖物的热特性不同，城市地区的升温效果较郊区更为明显。

对于北京市来说，全天候 SUHI 不存在与某一特定天空状况的 SUHI 高度重合的情况，这是因为北京一年中晴空、少云和多云天数的比例约为 1:1:2，与成都市的某一天空状况占主导地位的情况不同。在白天，晴空 SUHI 和全天候 SUHI 都是夏季最高，其次是过渡季节，冬季最低。晴空 SUHI 和全天候 SUHI 的峰值都出现在 8 月。在夜间，与白天相反，晴空 SUHI 和全天候 SUHI 都是冬季最高，夏季最低，晴空 SUHI 和全天候 SUHI 的峰值都在 1 月，低谷都出现在 7 月。除了冬季和 7 月 SUHI 的晴空偏差不太明显之外，其余时间该偏差在白天和夜间都是正值，也就是说，晴空 SUHI 在白天和夜间都明显高于全天候 SUHI。冬季晴空偏差小的原因可能是由于冬季的郊区植被覆盖率低，裸露的地表使得城市和郊区地区的土地覆盖类型、地面热特性和气候热因素相似。

9.3.4　每日地表温度图像选取对 SUHI 强度量化的影响

由于热红外遥感 LST 的大量缺失，许多现有的 SUHI 研究只选择一幅或几幅晴空影像进行 SUHI 分析。然而，正如 9.3.2 节中的逐日 SUHI 结果所示，SUHI 在同一季节内有很大的振幅。因此，对于 SUHI 季节性变化比较明显的城市，只用几幅晴空下的 LST 图像来表示某个季节的整体 SUHI，除了会产生晴空偏差外，还会因不同时间点选择的 LST 图像而产生不同程度的误差。以北京市为例，表 9-2 和表 9-3 分别列出了晴空和全天候条件下四季 SUHI 的最大值、最小值和标准差，以分析每日 LST 图像的选择在晴空和全天候条件下对量化 SUHI 所产生的影响。很明显，在同一季节内，SUHI 强度有很大差异。在白天，晴空和全天候条件下的 SUHI 在春、秋两个过渡季节的波动范围最大，为 4.05～6.72℃。在冬季，晴空 SUHI 的离散度远小于全天候 SUHI 的离散度。全天候 SUHI 的波动范围为 2.83～5.44℃，而晴空条件下的波动范围仅为 1.51～1.57℃。在夜间，晴空条件下 SUHI 的波动范围在所有四个季节都明显低于全天候条件下的波动范围。总的来说，LST 图像所选择的时间点会对 SUHI 结果造成很大的误差。

表 9-2　在晴空条件下的春、夏、秋、冬四季北京市的 SUHI 最大值、最小值和标准偏差

AW-UHI	春季/℃			夏季/℃			秋季/℃			冬季/℃		
	最大值	最小值	标准差	最大值	最小值	标准差	最大值	最小值	标准差	最大值	最小值	标准差
2009 年白天	–1.22	3.45	1.4	1.13	6.77	1.59	0.05	4.26	1.16	–1.42	0.09	0.44
2019 年白天	–2.0	4.39	2.09	2.6	5.87	0.95	–0.04	4.01	1.35	–1.11	0.46	0.44
2009 年夜间	3.23	5.54	0.62	2.45	4.93	0.79	3.09	5.44	0.48	2.25	7.01	0.99
2019 年夜间	2.66	6.62	0.88	1.85	3.86	0.62	2.73	4.8	0.57	3.48	6.51	0.70

表 9-3　在全天候条件下的春、夏、秋、冬四季北京市的 SUHI 最大值、最小值和标准偏差

AW-UHI	春季/℃			夏季/℃			秋季/℃			冬季/℃		
	最大值	最小值	标准差	最大值	最小值	标准差	最大值	最小值	标准差	最大值	最小值	标准差
2009 年白天	–2.21	3.54	1.43	1.13	6.77	1.19	–2.38	4.26	1.49	–4.52	0.92	0.82
2019 年白天	–2.33	4.39	1.81	1.49	6.39	0.89	–1.58	4.01	1.28	–1.44	1.39	0.63
2009 年夜间	1.5	5.54	0.78	0.41	5.41	1.08	1.82	5.44	0.77	2.25	7.01	0.91
2019 年夜间	–0.4	6.62	1.35	1.6	5.24	0.85	0.20	4.93	1.04	3.01	6.57	0.71

9.4　本章小结

由于热红外遥感仅能提供晴空条件下的地表温度数据，目前利用其数据进行城市热岛效应的研究中提供的 SUHI 具有晴空偏差，即无法在全天候意义下客观地描述 SUHI 强度。因此，为填补目前研究中全天候 SUHI 的空白，以从更加完整的时空尺度上描述 SUHI 的变化规律，本章引入了覆盖全中国范围的全天候地表温度数据集，比较了 AW-LST 与 MYD-LST、AW-UHI 与 MYD-UHI，量化了 MYD-LST 像元的缺失对 MYD-UHI 所造成的误差，并分析了晴空和全天候 SUHI 的年内周期性规律以及相应的晴空偏差。

本章得出如下结论：首先，以 MYD-LST 为参考，AW-LST 的 MBE 分布在–0.05～0.15℃之间。结果表明，AW-LST 在研究区的反演精度非常高，在晴空条件下，使用 AW-LST 进行 SUHI 研究，其精度可以与 MYD-LST 比肩。其次，有效像元数据的缺失导致少云和多云条件下 MYD-UHI 存在明显高估或低估，且低估现象发生的频率随缺失像元的增加而逐渐增加，最大偏移量达到–4.38℃。这一结果与云量的异质性分布高度相关。第三，只使用晴空数据造成的晴空偏差存在明显的季节和昼夜差异：对于成都市而言，晴空偏差在夜间多为负值，在白天，冬季晴空偏差为负值，春季和秋季为正值；而对于北京市而言，晴空偏差在冬季较低，接近于 0，在春、夏、秋季为正值。第四，SUHI 在同一季节的波动范围比较大。如果只选择某个时间点的晴空 LST 数据来代表整个季节的 SUHI，将导致较大的偏移。例如，北京的偏差范围为 1.92～8.56℃。

第 10 章　基于全天候地表温度的大城市温度日较差变化研究

联合国政府间气候变化专门委员会（Intergovernmental Panel on Climate Change，IPCC）的第五次评估报告指出，近百年来全球性的气候变暖是毋庸置疑的（秦大河和 Stocker，2014；IPCC，2014）。在全球变暖的大背景下，每日最高、最低温的非对称变化引起了国内外学者的极大关注（Karl et al.，2013），而每日最高温度与最低温度的差值即温度日较差（diurnal temperature range，DTR）作为能综合反映这种变化的指标得到了学术界的关注（Zhou et al.，2009）。同时，IPCC 的报告以及众多研究表明，人类对气候变化的影响在不断增强。其中，日益加快的城市化进程是造成这种影响的重要因素，这使得有关城市范围内温度变化的研究往往将地表覆被类型的变化作为其影响因子来进行分析（Mohan and Kandya，2015）。

近年来，国内外有关 DTR 的研究总体较少，大致可分为两类。第一类是将 DTR 看作是衡量气候变化的一个具有特殊意义的指标，研究 DTR 在长时间尺度下的变化趋势。一些研究表明其在近几十年来表现出不断降低的趋势（Braganza et al.，2004；Karl et al.，1991）。例如，陈铁喜和陈星（2007）利用我国范围内近 50 年的气温观测数据发现我国绝大部分地区的年和季节 DTR 均呈显著下降趋势，DTR 平均减小幅度在高纬度地区大于低纬度地区。第二类是将 DTR 作为一个温度指标，探究影响该指标变化的原因。造成 DTR 降低的直接原因为最高温度与最低温度之间的不同变化趋势，但其同时还会受到总云量、气溶胶、降水量以及人类活动等因素的影响（Dai et al.，1999；Huang et al.，2006）。总的来看，当前关于 DTR 的研究中存在着如下问题：一是通过传统手段获取的 DTR 数据的空间、时间连续性具有较大的不确定性；二是鲜有城市尺度上的 DTR 变化研究。

卫星遥感技术以其能进行大面积观测、获取数据具有较强现势性的特点，十分适合于 LST 的获取。随着多源遥感的快速发展，学术界相继提出不同的 LST 反演算法并发布了根据这些算法得到的不同精度的 LST 产品。一些具有较高时空分辨率的 LST 产品，为研究地表 DTR 提供了可能。在上述背景下，本章基于“中国陆域及周边逐日 1km 全天候地表温度数据集”（TRIMS LST，2000～2020 年），对包括我国北京市、成都市在内的 7 个大城市范围内的 LST 日较差变化进行研究。

10.1　研究区与数据

10.1.1　研究区

本章选取了位于我国不同地貌区和气候区的典型城市作为研究区域，具体包括以下 7 个城市及其周边区域：北京、成都、广州、哈尔滨、拉萨、上海和乌鲁木齐，其地形与气候概况如表 10-1 所示。上述城市所处地理位置的气候类型基本上涵盖了我国主要陆域范围内的大部分气候类型，部分城市位于经济发展快速、地表覆盖类型更新较快的区域；部分城市位于内陆或高原。选取这些城市开展研究，有助于分析城市化对地表 DTR 的影响。需要说明的是，本章中各城市及其周边区域的范围均由各城市行政区域边界所生成的最小外接矩形确定。图 10-1 为所选各研究区的位置及高程。

表 10-1 所选 7 个城市的地形与气候概况

研究区	地形与气候概况
北京	地处华北平原北部，属中温带和南温带，气候特征表现为春季干燥多风、夏季炎热多雨、秋季晴朗少雨、冬季寒冷干燥（姚磊等，2015）
成都	地处青藏高原东侧、四川盆地西部，市区位于四川盆地盆底平原之中，周边地貌复杂，属中亚热带，春早、夏热、秋凉、冬暖是成都市主要气候特征（黄成毅等，2007）
广州	地处广东省中南部、珠三角中北缘，濒临南海，地处亚热带边沿。属南亚热带，夏热冬温，季风发达（陈康林等 2006）
哈尔滨	地处东北平原东北部地区。属中温带，夏季温热湿润，秋季降雨较少，昼夜温差较大，冬长夏短，四季分明（李国松，2012）
拉萨	地处西藏自治区东南部，青藏高原中部。地势北高南低，由东向西倾斜。属高原气候区，为高原温带半干旱季风气候区，全年多晴朗天气，降雨稀少，冬无严寒，夏无酷暑（拉巴次仁等，2012）
上海	地处我国东部、长江入海口、东临东海，北、西与江苏、浙江两省相接，属北亚热带，四季分明，日照充分，雨量充沛（黄伟娇，2018）
乌鲁木齐	地处我国西北地区、新疆中部、大陆中心、天山山脉中段北麓、准噶尔盆地南缘，属中温带和南温带，具有干燥少雨，气候呈极端大陆性的特点（吴晓燕，2020）

注：气候分区参考了中国气象局编绘的中国气候区划数据。该数据是利用 1951～1970 年的气候资料，同时结合中国地形特点和历史行政区划传统，于 1978 年编绘而成的。数据收录于：https://www.resdc.cn/data.aspx？DATAID = 243。

10.1.2 研究数据

本章所采用的数据包括 LST 数据和地表覆盖类型数据。第一类数据集是前文所述的 1km 全天候地表温度数据集 TRIMS LST。该数据集包含每日地方太阳时下午 1:30 与凌晨 1:30 两个时刻的 LST 数据。一般情况下这两个时刻的温度由于太阳辐射增加或者散失分别接近一天中的最高、最低温，故其十分适合于大城市范围内连续时间的 DTR 变化研究。本章采用 2010 年和 2020 年全年全天候 LST 数据集中各城市及其周边区域的 LST 数据，对温度日较差进行逐月、逐季以及两年对比分析。

第二类数据集为 GlobeLand30 地表覆盖类型数据集，它是我国国家高技术研究发展计划（863 计划）全球地表覆盖遥感制图与关键技术研究项目的重要成果（陈军等，2014；Chen et al.，2014）。本章将其用于研究 DTR 与地表覆盖类型之间的关系。该数据集利用单类型分类方法研制，具有较好的一致性，确保了数据分析的客观性和准确性，其包含 10 个主要的地表覆盖类型，分别是耕地、森林、草地、灌木地、湿地、水体、苔原、人造地表、裸地、冰雪（冰川和永久积雪）。数据集的分辨率为 30m，目前包含了 2000 年、2010 年和 2020 年的数据。数据下载自：http://www.globallandcover.com/。

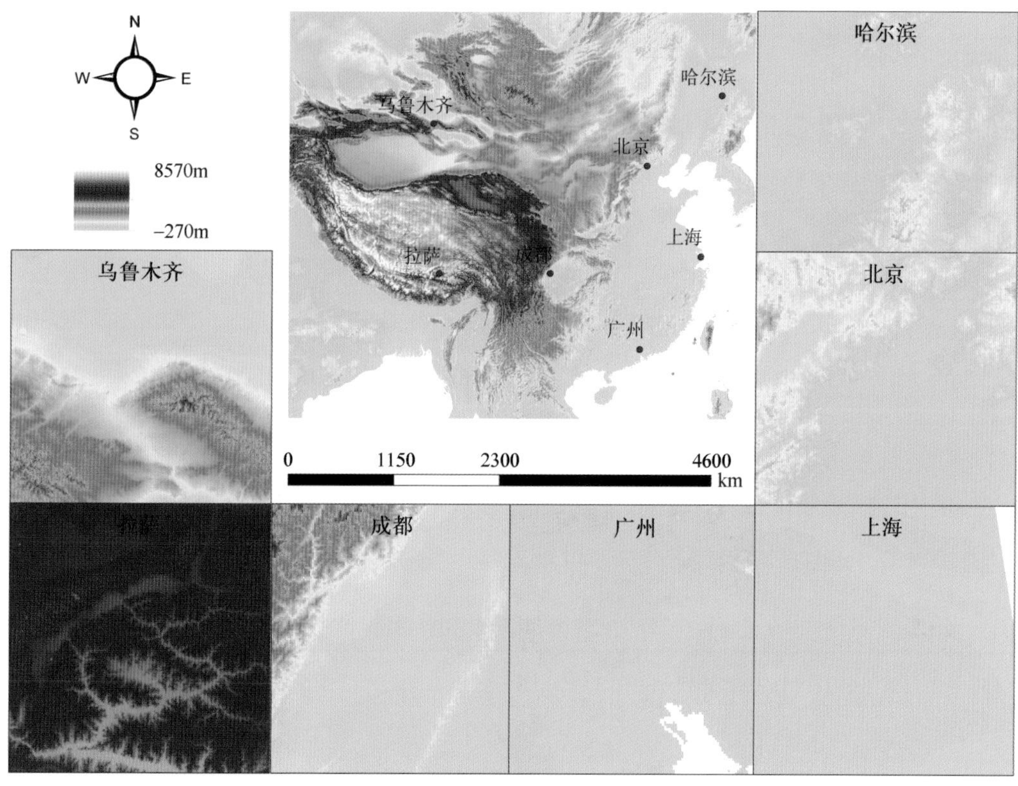

图 10-1 所选各研究区的分布及高程

10.2 研 究 方 法

10.2.1 统计分析指标

为了更全面地了解大城市范围内的 DTR 的变化情况，进而研究各地区 DTR 的变化趋势，本章将平均值作为研究 DTR 变化的一个指标。通过计算得到的月尺度和季节尺度的 DTR 平均值，对各研究区 DTR 进行逐月、逐季以及两年对比分析。在季节划分上，为保持统一，将 3～5 月划为春季，6～8 月划为夏季，9～11 月划为秋季，12 月至次年 2 月划为冬季。

由于平均值会在一定程度上掩盖掉部分有用信息，不能反映一组数据中各数据的具体分布情况进而无法了解该组数据的真实情况。例如，通过对 DTR 数据结果的观察发现，其在某些时间点存在异常值，这种异常值的产生往往是因为数据发生了突变，而引起温度数据突变的原因往往与人类活动或者是极端事件密切相关。因此，为了分析 DTR 数据异常值的分布情况，本章采用四分位图对数据进行分析。

10.2.2 DTR 分布指数与重分类

DTR 作为一种温度指标，引起其变化的因素是比较复杂的，其中因人类城市化进程导致的地表覆盖类型的变化对其影响颇深（Mohan and Kandya.，2015；Forster and Solomon，2003）。但同时，DTR 作为一个相对指标，其与城区相对于郊区温度较高的城市热岛效应类似，故关于 DTR 变化与地表覆盖类型变化的研究可参考有关城市土地利用覆盖变化对城市热岛效应的影响的研究。为了定量综合分析 DTR 等级分布与地表覆被类型之间的关系，参考城市热岛分布指数（韩玲等，2018），利用 DTR 等级分布指数进行研究。

与热岛分布指数类似，DTR 等级分布指数是指不同 DTR 等级在不同地表覆盖类型上的分布概率。本章采用均值-标准差法对 DTR 进行分级，该方法通过对 DTR 的均值和标准差的不同组合来对 DTR 进行划分，将高于地表平均 DTR 的区域划分为高温度日较差区域，将低于地表平均 DTR 的区域划分为低温度日较差区域。具体的阈值划分方法如表 10-2 所示。同时，为便于进行 DTR 与地表覆盖类型之间关系的研究，根据 GlobeLand30 地表覆盖类型数据集自身的分类结果，在此基础上进一步将地表覆盖类型重分类：将人造地表类重分类为建筑用地，森林、草地、灌木地、湿地重分类为绿地，耕地和水体类不变，其余地类则根据研究区的情况进行取舍。

表 10-2　DTR 等级划分标准

等级序号	DTR 等级	取值范围
1	低	DTR≤$\mu-\sigma$
2	次低	$\mu-\sigma$<DTR≤$\mu-0.5\sigma$
3	中	$\mu-0.5\sigma$<DTR≤$\mu+0.5\sigma$
4	次高	$\mu+0.5\sigma$<DTR≤$\mu+\sigma$
5	高	$\mu+\sigma$<DTR

注：μ 为平均值；σ 为标准差。

基于上述对 DTR 的分级与地表覆盖类型的分类结果，DTR 等级分布指数将不同地物类型对各级 DTR 空间分布的影响简化为不同等级的 DTR 在各地类上出现的频率问题，同时消除了不同 DTR 等级所占用的面积差异和不同地类组分面积比例差异。其计算方式如下：

$$P_i = \left(\frac{S_{ie}}{S_i}\right) \Big/ \left(\frac{S_e}{S}\right) \tag{10-1}$$

式中，P_i 为分级分地类的 DTR 等级分布指数；S 为整个区域面积；下标 e 表示地表类型，分别为耕地、绿地、水体、建筑用地（部分研究区域有冰雪、裸地）；下标 i 表示 DTR 等级，因均值-标准差法相较于等间距法对分级数的敏感性低，同时标准差可以表示样本相对于平均值的接近程度，在关于温度指标变异的细节表现力上前者也优于后者（陈松林和王天星，2009），选用均值-标准差分类方法分为 1、2、3、4、5 级；S_i 为各级 DTR 的不同面积；S_e 为整个区域内各地类的面积；S_{ie} 为不同地类在对应 DTR 等级条件下的面积。

由 DTR 分布指数的公式可以得到 DTR 等级在地表覆盖上的分布情况。对于 P_i 而言，其值在一定程度上反映了 i 等级中处于优势（劣势）分布的地物类型，其值越大，说明这种地物在该等级的分布优势越大，反之亦然。

10.3 结果分析

本章提及的 DTR 值为月平均 DTR 值或季平均 DTR 值。为更加直观地显示出各城市及其周边区域 DTR 的分布情况，图 10-2～图 10-8 展示了 2020 年夏季（7 月）和冬季（12 月）各城市的月平均 DTR 图。为便于对照，同时给出各城市及周边区域的卫星影像图。

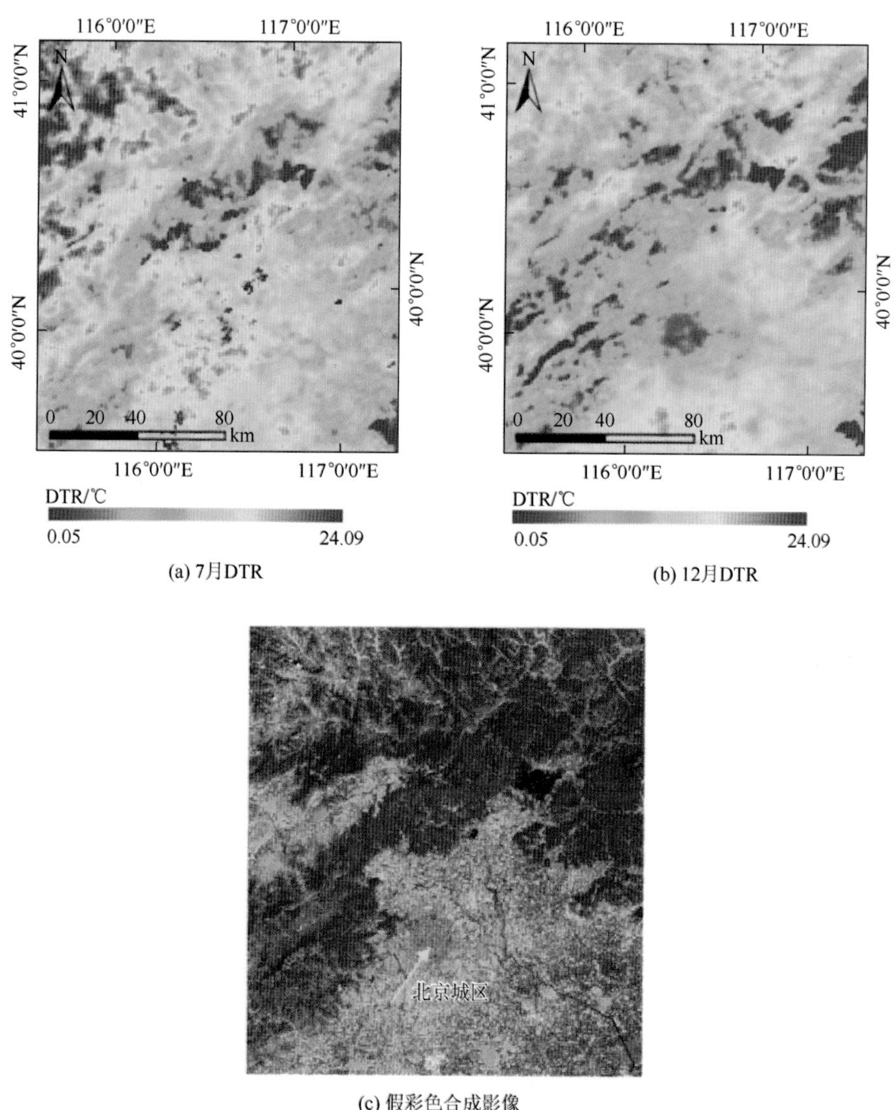

(a) 7月DTR　(b) 12月DTR

(c) 假彩色合成影像

图 10-2　2020 年 7 月、12 月北京市及其周边区域 DTR 和标准假彩色合成影像

注：假彩色影像由该区域 2019 年 6 月 20 日、9 月 2 日和 2020 年 8 月 10 日的 Landsat-8 OLI 影像镶嵌得到

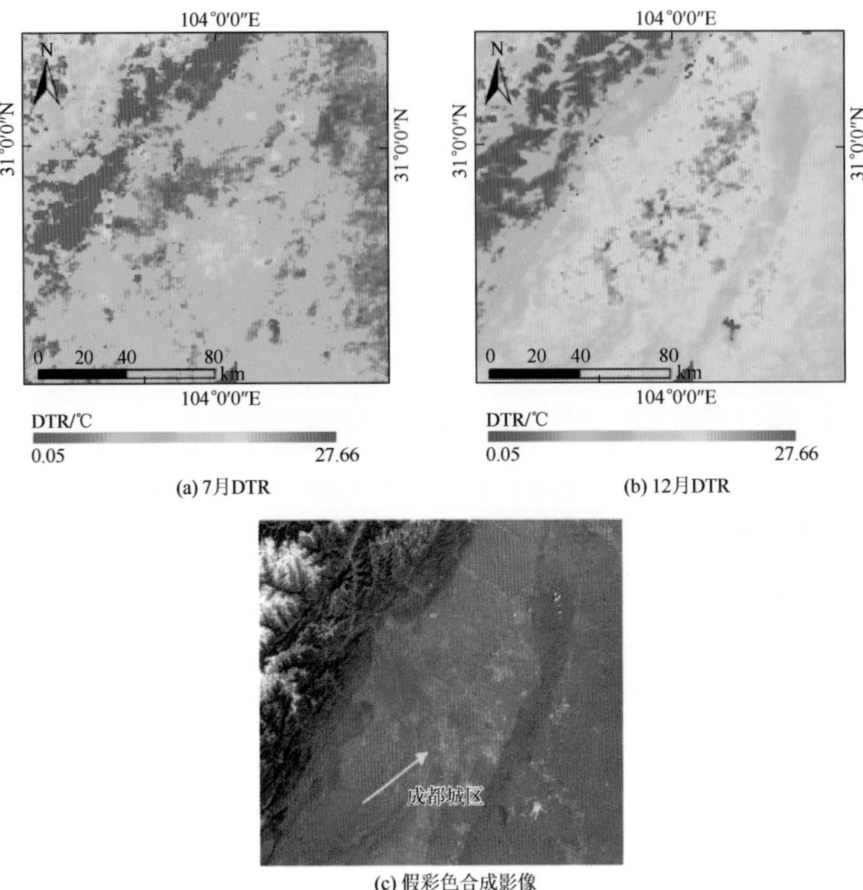

图 10-3　2020 年 7 月、12 月成都市及其周边区域 DTR 和标准假彩色合成影像

注：假彩色影像由该区域 2020 年 7 月 8 日和 9 月 5 日的 Landsat-8 OLI 影像镶嵌得到

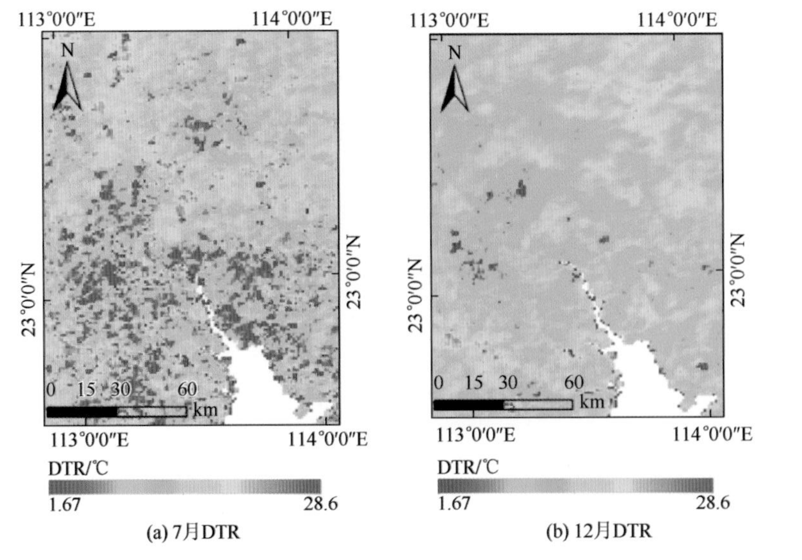

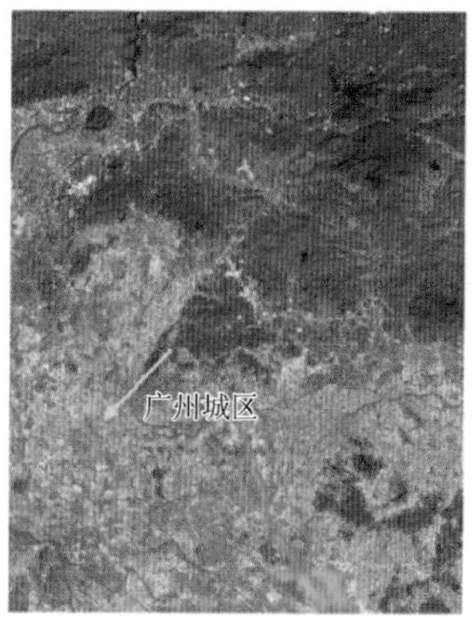

(c) 假彩色合成影像

图 10-4　2020 年 7 月、12 月广州市及其周边区域 DTR 和标准假彩色合成影像

注：假彩色影像由该区域 2019 年 11 月 14 日和 9 月 20 日的 Landsat-8 OLI 影像镶嵌得到

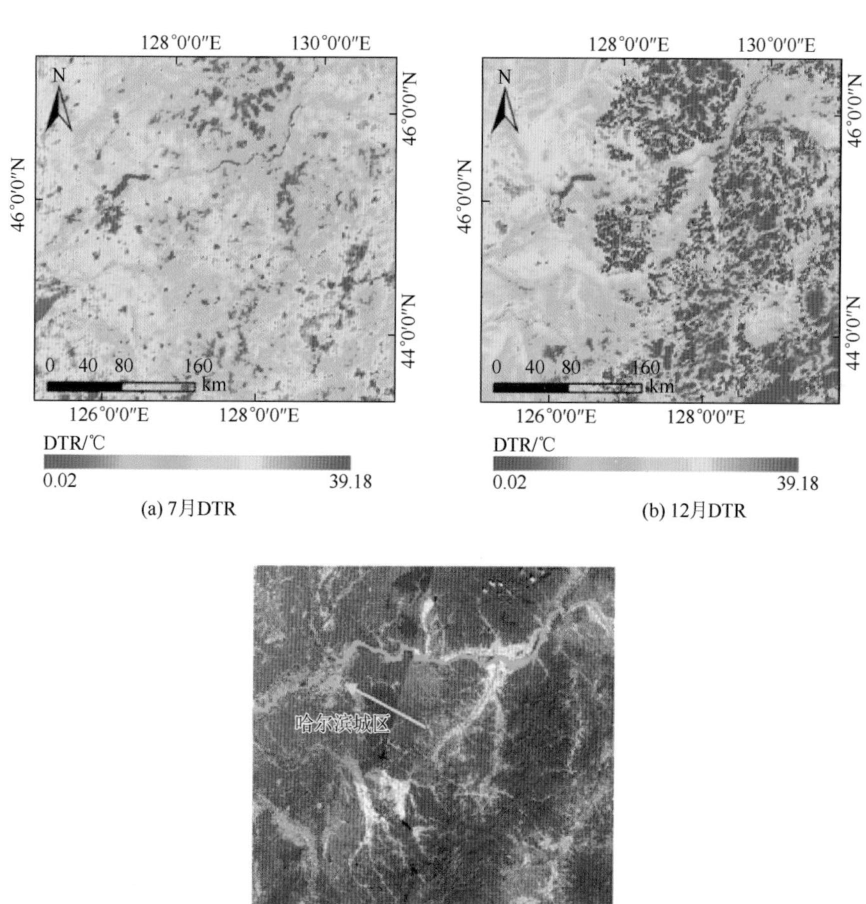

(c) 假彩色合成影像

图 10-5　2020 年 7 月、12 月哈尔滨市及其周边区域 DTR 和标准假彩色合成影像

注：假彩色影像由该区域 2019 年 9 月 2 日、9 月 15 日、9 月 17 日、9 月 24 日和 9 月 30 日的 Landsat-8 OLI 影像镶嵌得到

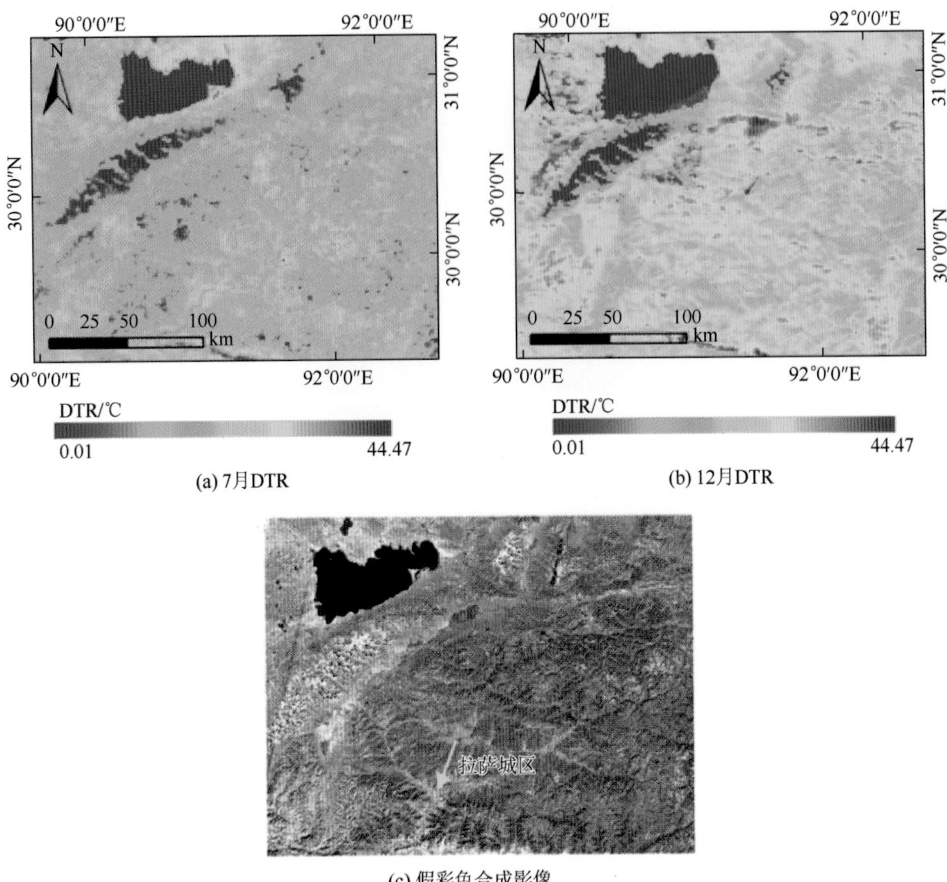

(a) 7月DTR　(b) 12月DTR

(c) 假彩色合成影像

图 10-6　2020 年 7 月、12 月拉萨市及其周边区域 DTR 和标准假彩色合成影像

注：假彩色影像由该区域 2019 年 11 月 6 日、2020 年 1 月 10 日的 Landsat-8 OLI 影像镶嵌得到

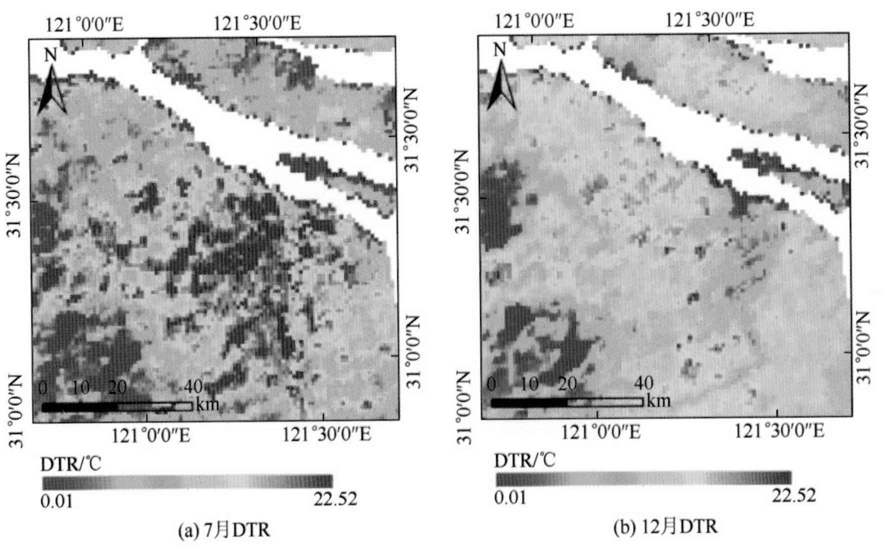

(a) 7月DTR　(b) 12月DTR

(c) 假彩色合成影像

图 10-7　2020 年 7 月、12 月上海市及其周边区域 DTR 和标准假彩色合成影像

注：假彩色影像由该区域 2019 年 7 月 29 日、2020 年 5 月 3 日和 8 月 16 日的 Landsat-8 OLI 影像镶嵌得到

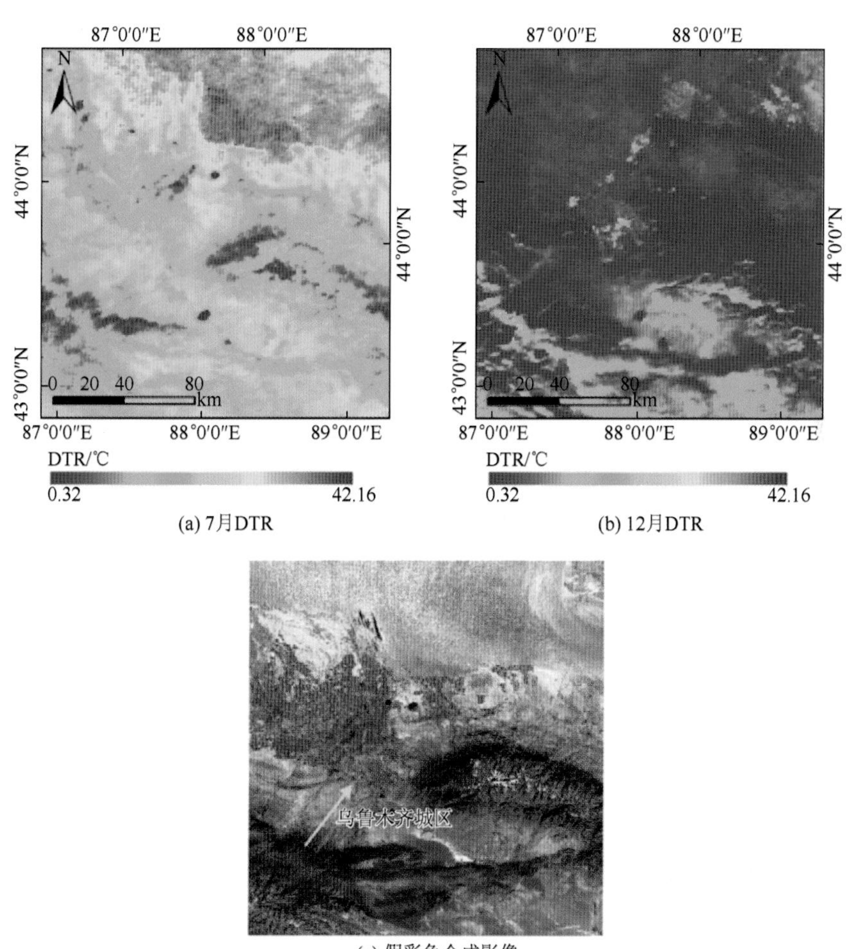

(a) 7月DTR　(b) 12月DTR

(c) 假彩色合成影像

图 10-8　2020 年 7 月、12 月乌鲁木齐市及其周边区域 DTR 和标准假彩色合成影像

注：假彩色影像由该区域 2019 年 4 月 9 日和 5 月 15 日的 Landsat-8 OLI 影像镶嵌得到

10.3.1 DTR 年内变化

图 10-9 给出了各研究区 2010 年和 2020 年 DTR 数据的四分位图，图 10-10 给出了 2010 年和 2020 年季平均 DTR。对各研究区分析如下。

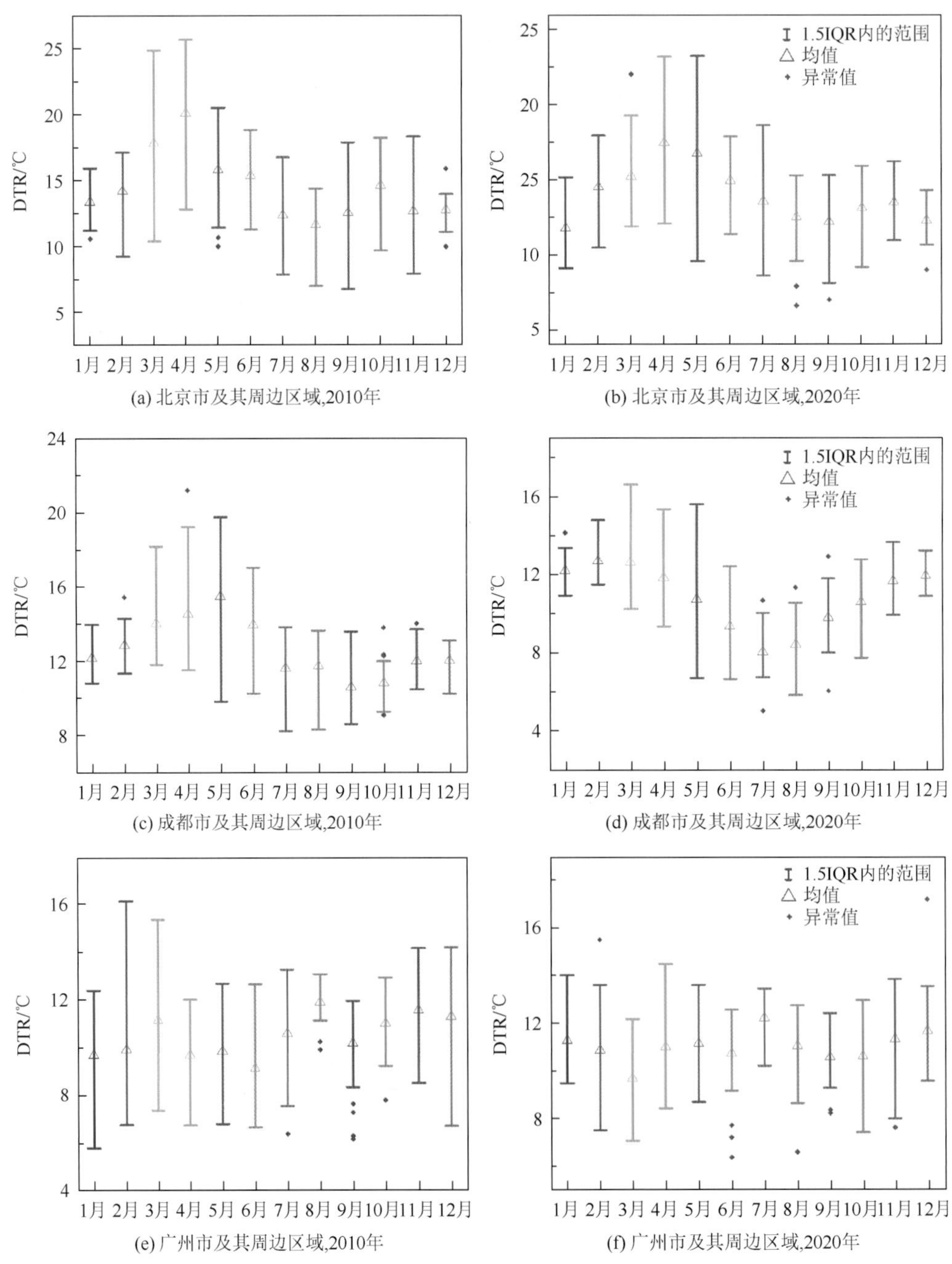

(a) 北京市及其周边区域,2010年　(b) 北京市及其周边区域,2020年

(c) 成都市及其周边区域,2010年　(d) 成都市及其周边区域,2020年

(e) 广州市及其周边区域,2010年　(f) 广州市及其周边区域,2020年

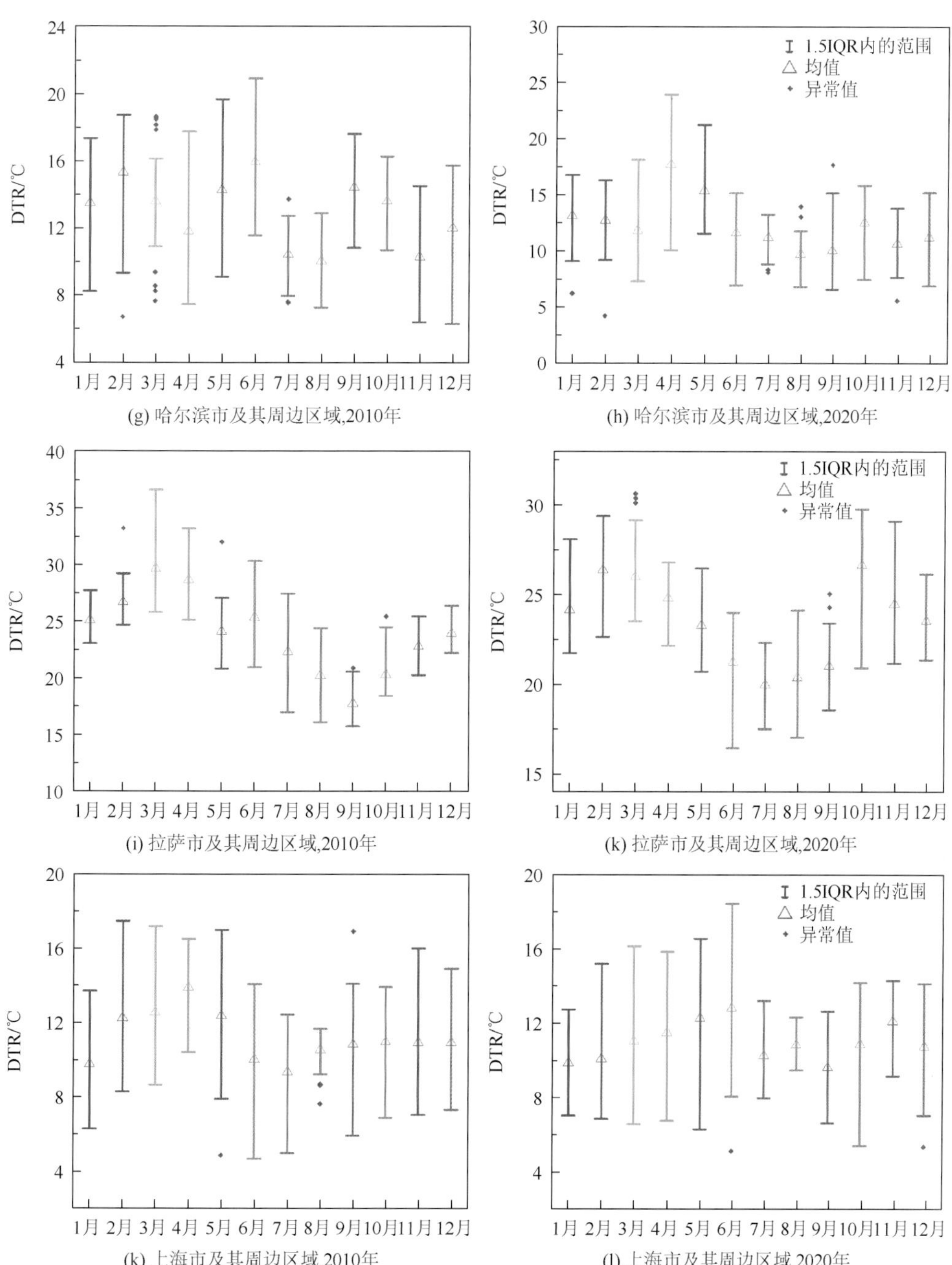

(g) 哈尔滨市及其周边区域,2010年

(h) 哈尔滨市及其周边区域,2020年

(i) 拉萨市及其周边区域,2010年

(k) 拉萨市及其周边区域,2020年

(k) 上海市及其周边区域,2010年

(l) 上海市及其周边区域,2020年

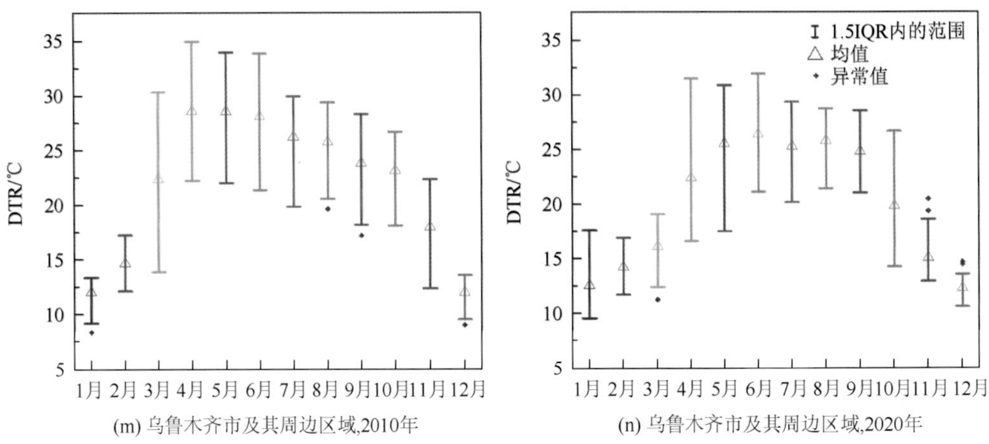

(m) 乌鲁木齐市及其周边区域,2010年　　(n) 乌鲁木齐市及其周边区域,2020年

图 10-9　各城市及其周边区域 2010 年和 2020 年 DTR 数据的四分位图

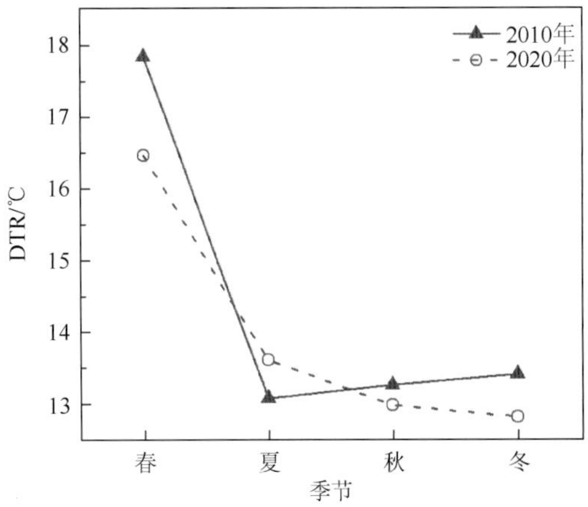

(a) 北京市及其周边区域

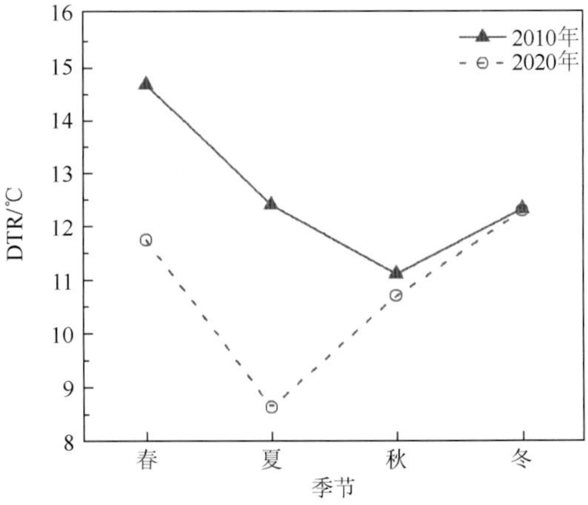

(b) 成都市及其周边区域

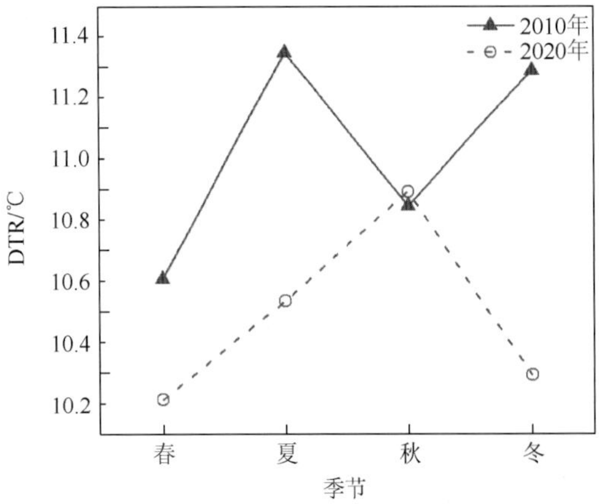

(c) 广州市及其周边区域

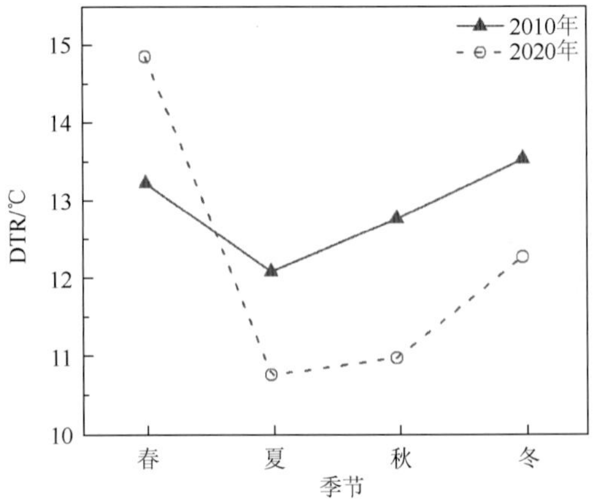

(d) 哈尔滨市及其周边区域

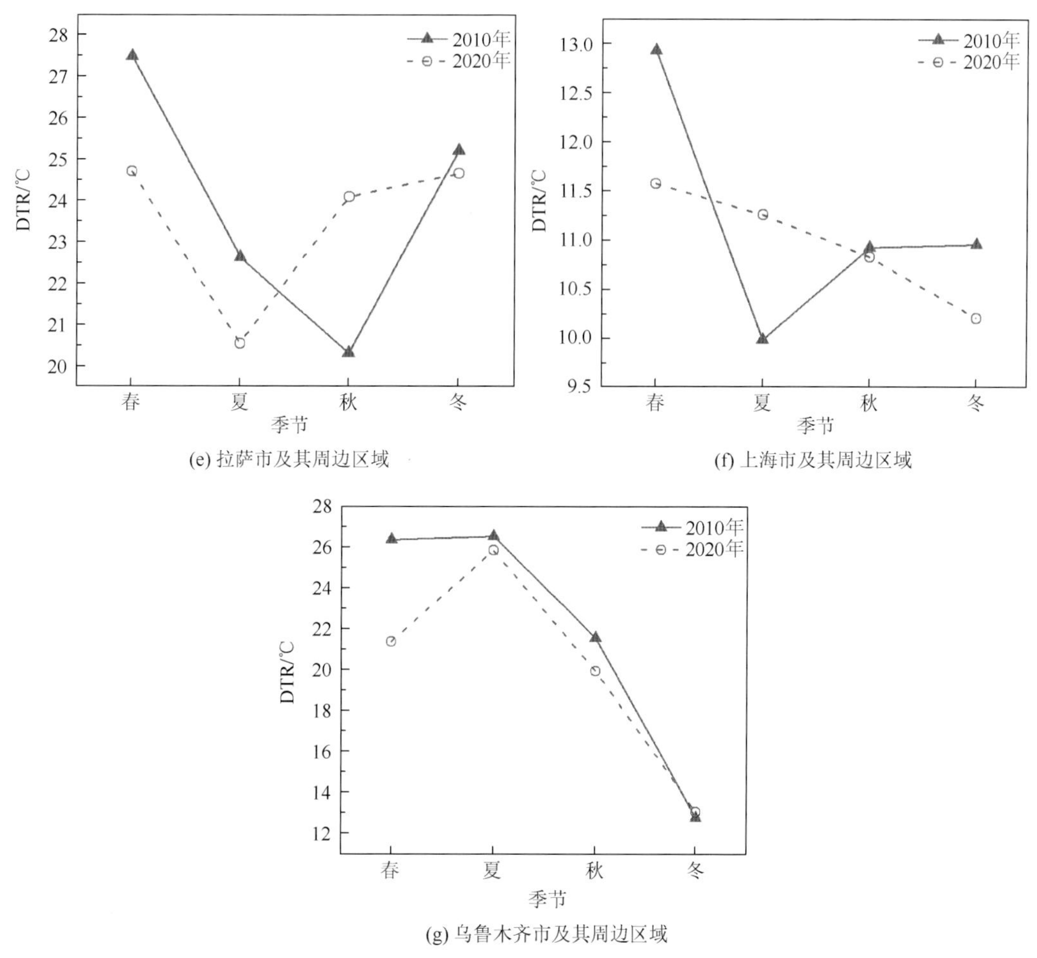

(e) 拉萨市及其周边区域

(f) 上海市及其周边区域

(g) 乌鲁木齐市及其周边区域

图 10-10　各城市及其周边区域 2010 年和 2020 年季平均 DTR

北京市及其周边区域：由图 10-9（a）、图 10-9（b）可知，北京市及其周边区域的 DTR 最大值大都出现在春季的 4 月，且其在一年之中的变化趋势有明显规律，均表现出 1～4 月 DTR 升高，4 月之后持续 4～5 个月的 DTR 下降，继而上升再下降的趋势。从季节的角度来看，由图 10-10（a）可知，春季为北京市及其周边区域一年中 DTR 最高的季节，且明显高于其他季节，夏、秋和冬季 DTR 差别不大。结合该区域的地表覆盖类型数据分析 DTR 最大值出现在春季 4 月的原因可能为：4 月天气逐渐回暖，光照时间增多，由于该区域大部分为建筑用地和耕地，日间太阳辐射使其能达到的最高温逐渐增大，但夜晚温度并没有相应提升，辐射散失后的最低温仍然较低，导致该月份 DTR 值较大。

成都市及其周边区域：2010 年和 2020 年成都市及其周边区域的 DTR 最小值分别出现在夏季 7 月和秋季 9 月，且其在两年中均表现出持续 4 个月及以上的下降趋势。参考图 10-11 该区域地表覆盖类型数据，成都市及其周边区域大部分为耕地和绿地，由于夏秋季为植被最为茂密的时期，同时植被范围内的 DTR 值较小，导致该地区 DTR 于 7 月

（9 月）出现最小值。由图 10-10（b）可知，成都市及其周边区域各季节 DTR 变化趋势十分明显，2010 年春季到秋季呈下降趋势，秋—冬季呈上升趋势，且夏秋季 DTR 小于春冬季。

广州市及其周边区域：由图 10-9（e）、图 10-9（f）可知，2010 年和 2020 年的 4～11 月，广州市及其周边区域的 DTR 几乎表现出一致的变化趋势：4～5 月上升，5～6 月下降，继而上升—下降—上升。在季节的尺度下，该区域 2010 年夏冬季 DTR 大于春秋季，2020 年则表现出春—秋季上升，秋—冬季下降的趋势。总体来看，两年数据均表现为春季 DTR 为各季节中最小值。

哈尔滨市及其周边区域：该区域 DTR 最小值出现的月份均为 8 月。结合后文图 10-14 中哈尔滨市及其周边区域地表覆盖类型数据对该现象进行分析：该区域大部分为耕地与绿地，与成都市及其周边区域类似，8 月植被较为茂密，导致该地区于 8 月出现 DTR 最小值。由图 10-10（d）所示，在季节尺度上，各季节 DTR 均表现出春—夏季降低，秋—冬季升高的变化趋势。

拉萨市及其周边区域：该区域由于地处青藏高原中部，昼夜温差较大且年际变化较快，2010 年全年 DTR 最大值为 3 月的 29.7℃，最小值为 9 月的 17.7℃，而 2020 年的 DTR 最大值为 26.7℃，相对减小 3℃；DTR 最小值相对增大 2.3℃，为 20℃。由图 10-10（e）可知，拉萨市及其周边区域各季节中春冬季 DTR 大于夏秋季，且 2010 年表现出春—秋季下降，秋—冬季上升的趋势，2020 年表现出春—夏季下降，夏—冬季上升的趋势。

上海市及其周边区域：由图 10-9（k）、图 10-9（l）可知，上海市及其周边区域全年中 DTR 值较小，就 2010 年和 2020 年两年来看，最小值可达到 9.36℃，而最大值仅为 13.9℃。从季节的角度来看，由图 10-10（f）中两年的数据可知，春季 DTR 值对比其他季节而言均较高（2010 年为 12.93℃，2020 年为 11.57℃）。

乌鲁木齐市及其周边区域：乌鲁木齐城市北部存在大部分 DTR 较大的裸地，导致该区域全年 DTR 值均较大：2010 年和 2020 年的 DTR 最小值均比上海市及其周边区域两年中绝大部分的月平均 DTR 值大，且全年月平均 DTR 最大值与最小值的差距也十分大，2010 年为 16.64℃，2020 年为 13.56℃。在季节尺度下，两年均表现出夏—冬季长时间的 DTR 下降趋势，且各季节 DTR 除冬季外均较大。

10.3.2 DTR 的年际变化

北京市及其周边区域：对比 2010 年和 2020 年两年的数据，发现 2020 年北京市及其周边区域的 DTR 最大值较 2010 年有所减小，减小速率为 4 月的 0.26℃/10a，而最小值由 2010 年的 8 月变为 2020 年的 1 月，数值上基本没有发生变化。综合来看，除个别月份以外，北京市及其周边区域 2020 年全年的 DTR 整体上均较 2010 年降低，下降幅度最大出现在 4 月。由图 10-10（b）可知，除秋季外各季节 DTR 均有下降，其中春季最为明显，下降速率为 0.14℃/10a，夏季有较小幅度的升高。

成都市及其周边区域：2010 年成都市及其周边区域的 DTR 最小值和最大值较 2020 年均明显下降，下降速率分别为 0.25℃/10a 和 0.27℃/10a。DTR 呈现出全年下降的趋势，且 5 月为全年 DTR 下降幅度最大的月份，下降速率为 0.48℃/10a。从季节的角度来看，各季节中除了冬季无明显变化，其余季节均有所下降，其中春夏季下降最为明显：春季下降速率为 0.29℃/10a，夏季为 0.38℃/10a。

广州市及其周边区域：2020 年与 2010 年相比，除了个别月份（3 月和 8 月）的 DTR 有较为明显的上升，上升速率分别为 0.14℃/10a 和 0.08℃/10a，其余月份上升幅度大都表现出下降趋势，其中下降速率最大的是 7 月，为 0.16℃/10a，全年 DTR 最小值与最大值也呈现下降的趋势。针对上述变化趋势，结合该区域地表覆盖类型数据分析，十年间该区域大部分耕地、水体和林地均向建筑用地转化，建筑用地面积扩张明显，导致了 DTR 变化趋势很大程度上由该种 DTR 较大的地物类型决定；而 7 月作为城市建筑用地热岛效应最为明显的月份，日最低温度涨幅与最高温相比较大，故 DTR 下降的幅度也更快。由图 10-10（c）可知，在季节尺度上，除了秋季 DTR 基本不变外，各季节 DTR 均下降，其中冬季下降幅度最大，为 0.01℃/10a。

哈尔滨市及其周边区域：总体来看，2010 年和 2020 年该区域 DTR 变化趋势的走向没有发生较大的变化。除了 4 月较为明显的 DTR 上升以及 7 月 DTR 基本不变外，DTR 全年表现出下降的趋势，其中 9 月下降速率最大，为 0.46℃/10a。从季节的角度来看，十年间除春季外各季节 DTR 均下降，下降幅度最大的是冬季，为 0.18℃/10a。

拉萨市及其周边区域：与 2010 年相比，2020 年除 9～11 月外其余各月份均表现出 DTR 整体下降的趋势。在季节的尺度下，9～11 月温度日较差的增大直接导致了拉萨市及其周边区域秋季的 DTR 相较于 2010 年增加了 3.8℃，DTR 最小的季节也由秋季变为夏季。其他季节 DTR 均呈下降趋势，其中春季为 DTR 下降速率最快的季节，为 0.28℃/10a，同时也是 DTR 最大的季节。

上海市及其周边区域：2020 年与 2010 年相比，除了夏季的 6 月、7 月、8 月和冬季的 11 月 DTR 升高，总体仍表现出 DTR 下降的趋势；从季节的角度来看，该区域春季的 DTR 在整个季节中下降幅度较大，速率为 0.28℃/10a。与北京市及其周边区域类似，该区域地物类型几乎均为建筑用地和耕地，DTR 的最大值同样出现在春季，但随着城市的扩张，气候变暖，导致春季的最低温升高，而最高温变化则不大，进而 DTR 减小。

乌鲁木齐市及其周边区域：乌鲁木齐市及其周边区域的 DTR 变化趋势在两年间均表现出比较稳定的走向，DTR 最大值存在于春夏季，最小值存在于冬季。全年 DTR 均有所下降，从季节的角度来看，除了春季 DTR 下降的速率为 0.5℃/10a，其他季节下降的幅度都较小。

10.3.3　DTR 与地表覆盖类型的关系

图 10-11～图 10-17 展示了所选 7 个城市及周边地区的地表覆盖类型 Globe Land 30 空间分布，表 10-3～表 10-9 展示了对应的 2010 年、2020 年的 DTR 等级分布指数统计。

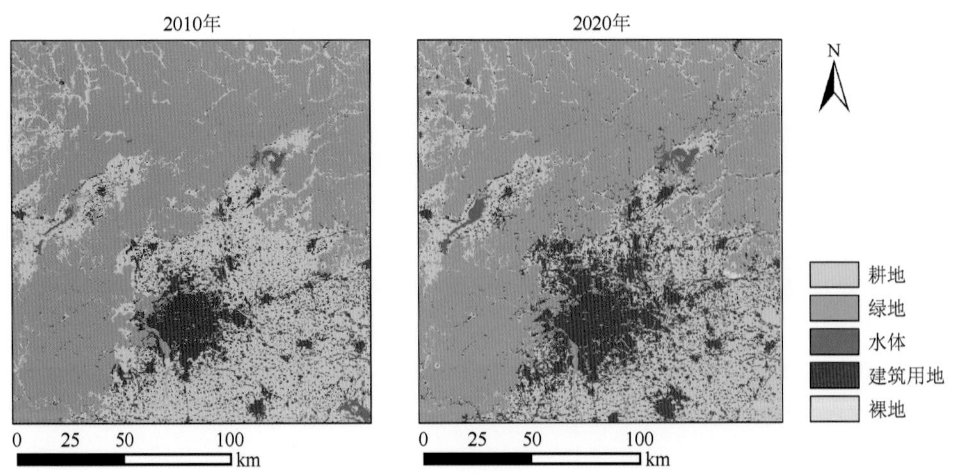

图 10-11　2010 年、2020 年北京市及周边区域地表覆盖类型空间分布

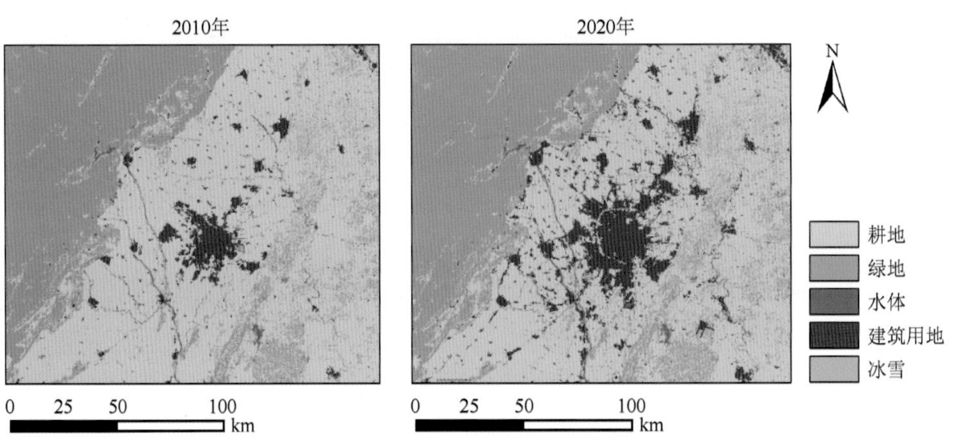

图 10-12　2010 年、2020 年成都市及周边区域地表覆盖类型空间分布

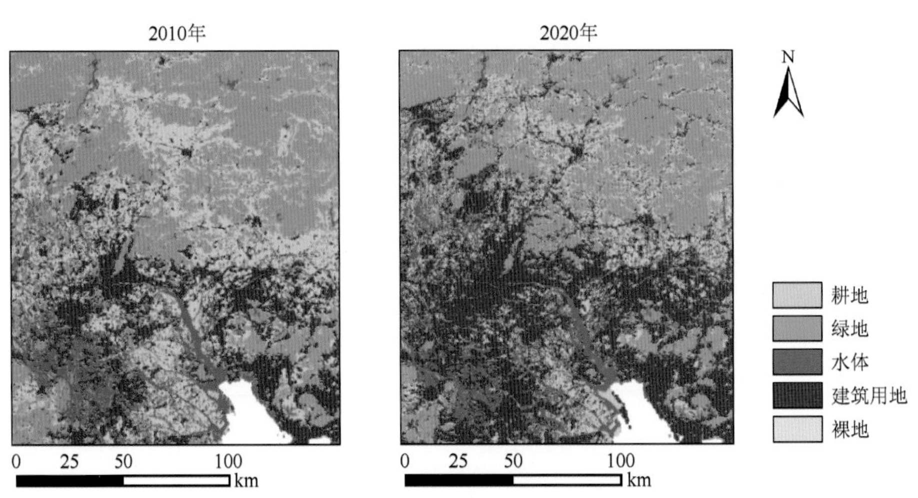

图 10-13　2010 年、2020 年广州市及周边区域地表覆盖类型空间分布

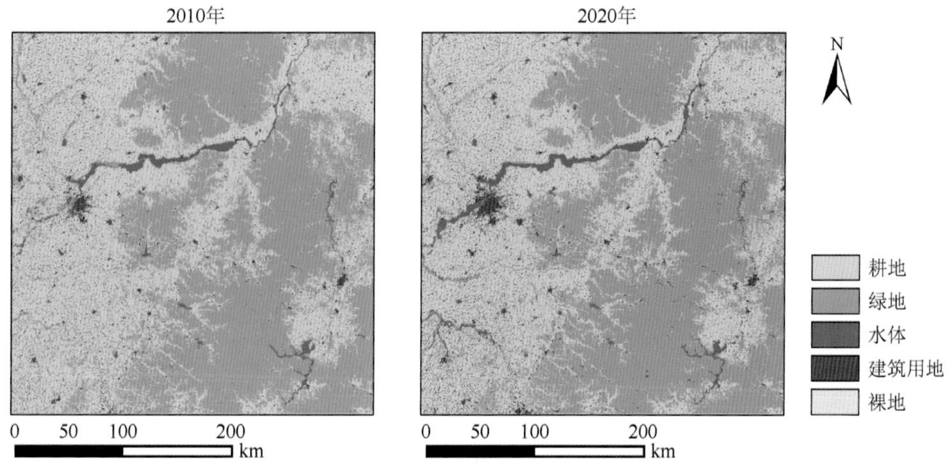

图 10-14　2010 年、2020 年哈尔滨市及周边区域地表覆盖类型空间分布

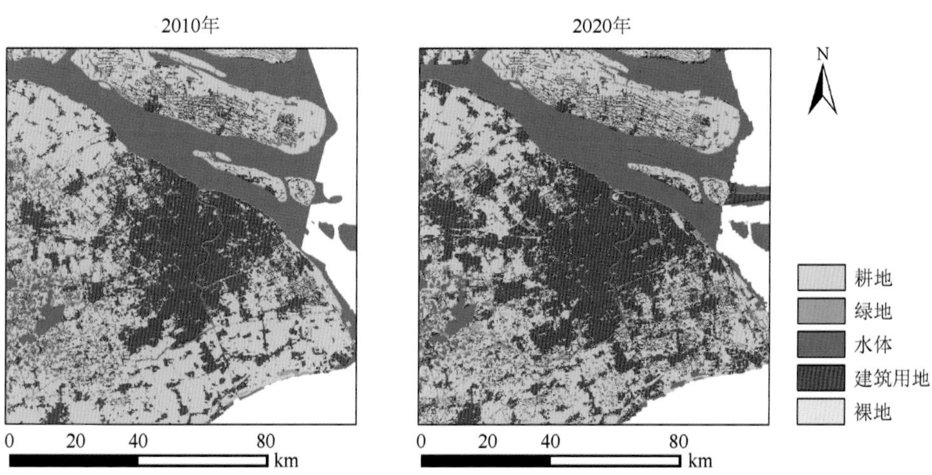

图 10-15　2010 年、2020 年上海市及周边区域地表覆盖类型空间分布

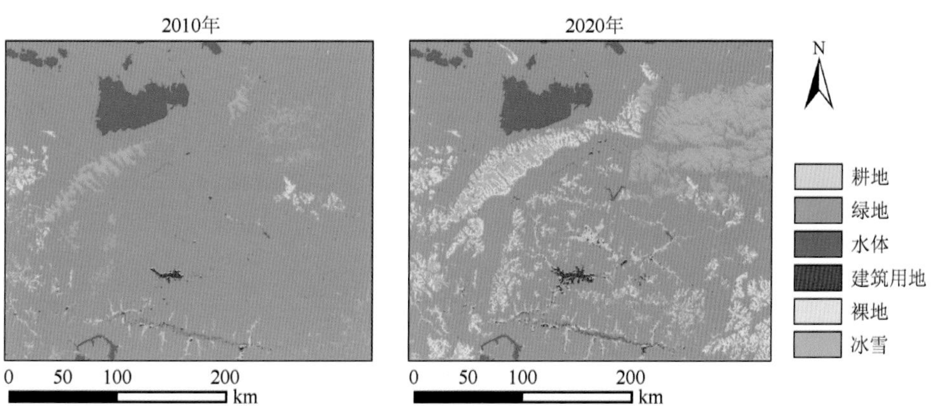

图 10-16　2010 年、2020 年拉萨市及周边区域地表覆盖类型空间分布

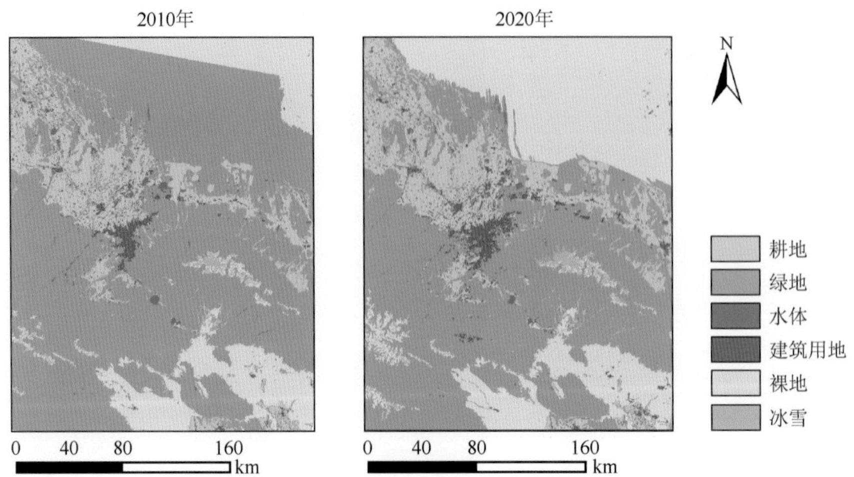

图 10-17　2010 年、2020 年乌鲁木齐市及周边区域地表覆盖类型空间分布

表 10-3　北京市及其周边区域 DTR 分布指数统计表

2010 年			2020 年		
DTR 分级	地表类型	P_i	DTR 分级	地表类型	P_i
1	耕地	0.27	1	耕地	0.17
1	绿地	1.57	1	绿地	1.64
1	水体	3.71	1	水体	3.02
1	建筑用地	0.25	1	建筑用地	0.14
1	裸地	1.01	1	裸地	0.16
2	耕地	0.67	2	耕地	0.24
2	绿地	1.33	2	绿地	1.65
2	水体	0.86	2	水体	0.63
2	建筑用地	0.37	2	建筑用地	0.15
2	裸地	0.23	2	裸地	0.26
3	耕地	1.33	3	耕地	0.89
3	绿地	0.78	3	绿地	1.14
3	水体	0.57	3	水体	0.74
3	建筑用地	1.05	3	建筑用地	0.72
3	裸地	1.14	3	裸地	1.62
4	耕地	1.15	4	耕地	1.75
4	绿地	0.75	4	绿地	0.41
4	水体	0.27	4	水体	0.47
4	建筑用地	1.95	4	建筑用地	1.73
4	裸地	0.03	4	裸地	1.27
5	耕地	1.00	5	耕地	1.84

续表

2010 年			2020 年		
DTR 分级	地表类型	P_i	DTR 分级	地表类型	P_i
5	绿地	0.96	5	绿地	0.20
5	水体	0.10	5	水体	0.24
5	建筑用地	1.28	5	建筑用地	2.31
5	裸地	2.28	5	裸地	0.91

表 10-4　成都市及其周边区域 DTR 分布指数统计表

2010 年			2020 年		
DTR 分级	地表类型	P_i	DTR 分级	地表类型	P_i
1	耕地	0.60	1	耕地	0.65
1	建筑用地	0.07	1	绿地	1.79
1	绿地	1.90	1	水体	1.58
1	水体	1.16	1	建筑用地	0.35
2	耕地	1.17	1	冰雪	0.0003
2	建筑用地	0.11	2	耕地	0.97
2	绿地	0.75	2	绿地	1.24
2	水体	1.17	2	水体	1.09
2	冰雪	0.34	2	建筑用地	0.25
3	耕地	1.21	2	冰雪	0.14
3	建筑用地	0.46	3	耕地	1.22
3	绿地	0.63	3	绿地	0.71
3	水体	1.06	3	水体	0.97
3	冰雪	0.19	3	建筑用地	0.57
4	耕地	0.88	3	冰雪	0.74
4	建筑用地	2.97	4	耕地	1.09
4	绿地	1.04	4	绿地	0.69
4	水体	0.80	4	水体	0.74
4	冰雪	9.95	4	建筑用地	1.64
5	耕地	0.26	4	冰雪	0.46
5	建筑用地	4.02	5	耕地	0.55
5	绿地	2.20	5	绿地	1.25
5	水体	0.50	5	水体	0.68
—	—	—	5	建筑用地	3.36
—	—	—	5	冰雪	4.52

表 10-5　广州市及其周边区域 DTR 分布指数统计表

2010 年			2020 年		
DTR 分级	地表类型	P_i	DTR 分级	地表类型	P_i
1	耕地	0.76	1	耕地	0.79
1	绿地	1.32	1	绿地	0.86
1	水体	1.10	1	水体	2.40
1	建筑用地	0.33	1	建筑用地	0.84
2	耕地	0.87	1	裸地	5.50
2	绿地	0.79	2	耕地	0.9
2	水体	2.92	2	绿地	1.38
2	建筑用地	0.50	2	水体	1.25
3	耕地	1.09	2	建筑用地	0.50
3	绿地	1.20	2	裸地	0.90
3	水体	0.62	3	耕地	1.11
3	建筑用地	0.49	3	绿地	1.20
4	耕地	1.36	3	水体	0.82
4	绿地	0.69	3	建筑用地	0.74
4	水体	0.76	3	裸地	0.68
4	建筑用地	1.51	4	耕地	1.13
5	耕地	0.91	4	绿地	0.44
5	绿地	0.42	4	水体	0.80
5	水体	0.59	4	建筑用地	1.69
5	建筑用地	3.30	4	裸地	0.37
—	—	—	5	耕地	0.63
—	—	—	5	绿地	0.23
—	—	—	5	水体	0.56
—	—	—	5	建筑用地	2.16

表 10-6　哈尔滨市及其周边区域 DTR 分布指数统计表

2010 年			2020 年		
DTR 分级	地表类型	P_i	DTR 分级	地表类型	P_i
1	耕地	0.26	1	耕地	0.21
1	绿地	1.91	1	绿地	1.92
1	水体	1.96	1	水体	2.41
1	建筑用地	0.19	1	建筑用地	0.16
1	裸地	0.63	1	裸地	0.27
2	耕地	0.51	2	耕地	0.58
2	绿地	1.62	2	绿地	1.53
2	水体	1.27	2	水体	1.18

续表

2010 年			2020 年		
DTR 分级	地表类型	P_i	DTR 分级	地表类型	P_i
2	建筑用地	0.33	2	建筑用地	0.34
2	裸地	0.15	2	裸地	0.45
3	耕地	1.04	3	耕地	1.10
3	绿地	0.96	3	绿地	0.92
3	水体	0.96	3	水体	0.77
3	建筑用地	0.79	3	建筑用地	0.71
3	裸地	0.38	3	裸地	0.53
4	耕地	1.53	4	耕地	1.51
4	绿地	0.35	4	绿地	0.41
4	水体	0.46	4	水体	0.42
4	建筑用地	1.40	4	建筑用地	1.31
4	裸地	1.85	4	裸地	0.69
5	耕地	1.55	5	耕地	1.49
5	绿地	0.27	5	绿地	0.30
5	水体	0.43	5	水体	0.53
5	建筑用地	2.49	5	建筑用地	3.09
5	裸地	2.67	5	裸地	4.02

表 10-7　上海市及其周边区域 DTR 分布指数统计表

2010 年			2020 年		
DTR 分级	地表类型	P_i	DTR 分级	地表类型	P_i
1	耕地	1.40	1	耕地	0.69
1	绿地	1.77	1	绿地	1.54
1	水体	0.56	1	水体	4.58
1	建筑用地	0.46	1	建筑用地	0.52
2	耕地	0.57	2	耕地	1.17
2	绿地	0.95	2	绿地	0.93
2	水体	2.91	2	水体	2.43
2	建筑用地	0.33	2	建筑用地	0.40
3	耕地	1.83	3	耕地	1.18
3	绿地	1.07	3	绿地	0.84
3	水体	0.30	3	水体	0.65
3	建筑用地	1.07	3	建筑用地	0.83
4	耕地	0.93	3	裸地	1.51
4	绿地	0.92	4	耕地	0.4

续表

2010 年			2020 年		
DTR 分级	地表类型	P_i	DTR 分级	地表类型	P_i
4	水体	0.20	4	绿地	1.44
4	建筑用地	1.86	4	水体	0.25
5	耕地	0.45	4	建筑用地	2.04
5	绿地	0.73	5	耕地	0.20
5	水体	0.16	5	绿地	1.52
5	建筑用地	2.98	5	水体	0.24
—	—	—	5	建筑用地	2.32

表 10-8　拉萨市及其周边区域 DTR 分布指数统计表

2010 年			2020 年		
DTR 分级	地表类型	P_i	DTR 分级	地表类型	P_i
1	耕地	0.08	1	耕地	0.28
1	绿地	0.72	1	绿地	0.42
1	水体	5.87	1	水体	7.51
1	裸地	0.79	1	建筑用地	0.22
1	冰雪	4.95	1	裸地	2.33
2	耕地	0.31	1	冰雪	1.51
2	绿地	1.03	2	耕地	1.37
2	水体	0.16	2	绿地	0.96
2	建筑用地	0.33	2	水体	0.31
2	裸地	1.77	2	建筑用地	0.32
2	冰雪	0.80	2	裸地	1.79
3	耕地	1.30	2	冰雪	0.76
3	绿地	1.05	3	耕地	2.00
3	水体	0.15	3	绿地	1.07
3	建筑用地	1.42	3	水体	0.20
3	裸地	1.12	3	建筑用地	0.59
3	冰雪	0.34	3	裸地	0.85
4	耕地	1.8	3	冰雪	0.95
4	绿地	1.05	4	耕地	2.83
4	水体	0.13	4	绿地	1.09
4	建筑用地	1.82	4	水体	0.14
4	裸地	0.72	4	建筑用地	1.42
4	冰雪	0.07	4	裸地	0.52
5	耕地	0.87	4	冰雪	1.15

续表

2010 年			2020 年		
DTR 分级	地表类型	P_i	DTR 分级	地表类型	P_i
5	绿地	1.07	5	耕地	2.86
5	水体	0.13	5	绿地	1.14
5	建筑用地	0.53	5	水体	0.24
5	裸地	0.40	5	建筑用地	3.66
5	冰雪	0.01	5	裸地	0.38
—	—	—	5	冰雪	0.71

表 10-9　乌鲁木齐市及其周边区域 DTR 分布指数统计表

2010 年			2020 年		
DTR 分级	地表类型	P_i	DTR 分级	地表类型	P_i
1	耕地	1.49	1	耕地	0.72
1	绿地	1.01	1	绿地	1.46
1	水体	3.70	1	水体	1.90
1	建筑用地	1.18	1	建筑用地	0.99
1	裸地	0.31	1	裸地	0.36
1	冰雪	4.82	1	冰雪	3.41
2	耕地	1.75	2	耕地	1.98
2	绿地	0.94	2	绿地	1.1
2	水体	0.93	2	水体	1.74
2	建筑用地	2.15	2	建筑用地	2.09
2	裸地	0.48	2	裸地	0.24
2	冰雪	1.11	2	冰雪	2.11
3	耕地	1.08	3	耕地	1.21
3	绿地	0.96	3	绿地	1.19
3	水体	0.64	3	水体	0.77
3	建筑用地	1.17	3	建筑用地	1.22
3	裸地	1.12	3	裸地	0.61
3	冰雪	0.12	3	冰雪	0.18
4	耕地	0.59	4	耕地	0.61
4	绿地	0.79	4	绿地	0.69
4	水体	0.18	4	水体	0.77
4	建筑用地	0.17	4	建筑用地	0.3
4	裸地	2.48	4	裸地	1.75
5	耕地	0.08	4	冰雪	0.01
5	绿地	1.20	5	耕地	0.20

续表

2010 年			2020 年		
DTR 分级	地表类型	P_i	DTR 分级	地表类型	P_i
5	水体	0.04	5	绿地	0.40
5	建筑用地	0.01	5	水体	0.17
5	裸地	1.10	5	建筑用地	0.02
—	—	—	5	裸地	2.43

对于北京而言（图 10-11、表 10-3），水体和绿地在较低 DTR 等级的分布指数均大于 1，说明水体和绿地在低等级的 DTR 下处于优势分布。其中，绿地又与水体不同的是，随着等级的提升，绿地的 DTR 分布指数下降得较水体慢，甚至在 2020 年的中 DTR 等级下，其值也同样大于 1。根据前文，推测这可能是因为 2020 年北京及其周边区域 DTR 较 2010 年整体降低，导致中 DTR 等级的温度范围减小，绿地的 DTR 等级指数相对提高。与水体、绿地相反，2010 年建筑用地和耕地在较低 DTR 等级（1、2）下的值均小于 1，处于劣势分布；在等级为 3、4、5 时，其值均大于 1，且随着温度等级的提高，DTR 分布指数总体增大。结合北京的地表覆盖数据来看，十年间北京市及其周边区域的城市化进程十分迅速，呈以北京市市区为中心向四周辐射状（其中南北向的城市化进程较东西向显著）。较大部分耕地转化为建筑用地，且该区域东南部大量建筑用地与耕地相间分布的趋势仍未发生较大变化，其余地类与建筑用地之间的转化则较少，水体面积略微增加，绿地地类的面积则基本保持不变。

成都、广州、哈尔滨和上海与北京的情况大致相同（表 10-4～表 10-7）。其中，成都市及其周边区域表现出个别冰雪地类在 2010 年和 2020 年两年的高级别 DTR 等级中优势分布的异常值（表 10-4）。经核实数据，发现这些像元的 DTR 值大都在 30℃以上，判断其为 DTR 数据处理过程中产生的误差。同时，耕地和裸地地类在两年中各城市较高 DTR 等级中的分布指数表现得也不完全一样。例如，上海市 2010 年和 2020 年的计算结果表明耕地在高 DTR 等级下并不处于优势分布，而哈尔滨市两期高 DTR 等级中裸地则几乎达到了与建筑用地一样的分布指数。经上海市和哈尔滨市及其周边区域的地表覆盖类型面积数据核实，推测可能是由于两城市相同地类占研究区总面积的比例不同导致 DTR 分布指数不同。

与北京市及其周边区域类似，结合地表覆盖类型数据进行分析。从图 10-12 可以看出，2010 年和 2020 年成都市及其周边区域的大部分地物类型均为位于中部和东部的耕地和位于西部的林地，建筑用地则集中分布在耕地地类中部。由图 10-12 可知，十年间成都市建筑用地面积扩张规模较大，城市化进程十分迅速，大致以南北向、东向和东南向为主，西部发展则稍显缓慢，这与成都市近十年来具体的城市发展战略相符，且绝大部分的建筑用地是由耕地转化而来，其余地类面积基本保持不变。

广州市及其周边区域的情况又略有不同。由图 10-13 可知，该区域地物类型的分布大致呈现北部为大部分的林地和耕地，南部为建筑用地、水体等地类，城市化进程则主要发生在南部。十年间建筑用地面积的增加十分显著，其中不仅是耕地，绿地和水体均有向建筑用地转化的趋势。

由图 10-14 可知，哈尔滨市及其周边区域十年间城市化进程较为缓慢，这与该区域的自然地理条件有较大关系，其地物类型主要为大面积的绿地与耕地，且由西向东呈耕地—耕地绿地相间分布。建筑用地主要围绕着水体分布在耕地地类上，与水体类似，十年间面积略微增长；耕地和绿地则没有较大变化。

由于上海市及其周边区域的面积较小，城市化速度快，从图 10-15 可以看出，该区域的主要地物类型为耕地和集中沿水体分布的建筑用地，城市范围内的水体主要集中分布在研究区的左下角，绿地则较为稀疏地分布在建筑用地和耕地中。十年间城市化进程十分迅速，由耕地转化而来的建筑用地在该区域均有分布，城市发展的同时也注重城市绿化，分布在建筑用地间的绿地面积十年间也得到了略微增加。

由于拉萨市和乌鲁木齐市及其周边区域所处的地理环境比较特殊，这里对它们单独进行分析。对于拉萨市及其周边区域，由于该区域有相当比例的冰雪地类，其对于 DTR 分布指数的影响不容忽略。2010 年和 2020 年中，DTR 等级为 1 的低等级区域内，冰雪均为优势分布，且随着等级的升高，其 DTR 分布指数的值也越来越小。由图 10-16 可知，拉萨市及其周边区域主要的地物类型为绿地，耕地、水体、冰雪和裸地均有分布。由于地理条件的限制，尽管该区域十年间的城市化进程较为缓慢，但其余地物类型的变化却较为显著。

乌鲁木齐市及其周边区域也存在冰雪地类，由表 10-9 可知，该地类同样表现出上述的特征。值得注意的是，无论是 2010 年还是 2020 年，建筑用地处于优势分布（$P_i>1$）的 DTR 最高等级为 3 级，没有像北京市等及其周边区域那样，建筑用地处于优势分布的等级均在 3 级或更高等级。结合 10.3.1 节中对乌鲁木齐市及其周边区域 DTR 变化趋势的分析，推测可能是因为该区域 DTR 值全年普遍较高，使得建筑用地在更高等级的 DTR 区域内不具有优势分布；相反，由于存在着较大面积的沙漠（在 Global Land 30 中被分类为裸地），而沙漠区域的温度日较差远大于建筑用地，造成了两年中裸地在 4 级 DTR 等级的分布指数 P_i 均大于 1，处于优势分布。经图 10-17 中地表覆盖类型数据验证，10 年间乌鲁木齐市及其周边区域右上角大部分绿地转化为裸地，市区范围内的建筑用地面积也较为增大。综合两年的数据来看，该区域的主要地物类型为绿地、耕地和裸地，这与上述分析的结果也基本一致。

10.4　本 章 小 结

本章利用 2010 年和 2020 年的全天候 LST 数据，从年内、年际的角度对我国 7 个典型城市及其周边区域的 DTR 变化进行了研究。在地表覆盖和城市温度日较差分级的基础上，用 DTR 分布指数来定量反映 DTR 等级分布和强度情况，以及城市及其周边区域的 DTR 变化的整体情况。通过研究得出了以下结论：

（1）2010～2020 年所选 7 个城市及其周边区域的年和季节的温度日较差总体表现出

下降的趋势，这种变化趋势侧面印证了前人研究中全球范围内最低温涨幅大于最高温涨幅而导致的 DTR 降低（Karl et al.，2013）。所选城市中除拉萨和乌鲁木齐外，其余均表现出春夏季 DTR 明显下降的特点。同时结合本章所采用的地表覆盖类型数据进行分析，发现城市化进程对于 DTR 降低有较大的影响。

（2）拉萨市和乌鲁木齐市及其周边区域的 DTR 值普遍大于其他城市及周边区域，拉萨区域主要因位于青藏高原中部，DTR 变化较大；乌鲁木齐区域则存在大部分的裸地区域，DTR 远高于建筑用地等地物类型。

（3）对于所选取的绝大部分城市及其周边区域来说，两年的 DTR 分布指数均表明水体、绿地和冰雪大都在低等级 DTR 区域呈现出优势分布，发育和分布程度较高；建筑用地和耕地则在较高 DTR 等级的区域呈优势分布，且除了乌鲁木齐市，其余城市及其周边区域的裸地随着等级升高，分布指数的值降低。

参 考 文 献

白杨，孟浩，王敏，等，2013. 上海市城市热岛景观格局演变特征研究[J]. 环境科学与技术，36（3）：196-201.

陈昊，金亚秋，2012. FY-3B MWRI 在轨辐射校准及其对旱涝灾害监测应用[J]. 遥感学报，16（5）：1024-1034

陈军，陈晋，廖安平，等，2014. 全球30m地表覆盖遥感制图的总体技术[J]. 测绘学报，43（6）：551-557.

陈康林，龚建周，陈晓越，等，2016. 广州城市绿色空间与地表温度的格局关系研究[J]. 生态环境学报，25（5）：842-849.

陈宁生，丁海涛，邓明枫，2019a. 2017～2019年藏东南米堆气象观测数据[OL]. 国家冰川冻土沙漠科学数据中心（www.ncdc.ac.cn）. [2021-05-10]

陈宁生，丁海涛，邓明枫，2019b. 2016～2019年藏东南嘎隆拉冰川径流观测数据[OL]. 国家冰川冻土沙漠科学数据中心（www.ncdc.ac.cn）. [2021-05-10]

陈宁生，丁海涛，邓明枫，2019c. 2017～2019年藏东南培龙沟气象观测数据[OL]. 国家冰川冻土沙漠科学数据中心（www.ncdc.ac.cn）. [2021-05-10]

陈宁生，丁海涛，邓明枫，2019d. 2017～2019年藏东南古乡沟冰川泥石流观测数据[OL]. 国家冰川冻土沙漠科学数据中心（www.ncdc.ac.cn）. [2021-05-10]

陈松林，王天星，2009. 等间距法和均值标准差法界定城市热岛的对比研究[J]. 地球信息科学学报，11（2）：145-150.

陈铁喜，陈星，2007. 近50年中国气温日较差的变化趋势分析[J]. 高原气象，26（1）：150-157.

陈修治，李勇，韩留生，等，2013. 一种基于AMSR-E的地表温度半经验反演模型[J]. 热带地理，33（3）：250-255.

陈云浩，周纪，宫阿都，等，2014. 城市空间热环境遥感：空间形态与热辐射方向性模拟[M]. 北京：科学出版社.

代冯楠，2016. 面向AMSR2被动微波遥感数据的地表温度反演方法与验证研究[D].成都：电子科技大学.

邓明枫，陈宁生，王涛，等，2017. 藏东南地区日降雨极值的波动变化[J]. 自然灾害学报，26（2）：154-61.

董立新，杨虎，张鹏，等，2012. FY-3A陆表温度反演及高温天气过程动态监测[J]. 应用气象学报，23（2）：214-222.

丁利荣，周纪，张晓东，等，2022. 全天候地表温度遥感获取：进展与挑战[J/OL]. 遥感学报，DOI：10.11834/jrs.20211323.

高杨，李滨，冯振，等，2017. 全球气候变化与地质灾害响应分析[J]. 地质力学学报，23（1）：65-77.

谷松岩，邱红，张文建，2004. 先进微波探测器资料反演地表微波辐射率试验[J]. 电波科学学报，19（4）：452-457.

韩玲，张瑜，王晓峰，等，2018. 西安市土地利用变化及热岛效应[M]. 北京：科学出版社.

黄成毅，邓良基，方从刚，2007. 城市用地遥感监测与动态变化分析——以成都市土地利用为例[J]. 地球信息科学，9（2）：118-123.

黄聚聪，赵小锋，唐立娜，等，2012. 城市化进程中城市热岛景观格局演变的时空特征——以厦门市为例[J]. 生态学报，32（2）：622-631.

黄伟娇，2018. 城市用地扩展的热岛效应遥感定量估算及其气候特征研究[D]. 杭州：浙江大学.

黄志明，2021. 青藏高原冰川地区高分辨率全天候地表温度生成方法研究[D]. 成都：电子科技大学.
黄志明，周纪，丁利荣，等，2021. 藏东南冰川地区 250 m 空间分辨率全天候地表温度生成方法研究[J]. 遥感学报，25（8）：1-16.
江净超，刘军志，秦承志，等，2016. 中国近地表气温直减率及其季节和类型差异[J]. 地理科学进展，35（12）：1538-1548.
蒋玲梅，王培，张立新，等，2014. FY3B-MWRI 中国区域雪深反演算法改进[J]. 中国科学：地球科学，44（3）：531-547.
拉巴次仁，卓嘎，罗布，等，2012. 拉萨市城市热岛的时空分布特征[J]. 资源科学，34（12）：2364-2373.
李国松，2012. 基于遥感技术的哈尔滨城市热岛效应缓解规划策略研究[D]. 哈尔滨：哈尔滨工业大学.
李万彪，朱元竞，洪刚，等，1998. SSM/I 遥感中国东部地面温度[J]. 自然科学进展，8（3）：305-313.
李召良，段四波，唐伯惠，等，2016. 热红外地表温度遥感反演方法研究进展[J]. 遥感学报，20（5）：899-920.
历华，杜永明，柳钦火，等，2014. 天宫一号数据地表温度反演及其在城市热岛效应中的应用[J]. 遥感学报，18（增刊）：133-143.
廖要明，陈德亮，刘秋锋，2019. 中国地气温差时空分布及变化趋势[J]. 气候变化研究进展，15（4）：374-384.
刘诗喆，谢苗苗，武蓉蓉，等，2021. 地理单元划分对城市热环境响应规律的影响——以北京为例[J]. 地理科学进展，40（6）：1037-1047.
刘勇洪，徐永明，马京津，等，2014. 北京城市热岛的定量监测及规划模拟研究[J]. 生态环境学报，23：1156-1163.
刘辉志，董文杰，符淙斌，等，2004. 半干旱地区吉林通榆“干旱化和有序人类活动”长期观测实验[J]. 气候与环境研究，9（2）：378-389.
马耀明，姚檀栋，王介民，2006. 青藏高原能量和水循环试验研究——GAME/Tibet 与 CAMP/Tibet 研究进展[J]. 高原气象，25（2）：344-351.
毛克彪，施建成，李召良，等，2006. 一个针对被动微波 AMSR-E 数据反演地表温度的物理统计算法[J]. 中国科学：地球科学，36（12）：1170-1176.
潘广东，王超，张卫国，等，2003. SSM/I 微波辐射计数据中国陆地覆盖特征季节变化分析[J]. 遥感学报，7（6）：498-503.
彭丽春，李万彪，刘辉志，2011. FY-3A/MWRI 数据反演半干旱地区土壤湿度的研究[J]. 北京大学学报（自然科学版），47（5）：797-804.
乔治，田光进，2015. 基于 MODIS 的 2001 年—2012 年北京热岛足迹及容量动态监测[J]. 遥感学报，19（3）：476-484.
郄宇凡，2020. 基于 MODIS 数据的近 20 年青藏高原冰川表面温度与反照率时空变化特征研究[D]. 西安：西北大学.
秦大河，Stocker T，2014. IPCC 第五次评估报告第一工作组报告的亮点结论[J]. 气候变化研究进展，10（3）：1-6.
全金玲，占文凤，陈云浩，等，2013. 遥感地表温度降尺度方法比较[J]. 遥感学报，17（2）：361-387.
任福民，翟盘茂，1998. 1951～1990 年中国极端气温变化分析[J]. 大气科学，22（2）：89-96，98-99.
盛峥，石汉青，丁又专，2009. 利用 DINEOF 方法重构缺测的卫星遥感海温数据[J]. 海洋科学进展，27（2）：243-249.
唐荣林，王晟力，姜亚珍，等，2021. 基于地表温度——植被指数三角/梯形特征空间的地表蒸散发遥感反演综述[J]. 遥感学报，25（1）：65-82.
唐文彬，2021. 融合多源数据的全天候地表温度估算与应用研究[D]. 成都：成都理工大学.

铁永波，李宗亮，2010. 冰川泥石流形成机理研究进展[J]. 水科学进展，21（6）：861-866.

王宾宾，马耀明，马伟强，2012. 青藏高原那曲地区 MODIS 地表温度估算[J]. 遥感学报，16(6)：1289-1309.

王韶飞，2021. 空间无缝被动微波地表温度生成方法研究[D]. 成都：电子科技大学.

汪子豪，秦其明，孙元亨，等，2018. 基于 BP 神经网络的地表温度空间降尺度方法[J]. 遥感技术与应用，33（5）：793-802.

邬光剑，姚檀栋，王伟财，等，2019. 青藏高原及周边地区的冰川灾害[J]. 中国科学院院刊，34（11）：1285-92.

吴晓燕，2020. 基于遥感的乌鲁木齐市扩张及驱动力研究[D]. 新疆：新疆大学.

肖尧，马明国，闻建光，等，2021. 复杂地表地表温度反演研究进展[J]. 遥感技术与应用，36（1）：33-43.

杨以坤，历华，孙林，等 2019. 高分五号全谱段光谱成像仪地表温度与发射率反演[J]. 遥感学报，23（6）：1132-1146.

姚磊，卫伟，于洋，等，2015. 基于 GIS 和 RS 技术的北京市功能区产流风险分析[J]. 地理学报，70（2）：11.

张佳佳，刘建康，高波，等，2018. 藏东南嘎龙曲冰川泥石流的物源特征及其对扎墨公路的影响[J]. 地质力学学报，24（1）：106-115.

张淼，王素娟，覃丹宇，等，2018. FY-3C 微波成像仪海面温度产品算法及精度检验[J]. 遥感学报，22（5）：713-722.

张晓东，2020. 多源遥感协同下的全天候地表温度估算研究[D]. 成都：电子科技大学.

周芳成，宋小宁，李召良，2014. 地表温度的被动微波遥感反演研究进展[J]. 国土资源遥感，26（1）：1-7.

祝善友，张桂欣，尹球，等，2006. 地表温度热红外遥感反演的研究现状及其发展趋势[J]. 遥感技术与应用，21（5）：420-425.

Agam N，Kustas W P，Anderson M C，et al.，2007. A vegetation index based technique for spatial sharpening of thermal imagery[J]. Remote Sensing of Environment，107（4）：545-558.

Aires F，Prigent C，Rossow W B，et al.，2001. A new neural network approach including first guess for retrieval of atmospheric water vapor，cloud liquid water path，surface temperature，and emissivities over land from satellite microwave observations[J]. Journal of Geophysical Research：Atmospheres，106（D14）：14887-14907.

Aires F，Prigent C，Bernardo F，et al.，2011. A tool to estimate land-surface emissivities at microwave frequencies（TELSEM）for use in numerical weather prediction[J]. Quarterly Journal of the Royal Meteorological Society，137（656）：690-699.

Alvera-Azcárate A，Barth A，Sirjacobs D，et al.，2011. Data interpolating empirical orthogonal functions（DINEOF）：A tool for geophysical data analyses[J]. Mediterranean Marine Science，12（3）：5.

Andam-Akorful S A，Ferreira V G，Awange J L，et al.，2015. Multi-model and multi-sensor estimations of evapotranspiration over the Volta Basin，West Africa[J]. International Journal of Climatology，35（10）：3132-3145.

Anderson M C，Norman J M，Kustas W P，et al.，2008. A thermal-based remote sensing technique for routine mapping of land-surface carbon，water and energy fluxes from field to regional scales[J]. Remote Sensing of Environment，112（12）：4227-4241.

André C，Ottlé C，Royer A，et al.，2015. Land surface temperature retrieval over circumpolar Arctic using SSM/I-SSMIS and MODIS data[J]. Remote Sensing of Environment，162：1-10.

Bai L，Long D，Yan L，2019. Estimation of surface soil moisture with downscaled land surface temperatures using a data fusion approach for heterogeneous agricultural land[J]. Water Resources Research，55（2）：

1105-1128.

Basist A，Grody N C，Peterson T C，et al.，2002. Using the special sensor microwave/imager to monitor land surface temperatures，wetness，and snow cover[J]. Journal of Applied Meteorology and Climatology，37（9）：888-911.

Bechtel B，2012. Robustness of annual cycle parameters to characterize the urban thermal landscapes[J]. IEEE Geoscience and Remote Sensing Letters，9（5）：876-880.

Bechtel B，2015. A new global climatology of annual land surface temperature[J]. Remote Sensing，7（3）：2850-2870.

Beckers J M，Rixen M，2003. EOF calculations and data filling from incomplete oceanographic datasets[J]. Journal of Atmospheric and Oceanic Technology，20（12）：1839-1856.

Benali A，Carvalho A C，Nunes J P，et al.，2012. Estimating air surface temperature in Portugal using MODIS LST data[J]. Remote Sensing of Environment，124：108-121.

Benjamin B，2015. A new global climatology of annual land surface temperature[J]. Remote Sensing，7：2850-2870.

Bindhu V M，Narasimhan B，Sudheer K P，2013. Development and verification of a non-linear disaggregation method（NL-DisTrad）to downscale MODIS land surface temperature to the spatial scale of Landsat thermal data to estimate evapotranspiration[J]. Remote Sensing of Environment，135（8）：118-129.

Brabyn L，Stichbury G，2020. Calculating the surface melt rate of Antarctic glaciers using satellite-derived temperatures and stream flows[J]. Environmental Monitoring and Assessment，192（7）：440.

Braganza K，Karoly D J，Arblaster J M，2004. Diurnal temperature range as an index of global climate change during the twentieth century[J]. Geophysical Research Letters，31（13）：1-4.

Cai M，Yang S T，Zhao C S，et al.，2013. Estimation of daily average temperature using multisource spatial data in data sparse regions of Central Asia[J]. Journal of Applied Remote Sensing，7（1）：073478-073478.

Cammalleri C，Anderson M C，Gao F，et al.，2014. Mapping daily evapotranspiration at field scales over rainfed and irrigated agricultural areas using remote sensing data fusion[J]. Agricultural and Forest Meteorology，186：1-11.

Chang Y，Xiao J，Li X，et al.，2021. Exploring diurnal cycles of surface urban heat island intensity in Boston with land surface temperature data derived from GOES-R geostationary satellites[J]. Science of the Total Environment，763：144224.

Che T，Li X，Liu S M，et al.，2019. Integrated hydrometeorological，snow and frozen-ground observations in the alpine region of the Heihe River Basin，China[J]. Earth System Science Data，11（3）：1483-1499.

Chen J，Brissette F P，Leconte R，2011. Uncertainty of downscaling method in quantifying the impact of climate change on hydrology[J]. Journal of Hydrology，401：190-202.

Chen J，Ban Y F，Li S N，2014. Open access to Earth land-cover map[J]. Nature，514（7523）：434.

Chen S S，Chen X Z，Chen W Q，et al.，2011. A simple retrieval method of land surface temperature from AMSR-E passive microwave data-A case study over Southern China during the strong snow disaster of 200[J]. International Journal of Applied Earth Observation and Geoinformation，13（1）：140-151.

Chen T，Guestrin C，2016. XGBoost：A Scalable Tree Boosting System[J]. Proceedings of the 22nd ACM SIGKDD International Conference on Knowledge Discovery and Data Mining：785-794.

Chen T Q，Sun A，Niu R，2019. Effect of land cover fractions on changes in surface urban heat islands using landsat time-series images[J]. International Journal of Environmental Research and Public Health，16（6）：971.

Chen Z H，Wang J，2010. Land use and land cover change detection using satellite remote sensing techniques in the mountainous Three Gorges Area[J]. International Journal of Remote Sensing，31（6）：1519-1542.

Clinton N，Gong P，2013. MODIS detected surface urban heat islands and sinks：Global locations and controls[J]. Remote Sensing of Environment，134：294-304.

Cordisco E，Prigent C，Aires F，2006. Snow characterization at a global scale with passive microwave satellite observations[J]. Journal of Geophysical Research：Atmospheres，111（D19）：1-15.

Courault D, Monestiez P，1999. Spatial interpolation of air temperature according to atmospheric circulation patterns in southeast France[J]. International Journal of Climatology，19(4): 365-378.

Crosson W L，Al-Hamdan M Z，Hemmings S N J，et al.，2012. A daily merged MODIS Aqua-Terra land surface temperature data set for the conterminous United States[J]. Remote Sensing of Environment，119：315-324.

Dai A G，Trenberth K E，Karl T R，1999. Effects of clouds，soil moisture，precipitation，and water vapor on diurnal temperature range[J]. Journal of Climate，12（8）：2451-2473.

Deardorff J W，1978. Efficient prediction of ground surface temperature and moisture，with inclusion of a layer of vegetation[J]. Journal of Geophysical Research：Oceans，83（C4）：1889-1903.

Dente L，Vekerdy Z，Wen J，et al.，2012. Maqu network for validation of satellite-derived soil moisture products[J]. International Journal of Applied Earth Observation and Geoinformation 17：55-65.

Dickinson R E，1988. The force-restore model for surface temperatures and its generalizations[J]. Journal of Climate，1（11）：1086-1097.

Ding L R，Zhou J，Zhang X D，et al.，2018. Downscaling of surface air temperature over the Tibetan Plateau based on DEM[J]. International Journal of Applied Earth Observation and Geoinformation，73：136-147.

Dominguez A，Kleissl J，Luvall J C，et al.，2011. High-resolution urban thermal sharpener（HUTS）[J]. Remote Sensing of Environment，115（7）：1772-1780.

Dong C，Loy C C，He K，2016. Image super-resolution using deep convolutional networks[J]. IEEE Transactions on Pattern Analysis and Machine Intelligence，38（2）：295-307.

Dong W，2003. EOL data archive-CAMP：Tongyu（inner Mongolia）surface meteorology and radiation data set [OL]. [2020-05-13]. https://data.eol.ucar.edu/dataset/76.141.

Du H Y，Wang D D，Wang Y Y，et al.，2016. Influences of land cover types，meteorological conditions，anthropogenic heat and urban area on surface urban heat island in the Yangtze River Delta Urban Agglomeration[J]. Science of the Total Environment，571：461-470.

Du J，Kimball J S，Jones L A，et al.，2017. A global satellite environmental data record derived from AMSR-E and AMSR2 microwave Earth observations[J]. Earth System Science Data，9（2）：791-808.

Duan S B，Li Z L，Wang N，et al.，2012. Evaluation of six land-surface diurnal temperature cycle models using clear-sky in situ and satellite data[J]. Remote Sensing of Environment，124：15-25.

Duan S B，Li Z L，Leng P，et al.，2015. Generation of an all-weather land surface temperature product from MODIS and AMSR-E data[P]. Intelligent Earth Observing Systems，9808，980816-980816-7.

Duan S B，Li Z L，2016. Spatial downscaling of MODIS land surface temperatures using geographically weighted regression：case study in northern China[J]. IEEE Transactions on Geoscience and Remote Sensing，54（11）：6458-6469.

Duan S B，Li Z L，Leng P，et al.，2017. A framework for the retrieval of all-weather land surface temperature at a high spatial resolution from polar-orbiting thermal infrared and passive microwave data[J]. Remote Sensing of Environment，195：107-117.

Duan S B，Han X J，Huang C，et al.，2020. Land surface temperature retrieval from passive microwave satellite observations：State-of-the-art and future directions[J]. Remote Sensing，12：2573.

Elmes A，Rogan J，Williams C，et al.，2017. Effects of urban tree canopy loss on land surface temperature magnitude and timing[J]. ISPRS Journal of Photogrammetry and Remote Sensing，128：338-353.

Ermida S L，Jiménez C，Prigent C，et al.，2017. Inversion of AMSR-E observations for land surface temperature estimation：2. Global comparison with infrared satellite temperature[J]. Journal of Geophysical Research：Atmospheres，122（6）：3348-3360.

Marzban F，Preusker，Sodoudi S，et al.，2015. Using Machine learning method to estimate Air Temperature from MODIS over Berlin[C]//AGU Fall Meeting Abstracts.

Fan X M，Liu H G，Liu G H，et al.，2014. Reconstruction of MODIS land-surface temperature in a flat terrain and fragmented landscape[J]. International Journal of Remote Sensing，35（23）：7857-7877.

Feng X，Myint S W，2016. Exploring the effect of neighboring land cover pattern on land surface temperature of central building objects[J]. Building and Environmen，95：346-354.

Fily M，Royer A，Goïta K，et al.，2003. A simple retrieval method for land surface temperature and fraction of water surface determination from satellite microwave brightness temperatures in sub-arctic areas[J]. Remote Sensing of Environment，85（3）：328-338.

Ford T W，Quiring S M，2019. Comparison of contemporary in situ，model，and satellite remote sensing soil moisture with a focus on drought monitoring[J]. Water Resources Research，55（2）：1565-1582.

Forster Piers M de F，Solomon S，2003. Observations of a "weekend effect" in diurnal temperature range[J]. Proceedings of the National Academy of Sciences，100（20）：11225-11230.

Freitas S C，Trigo I F，Bioucas-Dias J M，et al，. 2010. Quantifying the uncertainty of land surface temperature retrievals from SEVIRI/Meteosat[J]. IEEE Transactions on Geoscience and Remote Sensing，48：523-534.

Friedman J H，2001. Greedy function approximation：A gradient boosting machine[J]. The Annals of Statistics，29（5）：1189-1232.

Fu P，Wang Q H，2016. A time series analysis of urbanization induced land use and land cover change and its impact on land surface temperature with Landsat imagery[J]. Remote Sensing of Environment，175：205-214.

Fu P，Xie Y H，Weng Q H，et al.，2019. A physical model-based method for retrieving urban land surface temperatures under cloudy conditions[J]. Remote Sensing of Environment，230：111191.

Gao H，Fu R，Dickinson R E，et al.，2008. A practical method for retrieving land surface temperature from AMSR-E over the Amazon forest[J]. IEEE Transactions on Geoscience and Remote Sensing，46（1）：193-199.

Gao L，Zhan W，Huang F，et al.，2017. Disaggregation of remotely sensed land surface temperature：A simple yet flexible index（SIFI）to assess method performances[J]. Remote Sensing of Environment，200：206-219.

Ge L L，Hang R L，Liu Y，et al.，2018. Comparing the performance of neural network and deep convolutional neural network in estimating soil moisture from satellite observations[J]. Remote Sensing，10（9）：1327.

Geurts P，Ernst D，Wehenkel L. Extremely randomized trees[J]. Machine Learning，2006，63（1）：3-42.

Ghafarian Malamiri H R，Rousta I，Olafsson H，et al.，2018. Gap-filling of mODIS time series land surface temperature（LST）products using singular spectrum Analysis（SSA）[J]. Atmosphere，9（9）：334.

Ghent D J，Corlett G K，Göttsche F M，et al.，2017. Global land surface temperature from the along-track scanning radiometers[J]. Journal of Geophysical Research：Atmospheres，122（12）：112-167，193.

Gillespie A，Rokugawa S，Matsunaga T，et al.，1998. A temperature and emissivity separation algorithm for advanced spaceborne thermal emission and reflection radiometer（ASTER）images[J]. IEEE Transactions on Geoscience and Remote Sensing，36（4）：1113-1126.

Gong P，Liu H，Zhang M N，et al.，2019. Stable classification with limited sample：transferring a 30-m resolution sample set collected in 2015 to mapping 10-m resolution global land cover in 2017[J]. Science Bulletin，64（6）：370-373.

Gong T，Lei H，Yang D，et al.，2017. Monitoring the variations of evapotranspiration due to land use/cover change in a semiarid shrubland[J]. Hydrology and Earth System Sciences，21（2）：863-877.

Göttsche F M，Olesen F S，Trigo I F，et al.，2016. Long term validation of land surface temperature retrieved from MSG/SEVIRI with continuous in-situ measurements in Africa[J]. Remote Sensing，8：410.

Grimm N B，Faeth S H，Golubiewski N E，et al.，2008. Global Change and the Ecology of Cities[J]. Science，319：756-760.

He X L，Xu T R，Bateni S M，et al.，2020. Mapping regional evapotranspiration in cloudy skies via variational assimilation of all-weather land surface temperature observations[J]. Journal of Hydrology，585：124790-124790.

Holmes T R H，De Jeu R A M，Owe M，et al.，2009. Land surface temperature from Ka band（37 GHz）passive microwave observations[J]. Journal of Geophysical Research：Atmospheres，114：D04113.

Holmes T R H，Crow W T，Tugrul Yimaz M，et al.，2013. Enhancing model-based land surface temperature estimates using multiplatform microwave observations[J]. Journal of Geophysical Research：Atmospheres，118（2），577-591.

Holmes T R H，Crow W T，Hain C，et al.，2015. Diurnal temperature cycle as observed by thermal infrared and microwave radiometers[J]. Remote Sensing of Environment，158：110-125.

Hu D Y，Cao S S，Chen S S，et al.，2017. Monitoring spatial patterns and changes of surface net radiation in urban and suburban areas using satellite remote-sensing data[J]. International Journal of Remote Sensing，38（4）：1043-1061.

Hu L Q，Brunsell N A，2013.The impact of temporal aggregation of land surface temperature data for surface urban heat island（SUHI）monitoring[J]. Remote Sensing of Environment，134：，162-174.

Huang B，Wang J，Song H，et al.，2013. Generating high spatiotemporal resolution land surface temperature for urban heat island monitoring[J]. IEEE Geoscience and Remote Sensing Letters，10（5）：1011-1015.

Huang C，Duan S B，Jiang X G，et al.，2019. A physically based algorithm for retrieving land surface temperature under cloudy conditions from AMSR2 passive microwave measurements[J]. International Journal of Remote Sensing，40（5-6）：1828-1843.

Huang F，Zhan W F，Voogt J，et al.，2016. Temporal upscaling of surface urban heat island by incorporating an annual temperature cycle model：A tale of two cities[J]. Remote Sensing of Environment，186：1-12.

Huang G H，Li X，Huang C L，et al.，2016. Representativeness errors of point-scale ground-based solar radiation measurements in the validation of remote sensing products[J]. Remote Sensing of Environment，181：198-206.

Huang Y，Dickinson R E，Chameides W L，2006. Impact of aerosol indirect effect on surface temperature over East Asia[J]. Proceedings of the National Academy of Sciences，103（12）：4371-4376.

Hulley G，Veraverbeke S，Hook S，2014. Thermal-based techniques for land cover change detection using a new dynamic MODIS multispectral emissivity product（MOD21）[J]. Remote Sensing of Environment，140：755-765.

Hutengs C，Vohland M，2016. Downscaling land surface temperatures at regional scales with random forest regression[J]. Remote Sensing of Environment，178：127-141.

Imhoff M L，Zhang P，Wolfe R E，et al.，2010. Remote sensing of the urban heat island effect across biomes in the continental USA[J]. Remote Sensing of Environment，114（3）：504-513.

IPCC，2014. Climate Change 2013-The Physical Science Basis：Working Group I Contribution to the Fifth

Assessment Report of the Intergovernmental Panel on Climate Change[M]. London：Cambridge University Press，Cambridge.

Jang J D，Viau A A，Anctil F，2004. Neural network estimation of air temperatures from AVHRR data[J]. International Journal of Remote Sensing，25（21）：4541-4554.

Jia Z Z，Liu S M，Xu Z W，et al.，2012. Validation of remotely sensed evapotranspiration over the Hai River Basin，China [J]. Journal of Geophysical Research：Atmospheres，117（D13）：13113.

Jiménez C，Prigent C，Ermida S L，et al.，2017. Inversion of AMSR-E observations for land surface temperature estimation：1. Methodology and evaluation with station temperature：Amsr-E land surface temperature[J]. Journal of Geophysical Research：Atmospheres，122（6）：3330-3347.

Jiménez-Muñoz J C，Sobrino J A，2003. A generalized single-channel method for retrieving land surface temperature from remote sensing data[J]. Journal of Geophysical Research：Atmospheres，108（D12）：1-9.

Jin M L，2000. Interpolation of surface radiative temperature measured from polar orbiting satellites to a diurnal cycle：2. Cloudy-pixel treatment[J]. Journal of Geophysical Research：Atmospheres，105（D3）：4061-4076.

Jin M L，Dickinson R E，1999. Interpolation of surface radiative temperature measured from polar orbiting satellites to a diurnal cycle：1. Without clouds[J]. Journal of Geophysical Research：Atmospheres，104（D2）：2105-2116.

Jones L A，Kimball J S，McDonald K C，et al.，2007. Satellite microwave remote sensing of boreal and arctic soil temperatures from AMSR-E[J]. IEEE Transactions on Geoscience and Remote Sensing，45（7）：2004-2018.

Kalma J D，Mcvicar T R，Matthew A E，et al.，2008. Estimating land surface evaporation：A review of methods using remotely sensed surface temperature data 29[J]. Surveys in Geophysics，29（4）：421-469.

Kang J，Tan J W，Jin R，et al.，2018. Reconstruction of MODIS land surface temperature products based on multi-temporal information[J]. Remote Sensing，10（7）：1-18.

Karl T R，Kukla G，Gavin J，1984. Decreasing diurnal temperature range in the United States and Canada from 1941 through 1980[J]. Journal of Applied Meteorology and Climatology，23（11）：1489-1504.

Karl T R，Kukla G，Razuvayev V N，et al.，1991. Quayle，Richard R. Heim，David R. Easterling，Cong Bin Fu. Global warming：Evidence for asymmetric diurnal temperature change[J]. Geophysical Research Letters，18（2）：2253-2256.

Ke G L，Meng Q，Finley T，et al.，2017. LightGBM：A highly efficient gradient boosting decision tree[J]. In Advances in Neural Information Processing Systems，30：3149-3157.

Kilibarda M，Hengl T，Heuvelink G B M，et al.，2014. Spatio-temporal interpolation of daily temperatures for global land areas at 1 km resolution[J]. Journal of Geophysical Research：Atmospheres，119（5）：2294-2313.

Kondrashov D，Ghil M，2006. Spatio-temporal filling of missing points in geophysical data sets[J]. Nonlin. Processes Geophys，13（2）：151-159.

Kondrashov D，Shprits Y，Ghil M，2010. Gap filling of solar wind data by singular spectrum analysis[J]. Geophys. Res. Lett.，37（15）：15101.

Kou X K，Jiang L M，Bo Y C，et al.，2016. Estimation of land surface temperature through blending MODIS and AMSR-E data with the Bayesian maximum entropy method[J]. Remote Sensing，8（2）：105.

Kustas W P，Norman J M，Anderson M C，et al.，2003. Estimating subpixel surface temperatures and energy fluxes from the vegetation index-radiometric temperature relationship[J]. Remote Sensing of Environment，85（4）：429-440.

Kustas W P, Nieto H, Morillas L, et al., 2016. Using radiometric surface temperature for surface energy flux estimation in Mediterranean drylands from a two-source perspective[J]. Remote Sensing of Environment, 184: 645-653.

Lai J M, Zhan W F, Voogt J, et al., 2021. Meteorological controls on daily variations of nighttime surface urban heat islands[J]. Remote Sensing of Environment, 253: 112198.

Lambert V M, McFarland M J, 1987. Land surface temperature estimation over the northern Great Plains using dual polarized passive microwave data from the Nimbus 7[C]. Summer Meeting ASAE, Baltimore, MD, ASAE Paper, 87-4041: 23.

Leander R, Buishand T A, 2007. Resampling of regional climate model output for the simulation of extreme river flows[J]. Journal of Hydrology, 332 (3-4): 487-496.

Lei H M, Gong T T, Zhang Y C, et al., 2018. Biological factors dominate the interannual variability of evapotranspiration in an irrigated cropland in the North China Plain[J]. Agricultural and Forest Meteorology, 50-251: 2262-276.

Li A H, Bo Y C, Zhu Y X, et al., 2013. Blending multi-resolution satellite sea surface temperature (SST) products using Bayesian maximum entropy method[J]. Remote Sensing of Environment, 135: 52-63.

Li X C, Gong P, Zhou Y Y, et al., 2020. Mapping global urban boundaries from the global artificial impervious area (GAIA) data[J]. Environmental Research Letters, 15 (9) : 094044.

Li X, Li X W, Li Z Y, et al., 2009, Watershed allied telemetry experimental research[J]. Journal of Geophysical Research: Atmospheres, 114: D22.

Li X, Cheng G D, Liu S M, et al., 2013. Heihe watershed allied telemetry experimental research (HiWATER): Scientific objectives and experimental design[J]. Bulletin of the American Meteorological Society, 94(8): 1145-1160.

Li X, Liu S M, Li H, et al., 2018a. Intercomparison of six upscaling evapotranspiration methods: From site to the satellite pixel[J]. Journal of Geophysical Research: Atmospheres, 123 (13): 6777-6803.

Li X M, Zhou Y Y, Asrar G R, et al., 2018b. Creating a seamless 1km resolution daily land surface temperature dataset for urban and surrounding areas in the conterminous United States[J]. Remote Sensing of Environment, 206: 84-97.

Li Z L, Tang B H, Wu H, et al., 2013. Satellite-derived land surface temperature: Current status and perspectives[J]. Remote Sensing of Environment, 131: 14-37.

Liang S L, 2005. Estimation of Surface Radiation Budget: Ⅱ. Longwave[M]//Quantitative Remote Sensing of Land Surfaces. New Jersey: John Wiley & Sons, Inc.

Liang S L, Wang K C, Zhang X T, et al., 2010. Review on estimation of land surface radiation and energy budgets from ground measurement, remote sensing and model simulations[J]. IEEE Journal of Selected Topics in Applied Earth Observations and Remote Sensing, 3 (3): 225-240.

Liang S L, Cheng J, Jia K, et al., 2021. The global Land surface satellite (GLASS) product suite[J]. Bulletin of the American Meteorological Society, 102 (2): E323-E337.

Liao Y S Y, Shen X, Zhou J, et al., 2021. Surface urban heat island detected by all-weather satellite land surface temperature[J]. Science of The Total Environment, 811: 151405.

Liu N F, Liu Q, Wang L Z, et al., 2013. A statistics-based temporal filter algorithm to map spatiotemporally continuous shortwave albedo from MODIS data[J]. Hydrology and Earth System Sciences, 17 (6): 2121-2129.

Liu S M, Xu Z W, Wang W Z, et al., 2011. A comparison of eddy-covariance and large aperture scintillometer measurements with respect to the energy balance closure problem[J]. Hydrology and Earth System

Sciences，15（4）：1291-1306.

Liu S M，Xu Z W，Zhu Z L，et al.，2013. Measurements of evapotranspiration from eddy-covariance systems and large aperture scintillometers in the Hai River Basin，China[J]. Journal of Hydrology，487：24-38.

Liu S M，Li X，Xu Z W，et al.，2018. The Heihe integrated observatory network：A basin-scale land surface processes observatory in China[J]. Vadose Zone Journal，17（1）：1-12.

Liu Z H，Wu P H，Duan S B，et al.，2017. Spatiotemporal reconstruction of land surface temperature derived from FengYun geostationary satellite data[J]. IEEE Journal of Selected Topics in Applied Earth Observations and Remote Sensing，10（10）：4531-4543.

Long D，Bai L，Yan L，et al.，2019. Generation of spatially complete and daily continuous surface soil moisture of high spatial resolution[J]. Remote Sensing of Environment，233：111364.

Long D，Yan L，Bai L L，et al.，2020. Generation of MODIS-like land surface temperatures under all-weather conditions based on a data fusion approach[J]. Remote Sensing of Environment，246：111863-111863.

Lu L L，Weng Q H，Guo H D，et al.，2019. Assessment of urban environmental change using multi-source remote sensing time series（2000-2016）：A comparative analysis in selected megacities in Eurasia[J]. Science of the Total Environment，684：567-577.

Lu L，Venus V，Skidmore A，et al.，2011. Estimating land-surface temperature under clouds using MSG/SEVIRI observations[J]. International Journal of Applied Earth Observation and Geoinformation，13（2）：265-276.

Ma J，Zhou J，Göttsche F M，et al.，2020. A global long-term（1981-2000）land surface temperature product for NOAA AVHRR[J]. Earth System Science Data，12（4）：3247-3268.

Ma Y F，Liu S M，Song L S，et al.，2018. Estimation of daily evapotranspiration and irrigation water efficiency at a Landsat-like scale for an arid irrigation area using multi-source remote sensing data[J]. Remote Sensing of Environment，216：715-734.

Marshall M，Tu K，Funk C，et al.，2012. Combining surface reanalysis and remote sensing data for monitoring evapotranspiration[J]. Hydrology & Earth System Sciences Discussions，9（2）：1547-1587.

Martins J P A，Trigo I F，Ghilain N，et al.，2019. An all-weather land surface temperature product based on MSG/SEVIRI observations[J]. Remote Sensing，11（4）：3044-3044.

McFarland M J，Miller R L，Neale C M U，1990. Land surface temperature derived from the SSM/I passive microwave brightness temperatures[J]. IEEE Transactions on Geoscience and Remote Sensing，28（5）：839-845.

Meng Q F，Zhang L L，Sun Z H，et al.，2018. Characterizing spatial and temporal trends of surface urban heat island effect in an urban main built-up area：A 12-year case study in Beijing，China[J]. Remote Sensing of Environment，204：826-837.

Meyer E，Carss K J，Rankin J，et al.，2017. Corrigendum：Mutations in the histone methyltransferase gene KMT2B cause complex early-onset dystonia[J]. Nature genetics，49：223-237.

Mohan M，Kandya A，2015. Impact of urbanization and land-use/land-cover change on diurnal temperature range：A case study of tropical urban airshed of India using remote sensing data[J]. Science of The Total Environment，506-507：453-465.

Monestiez P，Courault D，Allard D，et al.，2001. Spatial interpolation of air temperature using environmental context：Application to a crop model[J]. Environmental and Ecological Statistics，8（4）：297-309.

Morland J C，Grimes D I，Hewison T，2001. Satellite observations of the microwave emissivity of a semi-arid land surface[J]. Remote Sensing of Environment，77（2）：149-164.

Morris C J G，Simmonds I，Plummer N，2001. Quantification of the influences of wind and cloud on the nocturnal urban heat island of a large city[J]. Journal of Applied Meteorology and Climatology，40（2）：

169-182.

Musial J P, Verstraete M M, Gobron N, 2011. Technical Note: Comparing the effectiveness of recent algorithms to fill and smooth incomplete and noisy time series[J]. Atmospheric Chemistry and Physics, 11: 7905-7923.

Neteler M, 2010. Estimating daily land surface temperatures in mountainous environments by reconstructed MODIS LST data[J]. Remote Sensing, 2（1）: 333-351.

Njoku E G, Li L, 1999. Retrieval of land surface parameters using passive microwave measurements at 6-18 GHz[J]. IEEE Transactions on Geoscience and Remote Sensing, 37（1）: 79-93.

Owe M, Van De Griend A A, 2001. On the relationship between thermodynamic surface temperature and high-frequency（37 GHz）vertically polarized brightness temperature under semi-arid conditions[J]. International Journal of Remote Sensing, 22（17）: 3521-3532.

Pape R, Löffler J, 2004. Modelling spatio-temporal near-surface temperature variation in high mountain landscapes[J]. Ecological Modelling, 178(3): 483–501.

Parinussa R M, De Jeu R A M, Holmes T R H, et al., 2008. Comparison of microwave and infrared land surface temperature products over the NAFE'06 research sites[J]. IEEE Geoscience and Remote Sensing Letters, 5（4）: 783-787.

Parinussa R M, Lakshmi V, Johnson F, 2016. Comparing and combining remotely sensed land surface temperature products for improved hydrological applications[J]. Remote Sensing, 8（2）: 162.

Park S, Park S, Im J, et al., 2017. Downscaling GLDAS soil moisture data in East Asia through fusion of multi-sensors by optimizing modified regression trees[J]. Water, 9（5）: 332.

Pastorello G, Troota C, Canfora E, et al., 2020. The FLUXNET2015 dataset and the ONEFlux processing pipeline for eddy covariance data[J]. Scientific Data, 7（1）: 225.

Patz J A, Campbell-Lendrum D, Holloway T, et al., 2005. Impact of Regional Climate Change on Human Health[J]. Nature, 438（7066）: 310-317.

Pepin N, Deng H, Zhang H, et al., 2019. An examination of temperature trends at high elevations across the Tibetan Plateau: The use of MODIS LST to understand patterns of elevation-dependent warming[J]. Journal of Geophysical Research: Atmospheres, 124（11）: 5738-5756.

Prigent C, Rossow W B, Matthews E, et al.1999. Microwave radiometric signatures of different surface types in deserts[J]. Journal of Geophysical Research: Atmospheres, 104（D10）: 12147-12158.

Qin J, Yang K, Liang S L, et al., 2009. The altitudinal dependence of recent rapid warming over the Tibetan Plateau[J]. Climatic Change, 97（1）: 1-2.

Qin Z, Karnieli A, Berliner P, 2001. A mono-window algorithm for retrieving land surface temperature from Landsat TM data and its application to the Israel-Egypt border region[J]. International Journal of Remote Sensing, 22（18）: 3719-3746.

Qu Y Q, Zhu Z L, Montzka C, et al., 2021. Inter-comparison of several soil moisture downscaling methods over the Qinghai-Tibet Plateau, China[J]. Journal of Hydrology, 592: 125616.

Quan J L, Zhan W F, Chen Y H, et al., 2016. Time series decomposition of remotely sensed land surface temperature and investigation of trends and seasonal variations in surface urban heat islands: Thermal image series decomposition[J]. Journal of Geophysical Research: Atmospheres, 121（6）: 2638-2657.

Quan J L, Chen Y H, Zhan W F, et al., 2014. Multi-temporal trajectory of the urban heat island centroid in Beijing, China based on a Gaussian volume model[J]. Remote Sensing of Environment, 149: 33-46.

Rodell M, Houser P R, Jambor U, et al., 2004. The global land data assimilation system[J]. Bulletin of the American Meteorological Society, 85（3）: 381-394.

Royer A，Poirier S，2010. Surface temperature spatial and temporal variations in North America from homogenized satellite SMMR-SSM/I microwave measurements and reanalysis for 1979-2008[J]. Journal of Geophysical Research，115（D8）：D08110.

Sadeghi M，Asanjan A A，Faridzad M，et al.，2019. PERSIANN-CNN：Precipitation estimation from remotely sensed information using artificial neural networks-convolutional neural networks[J]. Journal of Hydrometeorology，20（12）：2273-2289.

Salama M S，Van der Velde R，Zhong L，et al.，2012. Decadal variations of land surface temperature anomalies observed over the Tibetan Plateau by the Special Sensor Microwave Imager（SSM/I）from 1987 to 2008[J]. Climatic Change，114（3）：769-781.

Santamouris M，Cartalis C，Synnefa A，et al.，2015. On the impact of urban heat island and global warming on the power demand and electricity consumption of buildings：A review[J]. Energy and Buildings，98：119-124.

Schollaert Uz S，Ruane A C，Duncan B N，et al.，2019. Earth Observations and Integrative Models in Support of Food and Water Security[J]. Remote Sensing in Earth Systems Sciences，2（1）：18-38.

Schwarz N，Lautenbach S，Seppelt R，et al.，2011. Exploring indicators for quantifying surface urban heat islands of European cities with MODIS land surface temperatures[J]. Remote Sensing of Environment，115（12）：3175-3186.

Semmens K A，Anderson M C，Kustas W P，et al.，2016. Monitoring daily evapotranspiration over two California vineyards using Landsat 8 in a multi-sensor data fusion approach[J]. Remote Sensing of Environment，185：155-170.

Sheffield J，Wood E F，Pan M，et al.，2018. Satellite remote sensing for water resources management：Potential for supporting sustainable development in data-poor regions[J]. Water Resources Research，54（12）：9724-9758.

Shen H F，Huang L W，Zhang L P，et al.，2016. Long-term and fine-scale satellite monitoring of the urban heat island effect by the fusion of multi-temporal and multi-sensor remote sensed data：A 26-year case study of the city of Wuhan in China[J]. Remote Sensing of Environment，172：109-125.

Shen H F，Jiang Y，Li T W，et al.，2020. Deep learning-based air temperature mapping by fusing remote sensing，station，simulation and socioeconomic data[J]. Remote Sensing of Environment，240：111692.

Shtiliyanova A，Bellocchi G，Borras D，et al.，2017. Kriging-based approach to predict missing air temperature data[J]. Computers and Electronics in Agriculture，142：440-449.

Shwetha H R，Kumar D N，2016. Prediction of high spatio-temporal resolution land surface temperature under cloudy conditions using microwave vegetation index and ANN[J]. ISPRS Journal of Photogrammetry and Remote Sensing，117：40-55.

Sobrino J A，Jiménez-Muñoz，Paolini L，2004. Land surface temperature retrieval from LANDSAT TM 5[J]. Remote Sensing of Environment，90（4）：434-440.

Sobrino J A，Jiménez-Muñoz J C，Sòria G，et al.，2016. Synergistic use of MERIS and AATSR as a proxy for estimating land surface temperature from Sentinel-3 data[J]. Remote Sensing of Environment，179：149-161.

Song L，Liu S，Kustas W P，et al.，2018. Monitoring and validating spatially and temporally continuous daily evaporation and transpiration at river basin scale[J]. Remote Sensing of Environment，219：72-88.

Springenberg J T，Dosovitskiy A，Brox T，et al.，2015. Striving for simplicity：The all convolutional net[C]. ICLR（workshop track）.

Sruthi S，Aslam M A M，2015. Agricultural drought analysis using the NDVI and land surface temperature data；A case study of raichur district[J]. Aquatic Procedia，4：1258-1264.

Stathopoulou M，Cartalis C，2009. Downscaling AVHRR land surface temperatures for improved surface urban heat island intensity estimation[J]. Remote Sensing of Environment，113（12）：2592-2605.

Stisen S，Sandholt I，Nørgaard A，et al.，2007. Estimation of diurnal air temperature using MSG SEVIRI data in West Africa[J]. Remote Sensing of Environment，110（2）：262-274.

Stull R B，1988. An introduction to boundary layer meteorology[M]. Berlin：Springer Science & Business Media.

Su H，Yang Z L，Niu G Y，et al.，2008. Enhancing the estimation of continental-scale snow water equivalent by assimilating MODIS snow cover with the ensemble Kalman filter[J]. Journal of Geophysical Research：Atmospheres，113（D8）：D08120.

Su Z，Wen J，Dente L，et al.，2011. The Tibetan Plateau observatory of plateau scale soil moisture and soil temperature（Tibet-Obs）for quantifying uncertainties in coarse resolution satellite and model products[J]. Hydrology and Earth System Sciences，15（7）：2303-2316.

Su Z，de Rosnay P，Wen J，et al.，2013. Evaluation of ECMWF's soil moisture analyses using observations on the Tibetan Plateau[J]. Journal of Geophysical Research-Atmospheres，118（11）：5304-5318.

Sun L，Anderson M C，Gao F，et al.，2017a. Investigating water use over the Choptank River Watershed using a multisatellite data fusion approach[J]. Water Resources Research，53（7）：5298-5319.

Sun L，Chen Z X，Gao F，et al.，2017b. Reconstructing daily clear-sky land surface temperature for cloudy regions from MODIS data[J]. Computers & Geosciences，105：10-20.

Tagesson T，Horion S，Nieto H，et al.，2018. Disaggregation of SMOS soil moisture over West Africa using the Temperature and Vegetation Dryness Index based on SEVIRI land surface parameters[J]. Remote Sensing of Environment，206：424-441.

Tan J C，NourEldeen N，Mao K B，et al.，2019. Deep learning convolutional neural network for the retrieval of land surface temperature from AMSR2 data in China[J]. Sensors，19（13）：2987.

Tang W B，Xue D J，Long Z Y，2022. Near-real-time estimation of 1-km all-weather land surface temperature by integrating satellite passive microwave and thermal infrared observations[J]. IEEE Geoscience and Remote Sensing Letters，19：1-5.

Tedesco M，2012. AMSR-E algorithm theoretical basis document：Snow algorithm[D]. New York：City University of New York.

Tomlinson C J，Chapman L，Thornes J E，et al.，2011. Remote Sensing land surface temperature for meteorology and climatology：a review[J]. Meteorological Applications，18（3）：296-306.

Trigo I F，Monteiro I T，Olesen F，et al.，2008. An assessment of remotely sensed land surface temperature[J]. Journal of Geophysical Research：Atmospheres，113（D17）：D17108.

Udahemuka G，Van W B J，Van W M A，et al.，2008. Robust fitting of diurnal brightness temperature cycles：Pattern recognition special edition[J]. South African Computer Journal，40：31-36.

Van Der Velde R，Su Z B，van Oevelen P，et al.，2012. Soil moisture mapping over the central part of the Tibetan Plateau using a series of ASAR WS images[J]. Remote Sensing of Environment，120：175-187.

Vapnik V，1963. Pattern recognition using generalized portrait method[J]. Automation and remote control，24（6）：774-780.

Voogt J A，Oke T R，2003. Thermal remote sensing of urban climates[J]. Remote Sensing of Environment，86（13）：370-384.

Wan Z M，Dozier J，1996. A generalized split-window algorithm for retrieving land-surface temperature from space[J]. IEEE Transactions on Geoscience and Remote Sensing，34（4）：892-905.

Wan Z M，2014. New refinements and validation of the collection-6 MODIS land-surface temperature/emissivity product[J]. Remote Sensing of Environment，140：36-45.

Wang K C，Wang J K，Wang P C，et al.，2007. Influences of urbanization on surface characteristics as derived from the Moderate-Resolution Imaging Spectroradiometer：A case study for the Beijing metropolitan area[J]. Journal of Geophysical Research，112（D22）：D22S06.

Wang P K，Zhao T J，Shi J C，et al.，2019. Parameterization of the freeze/thaw discriminant function algorithm using dense in-situ observation network data[J]. International Journal of Digital Earth，12（8）：980-994.

Wang S F，Zhou J，Lei T J，et al.，2020. Estimating land surface temperature from satellite passive microwave observations with the traditional neural network，deep belief network，and convolutional neural network[J]. Remote Sensing，12（17）：2691.

Wang Z，Bovik A C，2002. A universal image quality index[J]. IEEE Signal Processing Letters，9（3）：81-84.

Weiss D J，Atkinson P M，Bhatt S，et al.，2014. An effective approach for gap-filling continental scale remotely sensed time-series[J]. ISPRS Journal of Photogrammetry and Remote Sensing，98：106-118.

Wen J，Lan Y，Su Z，et al.，2011. Advances in Observation and Modeling of Land Surface Processes Over the Source Region of the Yellow River[J]. Advances in Earth ence，26（6）：575-585.

Weng F Z，Grody N C，1998. Physical retrieval of land surface temperature using the special sensor microwave imager[J]. Journal of Geophysical Research：Atmospheres，103（D8）：8839-8848.

Weng Q H，Fu P，2014. Modeling annual parameters of clear-sky land surface temperature variations and evaluating the impact of cloud cover using time series of Landsat TIR data[J]. Remote Sensing of Environment，140：267-278.

Wilson A M，Jetz W，2016. Remotely sensed high-resolution global cloud dynamics for predicting ecosystem and biodiversity distributions[J]. PLOS Biology，14（3）：e1002415.

Wu H，Li W，2019. Downscaling land surface temperatures using a random forest regression model with multitype predictor variables[J]. IEEE Access，7：21904-21916.

Wu P H，Shen H F，Zhang L P，et al.，2015. Integrated fusion of multi-scale polar-orbiting and geostationary satellite observations for the mapping of high spatial and temporal resolution land surface temperature[J]. Remote Sensing of Environment，156：169-181.

Xia H P，Chen Y H，Li Y，et al.，2019. Combining kernel-driven and fusion-based methods to generate daily high-spatial-resolution land surface temperatures[J]. Remote Sensing of Environment，224：259-274.

Xu S，Cheng J，Zhang Q，2019. Reconstructing all-weather land surface temperature Using the Bayesian maximum entropy method over the Tibetan Plateau and Heihe River Basin[J]. IEEE Journal of Selected Topics in Applied Earth Observations and Remote Sensing，12（9）：3307-3316.

Xu S，Cheng J，2021. A new land surface temperature fusion strategy based on cumulative distribution function matching and multiresolution Kalman filtering[J]. Remote Sensing of Environment，254：112256.

Xu Z W，Liu S M，Li X，et al.，2013. Intercomparison of surface energy flux measurement systems used during the HiWATER-MUSOEXE[J]. Journal of Geophysical Research：Atmospheres，118（23）：13140-13157.

Yalcin M，Polat N，2020. The impact of glacier surface temperature on the glacier retreat of Ağrı Mountain [J]. Journal of the Indian Society of Remote Sensing，48（10）：1433-1441.

Yang G，Sun W W，Shen H F，et al.，2019. An integrated method for reconstructing daily MODIS land surface temperature data[J]. IEEE Journal of Selected Topics in Applied Earth Observations and Remote Sensing，12（3）：1026-1040.

Yang J J，Zhou J，Göttsche F M，et al.，2020. Investigation and validation of algorithms for estimating land surface temperature from Sentinel-3 SLSTR data[J]. International Journal of Applied Earth Observation and Geoinformation，91：102136.

Yang K，Qin J，Zhao L，et al.，2013. A multiscale soil moisture and freeze-thaw monitoring network on the Third Pole[J]. Bulletin of the American Meteorological Society，94（12）：1907-1916.

Yang K，Wu H，Qin J，et al.，2014. Recent climate changes over the Tibetan Plateau and their impacts on energy and water cycle：A review[J]. Global and Planetary Change，112：79-91.

Yang K，Su B，2019. Time-lapse observation dataset of soil temperature and humidity on the Tibetan Plateau（2008-2016）[DB/OL]. National Tibetan Plateau Data Center.

Yao R，Wang L C，Huang X，et al.，2017. Temporal trends of surface urban heat islands and associated determinants in major Chinese cities[J]. Science of the Total Environment，609：742-754.

Yoo C，Im J，Cho D，et al.，2020. Estimation of all-weather 1 km MODIS land surface temperature for humid summer days[J]. Remote Sensing，12（9）：1398.

You Q L，Wu T，Shen L C，et al.，2020. Review of snow cover variation over the Tibetan Plateau and its influence on the broad climate system[J]. Earth-Science Reviews，201：103043.

Yu Y Y，Privette J L，Pinheiro A C，2008. Evaluation of split-window land surface temperature algorithms for generating climate data records[J]. IEEE Transactions on Geoscience and Remote Sensing，46（1）：179-192.

Zeng C，Shen H F，Zhong M L，et al.，2015. Reconstructing MODIS LST based on multitemporal classification and robust regression[J]. IEEE Geoscience and Remote Sensing Letters，12（2）：512-516.

Zeng C，Long D，Shen H F，2018. A two-step framework for reconstructing remotely sensed land surface temperatures contaminated by cloud[J]. ISPRS Journal of Photogrammetry and Remote Sensing，141：30-45.

Zhan W F，Zhou J，Ju W M，et al.，2014. Remotely sensed soil temperatures beneath snow-free skin-surface using thermal observations from tandem polar-orbiting satellites：An analytical three-time-scale model[J]. Remote Sensing of Environment，143：1-14.

Zhang A Z，Jia G S，2013. Monitoring meteorological drought in semiarid regions using multi-sensor microwave remote sensing data[J]. Remote Sensing of Environment，134：12-23.

Zhang C J，Long D，Zhang Y C，et al.，2021. A decadal（2008-2017）daily evapotranspiration data set of 1 km spatial resolution and spatial completeness across the North China Plain using TSEB and data fusion[J]. Remote Sensing of Environment，262：112519.

Zhang H B，Zhang F，Ye M，et al.，2016. Estimating daily air temperatures over the Tibetan Plateau by dynamically integrating MODIS LST data[J]. Journal of Geophysical Research：Atmospheres，121（19）：11425-11441.

Zhang J H，Han S J. 2016. FLUXNET2015 CN-Cha Changbaishan[R]. FluxNet; IAE Chinese Academy of Sciences.

Zhang L F，Jiao W Z，Zhang H M，et al.，2017. Studying drought phenomena in the Continental United States in 2011 and 2012 using various drought indices[J]. Remote Sensing of Environment，190：96-106.

Zhang X Y，Friedl M A，Schaaf C B，et al.，2004. The footprint of urban climates on vegetation phenology：footprint of urban climates on vegetation[J]. Geophysical Research Letters，31（12）：1-4.

Zhang X D，Zhou J，Göttsche F M，et al.，2019. A method based on temporal component decomposition for estimating 1-km All-weather land surface temperature by merging satellite thermal infrared and passive microwave observations[J]. IEEE Transactions on Geoscience and Remote Sensing，57（7）：4670-4691.

Zhang X D，Zhou J，Liang S L，et al.，2020. Estimation of 1-km all-weather remotely sensed land surface temperature based on reconstructed spatial-seamless satellite passive microwave brightness temperature and thermal infrared data[J]. ISPRS Journal of Photogrammetry and Remote Sensing，167：321-344.

Zhang X D，Zhou J，Liang S L，et al.，2021. A practical reanalysis data and thermal infrared remote sensing data merging（RTM）method for reconstruction of a 1-km all-weather land surface temperature[J]. Remote Sensing of Environment，260：112437.

Zhang Y Y，Shen X J，Fan G H，2021. Elevation-dependent trend in diurnal temperature range in the Northeast China during 1961-2015[J]. Atmosphere，12（3）：319.

Zhao S J，Zhang L X，Zhang Y P，et al.，2012. Microwave emission of soil freezing and thawing observed by a truck-mounted microwave radiometer[J]. International Journal of Remote Sensing，33（3）：860-871.

Zhao T J，Zhang L X，Shi J C，et al.，2011. A physically based statistical methodology for surface soil moisture retrieval in the Tibet Plateau using microwave vegetation indices[J]. Journal of Geophysical Research：Atmospheres，116（D8）：D08116.

Zhao W，Duan S B，2020. Reconstruction of daytime land surface temperatures under cloud-covered conditions using integrated MODIS/Terra land products and MSG geostationary satellite data[J]. Remote Sensing of Environment，247：111931-111931

Zheng D H，Wang X，van der Velde R，et al.，2017. L-band microwave emission of soil freeze-thaw process in the third pole environment[J]. IEEE Transactions on Geoscience and Remote Sensing，55（9）：5324-5338.

Zheng D H，Li X，Wang X，et al.，2019. Sampling depth of L-band radiometer measurements of soil moisture and freeze-thaw dynamics on the Tibetan Plateau[J]. Remote Sensing of Environment，226：16-25.

Zhong L，Ma Y M，Salama M S，et al.，2010. Assessment of vegetation dynamics and their response to variations in precipitation and temperature in the Tibetan Plateau[J]. Climatic Change，103（3）：519-535.

Zhou J，Chen Y H，Zhang X，et al.，2013. Modelling the diurnal variations of urban heat islands with multi-source satellite data[J]. International Journal of Remote Sensing，34（21）：7568-7588

Zhou J，Dai F N，Zhang X D，et al.，2015. Developing a temporally land cover-based look-up table（TL-LUT）method for estimating land surface temperature based on AMSR-E data over the Chinese landmass[J]. International Journal of Applied Earth Observation and Geoinformation，34：35-50.

Zhou J，Zhang X D，Zhan W F，et al.，2017. A thermal sampling depth correction method for land surface temperature estimation from satellite passive microwave observation over barren land[J]. IEEE Transactions on Geoscience and Remote Sensing，55（8）：4743-4756.

Zhou J，Liang S L，Cheng J，et al.，2019. The GLASS land surface temperature Product[J]. IEEE Journal of Selected Topics in Applied Earth Observations and Remote Sensing，12（2）：493-507.

Zhou L M，Dai A G，Dai Y J，et al.，2009. Spatial dependence of diurnal temperature range trends on precipitation from 1950 to 2004[J]. Climate Dynamics，32（2）：429-440.

Zhou L M，Tian Y H，Baidya Roy S，et al.，2012. Impacts of wind farms on land surface temperature[J]. Nature Climate Change，2（7）：539-543.

Zhou W，Peng B，Shi J C，2017. Reconstructing spatial-temporal continuous MODIS land surface temperature using the DINEOF method[J]. Journal of Applied Remote Sensing，11（4）：1-15.

Zhou D，Zhao S，Zhang L，et al.，2015. The footprint of urban heat island effect in China[J]. Scientific Reports，5（1）：11160.

Zhu X L，Helmer E H，Gao F，et al.，2016. A flexible spatiotemporal method for fusing satellite images with different resolutions[J]. Remote Sensing of Environment，172：165-177.